绿色化学前沿丛书

绿色化学与可持续发展

韩布兴　刘会贞　吴天斌　编著

科学出版社

北京

内 容 简 介

绿色化学是化学学科发展的必然趋势，是实现化学工业可持续发展的必由之路。本书讨论了绿色化学的主要内容，包括绿色化学反应、环境友好介质、二氧化碳转化利用、生物质的资源化利用、绿色产品、化学反应强化、绿色化工科学与技术等内容，其中包括一些国内外近期研究成果和重要进展，展望了其发展趋势，探讨了绿色化学与可持续发展的关系。

本书可作为高等院校化学、化工、制药、环境、材料等相关专业本科生或研究生的教材，也可供相关领域科研工作者阅读参考。

图书在版编目（CIP）数据

绿色化学与可持续发展 / 韩布兴，刘会贞，吴天斌编著. —北京：科学出版社，2021.1

（绿色化学前沿丛书 / 韩布兴总主编）

ISBN 978-7-03-066868-4

Ⅰ. ①绿… Ⅱ. ①韩… ②刘… ③吴… Ⅲ. ①化学工业－无污染技术 Ⅳ. ①X78

中国版本图书馆 CIP 数据核字（2020）第 221260 号

责任编辑：翁靖一 付林林 / 责任校对：杜子昂
责任印制：师艳茹 / 封面设计：东方人华

科 学 出 版 社 出版
北京东黄城根北街 16 号
邮政编码：100717
http：//www.sciencep.com
北京通州皇家印刷厂印刷
科学出版社发行 各地新华书店经销
*
2021 年 1 月第 一 版 开本：720 × 1000 1/16
2021 年 1 月第一次印刷 印张：18 1/2
字数：354 000

定价：149.00 元

（如有印装质量问题，我社负责调换）

绿色化学前沿丛书

编　委　会

总　　序

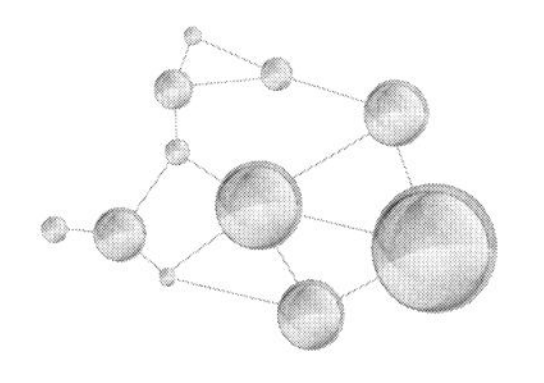

化学工业生产人类所需的各种能源产品、化学品和材料，为人类社会进步作出了巨大贡献。无论是现在还是将来，化学工业都具有不可替代的作用。然而，许多传统的化学工业造成严重的资源浪费和环境污染，甚至存在安全隐患。资源与环境是人类生存和发展的基础，目前资源短缺和环境问题日趋严重。如何使化学工业在创造物质财富的同时，不破坏人类赖以生存的环境，并充分节省资源和能源，实现可持续发展，是人类面临的重大挑战。

绿色化学是在保护生态环境、实现可持续发展的背景下发展起来的重要前沿领域，其核心是在生产和使用化工产品的过程中，从源头上防止污染，节约能源和资源。主体思想是采用无毒无害和可再生的原料、采用原子利用率高的反应，通过高效绿色的生产过程，制备对环境友好的产品，并且经济合理。绿色化学旨在实现原料绿色化、生产过程绿色化和产品绿色化，以提高经济效益和社会效益。它是对传统化学思维方式的更新和发展，是与生态环境协调发展、符合经济可持续发展要求的化学。绿色化学仅有二十多年的历史，其内涵、原理、内容和目标在不断充实和完善。它不仅涉及对现有化学化工过程的改进，更要求发展新原理、新理论、新方法、新工艺、新技术和新产业。绿色化学涉及化学、化工和相关产业的融合，并与生态环境、物理、材料、生物、信息等领域交叉渗透。

绿色化学是未来最重要的领域之一，是化学工业可持续发展的科学和技术基础，是提高效益、节约资源和能源、保护环境的有效途径。绿色化学的发展将带来化学及相关学科的发展和生产方式的变革。在解决经济、资源、环境三者矛盾的过程中，绿色化学具有举足轻重的地位和作用。由于来自社会需求和学科自身发展需求两方面的巨大推动力，学术界、工业界和政府部门对绿色化学都十分重视。发展绿色化学必须解决一系列重大科学和技术问题，需要不断创造和创新，这是一项长期而艰巨的任务。通过化学工作者与社会各界的共同努力，未来的化学工业一定是无污染、可持续、与生态环境协调的产业。

为了推动绿色化学的学科发展和优秀科研成果的总结与传播，科学出版社邀请我组织编写了“绿色化学前沿丛书”，包括《绿色化学与可持续发展》、《绿色化学基本原理》、《绿色溶剂》、《绿色催化》、《二氧化碳化学转化》、《生物质转化利

用》、《绿色化学产品》、《绿色精细化工》、《绿色分离科学与技术》、《绿色介质与过程工程》十册。丛书具有综合系统性强、学术水平高、引领性强等特点，对相关领域的广大科技工作者、企业家、教师、学生、政府管理部门都有参考价值。相信本套丛书的出版对绿色化学和相关产业的发展具有积极的推动作用。

最后，衷心感谢丛书编委会成员、作者、出版社领导和编辑等对此丛书出版所作出的贡献。

韩布兴

中国科学院院士

2018 年 3 月于北京

前　言

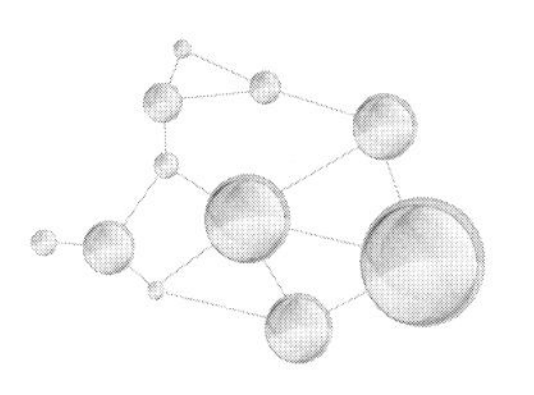

化学工业为人类文明和社会进步做出了巨大的贡献，具有不可替代的作用，人类社会和经济发展离不开化学工业。然而，在生产化学品、材料和能源产品的过程中，大量原料变成了废弃物和有害物质，并且消耗大量的能源。因此，许多传统的化学工业造成严重的浪费和环境污染，甚至直接导致人身伤亡事故。随着世界人口的不断增加，资源短缺和环境问题日趋严重，如何使化学工业在创造物质财富的同时，保护人类赖以生存的环境，实现可持续发展已成为人类面临的重大问题，也是化学工业面临的挑战。

绿色化学是从源头消除环境污染，具有明确社会需求和科学目标的新兴交叉领域。绿色化学要求在综合考虑环境因素与社会可持续发展的前提下，重新审视传统的化学化工问题。绿色化学的主体思想是采用无毒无害的原料和助剂，通过原子经济性反应以及高效绿色的生产过程，生产绿色产品。

绿色化学是化学学科发展的必然趋势，其发展必将推动化学和相关学科的发展以及生产生活方式的变革。近 30 年来，绿色化学发展迅速，在节约原料、保护环境、保障人类健康与安全、促进社会经济可持续发展方面发挥了日益显著的作用，而且将发挥越来越重要的作用。应该指出的是，尽管近年来绿色化学得到了长足发展，但仍处于初始阶段，其内涵、原理、内容和目标仍需要不断充实和完善，发展绿色化学、推动经济社会可持续发展是一项长期的任务。

归纳和总结绿色化学领域的重要进展、思考未来发展方向对于绿色化学领域的发展具有积极的推动作用。为此，我们撰写了本书。全书共分为 9 章。第 1 章主要介绍绿色化学的内涵和发展历史，概述了绿色化学与可持续发展的关系以及绿色化学评估的标准。第 2 章阐述了原子经济性反应路线、绿色的原料和反应介质、绿色催化。第 3 章总结了一些环境友好介质（包括水、离子液体、超临界流体、液体聚合物、生物质基溶剂及其混合体系等）在化学反应、材料制备、分离等方面的应用。第 4 章着重对二氧化碳转化利用进行了讨论。第 5 章着重介绍了木质纤维素、油脂、甲壳素、微藻为原料制备燃料、化学品以及功能材料等。第 6 章概述了绿色产品的特征、评价、认证及设计，在此基础上重点介绍了绿色农药和绿色材料。第 7 章主要论述了通过强化手段，可以实现一些传统条件下难以

或无法实现的反应，主要包括微波和超声波辅助合成，以及电、光、光电催化等强化手段在绿色化学中的重要作用。第 8 章介绍了绿色化工科学与技术，主要包括反应工程绿色化和分离工程绿色化。第 9 章对绿色化学发展进行了展望。应该说明的是，由于篇幅所限，许多重要成果没有写入本书。中国科学院化学研究所钱庆利研究员、张展荣副研究员、张兆富副研究员、宋金良副研究员、马郡副研究员、孟庆磊副研究员等参加了本书的编写，做出了重要贡献。另外，一些博士后和学生参加了图表的编辑整理工作。

对于本书的出版，科学出版社给予了大力支持和帮助，翁靖一编辑在策划、组织、编辑加工等过程中付出了大量辛勤的劳动，我们在此一并衷心感谢。

由于作者的水平有限，书中难免存在疏漏或不足之处，敬请广大读者批评指正。

编著者

2020 年 9 月

目　　录

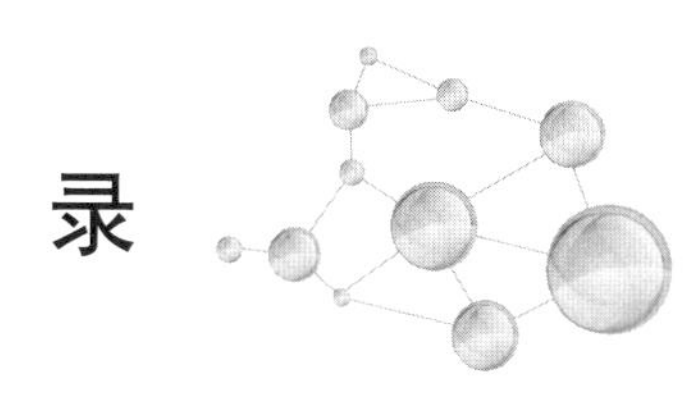

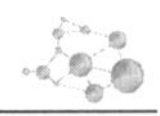

第1章 绪　　论

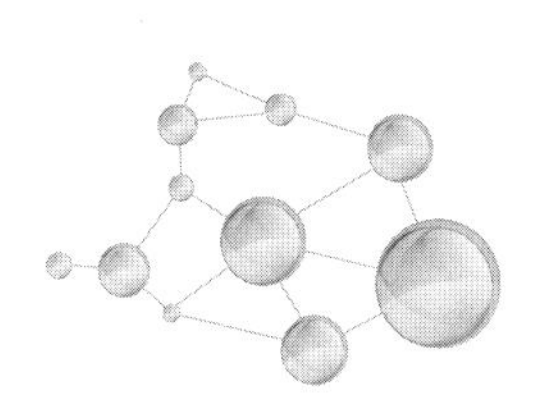

目前，资源短缺日趋严重，大量排放的工业污染物和生活废弃物使环境不断恶化，人类正面临着前所未有的资源、能源和环境危机。如何妥善解决资源、环境与经济之间的矛盾是人类面临的重大难题。

化学工业在人类社会进步和发展中具有不可替代的作用，为人类提供了重要的物质保障。人类所使用的大部分产品的制备涉及一个或多个化工过程。然而，许多传统的化学工业造成严重的环境污染和浪费，甚至直接导致人身伤亡事故。此外，地球上的资源非常有限，资源与环境是人类赖以生存和发展的基础。如何使化学在创造物质财富的同时不破坏环境，节省资源和能源，实现人与自然的和谐共生和可持续发展具有重大意义，也是对化学工作者提出的挑战。

1.1　绿色化学的内涵

绿色化学的定义可简单地表述为：通过设计产品和生产过程，尽量减少或避免有害原料的使用和有害物质、废弃物产生，并且产品对环境友好。显然，绿色化学涵盖化工内容。

绿色化学要求在综合考虑环境因素与社会可持续发展的前提下，重新审视传统的化学化工问题。绿色化学的核心是在生产和使用化学品、材料等化工产品过程中从源头上防止污染，实现化学化工的可持续发展。其主体思想是采用无毒无害的原料、助剂，采用原子经济性和高选择性的反应，通过高效绿色的生产过程，制备对环境友好的产品，并且经济合理。其目的是实现原料的绿色化、生产过程的绿色化以及产品的绿色化。从科学观点看，绿色化学是对传统化学思维方式的更新和发展；从环境观点看，它与先污染、后治理的传统做法截然不同，是从源头上防止污染、与生态环境协调发展的化学，是环境意识的新思维；从经济观点看，它要求合理地利用资源和能源、降低生产成本，符合经济可持续发展的要求。在解决经济、资源、环境三者矛盾的过程中，绿色化学具有举足轻重的地位[1]。绿色化学是化学学科的一次飞跃，也是人类社会发展到一定阶段对化学的必然要

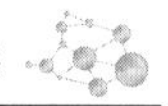

求。绿色化学是化学学科发展的必然趋势，其发展将带来化学及相关学科的发展和生产方式的变革[2]。

1.2 绿色化学的发展历史

1984 年美国环境保护署（EPA）提出了废弃物最小化理念，1989 年进一步提出了污染预防的新概念，绿色化学思想初步形成。1990 年美国国会率先通过了污染预防法案，并将其确立为国策，这更加强调从源头消除污染，形成了绿色意识。1991 年出现了“绿色化学”这一新概念，这是化学发展史的一个重要里程碑。Anastas 和 Warner 提出了绿色化学的 12 项原则[3]，具体内容如下：

（1）污染防止优于污染治理：防止废弃物的产生而不是废弃物产生后再进行处理；

（2）提高原子经济性：合成方法应设计成能将所有的原料都转化为有用的产品；

（3）尽量减少化学合成中的有毒原料和产物：反应中使用和生成的物质应对人类健康和环境无毒或毒性很小；

（4）设计安全的化学品：设计的化学产品应在保护原有功效的同时尽量使其无毒或毒性很小；

（5）使用无毒无害的溶剂和助剂：尽量不使用辅助性物质（如溶剂、分离试剂等），如果一定要用，也应使用无毒物质；

（6）合理使用和节省能源，合成过程应在环境温度和压力下进行：能量消耗越小越好，在环境和经济方面可接受；

（7）原料应该可再生：只要技术上和经济上可行，使用的原材料应能再生；

（8）减少不必要的衍生化步骤：应尽量避免不必要的衍生过程，如基团的保护、物理与化学过程的临时性措施等；

（9）采用高选择性催化剂：尽量使用选择性高的催化剂，而不是提高反应物的配料比；

（10）产品使用后可分解为无毒降解产物：设计化学品时，应考虑其使用后不再滞留于环境中，而可降解为无毒无害的物质；

（11）进一步发展分析技术对污染物实行在线监测和控制：分析方法也需要进一步研究开发，使之能做到实时、现场监控，防止有害物质的形成；

（12）减少使用易燃易爆物质，降低事故隐患：化学过程中使用的物质或物质的形态，应考虑尽量减少事故的潜在危险，如气体释放、爆炸和火灾等。

基于上述原则，Poliakoff 等提出了简化的 12 项原则[4]。1992 年，Sheldon 提出了环境因子，并定义为生产单位质量目标产物所产生废弃物的量[5]。目前这些原则和评价方法为国际化学界所普遍接受。

绿色化学是化学领域发展的必然产物，一经提出便引起高度重视。1995 年，美国总统克林顿宣布设立“总统绿色化学挑战奖”，并从 1996 年开始每年颁发一次，奖项包括绿色合成路线奖、绿色反应条件奖、设计绿色化学品奖、小企业奖、学术奖。这表明美国对绿色化学非常重视，同时推动了绿色化学在世界各地的迅速兴起和发展。之后，澳大利亚、英国、日本、加拿大等不少国家相继设立了相关奖项，包括澳大利亚化学会绿色化学挑战奖、英国绿色化学技术奖、日本绿色和可持续发展化学奖、加拿大绿色化学奖等，旨在鼓励更多的人投身绿色化学的研究，推广工业界的最新研究成果。

从 20 世纪 90 年代初开始，美国、欧洲、加拿大、日本、韩国等国家和地区不断资助绿色化学的基础研究和相关技术的开发。日本在环境技术的研究领域提出以绿色化学为内容的“新阳光计划”，欧洲、拉美地区也纷纷制定了绿色化学与技术的科研计划，政府、企业和学术界的高度重视极大地促进了绿色化学与技术的蓬勃发展。发展绿色化学对我国具有更加重要的意义。1995 年，中国科学院化学部资助了“绿色化学与技术”的院士咨询课题。20 多年来，国家自然科学基金委员会、科技部、中国科学院等部门资助了很多绿色化学方面的项目。例如早在 1997 年，国家自然科学基金委员会与中国石油化工集团有限公司联合设立了“九五”重大基础研究项目。随后国家自然科学基金委员会又资助了许多重点项目和其他类型的项目。国家科技部已资助了多个相关的国家重点基础研究发展计划（973 计划）以及一些其他类型的相关项目。中国科学院也资助了多个绿色化学方面的重要方向性项目。总之，绿色化学已受到世界各国的高度重视，产-学-研-政密切结合已成为国际绿色化学的显著特点。

国内外的科研机构、高等学校和企业成立了多个绿色化学中心和实验室，专门从事绿色化学科学与技术的研发与应用，在基础研究和技术开发方面不断取得重要进展。每年有大量的研究论文发表，大量与绿色化学相关的专利授权，绿色化学相关技术不断投入使用，形成一批新兴绿色产业，呈现出良好的发展势头。

2001 年，国际纯粹与应用化学联合会（IUPAC）成立了绿色化学分会。许多国家和地区也成立了相关的学术组织，如亚太绿色与可持续化学协会、美国化学会绿色化学研究所、中国化学会绿色化学专业委员会等。

随着绿色化学的发展，1999 年由英国皇家化学会主办的国际性期刊 *Green Chemistry* 创刊[6]。之后一些相关期刊创刊，至今已有多个国际性期刊。Taylor & Francis 出版社的 *Green Chemistry Letters and Reviews* 于 2007 年创刊。2012 年美国化学会的 *ACS Sustainable Chemistry & Engineering* 期刊创刊，并于 2013 年开始发表绿色化学与工程方面的各类文章。Elsevier 出版社的 *Current Opinion in Green and Sustainable Chemistry* 期刊于 2015 年创刊。此外，2007 年和 2008 年 Wiley

 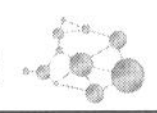

出版社创办的 *Clean-Soil，Air，Water* 和 *ChemSusChem*，2016 年中国科学院过程工程研究所和科学出版社共同主办的 *Green Energy & Environment* 等期刊中，绿色化学是重要的内容。

1999 年，世界上第一本绿色化学专著由牛津大学出版社出版。2000 年，美国化学会出版了第一本绿色化学教科书。迄今为止，国内外已出版了很多不同语种的绿色化学方面的专著。此外，不少重要期刊陆续出版了绿色化学专集[7]。我国科技工作者出版了《绿色化学化工丛书》等，一些高等学校设立了绿色化学课程。

人们对绿色化学的关注还体现在相关的学术会议和学术活动日益增多。1997 年，以绿色化学为主题的美国 Golden 会议在英国牛津召开，进一步促进欧洲及世界绿色化学的发展。现在有很多这方面的系列性学术会议。其中自 2003 年开始，“国际绿色与可持续化学大会”每两年举办一次。“国际纯粹与应用化学联合会（IUPAC）绿色化学大会”系列会议自 2004 年开始每两年举办一次。另外，还有一些以某一区域为主的系列性绿色化学国际会议，如“亚太绿色与可持续化学大会”等。除了绿色化学方面综合性的学术会议外，以绿色化学部分内容为主题的学术会议也很多，包括生物质转化利用、二氧化碳转化利用、清洁能源、绿色合成、绿色溶剂、绿色催化、绿色材料等方面。同时，许多化学方面的综合性学术会议均设立了绿色化学分会。我国在此方面十分活跃，1997 年 5 月举办了以“可持续发展问题对科学的挑战——绿色化学”为主题的第 72 次香山科学会议；1998 年，在合肥举办了第一届国际绿色化学高级研讨会，至今此系列性会议已举办多次。从 2004 年开始，两年一次的中国化学会学术年会设立了绿色化学分会。2009 年，我国举办了“第四届国际绿色与可持续化学大会”。2019 年 10 月，中国化学会和 Elsevier 出版社联合主办了“国际绿色与可持续化学大会（Green China 2019）”，并将每两年举办一次。

1.3 可持续发展的内涵

1980 年国际自然及自然资源保护同盟提出，必须研究自然、社会、生态、经济以及利用自然资源过程中的基本关系，以确保全球的可持续发展。1981 年，美国布朗出版《建设一个可持续发展的社会》，提出通过控制人口增长、保护资源和开发可再生能源等实现可持续发展。1987 年，世界环境与发展委员会在《我们共同的未来》报告中阐述了可持续发展的概念，得到了国际社会的普遍共识。

可持续发展主要指社会经济发展既能满足当代人的需要，又不对后代人满足其需要的能力构成危害的发展。可持续发展主要包含三个原则：公平性原则、可持续性原则、共同性原则。其中，可持续性原则是指人类经济和社会的发展不能超越资源和环境的承载能力，即在满足需要的同时必须有限制因素，主要限制因素有人口数量、资源、环境等，从而真正实现同时考虑人类当前利益与长远利益。

1992 年 6 月，联合国在里约热内卢召开“环境与发展大会”，通过了以可持续发展为核心的《里约环境与发展宣言》《21 世纪议程》等文件。随后，中国政府编制了《中国 21 世纪议程——中国 21 世纪人口、环境与发展白皮书》，首次把可持续发展战略纳入我国经济和社会发展的长远规划。2002 年 8 月，南非约翰内斯堡召开的第一届可持续发展首脑会议涉及政治、经济、环境、社会等领域的重要问题。

1.4 绿色化学与可持续发展的关系

可持续发展主要包括社会可持续发展、生态可持续发展、经济可持续发展。解决资源、环境的承载能力与人类需求日益增加的矛盾是实现可持续发展的关键。应通过合理高效绿色利用资源，建成资源利用可持续保障体系。

绿色化学与可持续发展二者密不可分，但又有很大的差别。可持续发展涉及自然、资源、环境、社会、经济、政治等诸多方面。绿色化学主要是在生产化学品、材料、能源产品等化工过程中如何高效循环利用资源、消除安全隐患、生产绿色产品、从源头消除污染、提高经济效益，实现化学工业可持续发展。由于化学工业涉及人类生产生活的方方面面，具有不可替代的地位和作用，因此实现化学工业可持续发展是实现人类社会可持续发展的重要组成部分。发展绿色化学是化学工业可持续发展的科学技术基础和根本途径。因此，绿色化学在实现人类社会可持续发展过程中将发挥重要的作用[8, 9]。

1.5 绿色化学评估标准的建立

绿色化学的研究内容，包括采用无毒无害的原料和可再生资源，经过绿色反应路线制备绿色化产品，所采用的溶剂、催化剂以及生产过程要符合绿色化学的标准，并且经济上要合理。如何评估所采用的化学化工过程是绿色、环境友好的，需要建立一套定性和定量的标准。Anastas 和 Warner 提出的绿色化学的 12 项原则可以指导我们从基本概念对化学过程进行基本的判断，但是由于化学过程是一个动态和多元的过程，评判其是否符合绿色化学的标准是非常复杂的，无法从基本概念出发判断一个化学过程的绿色程度、是否合理有效地利用了自然资源以及是否符合社会经济的可持续发展，因此发展有效的评估标准和判定方法具有重要的指导意义，能够在一开始就对一个化工过程做出基本判断，指导我们在绿色路线设计与开发方面少走弯路。下面将基于绿色化学研究的内容，介绍绿色化学和化工过程的评价原则。

1.5.1 原料的绿色化评估

评估化学原料是否符合绿色化学的标准和可持续发展的要求，不仅要考虑原料对生态环境和人类健康的影响，还应考虑原料的来源，其制备过程对生态环境的影响以及对下游合成效果的影响。采用无毒无害、可再生资源、对生态环境无影响、下游产品制备过程效率高等完全满足绿色化学标准的原料是我们的终极追求目标。但是，一般来说任何一个化学原料都不能十全十美，因此在选择化学原料时应遵循一定的选择策略和优先顺序：①选择无毒无害原料；②选择废弃物为原料；③选择可循环物质为原料；④选择可再生物质为原料；⑤选择消耗型资源为原料；⑥选择低能耗物质为原料；⑦选择避免衍生化的原料[10]。

采用可再生碳资源作为原料是实现可持续发展的重要途径，可以通过化学原料的可再生能力进行定量评估。在一个化学过程中采用了可再生资源、不可再生资源，整个过程的化学原料的可再生能力通过可再生资源在全部资源中的比例来表达，这个比值为可再生参数 a_{re}［式（1.1）］。可再生参数的大小意味着化学过程中利用可再生资源的比例，从一个侧面反映化学过程绿色化的程度。

$$a_{re}=\frac{\sum Ex_{in,renewable}}{\sum Ex_{in}} \tag{1.1}$$

1.5.2 化学反应过程的绿色化评估

整个反应是否符合绿色化学过程的标准涉及反应类型，所用催化剂、助剂及反应的介质，能量消耗，物质消耗，对环境的影响以及所产生的经济效益等。

原子经济性是绿色化学的核心内容之一，与反应类型密切相关，如加成反应一般为原子经济性100%的反应；消除反应往往伴随着化学基团的离去，因此原子经济性一般较低。这部分内容将在第2章绿色化学反应部分介绍。

大多化学品和材料在制备、分离及纯化过程中使用溶剂，有害溶剂的使用对人体健康有害，并破坏生态环境，如不少常用的有机溶剂对皮肤、呼吸道、眼睛等有强烈的刺激作用，有的甚至具有潜在的致癌作用或造成急性中毒，因此需要限制这类溶剂的使用。近年来，利用新型绿色溶剂代替传统有毒、易挥发的有机溶剂成为绿色化学的重要研究内容。在溶剂绿色化评估准则中，应该遵循以下顺序：①无溶剂的过程，②使用在密闭过程中能够循环利用的溶剂，③使用水、超临界流体及离子液体（IL）等绿色溶剂，④以普通溶剂作为反应介质。由于溶剂会影响反应的效率，因此在选择合适的反应介质时还要充分考虑其对整个反应过程的影响。

很多化学反应过程需要催化剂和助剂，它们对于化学过程的效率有重要影响。对催化剂和助剂的绿色化评估不仅要考虑其本身的毒性和用量，还应考虑它们对整个反应路线的影响。选择不同的催化剂会影响一种化学品合成中原料的选择、反应的效率、溶剂的选择等。随着科学技术的发展，催化方式和催化剂的种类越来越多，不同种类的催化剂和催化方式导致化学过程的绿色化程度不同。

在实际的生产过程中，常常需要输入能量以促进反应的进行，提高反应速率。此外，产品的分离纯化，原料和介质的循环使用，催化剂的分离再生等也都需要额外的能量。能耗是化学反应过程中经济消费的重要部分，对一个化学反应过程的可持续能力有重要影响。能量的数值可以通过定量的方法进行评估，即能量效率参数 η ［式（1.2）］。物质的量的单位为 mol，能量的单位为 kJ。能量效率参数所表达的物理意义是能量的利用率，能量效率参数越大，化学反应过程的绿色化程度就越高。

$$\eta = \frac{\sum 产出物质总量}{\sum 输入能量总量} \tag{1.2}$$

物质消耗的评估与反应的原子利用率密切相关，但在整个化学化工过程中消耗的物质不仅包括原料，还包括介质、催化剂、助剂等。可以用质量强度评估物质的损耗［式（1.3）］。质量强度考虑了整个工艺过程和工艺步骤中的物质消耗，质量强度越大，说明消耗越多，相应的整个过程的绿色化程度就会越低。

$$质量强度 = \frac{工艺过程或工艺步骤中所用物质的总质量}{目标产品的质量} \tag{1.3}$$

整个反应过程还应考虑环境影响。化学反应过程中产生的废弃物是环境污染的重要来源之一，其排放量是化学反应过程绿色化程度的一个重要指标，可以用环境因子定量评估［式（1.4）］。环境因子越大，代表排放的废弃物量越多，因此相应的反应过程的绿色化程度越低。

$$环境因子 = \frac{排放的废弃物量}{生成物的量} \tag{1.4}$$

成本是很容易定量的因素，但是除了关注市场经济成本外，还需要考虑生态环境成本和社会成本。

我们所介绍的化学反应过程的绿色评估仅仅是单一的评估方法，在实际生产中，评估准则和评估方法要统筹考虑多方面的因素。由于化工产品的种类繁多、工艺技术和化学过程多种多样，并且绿色化学既要考虑每一个过程的绿色高效，又要统筹考虑整个生产过程和产品的绿色化，建立科学合理、普适有效的定量评

估标准虽然势在必行，但目前尚缺乏形成共识的评估准则。随着化学工业和人类社会的发展，评估准则需要不断完善和调整。

1.6 本书的主要内容

本书是《绿色化学前沿丛书》（共十册）中的一册。全书共有 9 章，包括绪论、绿色化学反应、环境友好介质、二氧化碳转化利用、生物质的资源化利用、绿色产品、化学反应强化、绿色化工科学与技术以及思考与展望。由于其他九册将对这些内容进行详细介绍和分析，本书主要目的是简要概述绿色化学的主要内容，探讨绿色化学与可持续发展的关系，思考绿色化学的发展方向。

参 考 文 献

[1] 周其林，冯守华. 中国学科发展战略：合成化学. 北京：科学出版社，2016.

[2] 《高速发展的中国化学》编委会. 高速发展的中国化学（1982—2012）//韩布兴，寇元，何鸣元. 绿色化学. 北京：科学出版社，2012.

[3] Anastas P T，Warner J C. Green Chemistry：Theory and Practice. Oxford：Oxford University Press，1998.

[4] Tang S L Y，Smith R L，Poliakoff M. Principles of green chemistry：productively. Green Chem，2005，7：761-762.

[5] Sheldon R A. Organic synthesis—past，present and future. Chem Ind，1992，（23）：903-906.

[6] Jessop P，Simpson A. 20th volume of green chemistry. Green Chem，2018，20（1）：11-12.

[7] Li C J，Anastas P T. Green chemistry：present and future. Chem Soc Rev，2012，41（4）：1413-1414.

[8] Anastas P，Han B X，Leitner W，Poliakoff M. “Happy silver anniversary”：green chemistry at 25. Green Chem，2016，18（1）：12-13.

[9] Han B X，Wu T B. A volume in the encyclopedia of sustainability science and technology//Mayers R A，Anastas P T，Zimmerman J B. Green Chemistry and Chemical Engineering. 2nd ed. Berlin：Springer，2019.

[10] 单永奎. 绿色化学的评估准则. 北京：中国石化出版社，2006.

第2章 绿色化学反应

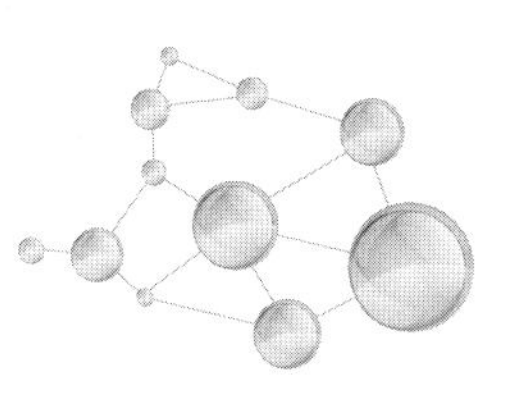

绿色化学强调从源头上控制污染，倡导污染的预防而不是治理。对于绿色化学反应，不仅需要关注产物本身是否无毒无害，还应关注整个反应过程对人类健康、社会安全及生态环境的影响，即从产品的合成路线设计阶段充分考虑整个过程是否绿色，从源头上消除污染。绿色化学反应研究包括开发原子经济性的反应路线，尽量使用无毒无害的原材料及反应介质，利用绿色高效催化剂等[1]。美国“总统绿色化学挑战奖”现已颁发一百多项，其中关于原子经济性反应、绿色原料、绿色高效催化剂及绿色溶剂方面的成果得到了广泛关注。本章主要介绍原子经济性反应路线的开发、绿色催化剂及绿色原料的内容，环境友好介质将在第3章介绍。

2.1 开发原子经济性反应路线

2.1.1 原子经济性概念

为了更好地评价某一反应过程所产生的副产物或废弃物量，1991年美国斯坦福大学Trost教授提出了“原子经济性”的概念[2]。原子经济性是指反应物分子中有多少原子进入到产物分子中。本书中，我们用原子利用率讨论这一问题。原子利用率可以根据式（2.1）计算：

$$原子利用率=\frac{预期产物的分子量}{全部生成物的分子量总和}\times 100\% \quad (2.1)$$

应该说明的是，原子利用率与产率不是同一概念。以往人们一般采用产率评价化学反应效率。然而，对于许多反应，即使是产率为100%，在生成目标产物的同时也会产生废弃物，即有很多反应虽然产率很高，但它的原子利用率却很低。总之，有些反应产率和原子利用率相同，而有些反应差别很大。例如，苯与苯乙炔反应制备1, 1-二苯乙烯的反应，理论上的原子利用率可以达到100%（表2.1），进料比为1∶1时，如果产率为100%，则二者相同。然而，我们所熟知的Wittig反应是反应产率高，但原子利用率低的例子，即使各步反应转化率和选择性均为100%，其原子利用率也只能达到28.9%（表2.2）。

表 2.1　固体酸催化苯与苯乙炔反应合成 1, 1-二苯乙烯反应和原子利用率

$$\text{Ph} + \text{PhC}\equiv\text{CH} \xrightarrow{\text{催化剂}} (\text{Ph})_2\text{C}=\text{CH}_2$$

	原料		目标产物	废弃物
	Ph	苯乙炔	1, 1-二苯乙烯	无
摩尔质量/(g/mol)	78	102	180	—

注：原子利用率 = 180/(180 + 0)×100% = 180/(78 + 102)×100% = 100%

表 2.2　Witting 反应过程及原子利用率

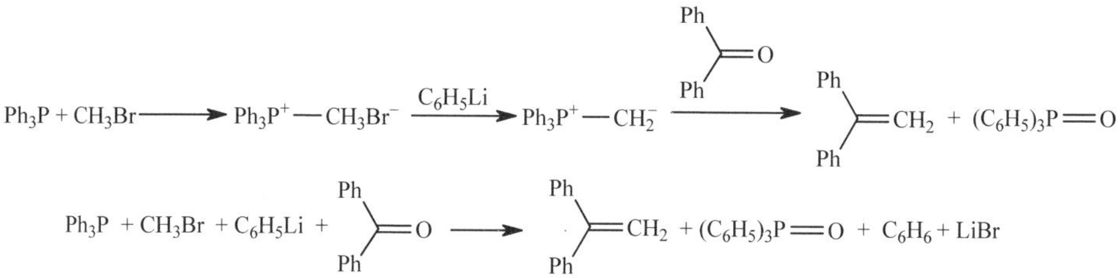

$$\text{Ph}_3\text{P} + \text{CH}_3\text{Br} \longrightarrow \text{Ph}_3\text{P}^+\!-\!\text{CH}_3\text{Br}^- \xrightarrow{\text{C}_6\text{H}_5\text{Li}} \text{Ph}_3\text{P}^+\!-\!\text{CH}_2^- \xrightarrow{(\text{Ph})_2\text{C}=\text{O}} (\text{Ph})_2\text{C}=\text{CH}_2 + (\text{C}_6\text{H}_5)_3\text{P}=\text{O}$$

$$\text{Ph}_3\text{P} + \text{CH}_3\text{Br} + \text{C}_6\text{H}_5\text{Li} + (\text{Ph})_2\text{C}=\text{O} \longrightarrow (\text{Ph})_2\text{C}=\text{CH}_2 + (\text{C}_6\text{H}_5)_3\text{P}=\text{O} + \text{C}_6\text{H}_6 + \text{LiBr}$$

	原料				目标产物	废弃物		
	Ph_3P	CH_3Br	C_6H_5Li	二苯甲酮	1, 1-二苯乙烯	三苯基氧化膦	苯	溴化锂
摩尔质量/(g/mol)	262	95	84	182	180	278	78	87

注：原子利用率 = 180/（180 + 278 + 78 + 87）×100% = 180/（262 + 95 + 84 + 182）×100% = 28.9%

对于单一化学反应，原子利用率与化学反应的类型直接相关。分子间结构互变或异构化的重排反应广泛应用于染料分子、药物分子的合成等，一般来说是原子利用率为 100%的反应，如贝克曼（Beckmann）重排（图 2.1）和克莱森（Claisen）重排反应（图 2.2）等。有的重排过程会伴随着基团的离去，如片呐醇重排反应过程中伴随着水的生成，原子利用率达不到 100%（图 2.3）。芳环的烷基化和酰基化反应，霍夫曼（Hofmann）消除反应等，理论上原子利用率都达不到 100%。

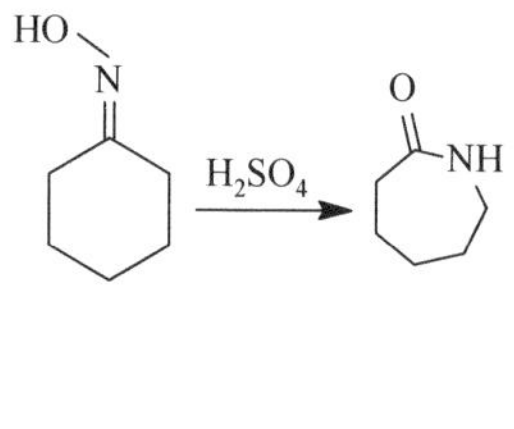

图 2.1　Beckmann 重排反应

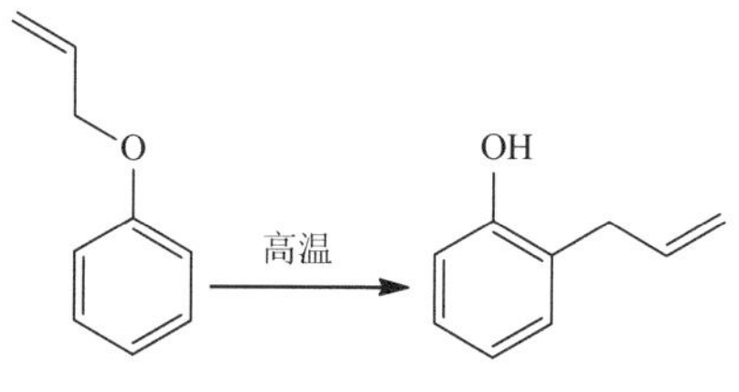

图 2.2　Claisen 重排反应

加成反应同样是一类原子利用率高的反应，如不饱和化合物的催化加氢反应（图 2.4）、合成氨反应等。烯烃可与卤化氢在双键处发生加成反应，将干燥的卤化

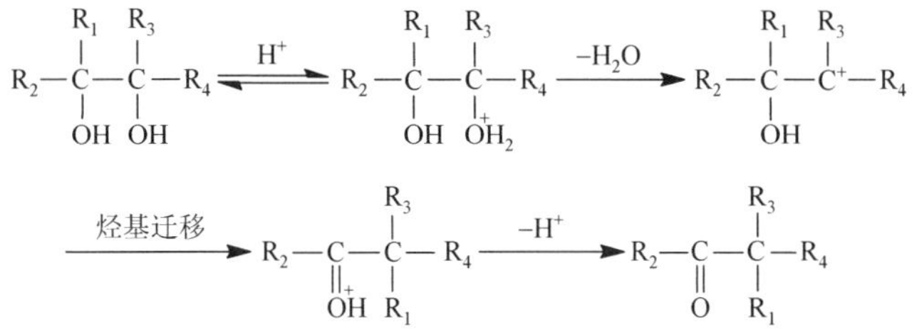

$$R_2-\underset{OH}{\overset{R_1}{C}}-\underset{OH}{\overset{R_3}{C}}-R_4 \xrightleftharpoons{H^+} R_2-\underset{OH}{\overset{R_1}{C}}-\underset{\overset{+}{O}H_2}{\overset{R_3}{C}}-R_4 \xrightarrow{-H_2O} R_2-\underset{OH}{\overset{R_1}{C}}-\overset{R_3}{C^+}-R_4$$

$$\xrightarrow{\text{烃基迁移}} R_2-\underset{\overset{+}{O}H}{\overset{}{C}}-\underset{R_1}{\overset{R_3}{C}}-R_4 \xrightarrow{-H^+} R_2-\underset{O}{\overset{}{C}}-\underset{R_1}{\overset{R_3}{C}}-R_4$$

图 2.3 片呐醇重排反应

氢气体直接与烯烃反应可以得到目标产物。烯烃可在反应过程中与生成的碘化氢进行加成反应，例如，磷酸与碘化钾混合物和烯烃相互作用，碘化氢生成后很快与烯烃发生加成反应，如果考虑整个反应过程，原子利用率仅为 59.3%（图 2.5）。这也启示我们，考虑原子利用率不能只考虑合成路线中某个环节对应的单一反应，应该从起始原料出发，纵观全局，考虑整体合成路线。

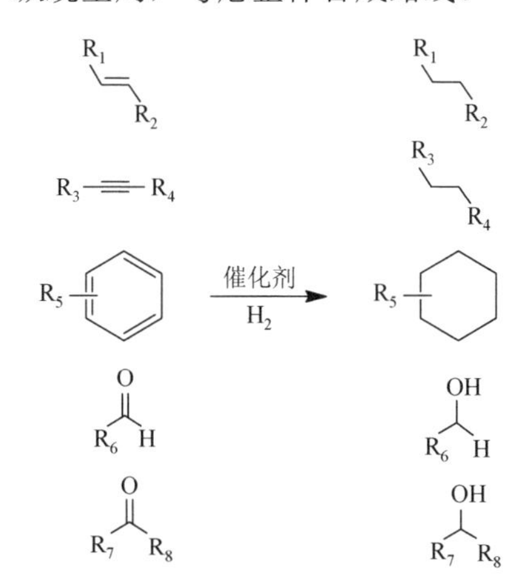

图 2.4 不饱和化合物的催化加氢反应

$$H_3PO_4 + KI \longrightarrow HI + KH_2PO_4$$

$$HI + CH_3CH_2CH_2CH{=}CH_2 \longrightarrow CH_3CH_2CH_2\overset{I}{C}HCH_3$$

$$\text{总反应：}\underset{98}{H_3PO_4} + \underset{166}{KI} + \underset{70}{CH_3CH_2CH_2CH{=}CH_2} \longrightarrow \underset{198}{CH_3CH_2CH_2\overset{I}{C}HCH_3} + \underset{136}{KH_2PO_4}$$

$$\text{原子利用率} = 198/(98 + 166 + 70)\times 100\% = 59.3\%$$

图 2.5 烯烃与 HI 的亲电加成反应

同时，计算原子利用率时应考虑制备产品的整个反应过程。例如，碳酸乙烯酯是应用广泛的溶剂和反应中间体，可通过环氧乙烷与二氧化碳反应制得，单纯考虑该反应，原子利用率为 100%。然而，如果所采用的原料环氧乙烷用传统的氯

醇法制备，从基本原料出发计算的原子利用率仅为 48.9%（图 2.6）。近年来，人们开发了以银作为催化剂，氧气直接氧化乙烯制备环氧乙烷，反应的原子利用率为 100%，因此以乙烯为起始原料合成环状碳酸酯的反应原子利用率也可以达到 100%（图 2.7）。因此，通过设计新的反应路线，改变传统的反应路线，可以大幅度提高制备重要化学品过程的原子利用率。

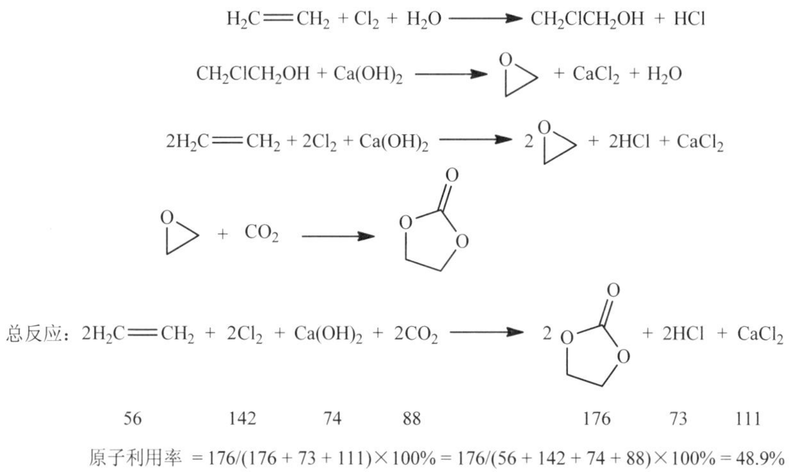

$$H_2C{=}CH_2 + Cl_2 + H_2O \longrightarrow CH_2ClCH_2OH + HCl$$

$$CH_2ClCH_2OH + Ca(OH)_2 \longrightarrow C_2H_4O\ (\text{epoxide}) + CaCl_2 + H_2O$$

$$2H_2C{=}CH_2 + 2Cl_2 + Ca(OH)_2 \longrightarrow 2\,C_2H_4O\ (\text{epoxide}) + 2HCl + CaCl_2$$

$$C_2H_4O\ (\text{epoxide}) + CO_2 \longrightarrow C_3H_4O_3\ (\text{cyclic carbonate})$$

总反应：$2H_2C{=}CH_2 + 2Cl_2 + Ca(OH)_2 + 2CO_2 \longrightarrow 2\,C_3H_4O_3\ (\text{cyclic carbonate}) + 2HCl + CaCl_2$

56　142　74　88　　176　73　111

原子利用率 = 176/(176 + 73 + 111)×100% = 176/(56 + 142 + 74 + 88)×100% = 48.9%

图 2.6　采用传统方法制备的环氧乙烷与二氧化碳反应制碳酸乙烯酯的反应过程和原子利用率

$$H_2C{=}CH_2 + \frac{1}{2}O_2 \xrightarrow{Ag} C_2H_4O\ (\text{epoxide})$$

$$C_2H_4O\ (\text{epoxide}) + CO_2 \longrightarrow C_3H_4O_3\ (\text{cyclic carbonate})$$

总反应：$H_2C{=}CH_2 + \frac{1}{2}O_2 + CO_2 \longrightarrow C_3H_4O_3\ (\text{cyclic carbonate})$

28　16　44　　88

原子利用率 = 88/(28 + 16 + 44) ×100% = 100%

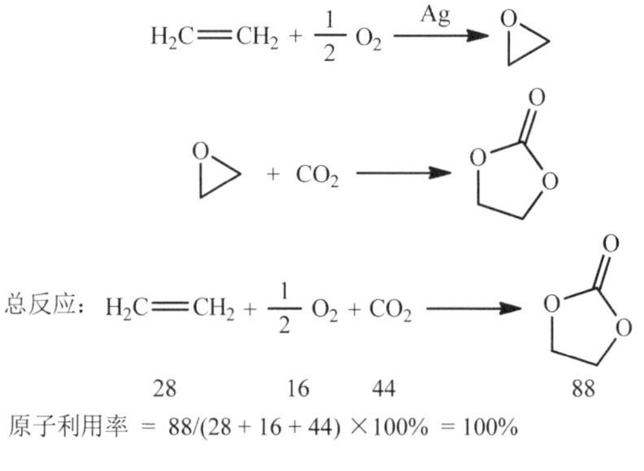

图 2.7　银催化制得的环氧乙烷与二氧化碳反应制碳酸乙烯酯的反应过程和原子利用率

另外，计算原子利用率时也应适当考虑副产物的用途。例如，异丙苯法制苯酚（图 2.8），如果只考虑苯酚，该反应的原子利用率最高为 61.8%。我们知道，反应的副产物丙酮是非常重要的化学品和溶剂，如果将其看成是共同产物，该反应可以认为是一个原子利用率达到 100%的反应。

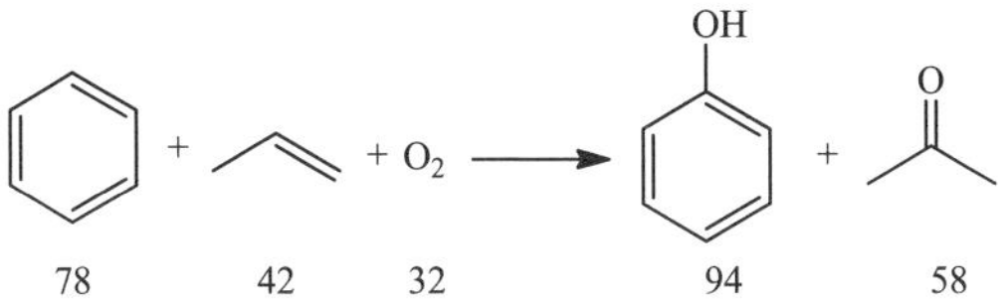

图 2.8 异丙苯法制苯酚反应

2.1.2 提高原子利用率的途径

提高原子利用率可最大限度地利用资源、减少污染的可能性。在实际生产中，合成路线的原子利用率与诸多因素有关。如上所述，对于大多数重要反应，理论上的原子利用率无法达到 100%。另外，即使理论上原子利用率可以达到 100%的反应，由于反应中反应物的转化率和目标产物的选择性很难同时达到 100%，因此，在实际过程中也很难实现原料中的原子全部转变为目标产物分子中的原子。

因此，提高实际生产中的原子利用率十分重要，主要途径包括设计理论上原子利用率高的反应路线，缩减反应步骤，提高反应转化率和目标产物的选择性、副产物的综合利用等。前面已对设计原子利用率高的反应路线进行了分析，下面主要讨论缩减反应步骤、通过催化体系设计提高转化率和选择性、副产物的综合利用。

2.1.2.1 缩减反应步骤

一般来讲，缩减反应步骤有利于提高整个生产路线的原子利用率，也就是人们强调的反应的"步骤经济性"，即用尽可能少的反应步骤合成目标产物，这样可减少废弃物产生、提高合成效率、降低生产成本[3, 4]。例如，采用 Boots 公司的 Brown 法合成布洛芬，需要通过 6 步反应，每步反应的原子利用率都达不到 100%。采用这条路线的结果是原料中的原子只有 40.0%进入最终产品中，其余则变成了废弃物（图 2.9）。后来，BHC 公司发明了新的布洛芬合成方法，仅需要 3 步反应就可以得到产品，其原子利用率提高到 77.4%（图 2.10）。BHC 工艺因此获得了 1997 年度美国"总统绿色化学挑战奖"的变更合成路线奖（后更名为绿色合成路线奖）。

甲基丙烯酸甲酯是一种重要的有机化工原料和聚合物单体，其聚合物广泛用于建筑材料、耐磨材料、路标、广告牌等。传统工艺采用丙酮-氰醇法制备甲基丙烯酸甲酯，以乙腈和丙酮为原料，经过两步反应得到产物。该工艺生产过程中所采用的原料氢氰酸是剧毒物质，且需要使用大量浓硫酸，这使生产过程中不仅产生大量副产物硫酸氢铵，而且需要采用耐酸设备，投资成本高（图 2.11）。日本三菱瓦斯化学株式会社改进了丙酮-氰醇法，通过采用氢氰酸可再生循环技术，减少了氢氰酸的用量，并且避免使用硫酸，生产过程没有废酸生成，因此，该工艺明显优于传统的丙酮-氰醇法。然而，这两种方法原子利用率都不理想[5]。Shell 公司开发了以甲基丙炔和甲醇为原料，经一氧化碳羰基化一步制得甲基丙烯酸甲酯的生产工艺（图 2.12），

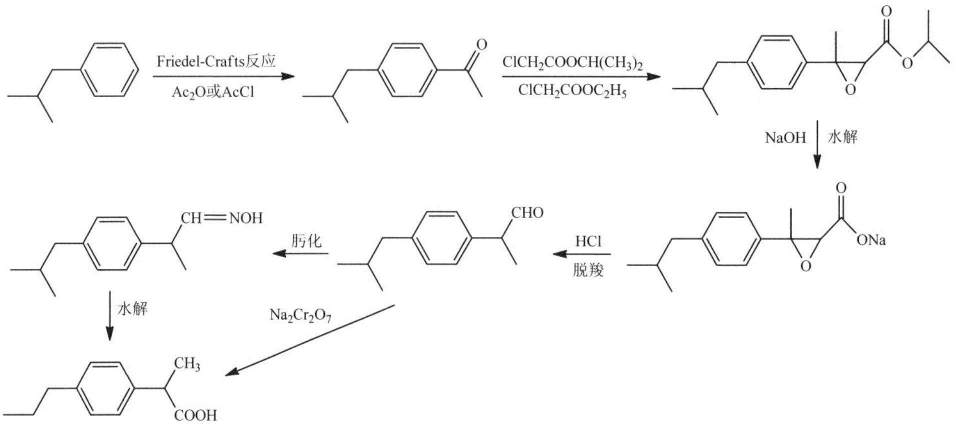

图 2.9　Brown 法合成布洛芬

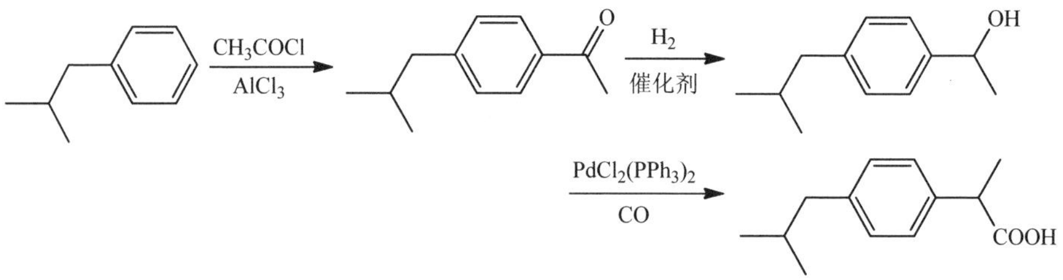

图 2.10　BHC 法合成布洛芬

理论上原料可以全部转化为产品，即原子利用率可达到 100%，但是由于原料甲基丙炔的供应量有限，很大程度上限制了该工艺的推广应用。近年来，人们又开发了丙烯法、丙酸法、异丁烷氧化法、异丁醛法等，这些路线都各有优缺点。

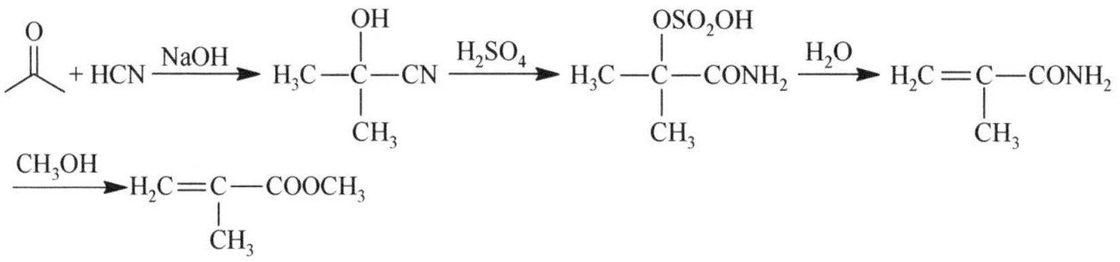

图 2.11　丙酮-氰醇法制备甲基丙烯酸甲酯

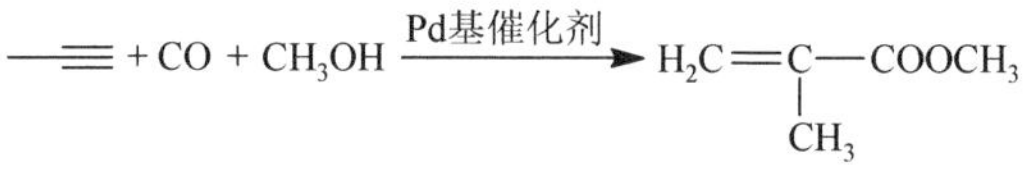

图 2.12　甲基丙炔羰基化法制备甲基丙烯酸甲酯

在全合成领域，通过缩减反应步骤提高原子利用率的例子很多。例如，贯叶金丝桃素的合成，经过化学家的不断努力，从最初的 50 步逐渐减少到 35 步、18 步、17 步，2015 年 Ting 和 Maimone 将反应步骤减少到了 10 步（图 2.13）[6]。

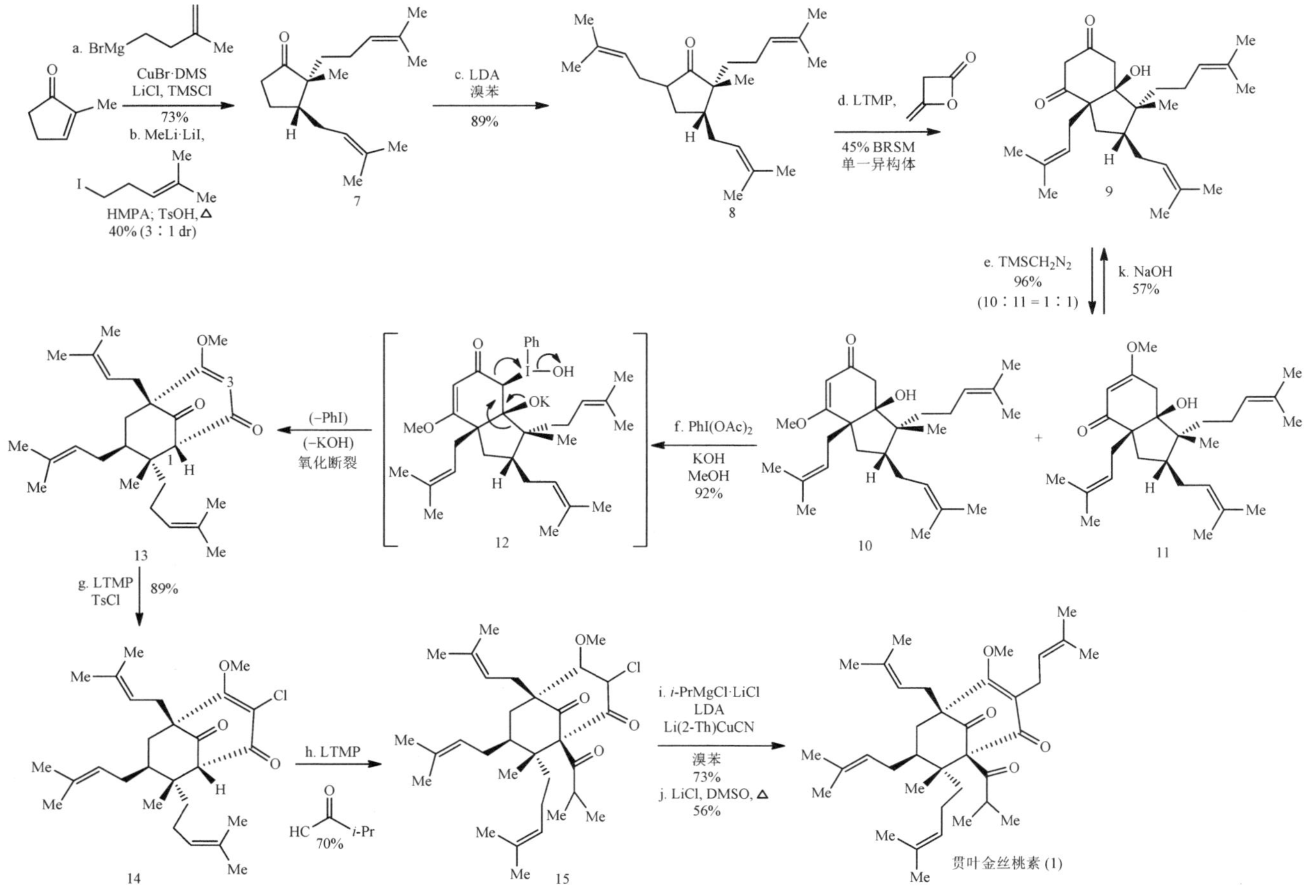

图 2.13 10 步法合成贯叶金丝桃素

DMS：二甲硫醚，TMS：三甲基硅烷基，LDA：二异丙基氨基锂，LTMP：2, 2, 6, 6-四甲基哌啶锂

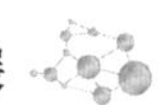

我们知道，在全合成领域，保护基团的引入是实现区域选择性控制的有效手段，但是保护基团的使用往往会降低原子利用率，增加反应步骤和废弃物排放。因此，开发新的合成路线，尽量避免和减少衍生化过程，最大限度地减少保护基团的使用，缩减反应步骤，对于实现高原子利用率至关重要。例如，糖合成化学方法通常涉及烦琐的保护和脱保护反应，是糖化学反应中原子利用率低的重要因素。对于带有多个手性中心的多羟基化合物，往往只有酶催化下才可以实现无保护基的直接羰基加成反应。最近，通过优化反应条件，研究者以高的产率和选择性实现了醛糖的无保护基醛基端直接炔基化反应，从而实现了非酶催化的多羟基醛糖的无保护基立体选择性碳碳键延长反应（图 2.14）[7]。

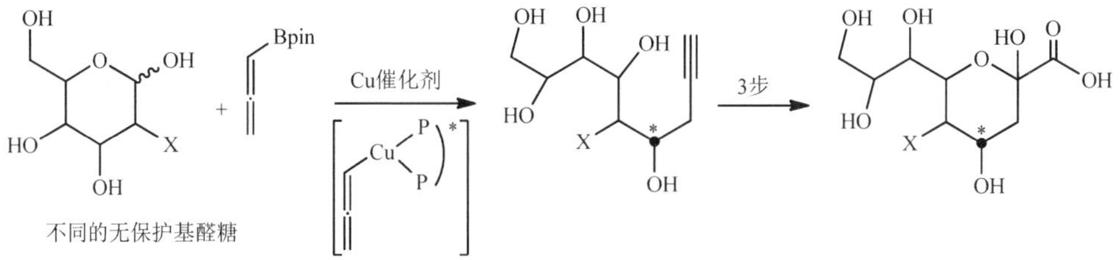

不同的无保护基醛糖　+　Bpin　—Cu催化剂→　—3步→

图 2.14　多羟基醛糖的无保护基立体选择性碳碳键延长反应

绿胶霉素类天然产物的合成及药物化学研究具有重要意义。最近，人们发展了绿色合成策略，以多羟基化合物 L-核糖衍生物为原料，通过直接引入分子内多个手性羟基，避免了后期构建正确构型羟基的困难[8]。发展了 Co 催化氢转移自由基关环策略，通过底物控制，实现了手性苄位季碳中心的高效构建，分别以 14 步和 15 步实现了绿胶霉素类天然产物的不对称全合成。这一合成策略为后续类似骨架结构天然产物的合成提供了一种新的合成思路。

有机合成中常常涉及 C—C 键的形成。传统 C—C 键的构建方法一般需要将烃类化合物衍生化，制备相应的金属有机试剂及卤化物，然后实现 C—C 键的构建。在制备金属有机试剂及卤化物的过程中，往往不可避免地需要使用大量的辅助试剂和经历多步合成。从整个反应路线来看，原子利用率很低，并且卤化物有毒且污染环境，因此，探索构建 C—C 键的新方法一直是有机化学的重要研究方向，并不断取得进展。直接用烃类底物，通过活化 C—H 键进行交叉脱氢偶联构筑 C—C 键，可缩减反应步骤，减少副产物和避免有害试剂的使用。采用 Hg 盐、Mn 盐、Cu 盐等氧化剂可以进行此类反应，但会导致副产物的产生。以 O_2 为氧化剂的氧化脱氢偶联反应的副产物是水，因此是理想的反应路线。不过，以 O_2 为氧化剂，很难在高转化率的条件下得到高选择性。

尽管目前人们已通过导向基团策略实现了底物分子中 C—H 键官能化的区域选择性，即在底物中修饰能够与过渡金属配位的配体基团，底物通过与过渡金属催化剂配位，以特定的空间构型形成五元或六元环金属中间体，诱导 C—H 键选择性活化转化。但导向基团的引入以及消除会增加反应步骤，从而降低合成效率和原子利用率。发展无导向基团参与的 C—H 键官能化可大大提高原子利用率和合成效率。研究表明，采用 2-吡啶酮配体可促进 Pd 催化的芳基 C—H 键活化，在无导向基团的条件下，可以实现高的区域选择性[9]。该类反应不仅有望实现远程 C—H 键的官能团化，还能够拓展底物的适用范围。发展无导向基团条件下 C—H 键高效定向活性转化是未来的重要研究方向。

2.1.2.2　提高转化率和选择性

一般来说，化学计量的反应更加简单，但是由于副产物多，原子利用率低。因此，设计高效催化体系，尽可能提高反应底物的转化率和目标产物的选择性是提高原子利用率的重要途径。

硼氢化钠在水或醇溶液中是一种有效的还原剂，能够选择性还原醛、酮的羰基，而不影响分子中其他不饱和基团。虽然这些反应选择性高、还原效果好，但是往往伴随着钠盐、碱等副产物的生成，原子利用率低。纳米金属催化剂催化的不饱和醛、酮的选择性加氢反应，原子利用率可以达到 100%。我们以纳米金属催化剂催化的肉桂醛（CAL）选择性加氢制备肉桂醇（COL）为例，简述该反应过程。图 2.15 给出了肉桂醛选择性加氢的反应路径，由于该反应过程包含两个平行反应和一个连串反应，因此在高转化率条件下高选择性地得到肉桂醇难度很大。在反应过程中，除主要产物 COL 外，还会生成氢化肉桂醛（HCAL）、苯丙醛（HCOL）。因此，产物选择性的控制对于提高原子利用率至关重要。目前，人们针对该反应开展了大量的研究，取得了很多令人满意的结果，在 CAL 的转化率达到 100%时，COL 的选择性可大于 95%。例如，采用 Pt/TiH_2 催化剂，在 CAL 的转化率为 99%时，COL 的选择性可达到 97%[10]。

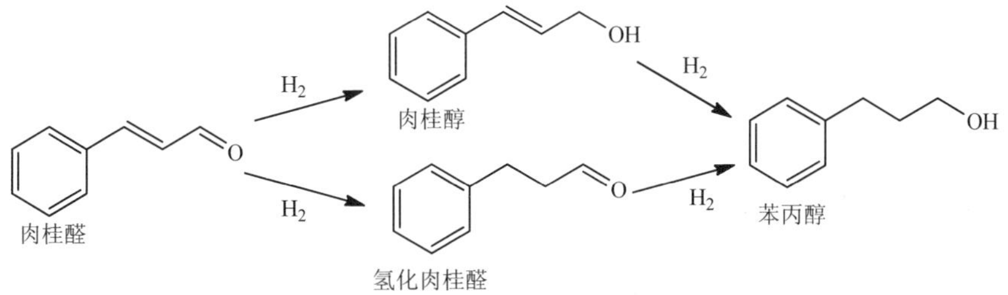

图 2.15　肉桂醛选择性加氢的反应路径

Aldol 反应是构建 C—C 键最有效的方法之一。通常使用化学计量的碱产生烯醇负离子，随后对羰基亲核加成形成新的 C—C 键。虽然加成反应本身的原子利用率较高，但是化学计量的碱在反应后处理过程中会产生含盐废水。近年来，人们发展了 Lewis 酸（L 酸）、Lewis 碱（L 碱）、过渡金属、抗体、酶、有机小分子等催化的不对称 Aldol 缩合反应，有效降低了废弃物的产生，如 L-脯氨酸催化的不对称 Aldol 反应（图 2.16）[11]。

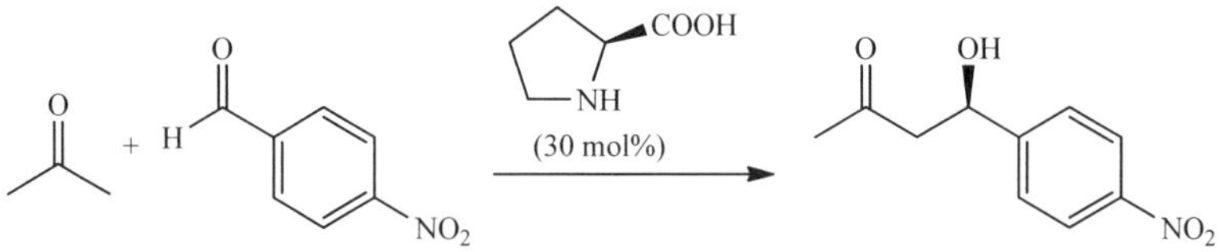

图 2.16　L-脯氨酸催化的不对称 Aldol 反应

氧化反应是有机合成中官能团转化的重要方法之一，例如可以通过醇的氧化反应制备醛、酮或羧酸。传统的方法往往需要化学计量的铬等有毒氧化剂。这类反应路线不仅毒性高，而且原子利用率低，反应过程会伴随着来自氧化剂的副产物的生成。以氧气或 H_2O_2 为氧化剂的氧化反应能有效地提高原子经济性，副产物是对环境无害的水。人们针对以氧气为氧化剂的醇氧化反应开发了大量的催化剂，包括负载型金属催化剂和金属有机骨架材料催化剂等。C—H 键的活化转化是一类重要反应，以氧气或 H_2O_2 为氧化剂，涉及 C—H 键活化的很多反应的转化率和选择性都较低，亟须开发新的催化体系和反应工艺。例如，苯氧气氧化制备苯酚，在化学计量上是一个原子利用率 100%的反应。然而，由于苯中 C—H 键的键能高，该反应的转化率低，同时由于生成的目标产物苯酚比苯更容易进一步氧化为对苯二酚和苯醌等副产物，所以该反应的选择性也很低。氧气氧化环己烷制备环己酮也是一个原子经济性的反应，但是目前的催化体系，转化率和选择性仍有待进一步提高。甲苯氧化制备苯甲酸是另一个重要的氧化反应。高锰酸钾、重铬酸钾与硫酸混合体系、硝酸可以将甲苯氧化为苯甲酸，但是副产物不可避免。以氧气为氧化剂更符合绿色化学的要求，是未来的发展方向，虽然近年来人们发展了很多催化体系，但转化率和选择性仍然有待提高。

2.1.2.3　副产物的综合利用

在众多的反应中，单一反应原子利用率为 100%的相对较少，副产物不可避免。将多个反应耦合起来，使一个反应的副产物成为其他反应的反应物，形成完整的反应链或产业链，可以大幅度提高原子利用率。因此，副产物的合理利用是提高原子经济性的另一条有效途径。例如，图 2.17 中反应 a 是通过尿素与乙二醇反应合成碳酸乙烯酯，同时产生副产物氨气。氨气可以与工业废气 CO_2 反应制备尿素（反应 b）。因此，可以通过综合设计和考虑多个连续反应，提高总反应过程的原子利用率。

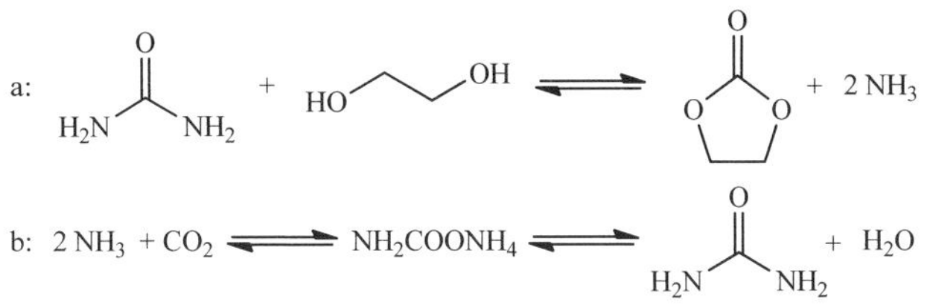

a: $H_2N-C(=O)-NH_2$ + HO-CH2CH2-OH ⇌ 碳酸乙烯酯 + 2 NH_3

b: 2 NH_3 + CO_2 ⇌ NH_2COONH_4 ⇌ $H_2N-C(=O)-NH_2$ + H_2O

图 2.17 合理利用反应副产物的实例

甘油是由植物油和动物油与甲醇酯交换生产生物柴油的副产品。毫无疑问，开发将低成本甘油转化为更有价值的化学品非常重要。研究表明，在不同碱金属卤化物作用下，利用环氧丙烷（PO）为耦合剂，CO_2和甘油反应可同时生成甘油碳酸酯（GC）、1, 2-丙二醇（PG）和碳酸丙烯酯（PC）三种重要化学品，如图 2.18 所示[12]。因此，将生物柴油制备与 CO_2 环加成反应耦合可以提高原子利用率。

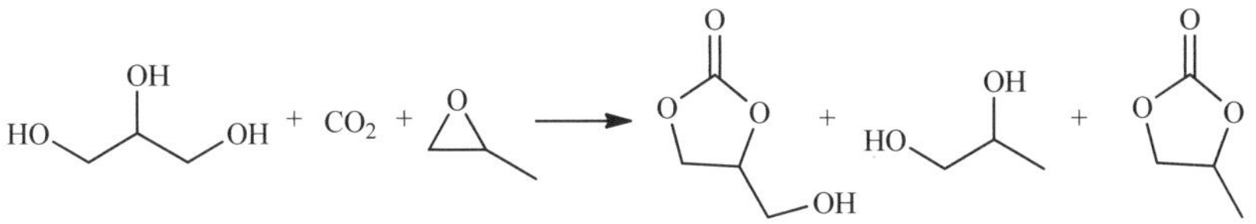

甘油 + CO_2 + PO → GC + PG + PC

图 2.18 二氧化碳与环氧化合物、醇反应同时生成三种高附加值产物

提高原子利用率是绿色化学的重要内容，体现了绿色化学从源头防止污染的理念，发展相关合成方法学，在采用绿色原料和尽可能减少反应步骤的前提下，开发和设计原子利用率高的新反应和合成路线，对于生产过程绿色化具有重要意义。对于确定的反应路线，发展高效的绿色催化体系、优化反应和工艺条件、提高反应过程中反应物的转化率和产物的选择性是提高原子利用率的重要保障。

理论上，有的反应原子利用率可以达到 100%，但在实际生产中，考虑到转化率、选择性等因素，生产某一产品的原子利用率很难达到 100%，并且在很多情况下，一味追求单一反应的原子利用率并不一定是最佳方案。因此，在设计和开发高效绿色反应路线和生产工艺时，既要考虑某一反应的原子利用率，又要考虑该反应的起始原料的来源以力求做到资源最大限度的利用。应特别重视化工产业的集成、走集约发展的道路，通过设计规划工业园区等方式，把生产某一产品过程中产生的副产品和废弃物作为生产其他产品的原料，达到整体提高生产过程原子利用率和生产效率的目的，从而实现化工生产近零排放，以及能源的高效利用。另外，应该对产品、副产品的市场需求和所有产品的价值等进行全面分析和评估，并在此基础上进行综合系统规划化工产业的发展。

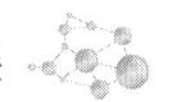

发展合成方法学，探索原子利用率高的新反应路线、闭环循环有助于提高资源利用效率、降低成本、减少废弃物产生，使生产过程形成近零排放的良性循环，实现化学工业的可持续发展、与生态环境协调发展是一项长期的任务。

2.2 绿色催化剂

催化剂是在化学反应中能改变化学反应速率而不改变化学平衡，且本身的质量、化学性质及组成结构在化学反应前后不发生变化的物质。在催化反应过程中，催化剂通过活化一种或者多种反应物，降低反应能垒，使得反应物在较低能耗条件下，高选择性、高效率地转化为目标产物。正如我们前面所说，发展催化反应，提高反应的转化率和选择性是提高原子利用率的重要途径。催化剂使化学反应更加高效，催化剂本身的可持续性也是绿色化学与可持续发展中需要考虑的问题。使用较少的材料达到相同的催化性能，提高催化剂的利用率；延长催化剂的使用寿命；使用利于回收再利用的催化剂，使后续处理过程更节能、绿色；利用更便宜、更丰富和可持续的替代品来降低关键或有害催化组分的用量等是使催化剂更加绿色的重要手段。在催化剂绿色化的进程中，人们发展了固体酸碱催化剂代替液体酸碱催化剂，使用非金属催化剂减少金属污染，发展均相催化剂多相化的反应过程，利用废弃物制备催化剂，实现废弃物的资源化利用等。

2.2.1 固体酸碱催化

酸碱催化反应是化工领域中最重要的反应过程之一，最初大部分酸碱催化反应以盐酸、硫酸、磷酸等无机酸和氢氧化钠、氨水等无机碱作为催化剂，反应一般在均相条件下进行，在工艺上连续化生产难度大，并且往往催化剂与产物难以分离。此外，无机酸碱腐蚀设备，废酸、废碱的回收会产生大量的工业废弃物。从保护环境的角度考虑，以环境友好的固体酸碱代替传统使用的液体酸、液体碱是酸碱催化反应的发展趋势。与传统液体酸碱催化剂相比，固体酸碱催化剂具有不腐蚀反应设备、容易回收和可重复使用，易于与反应物和产物分离、后处理简单等优点。此外，很多催化材料既有酸性中心又有碱性中心，可以实现酸性中心和碱性中心协同催化反应。

2.2.1.1 固体酸碱催化剂分类

固体酸催化剂是一类表面上具有 Brønsted 酸（B 酸）和 L 酸催化活性位的固体材料。表 2.3 中列出了一些主要的固体酸催化剂。

表 2.3 固体酸催化剂的类型

序号	类型	实例
1	固载化液体酸	HF/Al_2O_3、BF_3/Al_2O_3、H_3PO_4/硅藻土
2	氧化物	Al_2O_3、SiO_2、B_2O_3、Nb_2O_5、Al_2O_3-SiO_2、Al_2O_3/B_2O_3
3	硫化物	CdS、ZnS
4	金属盐	$AlPO_4$、BPO_4、$Fe_2(SO_4)_3$、$Al_2(SO_4)_3$、$CuSO_4$
5	分子筛	ZSM-5 沸石、X 沸石、Y 沸石、B 沸石、丝光沸石、AlPO、SAPO 系列
6	杂多酸	$H_3PW_{12}O_{40}$、$H_4SiW_{12}O_{40}$、$H_3PMo_{12}O_{40}$
7	阳离子交换树脂	苯乙烯-二乙烯基苯共聚物 Nafion-H
8	天然黏土矿	高岭土、膨润土、蒙脱土
9	固体超强酸	SO_4^{2-}/ZrO_2、WO_3/ZrO_2、MoO_3/ZrO_2、B_2O_3/ZrO_2

固体碱催化剂的研究相对固体酸催化剂较少。表 2.4 中给出了一些主要固体碱催化剂[13, 14]。

表 2.4 固体碱催化剂的类型

序号	类型	实例
1	金属氧化物	MgO、CaO、Al_2O_3、ZrO_2、La_2O_3
2	混合氧化物	SiO_2-MgO、SiO_2-CaO、MgO-La_2O_3、MgO-Al_2O_3
3	负载型碱金属和碱土金属氧化物	Na_2O/SiO_2、MgO/SiO_2
4	负载型碱金属化合物	KF/Al_2O_3、LiF/Al_2O_3、K_2CO_3/Al_2O_3、KNO_3/Al_2O_3、$NaOH/Al_2O_3$、KOH/Al_2O_3
5	负载型碱金属	Na/Al_2O_3、K/Al_2O_3、K/MgO
6	阴离子交换型	阴离子交换树脂、水滑石和改性水滑石
7	黏土	海泡石、滑石
8	磷酸盐	羟基磷灰石、金属磷酸盐、天然磷酸盐
9	载体嫁接胺或铵离子	氨丙基/氧化硅等

2.2.1.2 典型的固体酸催化剂

1）沸石分子筛

沸石分子筛中同时存在 B 酸和 L 酸。B 酸是由其表面的酸性羟基产生的，L 酸

与铝的配位形式有关。在一定条件下，B 酸和 L 酸可以相互转化（图 2.19）。作为固体酸催化剂，分子筛中的酸性位是其活性中心，因此，增强酸强度、增加酸量以及调变 B 酸和 L 酸的比例是调控分子筛催化活性的重要方法。增强分子筛酸性的方法包括常规脱铝、表面改性和沉积 SiO_2 等。

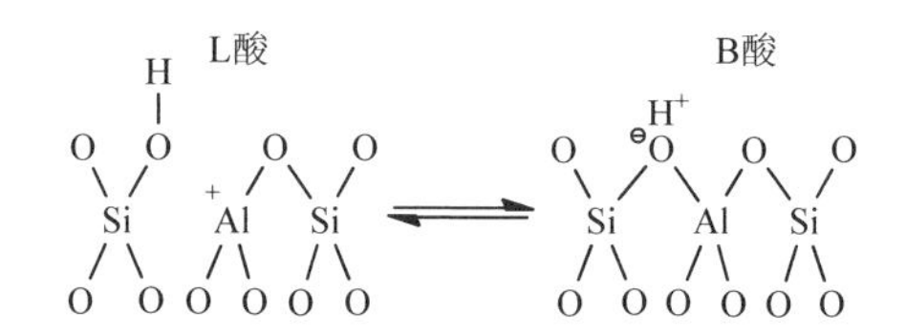

图 2.19　沸石分子筛中 B 酸和 L 酸的相互转化

择形催化是分子筛催化剂的重要特点，与沸石分子筛的孔性质紧密相关。一般是指当孔的大小与反应物、产物分子尺寸接近时，其大小和结构会大大影响催化剂的性能，尤其是目标产物的选择性。只有尺寸小于一个阈值的分子才能进入孔内，接近内部的催化位点发生反应。同时，只有能从孔内扩散出来的分子才能出现在产物中。例如，苯、单取代苯或对二甲苯可以在 MFI 结构的孔道中扩散，但邻二甲苯和间二甲苯的扩散很难，使得其在芳烃歧化和烷基化反应中表现出对甲苯和对二甲苯的择形选择性催化。择形选择性催化通常分为三类。一是反应物的择形扩散，反应混合物中的某些大分子不能进入催化剂的孔，只有能通过孔的较小分子发生反应。二是产物的择形扩散，孔内形成的某些产物分子太大，不能扩散出来，导致产物中只能检测到较小的分子。三是过渡态的择形扩散，某些反应被抑制是因为相应的反应中间体需要比孔或孔腔更大的空间，只有较小过渡态的反应才能顺利进行。迄今为止，择形催化反应的研究很多，而且在工业生产中应用很广。

沸石分子筛作为一类固体酸催化剂，能够循环利用，在开发高效绿色反应体系方面具有良好的应用前景。沸石分子筛在工业催化中占据重要地位[15]，其制备过程也应符合绿色化学的要求，包括原料的绿色化、合成条件的绿色化以及合成方法的绿色化等[16]。

以硅酸钠、硅酸铝等为原料合成沸石分子筛的技术已经成熟，但由于硅酸钠和硅酸铝的生产过程往往伴随着大量能耗和环境污染问题，分子筛合成的绿色化十分重要。天然矿物以硅铝元素为主，价格低廉、储量丰富，可以作为合成沸石分子筛的替代原料，人们在此方面做了大量研究，然而由于天然矿物本身结构以及组成元素的不确定性等原因，直接采用天然矿物作为原料制备特定结构沸石分子筛仍有其局限性。

合成多级孔沸石分子筛往往需要模板剂，应尽量采用可循环使用、低成本甚至可再生资源为模板剂，如葡萄糖、胍等。若要完全排除有机模板剂的污染问题，最好采用避免有机模板剂的合成方法，如沸石晶体诱导、沸石晶种溶液诱导、起始凝胶组成调节等方法。然而，这些方法所合成的沸石的种类有限，仍然需要开发更多、更有效的避免使用有机模板剂的分子筛合成方法。

分子筛结构调控是一个重要的课题[17, 18]。通过层状分子筛层间分子水平硅烷化插硅扩孔的方法，能够实现一系列分子筛结构向更大孔径的转变，进而通过引入过渡金属杂原子，可以制备高效催化材料[19]。

水热法和溶剂热法是合成沸石分子筛的传统方法，在反应过程中会产生自生压力，给操作带来困难。离子热合成法采用离子液体或低共熔物作为溶剂，反应可以在常压下进行，从而避免高压操作问题。另外，离子液体由阴、阳离子组成，其结构、物化性质具有可设计性，通过改变离子液体的性质可以调控沸石分子筛的结构，合成特定功能产物。如何设计离子液体、利用离子液体的特性获得在其他溶剂中难以制备的分子筛、调控其性能是一个重要的研究课题。

很多重要的有机反应需要在水相中进行，或者水是反应物或产物，如酯化反应、水解反应。然而，水会毒化沸石分子筛中的酸性位，导致催化剂失活，因此需要发展耐水性沸石，可以通过增加 Si/Al 比加强催化剂表面的疏水性，使催化剂表面吸附有机物分子的概率增大，通过抑制水分子在催化剂表面的吸附增加沸石分子筛的耐水性。

2）杂多酸

杂多酸是两种或两种以上无机含氧酸缩合而成的多元酸的总称，是一类含氧桥的多酸配位化合物。金属离子或有机胺类化合物部分或全部取代杂多酸中的氢，即得到杂多酸盐。杂多酸兼具酸性和氧化还原性，是一种多功能的新型催化剂[20]。

杂多酸是质子酸，所有质子均具有酸性，它的酸强度和其在溶液中的酸强度相当。B 酸中心主要由酸性杂多酸盐中的质子产生。由于杂多酸的阴离子具有体积大、对称性好、电荷密度低等特性，其对质子的束缚能力弱，因此往往表现出比传统的无机含氧酸（硫酸、磷酸等）更强的 B 酸性。

固体杂多酸的酸催化作用可以分为表面型反应和体相型反应两类。前一类反应发生在催化剂表面，与杂多酸的比表面积密切相关；后一类反应在催化剂体相内进行，也就是准液相反应。准液相性质是杂多酸催化剂与其他固体酸催化剂的重要区别。由于杂多酸的二级结构具有较大的柔性，醇和胺等极性分子容易通过取代其中的水分子或扩大聚阴离子之间的距离而进入体相中。当吸收极性分子时，杂多酸类似于一种浓溶液，其状态介于液体和固体之间，兼具固体和液体的一些共同特性，因此这种状态可称为“准液相”。很多反应主要在这样的准液相内进行，反应物分子或反应中间体在准液相中呈某种配位状态而得以稳

 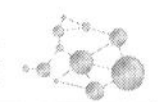

定，从而可以提高很多反应的速率。由于准液相特殊的状态和反应环境，常常使反应具有独特的活性和选择性，甚至使固体杂多酸催化剂表现出比常规液体酸更高的催化活性。

一般杂多酸无孔、比表面积低，使其应用受到限制。采用中和的办法，引入金属阳离子可以得到不溶性和多孔的固体酸盐，提高杂多酸的比表面积，同时引入的金属离子能够产生 L 酸性位，通过 B 酸和 L 酸的协同作用促进反应的进行[21]。作为固体酸催化剂，杂多酸催化剂有很多优点，如可以通过改变组成元素调节酸性和氧化还原性，质子流动性好等。不过，杂多酸的热稳定性往往较差，导致其适用温度范围窄。此外，很多杂多酸和杂多酸盐能溶于极性溶剂，可进行均相催化，但不利于产物的分离和催化剂的回收利用。将杂多酸固载在多孔载体上可使催化剂更容易分离，但仍然无法避免极性溶剂对杂多酸的溶脱，并且负载对杂多酸的结构和性能往往有重要的影响。因此，设计更加绿色、普适性好的杂多酸催化剂仍然是研究的重点。

3）固体超强酸

固体超强酸是指酸性超过 100%硫酸的酸[13]。负载卤素类固体超强酸催化剂活性高，但是稳定性差，并且合成原料价格较高，在合成及废催化剂的处理过程中会产生三废问题，对设备有一定的腐蚀性，因此其应用受到限制。SO_4^{2-}/M_xO_y 型固体超强酸制备方法简单，SO_4^{2-} 在表面配位吸附，由于 S═O 的诱导效应，促使相应的金属离子得电子能力增加，使 M—O 键上电子云强烈偏移，产生 L 酸中心。在干燥与焙烧过程中，催化剂中的结构水发生离解吸附产生 B 酸中心。一般认为，焙烧的低温阶段是催化剂表面游离硫酸的脱水过程。高温有利于硫酸盐前驱体与固体氧化物发生固相反应形成超强酸，但在超高温条件下会引起促进剂 SO_4^{2-} 以气态二氧化硫的形式流失。单组分 SO_4^{2-}/M_xO_y 虽然初始催化活性高，但单程反应寿命短，通过在载体中引入分子筛、形成复合金属氧化物载体和引入稀土元素改性的方法可以增加比表面积和酸强度、提高机械强度以及增强抗中毒能力。由于 SO_4^{2-}/M_xO_y 的酸总量和酸密度较小，影响了催化活性，人们又发展了 $S_2O_8^{2-}$ 型固体超强酸。$S_2O_8^{2-}$ 比 SO_4^{2-} 更易与载体配位，因此可以提供更多的超强酸中心和活性组分硫，从而提高了催化活性[22]。

4）载体嫁接酸性官能团

将酸性官能团如—COOH、—SO_3H 嫁接到载体上形成新的固体酸催化剂，这类固体酸主要表现为 B 酸性，活性中心为键合的酸性基团。磺酸根能够接枝到 MCM-41、SBA-15、有机聚合物及碳等载体上。接枝磺酸根的量与酸密度密切相关，并进一步影响催化性能。

2.2.1.3 固体酸催化的反应

1）Friedel-Crafts 反应

在 L 酸的催化作用下，芳香烃环上的氢原子被烷基和酰基取代的反应称为 Friedel-Crafts 反应，是制备烷基烃和芳香酮的重要方法。传统的催化剂为无水氯化铝、氯化锌、三氯化铁、三氟化硼等，催化剂难以回收利用，并且酰基化产物中含有的羰基能与L酸络合消耗催化剂，因此催化剂用量一般很大。能催化 Friedel-Crafts 反应的固体酸催化剂包括沸石分子筛催化剂、杂多酸盐类催化剂、固体超强酸类催化剂等。传统的 Friedel-Crafts 反应的催化剂为 L 酸，因此增加固体酸表面 L 酸的酸性和数量是提高催化剂活性的重要途径。然而，当采用沸石分子筛为催化剂时，Friedel-Crafts 酰基化反应的活性同样会受到 B 酸的影响。这说明 B 酸和 L 酸都会影响沸石分子筛催化剂对 Friedel-Crafts 反应的催化性能。除酸的种类、强度及数量外，沸石分子筛催化剂的孔道往往对反应的活性和选择性也能产生很大影响。

2）催化裂化

催化裂化反应的催化剂主要为无定形硅酸铝和硅铝型分子筛。分子筛催化剂比无定形硅酸铝具有更好的选择性，可以生成较多的汽油以及较少的焦和气体。无定形硅酸铝表面酸中心的酸性强度相差较大，有的酸中心酸性较弱，有的酸中心酸性很强。在反应过程中，强酸中心会引起深度裂解反应，而较弱酸中心会引起聚合反应，从而使副反应增加，降低汽油的选择性。通过设计使分子筛表面具有强度合适的酸中心，可以提高产物中汽油收率。另外，分子筛中更多的 B 酸中心可以增强裂化性能并加速氢转移反应速率，使催化裂化反应主要生成芳烃和异构烷烃。就催化裂化而言，单分子反应和双分子反应之间存在竞争，会导致不同的产物分布，分子筛催化剂之所以替代无定形硅铝催化剂，可归结于它在两类反应的竞争与协调中极大地有利于双分子反应的进行[23]。Y 沸石由于具有“超笼”这一特殊孔结构，能有效促进双分子反应。

3）催化重整

催化重整过程包括脱氢、脱氢环化、异构化、氢解及加氢裂化等多个过程。脱氢、氢解及加氢过程一般需要金属催化剂，环化、异构化及裂化需要酸性催化剂，所采用的催化剂一般由金属组分和酸性组分组成，为双功能催化剂。目前工业上采用的催化剂主要为 Pt 基双金属及多金属催化剂。

4）脱水反应与水解反应

醇脱水反应是制备烯烃的重要反应，如乙醇脱水制乙烯等。目前醇脱水制烯烃主要采用分子筛催化剂。

水解反应是生物质转化制备重要化学品等领域中非常重要的反应，包括纤维素水解制备葡萄糖，葡萄糖、果糖脱水制备5-羟甲基糠醛以及纤维素转化制备乙酰丙酸等反应。沸石分子筛、超强酸、杂多酸等固体酸催化剂都可以催化水解反应。由于水解反应往往在水相中进行，因此需要固体酸催化剂具有良好的耐水性。含锡沸石是能够高效催化葡萄糖异构化反应的固体酸催化剂，并且该催化剂在水溶液中具有很好的稳定性[24]。各种固体酸催化剂，如HZSM-5、LZY沸石、Y沸石、SiO_2/Al_2O_3、黏土、硫酸化的 TiO_2、固体超强酸$S_2O_4^{2-}/ZrO_2\text{-}SiO_2\text{-}Sm_2O_3$、离子交换树脂等都可以催化糖类及纤维素水解制备乙酰丙酸或乙酰丙酸酯。

5）酯化反应

酯化反应是醇与羧酸或含氧无机酸生成酯和水的反应，是一类典型的酸催化的反应，传统的催化剂为浓硫酸等液体酸。近年来，人们也发展了高效的固体酸催化剂。例如，甘油三酯的酯交换和游离脂肪酸的酯化是生物柴油生产的基础，寻求高效的非均相催化剂代替无机酸一直是人们追求的目标，通过分步共沉淀、封装和表面官能化法合成的核-壳固体超强酸 $SO_4^{2-}/Mg\text{-}Al\text{-}Fe_3O_4$ 催化剂，能够高效催化废食用油酯化反应[25]。

2.2.1.4 典型的固体碱催化剂及其催化反应

碱金属氧化物MgO、CaO、SrO和BaO都是典型的固体碱催化剂，碱性主要来源于表面吸附水后产生的羟基以及带负电的晶格氧。在这些催化剂中Ba的碱性最强，但是由于具有明确结构和高比表面的MgO更容易制备，因此MgO的研究更广泛。虽然稀土氧化物如CeO_2、La_2O_3、Nd_2O_3等具有强碱性，但一般作为催化剂的载体，而不是碱性催化剂。碱金属化合物都有碱性，将碱金属化合物负载在不同的载体上可以制备新的固体碱催化剂，金属氧化物、分子筛及碳材料等都可以作为载体。MgO作为载体负载碱金属化合物，形成新的固体碱可用于催化制备生物柴油[26]。近年来，人们还发展了一些新型的固体碱催化剂。表现出强路易斯碱性的$Ga_4B_2O_9$能够催化Strecker反应合成α-氨基腈以及正丙醇脱水制备丙烯[27]，以Eu(III)离子为金属中心的3D金属有机骨架材料，表面富含路易斯碱性位点，能够催化Knoevenagel缩合反应[28]。CeO_2与2-氰基吡啶协同作用可产生新的N^-碱性位点，能够高效催化多种共轭烯烃的烷氧基化反应（图2.20）[29]。

2.2.1.5 固体酸碱协同催化剂

ZrO_2、TiO_2、ZnO和Al_2O_3表面既有酸性中心又有碱性中心，其催化性能往往是酸碱协同作用的结果，酸碱的比例会影响催化剂的性能。双金属氧化物WO_3/ZrO_2催化剂含有酸性和碱性位点，当酸碱比例为4～5.4时，催化甘油气相

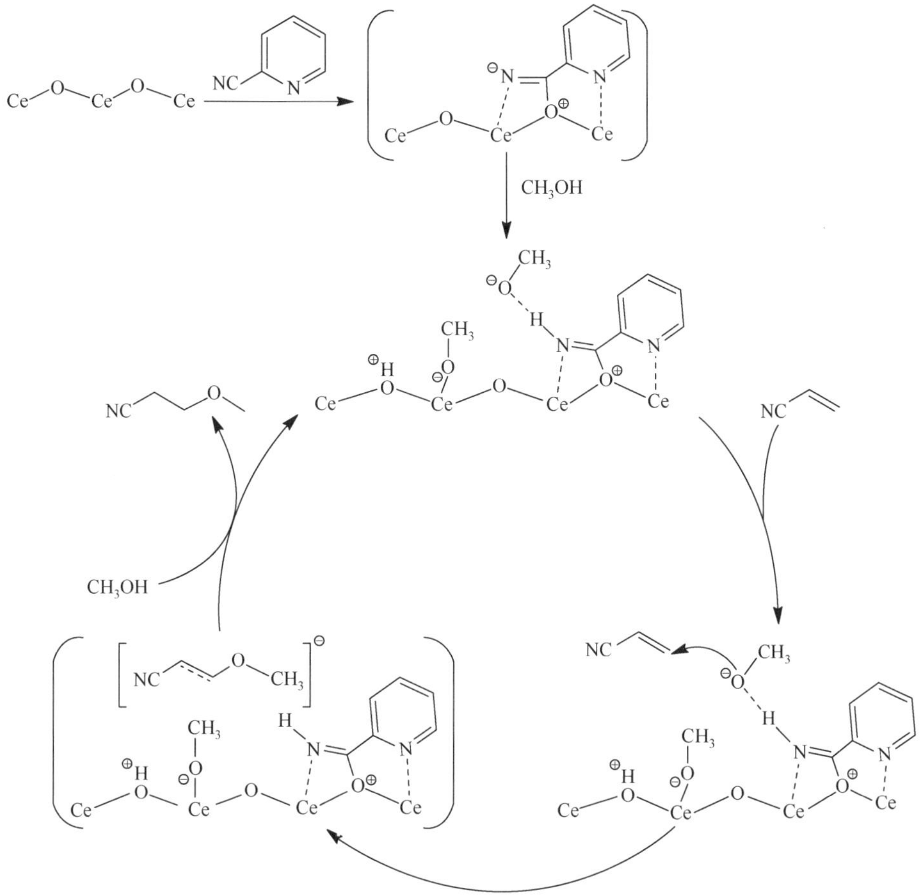

图 2.20　CeO_2 与 2-氰基吡啶催化烯烃烷氧基化反应

脱水制备丙烯醛的转化率最高，少量 Nb 的加入会导致碱性位点减少，提高催化剂的稳定性[30]。Mg-Al 混合氧化物催化剂能够催化醇胺氧化偶联。通过改变 Mg/Al 比、煅烧温度和用功能分子进行表面处理能够调节 Mg-Al 氧化物的结构和表面性质。Mg/Al = 3 的 Mg-Al 氧化物具有大量的表面弱碱性位点和相对较少的弱酸性位点，在反应中表现出很高的活性。酸性和碱性位点分别作为胺和醇的吸附和活化位点，酸性位点是苄醇活化的催化中心，控制氧化偶联反应的速率，在这些酸碱中心的协同作用下催化醇和胺的氧化偶联反应[31]。

2.2.1.6　金属-固体酸碱双功能催化剂及应用

固体酸作为载体负载金属纳米粒子，构成双功能催化体系，广泛用于催化级联反应。一般来说，金属活性组分催化氢解反应，固体酸催化水解、异构化、裂

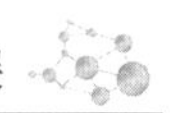

解等反应，可采用一锅法实现多步反应。例如，Pt/$NbOPO_4$催化剂通过Pt、NbO_x和酸性位的协同作用催化真实木质纤维素加氢脱氧生成烷烃，产率可达28.1%[32]。同样，通过金属与B酸位与L酸位的协同作用，Pd/*m*-MoO_3-P_2O_5/SiO_2催化剂可以高效催化酚类化合物的加氢脱氧，即使采用不溶的木材和树皮为原料，液体烷烃的产率仍然能达到29.6%[33]。

双功能催化剂还广泛应用于费-托合成以及CO_2加氢制备液体燃料。复合催化剂$ZnCrO_x$-ZSM-5可使合成气直接转化成芳烃，单程CO转化率为16.0%时，芳烃的选择性可达73.9%[34]。既含有酸性位又含有金属活性中心的双功能催化剂可以催化烷烃转化，对于正构烷烃的转化，金属活性中心催化脱氢或加氢反应，酸性位催化异构化和裂解反应，得到分子量相同或分子量减小的异构烷烃[35]。由In_2O_3和HZSM-5组成的双功能催化剂，可以催化CO_2转化制备液体燃料，CO_2转化率为13.1%时，液体燃料的选择性达到78.6%，CH_4仅为1%[36]。

2.2.2 均相催化剂多相化

催化剂和反应物同处于一相，不存在相界面而进行的反应称为均相催化反应，能起均相催化作用的催化剂称为均相催化剂。均相催化剂一般以分子或离子形态催化反应，活性中心均一，因而具有高活性和高选择性。金属配合物催化剂是一类重要的均相催化剂，在化工、生物医药、高分子等行业中占有重要地位。有机金属配合物催化剂大多溶于有机溶剂，反应后，产物、催化剂都溶于有机相中，一般需要通过蒸馏、分解、转化等方法将催化剂和产物分离，不仅耗能而且容易导致催化剂失活。均相催化剂多相化为解决这一问题提供了一条有效途径。均相催化剂多相化的方法主要包括均相催化剂固载、液液两相催化及直接发展替代多相催化剂等。

1）均相催化剂固载

多孔材料可以作为均相催化剂的载体，实现均相催化剂的多相化。多孔材料由于具有高比表面积和低骨架密度，其作为载体使催化剂易与反应物充分接触，有利于催化反应进行，此类材料在过去几十年得到了较大的发展。固载方法包括离子交换法、共价键接枝法和封装法等。

离子交换法主要是将催化剂固载在分子筛、黏土等固体材料上，此方法应特别注意催化剂流失问题。共价键接枝法制备的固载化均相催化剂稳定性好、活性组分不易流失，然而金属配合物的自由度受到限制，因此催化性能往往会发生较大的变化。以非共价键封装或物理吸附方法将均相催化剂负载到中孔或介孔材料的孔道中构筑纳米反应器，可更好地保持金属配合物的自由度和活性，使固载化催化剂兼具均相催化和多相催化的特点。这类催化剂采用的策略是将较大形体的均相催化剂封闭在有较小窗口的牢笼中，必要时还可以通过调节窗口大小提高催化反应选择性。这种方法制备的催化剂与反应物、产物分子同时处于同一相，因此保持了高活性和高选择性，同时，非均相的牢笼可以防止金属配合物催化剂的流失，便于回收利用，从而具有非均相催化剂的优势[37]。使用硅胶原位包载的方式获得的宏观多相、微观均相的新型纳米离子液体催化材料可应用于苯胺羰基化制备苯胺基甲酸酯等多个催化反应，取得良好的效果[38]。采用共聚合的方法合成的主链上含有手性膦 1, 1′-联萘-2, 2′-双二苯膦（BINAP）配体的高分子负载手性催化剂，在脱氢萘普生的不对称氢化反应中显示出比小分子催化剂更高的催化活性。该反应在类似均相条件下进行，产物和催化剂分离简单，催化剂容易循环利用，并有良好的稳定性[39]。

多孔有机骨架（POF）化合物包括金属有机骨架（MOF）聚合物、共价有机骨架（COF）聚合物及共轭微孔（CMP）聚合物等，在多相催化领域引起广泛关注[40]。将金属配合物直接组装在骨架材料中，也是常用的固载均相催化剂的一种方法[41]。基于三芳基膦的多孔 Zr-MOF，通过后合成与 Rh 和 Ir 金属化得到固化 M-PR3 的 MOF 催化剂，在酮和烯的硅氢化反应、烯烃的氢化反应以及芳烃的活化硼化反应中表现出优良的催化活性，并且可循环使用。更重要的是，可能由于在催化循环中固化的 M-PR3 阻止了歧化引起的催化剂中毒和配体交换，该催化剂的性能优于对应的均相催化剂前驱体[42]。

2）液液两相催化

在不相溶的水和有机两相体系中，过渡金属配合物溶解在水相体系中，催化反应主要发生在水相体系或两相界面处，反应结束后，含催化剂的水相和含产物的有机相发生分离，催化剂相可以回收利用，这是解决均相催化剂回收利用的另一种有效方法（图 2.21）[43]。各种水溶性膦配体的设计合成大大推进了水/有机两相催化反应的研究和应用。然而，传统水/有机两相催化体系的应用范围往往受到底物水溶性的限制，即当遇到水溶性很差的底物时，传质限制使得主要发生在水相中的反应速率下降，难以满足工业要求。

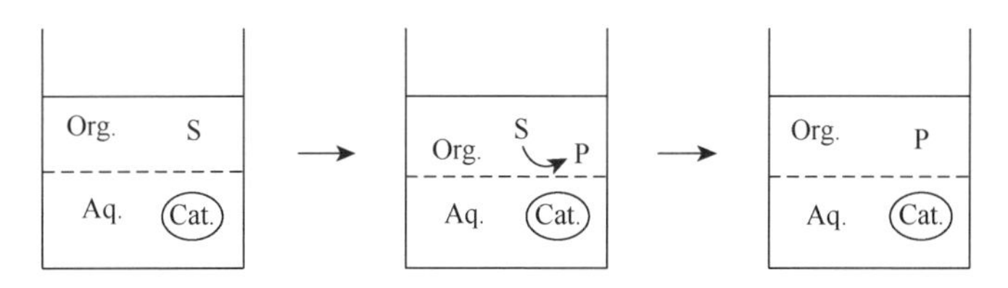

图 2.21 液液两相催化

Org.：有机相，Aq.：水相，S：原料，P：产物，Cat.：催化剂

利用温控膦配体在水中具有“临界溶解温度”发展的“温控相转移催化”，能有效解决水/有机两相体系适用范围受底物溶解度限制的问题。例如，聚乙氧基三

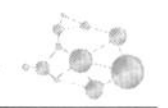

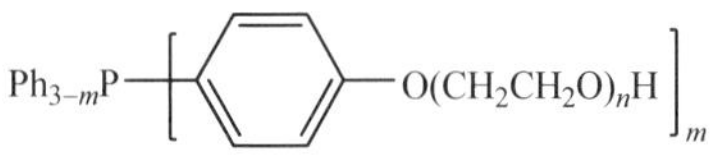

$Ph_{3-m}P-[C_6H_4-O(CH_2CH_2O)_nH]_m$

图 2.22　聚乙氧基三羟苯基膦配体

羟苯基膦配体，不但具有水溶性，而且具有非离子表面活性剂的浊点特征（图 2.22）[44]。配体中的乙氧基链与水分子形成氢键溶解在水中，但当温度升高至一定值时，氢键被破坏，膦配体从水中析出，这个温度是配体在水中的“临界溶解温度”。在水/有机两相体系中，在反应开始前催化剂与反应底物分别在水相和有机相中，反应温度高于临界溶解温度后，催化剂从水相中析出转移至含有底物的有机相中进行反应，反应结束后，冷却至临界溶解温度以下，催化剂重新溶解到水相中，实现与含有产物的有机相的分离，并可以循环利用。

全氟碳化合物是指仅含有 C、F（全氟烃）或 C、F、O（全氟醚）以及 C、F、N（全氟胺）原子的饱和有机物，由于其化学惰性、高的热稳定性及不可燃性，是一种良好的非极性反应介质。更重要的是，由于其弱的分子间作用力，与一般的有机溶剂不溶，因此可以形成全氟/有机两相体系，但是随着温度的升高，有机溶剂在全氟溶剂中的溶解度会升高，甚至能够变为均相体系。因此通过设计溶于全氟溶剂的催化剂，在一定反应温度下，反应可变为均相催化体系，温度降低后，催化剂会重新溶解在全氟溶剂中，实现温控相分离[45]。人们还发展了低碳醇/烷烃两相催化体系、碳酸乙（丙）烯酯/烷烃两相体系、*N, N*-二甲基甲酰胺（DMF）或 *N, N*-二甲基乙酰胺（DMAc）或二甲基亚砜（DMSO）/烷烃两相催化体系，聚乙二醇两相催化体系以及温控离子液体两相催化体系[46]。

除温控相转移催化外，人们还发展了“反应控制相转移催化”。例如，人们发明了一种催化体系，催化剂本身不溶于反应介质中，但在反应物的作用下，催化剂会形成溶于反应介质的活性组分催化反应进行，当反应物消耗完后，催化剂从反应体系中析出。反应控制的相转移催化体系兼具均相催化和多相催化的优点[47]。

3）均相催化剂体系进行流动反应

均相催化剂不仅存在分离能耗高的问题，而且由于其溶解性，很难实现在固定床反应器上的流动反应，因此使反应的规模化放大变得困难。

将溶解催化剂的液滴封装在纳米空腔中，同样可以实现均相催化剂的两相反应，并且均相配合物在含有液滴的纳米空腔中的环境与未负载前类似，此方案很好地保留了催化剂的化学结构。将能够悬浮在有机溶剂中的水溶性均相催化剂 Rh-TPPTS 的纳米液滴封装在介孔二氧化硅空腔中，形成纳米反应器，外壳的隔离效应使得溶解 Rh-TPPTS 的水相形成纳米液滴，并很好地分散在有机介质中，由此产生大的水-有机界面接触面积，传质速率提高。该催化剂可以高效催化长链烯烃的双相氢甲酰化反应[48]。最近，研究者发展了一种将均相催化剂限域在皮克林（Pickering）乳液液滴中的方法。采用固体颗粒稳定乳液的方法，将水相“分割”成高度分散的微米液滴，液滴填充于固定床反应器内，在反应过程中油相中的反应物与水滴中的催化剂在相界面处发生反应，生成的产物随着油相从反应体系流出。由于该类液滴具有很高的稳定性，反应体系即使在快速流动条件下也不发生相分离，始终保持很大的反应界面。将该催化体系应用于三类典型的油水双相催化反应，即硫酸催化加成反应、杂多酸催化开环反应和酶催化手性反应。结果表明，该体系的催化效率可达间歇釜式反应的 10 倍，并且连续运行 2000 h 后催化效率没有明显降低[49]。另外，通过乳滴表面交联方法，可以制备离子液体核-多孔氧化硅壳的新型固液杂化材料。该催化材料有效结合了均相催化剂和多相催化剂的优点，成功实现了酶、金属配合物等均相催化剂的绿色高效连续流动催化反应。多孔氧化硅外壳使得该催化剂具有固体催化材料的特性，离子液体核溶解酶、分子催化剂等催化活性单元，为反应提供微纳空间和均相催化环境。催化剂填充于柱状反应器中，用于连续流动反应，可进行酶催化的酯交换反应、Cr(salen)催化的环氧化合物手性开环反应、钯催化的 Tsuji-Trost 偶联反应等。相对于传统的两相催化反应体系，该连续流动反应体系的活性可提高 1.6～16 倍，且可连续流动反应 1500 h 后仍保持较高的催化选择性和活性[50]。

4）磁性催化剂

将磁性引入催化剂中，催化剂可利用外磁场作用进行快速分离回收，使催化剂分离过程具有能耗低、效率高的特点，在催化领域受到了高度关注。催化剂种类不仅仅限于均相配合物催化剂，对于难分离的纳米粒子催化剂同样适用。这方面已有不少研究，如人们制备了碳包覆的直径为 20 nm 的镍铁磁性纳米粒子并对其结构进行表征，该纳米催化剂可应用到液相反应中[51]。研究者用模板法制备了可用于烯烃加氢反应的介孔磁性催化材料 Pd-Co@C，该材料在外加磁场的作用下即可进行快速高效的分离[52]。

近年来，磁性催化材料发展迅猛，人们对其合成、表征、应用及催化机制等方面都进行了深入的研究，通过溶胶-凝胶法、微乳液合成法、热分解和共沉淀法实现了磁性纳米粒子的可控制备。通过无机材料、碳、金属及聚合物对磁核进行表面修饰，大大提高了磁性纳米粒子的稳定性，扩大了材料的应用范围，使其在光催化、生物催化、固体酸催化、固体碱催化、相转移催化等领域都得到了广泛应用。

在 Fe_3O_4 上修饰咪唑聚乙二醇，与钯配位后可制备在水中高度分散的磁性催化剂。该催化剂可在水中高效催化 Suzuki 反应，催化剂在磁石作用下即可快速分离且实现多次循环使用[53]。以 FeC@Ru 纳米粒子为催化剂，利用磁感应作用下磁核产生的高能量中心，在较温和的条件下即可实现高效乙酰苯加氢脱氧反应，而且能够抑制苯环的加氢反应，并以 100%的收率实现生物质羟甲基糠醛（5-HMF）

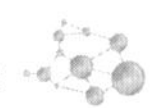

向 2, 5-二甲基呋喃（2, 5-DMF）的转化[54]。

5）发展替代多相催化体系

手性合成多是金属络合物催化的均相催化过程，直接合成多相手性催化剂是解决催化剂回收利用问题的重要手段。β 沸石是一种人工合成的手性分子筛，其微孔中的形貌 A 是一种三维孔道结构，其中沿着晶体 c 方向的孔道是一种具有四重扭转轴的十元环螺旋型孔道。在合成 β 沸石时加入手性有机物模板剂，可制备形貌 A 对映体过量的 β 沸石，在顺 1, 2-二苯乙烯的不对称氧化反应中得到了 5%的对映选择性（ee）值，说明了手性分子筛具有不对称催化的功能[55]。β 手性分子筛手性螺旋型孔道所占比例很少，因而 ee 值一般较低。氟化物介质中合成的手性 β 沸石为载体负载 Pd、Pt 等金属，在不加任何手性修饰剂时，对巴豆酸的不对称催化加氢得到 9%～11%的 ee 值[56]。手性 MOF 材料是一类新型手性固体材料。目前所合成的手性 MOF 主要有三类：具有手性配体的手性 MOF；具有次级构筑单元的手性 MOF；具有螺旋结构的手性 MOF。以 Mn(salen)和 Cr(salen)为混合连接单元连接 Cp_3Zr_3 节点形成的 MOF 在催化烯烃环氧化和进一步环氧化开环反应中表现出很高的手性选择性[57]。

2.2.3 非金属催化剂

对于绝大多数涉及氧化还原反应的催化过程，催化剂的活性组分一般都是金属，而且以过渡金属居多。由于非金属催化剂能够避免产品的金属污染，并且来源丰富，近年来引起了人们的广泛关注。

Yang 等报道了烃类氧化反应的非金属催化体系，选用 *N*-羟基邻苯二甲酰亚胺作为氧化还原活性中心前驱体，使其在反应中与单电子转移促进剂蒽醌类化合物作用，经过单电子转移过程原位生成高亲电性自由基邻苯二甲酰亚胺-*N*-氧自由基，实现在温和条件下对烃类 C—H 键夺氢，从而催化烃类氧化反应进行[58]。多相非金属催化剂的典型代表为碳材料，包括无定形碳、有序介孔碳、石墨烯/氧化石墨烯及碳纳米管等形态，能够催化烷烃脱氢，不饱和化合物加氢以及烷烃、醇、胺、硫醇的氧化等反应。研究表明，碳纳米管能够催化丁烷氧化脱氢到丁烯和 1, 3-丁二烯，并且经过硝酸氧化处理和磷掺杂处理的碳纳米管的催化性能更好[59]。碳材料的催化性能与杂原子掺杂密切相关。B、N、P 或 S 作为杂原子掺杂剂，使碳材料具有更好的催化性能，甚至新的催化功能，这是由于杂原子掺杂会导致碳材料的结构畸变和电荷密度的变化，从而引起电化学性质以及表面物化性质的变化[60]。以离子液体为模板剂合成的硼氟共掺杂的介孔氮化碳材料，在环己烷氧化制备环己酮的反应中表现出良好的催化活性与选择性[61]。

除碳材料外，氮化硼（BN）也可以作为非金属催化剂催化烷烃的脱氢反应，并且具有比金属催化剂 V/SiO_2 更高的选择性。另外，如果计算单位质量催化剂的活性，氮化硼纳米管是 V/SiO_2 的近十倍，优势非常明显[62]。相比于碳材料，氮化硼催化材料的研究相对较少，可能是因为氮化硼材料的合成更难控制。值得注意的是，碳材料以及氮化硼材料在合成过程中往往会残留一些金属，因此需要证明残留在材料中金属的作用，进而明确反应是否确实是在非金属材料催化作用下进行。

碳材料、杂原子掺杂碳材料及氮化硼在热催化、电催化及光催化领域都有广泛应用，具有成本低、无金属污染及生物相容性好等优点，但对于很多反应其活性仍然低于金属催化剂。进一步研究这些材料的反应机制，从而指导该类催化剂的设计和功能调控是未来研究的重点。

路易斯酸碱理论是化学领域最基本的理论之一，它在化学学科的发展过程中起着至关重要的作用。路易斯酸具有空轨道，路易斯碱具有孤对电子，它们通常能以配位键的方式形成稳定的路易斯酸碱加合物。然而，大位阻的路易斯酸和碱却不能成键。例如，大位阻的路易斯酸 1 与路易斯碱 2 反应可以生成两性离子化合物 3，并将 3 与二甲基氯硅烷反应得到两性离子化合物 4（图 2.23）。化合物 4 在 100℃以上时能够放出氢气生成化合物 5，而 5 在氢气氛围中又能快速生成 4，实现了氢气的可逆活化。这种路易斯酸碱对为长期以来由金属主导的催化氢化领域开辟了新的途径，能够催化烯烃、烯胺、醛、酮、多环芳烃等加氢还原[63, 64]。

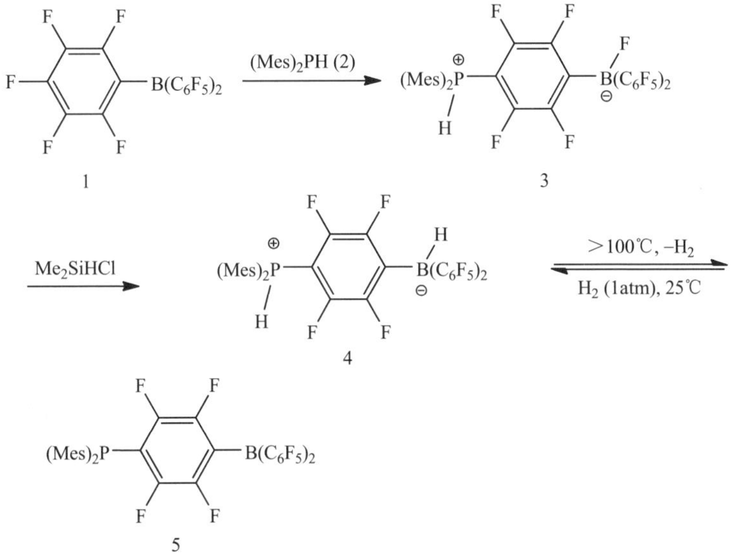

图 2.23　路易斯酸碱对活化氢气

1atm = 1.01325×10^5Pa

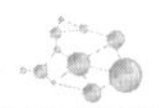

2.2.4　生物质基催化剂

生物质是指利用大气、水、土地等通过光合作用而产生的各种有机体，即一切有生命的可以生长的有机物质通称为生物质。生物质是重要的可再生碳资源，利用生物质作为原料制备催化剂或者直接采用生物质催化剂，是发展绿色催化剂的重要方面。

壳聚糖是一种生物质分子，其性质稳定、价格便宜、可生物降解、生物相容性好。由于其在大多数有机溶剂中不溶，可以作为异相催化剂催化有机反应。壳聚糖可以作为碱性固体催化剂催化迈克尔（Michael）加成反应。以壳聚糖为催化剂，4-氨基-3-甲酸基香豆素与活泼亚甲基化合物可以生成苯并吡喃类化合物。对于一些反应，壳聚糖作为一种绿色、可降解的催化剂，比传统的 L 酸催化剂、碱性催化剂活性更高、反应条件更温和（图 2.24）[65]。此外，甲壳素、壳聚糖及其衍生物中的酰胺基或氨基与金属颗粒间存在较强的相互作用，可以用作保护剂稳定金属颗粒，所得催化剂金属颗粒小、分布窄、稳定性好。壳聚糖负载的金属催化剂已广泛用于催化氧化反应、氢化反应、烯丙基取代反应、羰基化反应及碳碳偶联反应等。

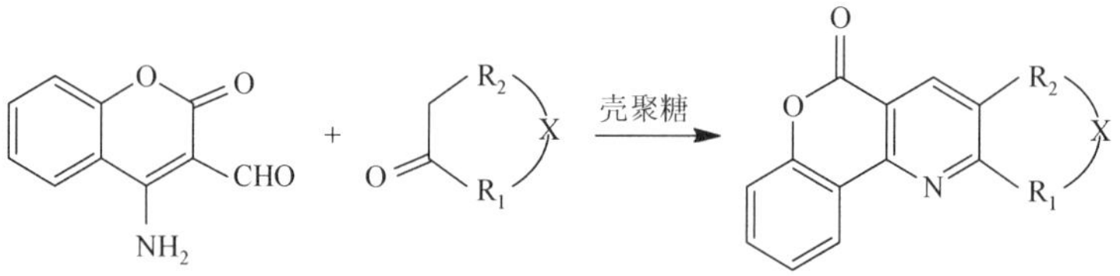

图 2.24　壳聚糖催化

木质素经过一系列的活化处理后，可作为催化剂催化水解、酯化及多组分偶联反应等。尤其是经磺酸化处理的催化剂，可以作为固体酸代替液体酸催化剂[66]。木质素还可以作为碳源制备碳材料，碳材料可以作为催化剂的载体用于各种催化剂的制备。

硫酸化的纤维素也可以用作酸催化剂。芳香族腈类化合物与 2-氨基醇、乙二胺、2-氨基乙硫醇在纤维素硫酸存在下可以分别合成噁唑啉、咪唑啉、噻唑啉（图 2.25）。柠檬酸是一种天然的化合物，广泛存在于动植物新陈代谢中，价廉易得，可生物降解。柠檬酸可催化很多反应，如催化醛、环己二酮、邻苯二甲酰三组分反应合成酞嗪三酮衍生物。相比于硫酸铈、对甲基苯磺酸催化剂而言，柠檬酸催化下的反应速率更快[67]。天然产物甜菜碱也可以作为催化剂催化胺类化合物与 CO_2 的反应（图 2.26）[68]。植酸可从植物中提取，它含有 6 个极性基团。植酸可以与金属配合制备多级孔金属配合物催化剂，这类催化剂对于催化乙酰丙酸加氢反应生成 γ-戊内酯具有很高的催化活性和稳定性[69]。采用β-环糊精为催化剂，在温和条件下能够催化肉桂醛高效转化为苯甲醛[70]，这既丰富了生物质和超分子化学在催化方面的应用，也为芳香醛类香料的清洁合成提供了一条途径。

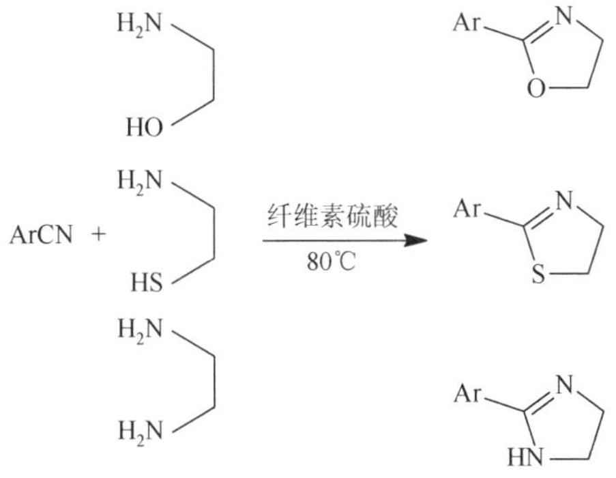

图 2.25　纤维素硫酸催化的三组分反应

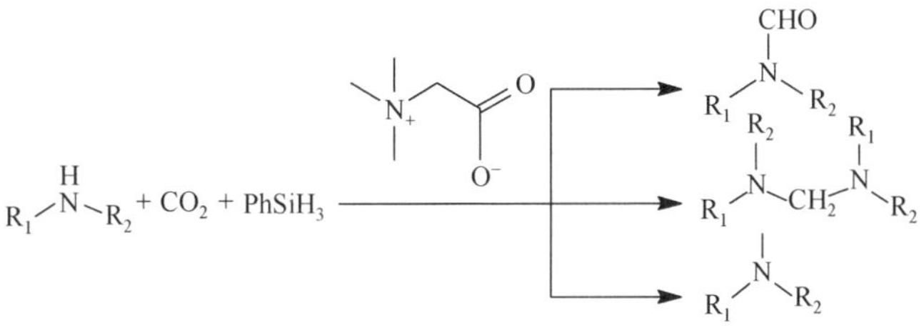

图 2.26　甜菜碱催化二氧化碳转化

2.2.5　利用废弃物制备催化剂

在化工生产过程中，废弃物的产生不可避免，废弃物的资源化利用是实现可持续发展的重要途径。利用工业废弃物为原料制备催化剂，体现了资源综合利用的思想。粉煤灰（CFA）是一种工业固体废弃物，含有硅和铝，可以作为多孔催化剂和吸附剂的起始材料。近年来，CFA 基多孔催化剂引起了研究人员的广泛兴趣，在污染物的降解、精细化学品的合成等方面都有广阔的应用前景，为廉价催化剂的开发提供了新的可能性[71]。利用 CFA 为原料可以合成硅酸盐聚合物，作为酸性或氧化还原催化剂能够催化 Friedel-Crafts 反应，并且其催化性能优于其他常用的硅酸铝催化剂，如 M 沸石、介孔分子筛、混合氧化物[72]。鸡蛋壳是一种农业废弃物，含有 96%碳酸钙、1%碳酸镁、1%钙磷酸盐，也包括有机材料（主要是蛋白质）和水[73]，可以作为催化剂催化生物柴油的制备、碳酸二甲酯及生物活性分子的合成、污水处理等[74]。

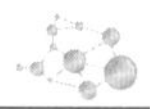

2.2.6 多相金属催化

2.2.6.1 纳米催化

由于纳米粒子具有特殊的表面效应、尺寸效应、形貌效应、限域效应、介质效应等，纳米金属催化剂对很多化学反应表现出优良的催化性能[75-78]。将纳米粒子负载在大比表面的载体上可以构筑负载型纳米金属催化剂，在能源、资源、环境、化工等领域具有广阔的应用前景。

通过纳米化呈现高催化活性的典型范例之一是纳米金催化材料。金纳米化负载后对 CO 低温氧化反应展现出很高的活性，而在此之前普遍认为金是催化惰性的金属[79]。载体与负载纳米粒子的相互作用对催化剂的性能有显著影响。例如，可以通过改变 Au/ZrO_2 催化剂载体 ZrO_2 的粒子大小调节其与纳米金的相互作用，发现 ZrO_2 载体小于 15nm 时可以获得更高的活性[80]。

纳米粒子的种类、尺寸、分散度及载体的性质等都会影响负载型纳米催化剂的活性。由于纳米催化剂的活性组分颗粒尺寸小，在反应过程中很容易聚集，提高负载型纳米催化剂的寿命也是重要研究内容。改善催化剂性能的方法包括：①制备尺寸更小、更稳定的纳米粒子；②创造强的载体与金属的相互作用；③通过有机配体调控金属表面的电子状态；④制备不同形貌或晶面的多金属催化剂等。

1）调控纳米粒子尺寸

常用的制备负载型纳米金属催化剂的方法包括浸渍法、沉积沉淀法、化学气相沉积法、离子交换法等。为了进一步控制纳米粒子的尺寸和形貌，提高催化剂的活性，在传统制备方法的基础上人们发展了一系列新型的制备方法。通过利用渗氮法，在碳表面沉积一层氮，提高载体与金属之间的相互作用，可制备尺寸小于 2 nm 碳负载的 Au、Pd 和 Pt 纳米催化剂[81]。基于 Ti(III)氧化物载体与一些金属离子能发生氧化还原反应的特性，在 Ti(III)氧化物载体表面原位生长金属纳米粒子制备纳米金属/TiO_2 催化剂。在此方法中，首先制备具有还原能力的 Ti(III)氧化物，然后使其与具有氧化性能的金属离子接触，金属离子在氧化物表面还原并负载在氧化物表面，从而得到金属/TiO_2 纳米复合材料。结果表明，在催化剂中，金属粒子（如 Pt、Pd、Ru、Au、PtRu 等）均匀分布在 TiO_2 载体表面，其尺寸可小于 2.0 nm 甚至 1.0 nm，且分布很窄。所制备的 Pt/TiO_2 和 $PtRu/TiO_2$ 对紫外光辐照降解苯酚表现出优异的光催化性能，该制备方法简单、绿色、高效[82]。在保护剂存在下，预先合成具有特定尺寸的纳米粒子，然后负载在固体载体上，可以制备粒径分布均一、形貌可控的纳米粒子催化剂。采用这种方法制备的催化剂粒径大小分布窄，尺寸均一，然而很难得到小于 1 nm 的纳米粒子。通过紫外-臭氧处理这种方法制备的纳米粒子表面，除去稳定剂，研究发现残留聚乙烯吡咯烷酮（PVP）显著提高了 Au 纳米粒子对于对氯硝基苯加氢的活性，但抑制了肉桂醛的加氢[83]。

采用具有还原性的表面活性剂，同时作为纳米粒子的还原剂和保护剂，可以得到粒径小于 1nm 的各种金属纳米粒子。例如，利用间苯二酚与甲醛形成的树脂作为稳定剂和还原剂，通过控制前驱体的浓度即可控制纳米粒子的尺寸，可以得到平均尺寸为 0.7 nm 的 Pt 纳米粒子[84]。利用生物质来源的表面活性剂作为还原剂，能够制备 Ru/Zn-MOFs，Pd/Zn-MOFs 和 Au/Cu-MOFs 催化材料，金属纳米粒子的平均尺寸为 0.8 nm[85]。在温和的反应条件下，乙烷等轻烃直接选择性氧化生产高附加值的化学品是一重要难题。采用纳米金刚石为载体，可制备铱簇和原子级分散的铱催化剂，在 10℃条件下，所制备的铱簇催化剂对乙烷的选择性氧化制备乙酸具有良好的催化性能，活性高达 7.5mol/(mol·h)，并且催化剂可循环利用。反应原料中 CO 的存在对这种优异反应性能很重要，可在氧化循环中保持活性铱物种的金属态[86]。

2）创造载体与金属强相互作用

金属-载体强相互作用（strong metal-support interaction，SMSI）的提出最早可以追溯到 1978 年。Tauster 等研究负载在 TiO_2 上的Ⅷ族金属时发现，如果在高温下还原这些催化剂（如 Pt/TiO_2、Pd/TiO_2、Ru/TiO_2、Rh/TiO_2 等），金属会被 TiO_2 包裹住，从而失去对气体小分子（如 H_2 等）的吸附能力，当用氧气处理时，其吸附能力又会恢复[87, 88]。基于这些实验现象，他们提出了在高温 H_2 还原条件下，Ⅷ族金属会与 TiO_2 之间存在超出普通的金属-载体之间的相互作用，称为 SMSI。随着更多的实验和理论方面工作的开展，这一现象也慢慢被认识和接受，并扩展至很多催化体系中。传统的 SMSI 是指Ⅷ族金属与可还原性载体之间的相互作用，如 TiO_2、V_2O_3、Nb_2O_5、In_2O_3、CeO_2、Ta_2O_5、Fe_2O_3。随着实验和表征手段的不断发展，人们观察到 SMSI 现象在很多催化体系中存在。研究发现，负载在羟基磷灰石上的 Au 纳米粒子可以在氧气的气氛下被载体包裹，并且在 H_2 还原下复原[89, 90]。在 Ni/TiO_2 催化剂中，Ni 纳米粒子与 TiO_2 载体之间存在很强的相互作用，有效提高了对 CO_2 加氢制备甲烷反应的催化活性[91]。SMSI 还可以通过吸附物种进行调控，从而调控二氧化碳加氢的选择性[92]。研究发现，面心立方结构的 α-MoC 负载的二维层状 Au 团簇可以在低于 423K 的反应条件下催化水煤气变换（WGS）反应，α-MoC 衬底和外延生长的 Au 原子层具有强相互作用，调制了 Au 与 CO 的良好结合。水在 α-MoC 上活化形成表面羟基，而在相邻 Au 位上吸附的 CO 易于与水分解形成的表面羟基反应，导致低温下的高 WGS 活性[93]。

3）通过有机配体调控金属表面的电子状态

金属表面的电子状态会影响催化剂的活性和选择性，通过有机配体的表面修饰能够改变金属表面的电子状态，含氮、含膦的配体由于其与金属纳米粒子之间

的强配位作用常被用作电子修饰剂。通过乙二胺修饰 Pt 金属纳米线，使 Pt 金属表面富电子，能够有效催化硝基苯加氢制备 *N*-羟基苯胺，在 50 min 内 *N*-羟基苯胺的选择性接近 100%，而商用的 Pt 催化剂的选择性还不到 33%[94]。氨基酸修饰的 Pt/Al_2O_3 能够高效催化肉桂醛的选择性加氢反应[95]。

4）制备不同形貌或晶面的多金属催化剂

很多研究表明，不同金属之间存在协同作用。在许多情况下，相对单金属而言，多金属催化剂表现出更高的活性、选择性和稳定性。双金属可以形成核壳型、合金型等结构。双金属不同原子的排列方式等都会影响双金属催化剂的活性。采用多金属催化剂是设计和制备高效绿色催化剂的重要途径。特别是采用有贵金属和非贵金属相结合的多金属催化剂，可以发挥二者的共同特性，通过二者协同作用提高催化性能，同时还可以有效减少贵金属用量。已有文献报道了许多由非贵金属和贵金属构成的多金属催化剂，其性能甚至优于单纯的贵金属催化剂。研究发现，纳米材料的催化性能与其晶面有密切关系，暴露高活性晶面的氧化铈纳米棒对 CO 氧化的催化活性比其纳米颗粒高数倍，不同催化活性的纳米晶所暴露的特定晶面结构是引起催化活性、选择性差异的关键[96, 97]。

发展以 Fe、Co、Ni、Cu 等非贵金属为活性组分的负载型纳米粒子催化剂具有重要意义。这些金属储量丰富、便宜、毒性较低。然而相对于贵金属催化剂来说，这些非贵金属催化剂的尺寸更难控制，制备金属颗粒尺寸很小的催化剂难度更大。研究发现，以 MOF 作为前驱体可以制备负载型 Ni/SiO_2 和 Co/SiO_2 催化材料，Ni 和 Co 纳米颗粒平均尺寸小于 1 nm，并且具有很好的分散性，负载量高达 20wt%（质量分数，后同）[98]。Ni/SiO_2 催化剂的合成方法如图 2.27 所示。该方法

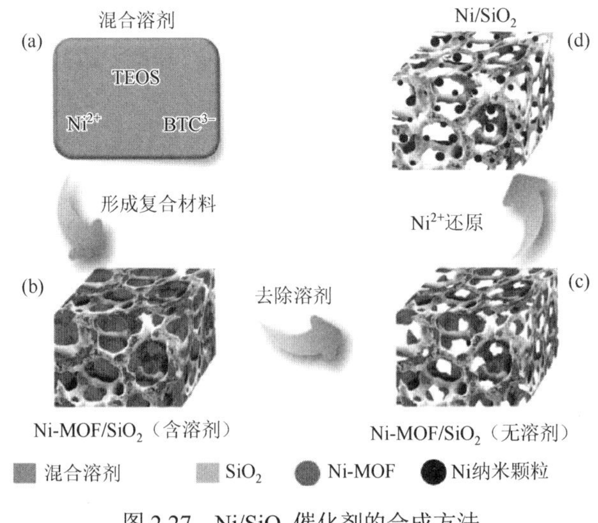

图 2.27　Ni/SiO_2 催化剂的合成方法

操作简单，可以在温和条件下进行。由于金属颗粒尺寸很小等原因，合成的 Ni 和 Co 催化剂可以在较低的温度下高效率催化苯加氢反应生成环己烷。这说明，金属颗粒尺寸减小到一定程度时，催化活性会显著提高。应该指出的是，与贵金属催化剂相比，非贵金属催化剂往往稳定性差，并且零价金属很容易在空气中氧化失活，这些因素都限制了非贵金属催化剂的应用范围。

2.2.6.2 单原子催化

单原子催化剂不仅可使金属原子利用率达到最大，同时有可能架起多相催化与均相催化之间的桥梁[99]，为研究者从原子层面理解催化过程提供重要信息。

近年来人们在单原子催化剂制备、合成与应用方面做了大量工作[100, 101]。缺陷工程策略、空间限域策略、设计配位策略是制备单原子催化剂的重要方法[102]。缺陷工程策略通过在载体表面构筑 C 缺陷、O 缺陷、S 缺陷、金属缺陷等缺陷位点捕获金属前驱体，利用金属单原子与缺陷位点的电荷转移稳定单原子。空间限域策略利用分子筛、MOF、COF 等多孔材料的分子孔道作为“笼子”封装和锚定单核金属前驱体，实现其均匀的空间分布和原子级分散，移除配体后利用载体的骨架或载体的衍生物稳定形成的原子，防止其迁移团聚。设计配位策略是通过在载体表面设计配位点、配位基团作为“爪子”捕捉和锚定单核金属前驱体，再利用金属单原子与配位点的强相互作用稳定形成的单原子，防止其迁移团聚，从而实现单原子催化剂的合成。设计配位策略主要应用于碳材料固载单原子催化剂的制备合成。

单原子催化剂制备过程中需要考虑一些重要问题，如单原子催化剂的热稳定性，如何实现单原子催化剂的高负载量制备，单原子催化剂的宏量制备等。研究者发展了一种利用 MOF 高温热解的方法，合成了单原子 Co 催化剂，有机配体热解为氮掺杂的多孔碳载体将金属单原子固定在载体上。通过在类沸石结构的 MOF 合成过程中加入 Zn 和 Co 的金属盐制备了一类特殊的含有两种金属节点的 MOF 材料。在高温热解过程中 Zn 在高温下挥发，有机配体还原为氮掺杂的多孔碳载体固定 Co 原子，从而使得在高温下 Co 不团聚形成 Co 单原子/氮掺杂的多孔碳（Co SAs/N-C）。此方法制备的这种单原子分散催化剂的单原子负载量高、配位结构单一、热稳定性好[103]。通过级联锚定方法，使用络合剂与金属离子形成络合物在原子尺度上物理隔离金属源，采用高比表面积、表面富有含氧官能团的，兼顾高速传质与传荷特点的三维多孔碳载体可实现金属络合物在载体表面的高密度负载。同时使用过量络合剂在分子尺度上物理分隔金属络合物，高温热解时含氮前驱体原位分解生成的 CN_x 片断可在与络合物分解的金属原子形成 M-N_x 结构的同时，与裂解生成的碳在载体表面形成多孔碳网络，从而原位锚定 M-N_x 并使其暴露成

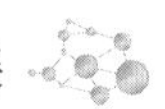

为有效催化位点，实现了多种非贵金属催化剂的制备，更重要的是氮原子的最高负载量可以达到 12%。该催化剂也具有高的热稳定性[104]。目前，所制备的单原子的种类也从原来贵金属逐渐扩展到非贵金属[105, 106]，并应用在电催化、光催化及热催化领域。

2.2.7 生物及仿生催化

2.2.7.1 生物催化

生物催化是指利用酶或者生物有机体（细胞、细胞器、组织等）作为催化剂进行化学转化的过程。生物催化中常用的有机体主要是微生物，其本质是利用微生物细胞内的酶催化生物转化过程。生物催化有不少优点，如反应条件温和，生物催化剂无毒且能完全降解，反应往往在中性条件下进行，避免了酸碱腐蚀，生产安全性高，能耗低等。此外，催化剂与环境有良好的相容性。生物催化已广泛用于医药、食品、农药、能源、环保等诸多领域。发展生物催化技术是实现工业可持续发展的重要途径之一[107]。

生物催化在开发绿色路线方面不断取得进展。例如，酶催化合成 Lipitor@R 的过程比以往的合成过程更高效，提高产率的同时减少了溶剂的使用以及废弃物排放。该生物催化过程获得了 2006 年美国“总统绿色化学挑战奖”。(*S*)-2, 2-二甲基环丙甲酰胺是西司他丁的关键中间体，酶催化的生产工艺已经实现了工业化。传统的化学法制备(*S*)-2, 2-二甲基环丙甲酰胺的方法需要八步，而生物催化过程仅需要两步，并且收率由 10%～20%提高到了 30%～35%，ee 值可以大于 99.5%，大大减少了溶剂消耗、废弃物和废水的量。Christopher 等采用酶催化技术实现了不对称胺的合成，相比于化学法，合成产品总收率提高了 10%～13%，减少废弃物排放 19%，并避免了重金属催化剂的使用。酶催化手性胺的合成获得了 2010 年的美国“总统绿色化学挑战奖”。

2.2.7.2 仿生催化

由于仿生催化同时具备生物催化和化学催化的一些共同优点，因此越来越受重视。目前发展的仿酶体系主要有环糊精、冠醚、环芳烃和卟啉等大环化合物，还有聚合物酶模型和胶束酶模型等。黄酮类化合物一般具有苯并吡喃酮结构，广泛存在于天然产物中，并具有多样的生物活性。目前黄酮类化合物的主要合成途径是通过苯酚与苯并吡喃盐的加成反应或者环加成反应。利用仿生催化方法，模仿自然界的生物催化路径，诱导苯酚类化合物与苯并吡喃盐进行不对称加成反应，可高效制备黄酮类化合物[108]。采用金属卟啉仿生催化环己烷空气氧化生成环己酮，能使反应温度和压力明显降低，环己烷的反应转化率、环己酮选择性、设备生产能力大幅度提高，有效减少废弃物排放[109]。在可见光的照射下，四苯基卟啉络合的铁催化剂可以将 CO_2 还原为 CH_4[110]。CO_2 在该催化剂与光敏剂 $Ir(ppy)_3$ 的作用下，首先经过光还原过程得到 CO，随后转化为目标产物。两步反应均可以在常温常压下进行，CH_4 的选择性达到 82%。将高晶面的 Co_3O_4 光电催化剂、特定结构的金属钌配合物仿生酶组装在高比表面积多孔碳气凝胶表面，得到 Co_3O_4/钌配合物复合结构催化剂。碳气凝胶和钌配合物仿生酶协同增强吸附固定表面 CO_2 的浓度，有效吸收太阳光，此催化体系可高效地将 CO_2 还原转化为甲酸[111]。

仿生催化剂虽然反应条件更温和，产物选择性更高，但往往采用均相催化剂，反应后催化剂与产物分离困难，虽然人们在催化剂的固载方面做了大量的工作，但是如何实现仿生催化剂的回收利用仍然是未来研究的重点。

2.3 绿色原料

在化学反应过程中，原料的选择十分重要。原料直接影响产品的设计、加工、生产等过程，决定了其在运输、储存和使用过程中可能对人体健康和环境造成的危害性，同时对产品的性能和价格影响很大。目前有些化工生产中使用大量有毒有害原料，这些物质直接危害人类的健康、危及人类的生命安全、严重污染环境，并且大部分来自不可再生的化石原料，这些原料终将枯竭。绿色化学的任务之一是用无毒无害的原料替代有毒有害的原料，生产我们需要的产品。为了满足可持续发展的要求，应充分重视利用可再生原料。生物质、二氧化碳、氧气、H_2O_2 及碳酸二甲酯等无害及可再生原料的利用具有广阔的发展前景。二氧化碳和生物质是重要的廉价碳资源，将在第 4 章和第 5 章中单独介绍，本章重点介绍绿色原料 H_2O_2、分子氧、碳酸二甲酯的利用。

2.3.1 H_2O_2 的利用

氧化反应是一类重要的化学反应，在有机分子含氧官能团化方面占据重要地位，如羟基、醛基及羧基官能团的引入[112]。H_2O_2 是一种绿色的氧化剂，以它为氧化剂，副产物仅有水，原子利用率高，三废少。商业 H_2O_2，长期以来一直被用于消毒，在纺织、造纸和纸浆工业中漂白，以及去除土壤和废水中的有机污染物。H_2O_2 中的活性氧含量高，反应条件温和，由于其可与水以任意比例混溶，可以通过改变 H_2O_2 水溶液的浓度调控 H_2O_2 的氧化能力，进而实现对反应产物选择性的调控。这一特性使得 H_2O_2 在官能团转化，C—H 键活化以及

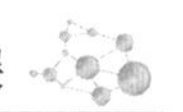

C—C 键、C═C 双键的氧化等方面都有广泛的应用。双氧水在 100℃以上会急剧分解，因此大部分 H_2O_2 参与的反应温度都低于 100℃，并且由于后过渡金属催化剂能够催化 H_2O_2 分解，因此，一般采用前过渡金属 Mo、W、Re、V 等作为催化剂[113]。

以 H_2O_2 作为氧化剂，反应机理因底物和催化剂的不同而改变。金属氧物种（M^{n+}—O）和金属过氧物种（M^{n+}—OOH）是双氧水作为氧化剂的氧化反应中的两种关键活性物种。具有 d^0 结构的前过渡金属离子往往经历金属过氧物种途径，如 Mo(Ⅵ)、W(Ⅵ)、Ti(Ⅳ)、Re(Ⅶ)，它们是相对较弱的氧化剂。后过渡金属往往经历金属氧物种途径，它们的最高氧化态是强氧化剂，如 Cr(Ⅵ)、Mn(Ⅴ)、Os(Ⅷ)、Ru(Ⅵ)和 Ru(Ⅷ)。有些金属两种途径兼而有之，取决于反应物中被氧化的基团种类，例如，钒催化的烯烃环氧化反应经历的是金属过氧物种途径，而在醇氧化过程中经历了金属氧物种途径。

有机物难溶于双氧水，受传质的影响，反应效率会明显降低，因此相转移催化策略广泛应用于双氧水氧化反应中，既提高了反应效率，又有利于催化剂的回收利用[114]。$H_3PW_{12}O_{40}$ 和四丁基溴化铵（TBAB）组成的相转移催化剂能够催化环戊烯氧化反应，在优化的反应条件下环戊烯的转化率达到 59.8%，戊二醛的选择性为 38.0%，1, 2-戊二醇的选择性为 55.6%[115]。

采用双氧水为氧化剂，苯直接羟基化生产苯酚是一条绿色可持续的路线。剥离石墨氮化碳材料为载体负载 $FeCl_3$ 作为催化剂，在 60℃条件下反应 3h，苯酚的产率可达 22%[116]。含有 N4-配体的 Ni(Ⅱ)配合物能够有效催化双氧水氧化苯的羟基化反应，可以实现高的转化率、选择性和转化数。苯羟基化反应可能通过关键的中间体双（μ-氧）二镍(III)物种[117]（图 2.28）。采用钒催化剂，双氧水为氧化剂，在室温、常压下芳香族化合物能被一步选择性催化氧化成相应的酚[118]。将甲烷转化生成高附加值产品是化学领域面临的主要挑战之一。甲醇是基本化工原料，在甲烷的众多转化产物中，甲醇是较为理想的产物。研究发现，在模拟太阳光辅助下，以常规浸渍法获得的二氧化钛负载铁为催化剂、双氧水为氧化剂，在常温常压下能够实现甲烷氧化一步高选择性制甲醇。3 h 内，甲烷的转化率可达 15%，总醇选择性可达 97%，其中甲醇的选择性高达 90%，且该催化剂具有优异的循环稳定性。该催化剂的活性中心为高度分散的三价铁物种[119]。研究表明，Ru 与配体（4-甲基苯基-2, 6-双吡啶）吡啶二羧酸形成的配合物[Ru(mpbp)(pydic)]能高效催化双氧水氧化醇类化合物，在室温下可将伯醇和仲醇氧化为相应的醛和酮类化合物，并且选择性和产率都很高[120]。

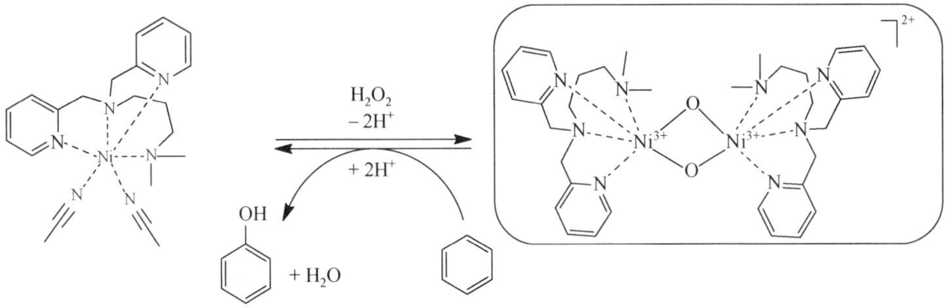

图 2.28 中间体双（μ-氧）二镍(III)物种

烯烃环氧化产物是一类用途非常广的中间体和有机原料，广泛用于石油化工、香精香料和精细化工等领域。双氧水直接环氧化丙烯制备环氧丙烷，生产过程中只生成环氧丙烷和水，工艺流程简单，产品收率高，整个过程基本无污染，是环境友好的清洁过程。以新型钛硅分子筛 Ti-MWW 为催化剂、用双氧水氧化氯丙烯制备环氧氯丙烷，氯丙烯转化率和环氧氯丙烷选择性分别达到 95%和 99%。反应过程中，水为唯一副产物，有望形成环氧氯丙烷绿色合成新工艺[121]。研究发现，以 Ti-MWW 钛硅分子筛为催化剂，在固定床反应器中液相双氧水氧化丙烯制备环氧丙烷，反应体系中加入适量的氨可有效提高催化剂的寿命，并且用简单的煅烧方法可对催化剂进行再生[122]。另外，具有核壳结构的 TS-1@Si/C 双亲催化材料可以使 1-已烯/H_2O_2 反应体系形成 Pickering 乳液，因而在不加共溶剂、无搅拌的条件下，显示出比传统条件下更高的活性[123]。以双氧水为氧化剂，用含钨的催化剂催化丙烯氧化，反应初始体系中含有双氧水，钨催化剂溶于反应体系中进行均相催化，当反应结束双氧水消耗完时，钨催化剂析出，催化剂可循环利用。与传统环氧丙烷生产技术相比，这种新技术副产物少。Dow 公司和 BASF 公司合作开发的以双氧水为氧化剂合成环氧丙烷的新路线，产率高且副产物只有水，环境的负面影响小，获得了 2010 年的美国“总统绿色化学挑战奖”的绿色合成路线奖。

2.3.2 分子氧的利用

分子氧广泛存在于大气中，是一种廉价易得的资源，以分子氧作为氧化剂，副产物仅为环境友好的水，原子利用率高。相比双氧水氧化剂，氧气的活性低，因此，对很多反应，采用氧气作为氧化剂，转化率和选择性远低于双氧水氧化的过程。然而，相对于双氧水而言，氧气适用的反应温度范围更宽。此外，分子氧价格较低，从经济成本角度考虑，氧气作为氧化剂的反应路线更具有吸引力，人们在此方面开展了大量研究，也取得了很多重要进展。

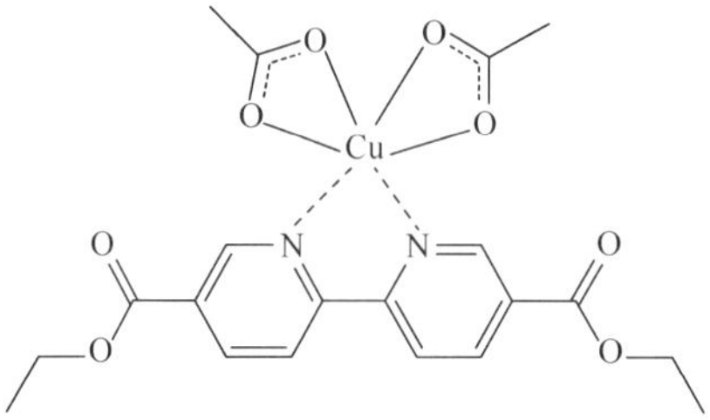

采用氧气为氧化剂，醇能够高产率地氧化合成醛、酮类化合物。以氧气为氧化剂，Fe 基催化剂能在常温、常压条件下将联烯醇、炔丙醇、烯丙醇、苄醇等催化氧化生成相应的醛或酮，实现了相应醛、酮类化合物的高效、绿色合成[124]。Cu 基金属配合物催化剂（图 2.29）能够催化醇氧化制备醛类化合物，目标产物的产率接近100%。该催化剂对芳香苄醇及炔醇类化合物氧化制备相应的醛类化合物都有很好的活性[125]。$Au/Zn_{0.7}Cu_{0.3}O$ 催化剂在无碱反应条件下可以将 1-苯基乙醇、对甲基苯甲醇、对异丙基苯甲醇、二苯甲醇、环丙基苯甲醇和肉桂醇高选择性氧化为对应的羰基化合物，但对正辛醇氧化反应表现出相对较低的催化活性。催化剂优异的催化性能来源于小的金粒径、好的低温还原性能、高的表面氧物种含量、表面酸碱性及金粒子与载体的协同效应等[126]。纤维结构纳米金镍催化剂实现了纳米金的低温高活性和金属镍纤维优异导热性的统一，构建了纤维结构强化的纳米金催化醇空气氧化制备醛、酮的绿色合成体系，显示出潜在的工业应用前景[127]。由 T(*p*-Cl)PPCo 和 T(*p*-Cl)PPZn 两种金属卟啉组成的催化体系可以在较低温度下催化氧气氧化环氧烷制备相应的醇和酮，特别是环己烷氧化制备环己醇和环己酮（KA 油），在转化率为 4.29%时，选择性可达到 100%。反应过程中，二者具有良好协同作用。T(*p*-Cl)PPCo 主要活化氧气并促进环己基过氧化氢分解。T(*p*-Cl)PPZn 主要催化环己基过氧化氢选择性分解，防止非选择性热分解[128]。

图 2.29　Cu 基金属配合物

苯甲酸（BAC）是非常重要的化学品，已广泛应用于化工、制药和农业等行业。采用分子氧氧化甲苯是 BAC 生产的重要途径，以乙酸为溶剂的 Co/Mn/Br 催化体系已经实现了工业化。然而该过程中使用了高腐蚀性的溶剂和均相催化剂，不利于催化剂的回收利用，并且会产生大量的工业废弃物。相比之下，多相催化剂催化的甲苯氧化反应更具吸引力。研究者设计合成了一种 Co@N/Co-CNTs 多相催化剂，在无溶剂条件下，当甲苯的转化率为 33.5%时，苯甲酸的选择性可以达到 91.6%，反应过程为自由基历程，通过电子顺磁共振（EPR）的表征检测到了超氧自由基（$\cdot O_2^-$）[129]。具有不同隧道结构的 MnO_2 催化剂的四个相（α-, β-, γ-, δ-）在甲苯氧化上表现出不同催化活性。在空速为 60 000mL/(g·h)时，δ-MnO_2 的活性最高。与其他催化剂相比，δ-MnO_2 中存在大量的晶体缺陷和氧空位，并且其夹层中 K^+以及扭曲层状结构有利于 Mn^{4+}向 Mn^{2+}/Mn^{3+}的转变，促进氧空位的产生-湮灭循环。氧空位产生的大量吸附氧通过快速脱氢过程促进了甲苯的化学吸附，易释放的晶格氧有助于促进芳香中间体的分解[130]。金属卟啉能够催化氧气氧化邻硝基甲苯制备邻硝基苯甲酸，在温和条件下可以得到很高的产物产率。此外，金属卟啉的催化活性与金属的种类密切相关[131]。

人们也发展了烯烃的分子氧氧化过程[132]。H_2 和 O_2 原位合成 H_2O_2 与烯烃环氧化制备环氧化合物，被称为氢氧原位法。由于 H_2 和 O_2 的混合气体具有爆炸性，目前该工艺仍处于实验室规模，尚未实现工业化。以分子氧为氧化剂，钯催化剂和碘化钾共催化剂成功高效催化了烯烃的双乙酰化反应，此催化策略克服了以往使用昂贵且毒性较大的锇为催化剂的缺点[133]。以铜盐为催化剂，实现了烯烃分子内氧化环加成反应，一步构建 sp^3 C—C 键和 C—O 键，合成了具有生物活性的骨架化合物 γ-内酯[134, 135]。Au/TS-1（硅酸钛-1）[136]可以用于氢氧原位法氧化丙烯制备环氧丙烷（PO），由于 Au 和 Pd 之间的电子相互作用促进了 O_2 和 H_2 原位形成 H_2O_2，从而提高了合金催化剂中金原子的催化活性，$Au_{0.68}Pd_{0.32}$/TS-1 催化剂表现出最好的催化活性，在 200℃下，PO 的生成速率可以达到 1000 $g_{PO}/(h \cdot g_{Au})$[137]。

液体燃料深度脱硫是减轻环境污染的重要途径。用氧气为氧化剂，ZnAl-磷钨酸水滑石[ZnAl-$(PW_{12}O_{40})_x$-LDHs]对于模拟油中硫化物脱硫具有很好的光催化性能，在常温、紫外光照射条件下，3 h 内脱硫率可超过 95%，并且催化剂可以循环使用。反应中主要的活性物种是超氧阴离子自由基和光生空穴[138]。

通过构建高效催化体系，可实现很多以空气为氧化剂的反应。据报道，一类基于甘氨酸的多齿配体能够有效地促进铜催化的末端炔、有机叠氮和氟烷基试剂之间的反应，反应过程在空气氛围中进行，无须重金属氧化剂[139]。

威斯康星大学-麦迪逊分校 Stahl 教授在有机合成中用环境友好的氧气作为氧化剂代替危险的化学品氧化剂，通过改进催化方法，实现温和条件下高选择性合成目标产物，获得了 2014 年“总统绿色化学挑战奖”的学术奖。

2.3.3 碳酸二甲酯的利用

碳酸二甲酯（DMC）是一种重要的有机合成中间体，在生产中具有使用安全、方便、污染少、容易运输等特点。碳酸二甲酯由于其低毒性、高生物降解性和特殊的反应活性，成为一种具有发展前景的“绿色”化工产品[140]。

碳酸二甲酯在 1992 年被欧洲列为无毒产品，是一种符合现代“清洁工艺”要求的环保型化工原料，因此，其合成技术受到了国内外化工界的广泛重视[141]。传统的生产路线为光气法，有光气甲醇法和光气醇钠法（图 2.30）。但光气的高毒性和腐蚀性以及氯化钠排放的环保问题使得这一路线正逐渐被淘汰。硫酸二甲酯与碳酸钠的酯交换反应也可以制备碳酸二甲酯，但是硫酸二甲酯是剧毒化学

品（图 2.31）。目前，普遍采用的合成路线有三种：①以氯化铜或一氧化氮为催化剂的氧化羰基化反应（图 2.32）；②碳酸丙烯酯或碳酸乙烯酯与甲醇的酯交换反应（图 2.33）；③尿素甲醇解反应（图 2.34）。CO_2 与甲醇直接反应制备碳酸二甲酯的原子利用率高，副产物仅为水，是最符合绿色化学标准的理想路线（图 2.35）。但是由于该反应受热力学限制，平衡转化率低，虽然人们开展了大量的基础研究，但是目前仍未实现工业化。

光气甲醇法：

$$COCl_2 + CH_3OH \longrightarrow ClCOOCH_3 + HCl$$

$$ClCOOCH_3 + CH_3OH \longrightarrow (CH_3O)_2CO + HCl$$

光气醇钠法：

$$COCl_2 + 2CH_3ONa \longrightarrow (CH_3O)_2CO + 2NaCl$$

图 2.30 光气法制备碳酸二甲酯

$$(CH_3O)_2SO_4 + Na_2CO_3 \longrightarrow (CH_3O)_2CO + Na_2SO_4$$

图 2.31 硫酸二甲酯与碳酸钠酯交换制备碳酸二甲酯

$$CH_3OH + O_2 + CO \longrightarrow (CH_3O)_2CO$$

图 2.32 甲醇气相氧化羰基化法制备碳酸二甲酯

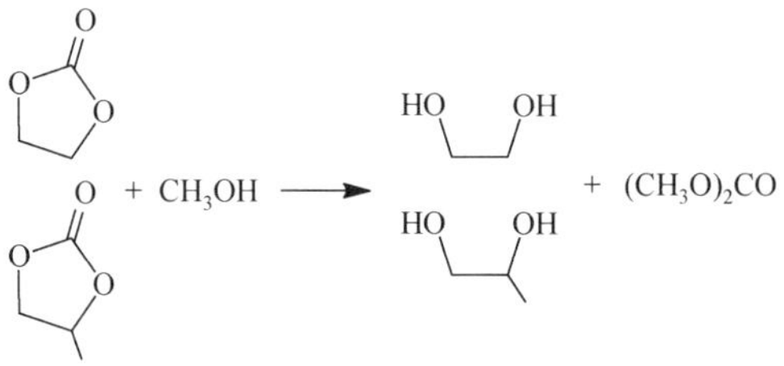

图 2.33 碳酸丙烯酯或碳酸乙烯酯与甲醇酯交换制备碳酸二甲酯

$$(NH_2)_2CO + CH_3OH \longrightarrow NH_2COOCH_3 + NH_3$$

$$NH_2COOCH_3 + CH_3OH \longrightarrow (CH_3O)_2CO + NH_3$$

图 2.34 尿素甲醇解反应制备碳酸二甲酯

$$2CH_3OH + CO_2 \longrightarrow (CH_3O)_2CO + H_2O$$

图 2.35 甲醇与 CO_2 反应制备碳酸二甲酯

更加经济、绿色环保的碳酸二甲酯合成路线的发展是推动以碳酸二甲酯为原料的新型绿色合成路线开发的重要一环。Tundo 等[142]总结了近年来碳酸二甲酯的用途，可用于生产聚碳酸酯、异氰酸酯、聚氨基甲酸酯等。

异氰酸酯是一种重要的有机中间体，是生产聚氨酯的主要原料。由碳酸二甲酯代替光气制备异氰酸酯的方法具有原料无毒、无污染的优点。由于大部分碳酸二甲酯法制备异氰酸酯的副产物为甲醇，甲醇能与气化氧化羰基化法合成碳酸二甲酯工艺路线结合，形成闭路循环，实现原子经济性的过程，符合绿色化工的要求。

以碳酸二甲酯法合成 2, 4-甲苯二异氰酸酯（TDI）和二苯甲烷二异氰酸酯（MDI）的反应路线概述如下[143]。碳酸二甲酯法制备 2, 4-甲苯二异氰酸酯主要分为两步（图 2.36）。首先，2, 4-甲苯二胺与碳酸二甲酯经甲氧基羰基化反应得到氨基甲酸酯，然后氨基甲酸酯热分解得到异氰酸酯和甲醇。在第一步 DMC 合成 2, 4-甲苯二氨基甲酸甲酯（TDC）的过程中主要采用碱性催化剂和 L 酸催化剂，包括甲醇钠、乙酸锌和硬脂酸锌等。一般来说，L 酸催化剂的活性更高。目前报道的大部分催化体系为均相催化体系，催化剂回收利用困难。近年来，人们也发展了新型的异相催化体系。例如，Corma 等[144]发展的 Zr-MOF-808@MCM-41 催化体系，能够高效催化 DMC 合成 TDC，150℃条件下，反应 10 h，目标产物的产率能够达到 91%。更重要的是，此多相催化剂很容易循环利用。

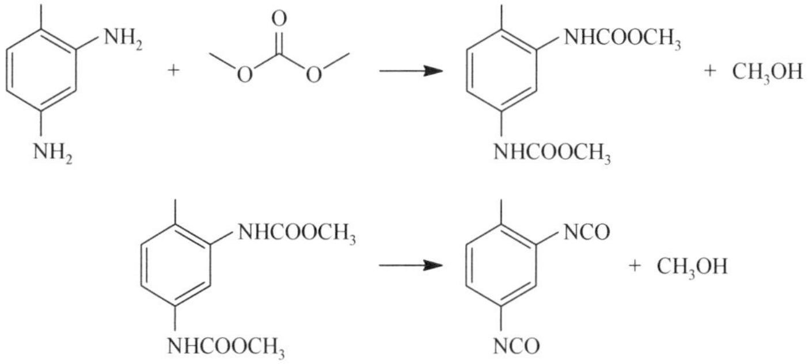

图 2.36　碳酸二甲酯取代光气制备 2, 4-甲苯二异氰酸酯

碳酸二甲酯法制备 MDI 分为三步（图 2.37）：第一步为 DMC 与苯胺经甲氧基羰基化反应合成苯氨基甲酸甲酯（MPC）；第二步为 MPC 与甲醛缩合生成二苯甲烷二氨基甲酸甲酯（MDC）；第三步为 MDC 热解生成 MDI。第一步为关键反应步骤，所采用的催化剂与合成 2, 4-甲苯二异氰酸酯对应的催化剂类似，都需要碱性或 L 酸催化剂。由于 MPC 和 MDC 的合成均可以采用酸性催化剂，设计和发展能够同时高效催化这两步反应的酸性催化剂具有重要意义，可以在完成第一步后无须进行催化剂分离直接催化下一步反应，能够简化操作步骤和减少设备投资。

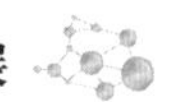

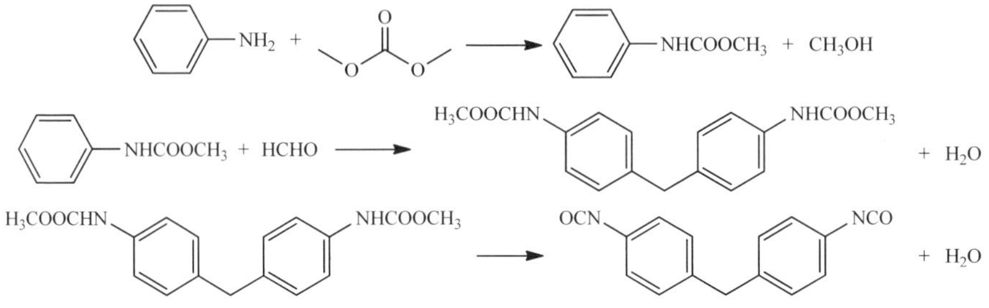

图 2.37　碳酸二甲酯取代光气制备二苯甲烷二异氰酸酯

碳酸二甲酯还可以作为甲基化试剂，实现氮原子、硫原子、氧原子和碳原子的甲基化（图 2.38）。除此之外，碳酸二甲酯与甘油、甘油三酯、脂肪酸、多糖、糖基平台分子和木质素基酚类化合物等反应，实现它们的高值化利用[145]。

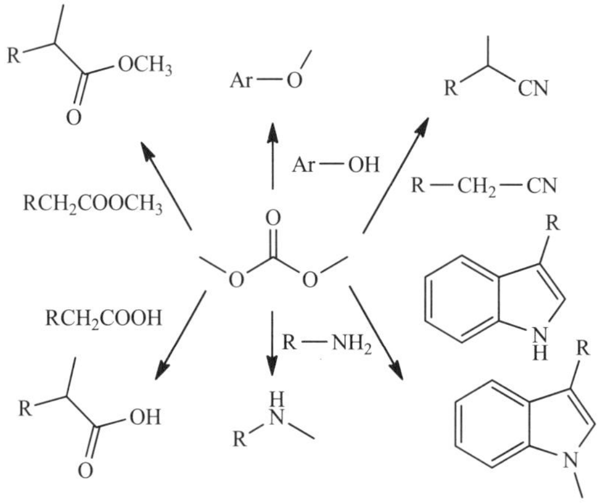

图 2.38　碳酸二甲酯的甲基化反应

2.4　小结

反应原子利用率高、原料廉价易得且无毒无害、反应过程清洁、高效绿色化学反应的研究对绿色化学发展至关重要，化学反应绿色化程度往往决定整个生产过程是否绿色高效，因此从绿色化学兴起一开始就十分重视。这方面的研究涉及原料选取、催化剂设计、溶剂设计与选择、反应与分离条件优化等，涉及多个学科的交叉与渗透。

参 考 文 献

[1]　何良年. 绿色化学基本原理. 北京：科学出版社，2018.

[2]　Trost B. The atom economy—a search for synthetic efficiency. Science，1991，254（5037）：1471-1477.

[3] Newhouse T，Baran P S，Hoffmann R W. The economies of synthesis. Chem Soc Rev，2009，38（11）：3010-3021.

[4] Wender P A，Miller B L. Synthesis at the molecular frontier. Nature，2009，460（7252）：197-201.

[5] 马喜腾，金旭通，路志国. 甲基丙烯酸甲酯生产工艺及新技术开发与进展. 山东化工，2015，44（18）：62-68.

[6] Ting C P，Maimone T J. Total synthesis of hyperforin. J Am Chem Soc，2015，137（33）：10516-10519.

[7] Wei X F，Shimizu Y，Kanai M. An expeditious synthesis of sialic acid derivatives by copper(Ⅰ)-catalyzed stereodivergent propargylation of unprotected aldoses. ACS Cent Sci，2016，2（1）：21-26.

[8] Ji Y，Xin Z Y，He H B，Gao S H. Total synthesis of viridin and viridiol. J Am Chem Soc，2019，141（41）：16208-16212.

[9] Wang P，Erma P V，Xia G Q，Shi J，Qiao J X，Tao S W，Cheng P T W，Poss M A，Farmer M E，Yeung K S，Yu J Q. Ligand-accelerated non-directed C-H functionalization of arenes. Nature，2017，551（7681）：489.

[10] Wu Q F，Zhang C，Arai M，Zhang B，Shi R H，Wu P X，Wang Z Q，Liu Q，Liu K，Lin W W，Cheng H Y，Zhao F Y. Pt/TiH_2 catalyst for ionic hydrogenation via stored hydrides in the presence of gaseous H_2. ACS Catal，2019，9（7）：6425-6434.

[11] List B，Lerner R A，Barbas C F. Proline-catalyzed direct asymmetric Aldol reactions. J Am Chem Soc，2000，122（10）：2395-2396.

[12] Ma J，Song J L，Liu H Z，Zhang Z F，Jiang T，Fan H L，Han B X. One-pot conversion of CO_2 and glycerol to value-added products using propylene oxide as the coupling agent. Green Chem，2012，14（6）：1743-1748.

[13] Hattori H，Ono Y. 固体碱催化. 高滋，乐英红，华伟明， 译. 上海：复旦大学出版社，2016.

[14] Hattori H. Heterogeneous basic catalysis. Chem Rev，1995，95（3）：537-558.

[15] Li Y，Li L，Yu J H. Applications of zeolites in sustainable chemistry. Chem，2017，3（6）：928-949.

[16] Meng X J，Xiao F S. Green routes for synthesis of zeolites. Chem Rev，2014，114（2）：1521-1543.

[17] 赵东元，万颖，周午纵. 有序介孔分子筛材料. 北京：高等教育出版社，2013.

[18] 于吉红，闫文付. 纳米孔材料化学：催化及功能化. 北京：科学出版社，2013.

[19] Wu P，Ruan J F，Wang L L，Wu L L，Wang Y，Liu Y M，Fan W B，He M Y，Terasaki O，Tatsumi T. Methodology for synthesizing crystalline metallosilicates with expanded pore windows through molecular alkoxysilylation of zeolitic lamellar precursors. J Am Chem Soc，2008，130（26）：8178-8187.

[20] 赵忠奎，李宗石，王桂茹，乔卫红，程侣伯. 杂多酸催化剂及其在精细化学品合成中的应用. 化学进展，2004，16（4）：620-630.

[21] 梁娟，王善均. 催化剂新材料. 北京：化学工业出版社，1990.

[22] Wang H Z，Li W Z，Wang J D，Chang H M，Jameel H，Zhang Q，Li S，Jin L L. A ternary composite oxides $S_2O_8^{2-}$/ZrO_2-TiO_2-SiO_2 as an efficient solid super acid catalyst for depolymerization of lignin. RSC Adv，2017，7（79）：50027-50034.

[23] He M Y. The development of catalytic cracking catalysts：acidic property related catalytic performance. Catal Today，2002，73（1-2）：49-55.

[24] Moliner M，Roman-Leshkov Y，Davis M E. Tin-containing zeolites are highly active catalysts for the isomerization of glucose in water. PNAS，2010，107（14）：6164-6168.

[25] Gardy J，Nourafkan E，Osatiashtiani A，Leed A F，Wilsond K，Hassanpour A，Lai X J. A core-shell SO_4/Mg-Al-Fe_3O_4 catalyst for biodiesel production. Appl Catal B：Envir，2019，259：118093.

[26] Benedictto G P，Legnoverde M S，Tara J C，Sotelo R M，Basaldella E I. Synthesis of K^+/MgO heterogeneous catalysts derived from $MgCO_3$ for biodiesel production. Mater Lett，2019，246：199-202.

[27] Hu S X，Wang W L，Yue M F，Wang G J，Gao W L，Cong R H，Yang T. Strong Lewis base $Ga_4B_2O_9$：Ga-O

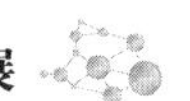

connectivity enhanced basicity and its applications in the Strecker reaction and catalytic conversion of *n*-propanol. ACS Appl Mater Inter，2018，10（18）：15895-15904.

[28] Zhao S X. A novel 3D MOF with rich Lewis basic sites as a base catalysis toward Knoevenagel condensation reaction. J Mole Struct，2018，1167：11-15.

[29] Tamura M，Kishi R，Nakayama A，Nakagawa Y，Hasegawa J，Tomishige K. Formation of a new，strongly basic nitrogen anion by metal oxide modification. J Am Chem Soc，2017，139（34）：11857-11867.

[30] Sung K H，Cheng S. Effect of Nb doping in WO_3/ZrO_2 catalysts on gas phase dehydration of glycerol to form acrolein. RSC Adv，2017，7（66）：41880-41888.

[31] Song J L，Yu G Y，Li X，Yang X W，Zhang W X，Yan W F，Liu G. Oxidative coupling of alcohols and amines to an imine over Mg-Al acid-base bifunctional oxide catalysts. Chinese J Catal，2018，39（2）：309-318.

[32] Xia Q N，Chen Z J，Shao Y，Gong X Q，Wang H F，Liu X H，Parker S F，Han X，Yang S H，Wang Y Q. Direct hydrodeoxygenation of raw woody biomass into liquid alkanes. Nat Commun，2016，7：11162.

[33] Duan H H，Dong J C，Gu X R，Peng Y K，Chen W X，Issariyakul T，Myers W K，Li M J，Yi N，Kilpatrick A F R，Wang Y，Zheng X S，Ji S F，Wang Q，Feng J T，Chen D L，Li Y D，Buffet J C，Liu H C，Tsang S C E，O'Hare D. Hydrodeoxygenation of water-insoluble bio-oil to alkanes using a highly dispersed Pd-Mo catalyst. Nat Commun，2017，8：591.

[34] Yang J H，Pan X L，Jiao F，Li J，Bao X H. Direct conversion of syngas to aromatics. Chem Commun，2017，53（81）：11146-11149.

[35] Zecevic J，Vanbutsele G，Jong K P，Martens J A. Nanoscale intimacy in bifunctional catalysts for selective conversion of hydrocarbons. Nature，2015，528（7581）：245-248.

[36] Gao P，Li S G，Bu X N，Dang S S，Liu Z Y，Wang H，Zhong L S，Qiu M H，Yang C G，Cai J，Wei W，Sun Y H. Direct conversion of CO_2 into liquid fuels with high selectivity over a bifunctional catalyst. Nature Chem，2017，9（10）：1019-1024.

[37] Zhang S F，Zhang B，Liang H J，Liu Y Q，Qiao Y，Qin Y. Encapsulation of homogeneous catalysts in mesoporous materials using diffusion-limited atomic layer deposition. Angew Chem Int Ed，2018，57（4）：1091-1095.

[38] Shi F，Zhang Q H，Li D M，Deng Y Q. Silica-gel-confined ionic liquids：a new attempt for the development of supported nanoliquid catalysis. Chem Eur J，2005，11（18）：5279-5288.

[39] Fan Q H，Ren C Y，Yeung C H，Hu W H，Chan A S C. Highly effective soluble polymer-supported catalysts for asymmetric hydrogenation. J Am Chem Soc，1999，121（32）：7407-7408.

[40] Zhu L，Liu X Q，Jiang H L，Sun L B. Metal-organic frameworks for heterogeneous basic catalysis. Chem Rev，2017，117（12）：8129-8176.

[41] Li L H，Feng X L，Cui X H，Ma Y X，Ding S Y，Wang W. Salen-based covalent organic framework. J Am Chem Soc，2017，139（17）：6042-6045.

[42] Sawano T，Lin Z，Boures D，An B，Wang C，Lin W B. Metal-organic frameworks stabilize mono（phosphine）-metal complexes for broad-scope catalytic reactions. J Am Chem Soc，2016，138（31）：9783-9786.

[43] Shende V S，Saptal V B，Bhanage B M. Recent advances utilized in the recycling of homogeneous catalysis. Chem Rec，2019，19（9）：2022-2043.

[44] 燕远勇，左焕培，金子林. 新型水溶性膦铑络合物催化烯烃的氢甲酰化反应研究. 分子催化，1994，8（2）：147-150.

[45] Horvath I T，Rabai J. Facile catalyst separation without water：fluorous biphase hydroformylation of olefins. Science，1994，266（5182）：72-75.

[46] Liu C，Li X M，Jin Z L. Progress in thermoregulated liquid/liquid biphasic catalysis. Catal Today，2015，247：82-89.

[47] 李军，高爽，奚祖威. 反应控制相转移催化研究的进展. 催化学报，2010，31：895-911.

[48] Zhang X L，Wei J，Zhang X M. Encapsulated liquid nano-droplets for efficient and selective biphasic hydroformylation of long-chain alkenes. New J Chem，2019，43（35）：14134-14138.

[49] Zhang M，Wei L J，Chen H，Du Z P，Binks B P，Yang H Q. Compartmentalized droplets for continuous flow liquid-liquid interface catalysis. J Am Chem Soc，2016，138（32）：10173-10183.

[50] Zhang X M，Hou Y T，Ettelaie R，Guan R Q，Zhang M，Zhang Y B，Yang H Q. Pickering emulsion-derived liquid-solid hybrid catalyst for bridging homogeneous and heterogeneous catalysis. J Am Chem Soc，2019，141（13）：5220-5230.

[51] Teunissen W，de Groot F M F，Geus J，Stephan O，Tence M，Colliex C. The structure of carbon encapsulated NiFe nanoparticles. J Catal，2001，204（1）：169-174.

[52] Lu A H，Schmidt W，Matoussevitch N，Bönnemann H，Spliethoff B，Tesche B，Bill E，Kiefer W，Schüth F. Nanoengineering of a magnetically separable hydrogenation catalyst. Angew Chem Int Ed，2004，116（33）：4403-4406.

[53] Karimi B，Mansouri F，Vali H. A highly water-dispersible/magnetically separable palladium catalyst based on a Fe_3O_4@SiO_2 anchored TEG-imidazolium ionic liquid for the Suzuki-Miyaura coupling reaction in water. Green Chem，2014，16（5）：2587-2596.

[54] Asensio J M，Miguel A B，Fazzini P F，van Leeuwen P W N M，Chaudret B. Hydrodeoxygenation using magnetic induction：high-temperature heterogeneous catalysis in solution. Angew Chem Int Ed，2019，58（33）：11306-11310.

[55] Davis M E，Lobo R F. Zeolite and molecular sieve synthesis. Chem Mater，1992，4（4）：756-768.

[56] Xia Q H，Chen S C，Song J，Kawi S，Hidajat K. Structure，morphology，and catalytic activity of β-zeolite synthesized in a fluoride medium for asymmetric hydrogenation. J Catal，2003，219：74-84.

[57] Jiao J J，Tan C X，Li Z J，Liu Y，Han X，Cui Y. Design and assembly of chiral coordination cages for asymmetric sequential reactions. J Am Chem Soc，2018，140（6）：2251-2259.

[58] Yang G Y，Ma Y F，Xu J. Biomimetic catalytic system driven by electron transfer for selective oxygenation of hydrocarbon. J Am Chem Soc，2004，126（34）：10542-10543.

[59] Zhang J，Liu X，Blume R，Zhang A H，Schlögl R，Su D S. Surface-modified carbon nanotubes catalyze oxidative dehydrogenation of *n*-butane. Science，2008，322（5898）：73-77.

[60] Shang S S，Gao S. Heteroatom-enhanced metal-free catalytic performance of carbocatalysts for organic transformations. ChemCatChem，2019，11（16）：3730-3744.

[61] Wang Y，Zhang J S，Wang X C，Antonietti M，Li H R. Boron- and fluorine-containing mesoporous carbon nitride polymers：metal-free catalysts for cyclohexane oxidation. Angew Chem Int Ed，2010，49（19）：3356-3359.

[62] Grant J T，Carrero C A，Goeltl F，Venegas J，Mueller P，Burt S P，Specht S E，McDermott W P，Chieregato A，Hermans I. Selective oxidative dehydrogenation of propane to propene using boron nitride catalysts. Science，2016，354（6319）：1570-1573.

[63] Welch G C，Juan R R S，Masuda J D，Stephan D W. Reversible，metal-free hydrogen activation. Science，2006，314（5802）：1124-1126.

[64] Stephan D W. The broadening reach of frustrated Lewis pair chemistry. Science，2016，354（6317）：7229.

[65] Siddiqui Z N，Khan K. Friedlander synthesis of novel benzopyranopyridines in the presence of chitosan as heterogeneous，efficient and biodegradable catalyst under solvent-free conditions. New J Chem，2013，37（5）：

1595-1602.

[66] Zhu Y T，Li Z J，Chen J Z. Applications of lignin-derived catalysts for green synthesis. Green Energ Environ，2019，4（3）：210-244.

[67] Shaabani A，Seyyedhamzeh M，Makeki A，Rezazadeh F. Cellulose sulfuric acid：an efficient biopolymer-based catalyst for the synthesis of oxazolines，imidazolines and thiazolines under solvent-free conditions. Appl Catal Gen A：Gen，2009，358（2）：146-149.

[68] Xie C，Song J L，Wu H R，Zhou B W，Wu C Y，Han B X. Natural product glycine betaine as an efficient catalyst for transformation of CO_2 with amines to synthesize *N*-substituted compounds. ACS Sustainable Chem Eng，2017，5（8）：7086-7092.

[69] Song J L，Zhou B W，Zhou H C，Wu L Q，Meng Q L，Liu Z M，Han B X. Porous zirconium-phytic acid hybrid：a highly efficient catalyst for Meerwein-Ponndorf-Verley reductions. Angew Chem Int Ed，2015，54（32）：9399-9403.

[70] Chen H Y，Ji H B. Alkaline hydrolysis of cinnamaldehyde to benzaldehyde in the presence of β-cyclodextrin. AIChE J，2010，56（2）：466-476.

[71] Asl S M H，Ghadi A，Baei M S，Javadian H，Maghsudi M，Kazemian H. Porous catalysts fabricated from coal fly ash as cost-effective alternatives for industrial applications：a review. Fuel，2018，217：320-342.

[72] Alzeer M I M，MacKenzie K J D. Synthesis and catalytic properties of new sustainable aluminosilicate heterogeneous catalysts derived from fly ash. ACS Sustainable Chem Eng，2018，6（4）：5273-5282.

[73] Oliveira D A，Benelli P，Amante E R. A literature review on adding value to solid residues：egg shells. J Clean Prod，2013，46：42-47.

[74] Laca A，Laca A，Díaz M. Eggshell waste as catalyst：a review. J Environ Manage，2017，197：351-359.

[75] Fu Q，Yang F，Bao X H. Interface-confined oxide nanostructures for catalytic oxidation reactions. Acc Chem Res，2013，46（8）：1692-1701.

[76] Li L L，Chen X B，Wu Y E，Wang D S，Peng Q，Zhou G，Li Y D. Pd-Cu_2O and Ag-Cu_2O hybrid concave nanomaterials for an effective synergistic catalyst. Angew Chem Int Ed，2013，52（42）：11049-11053.

[77] Wen F Y，Li C. Hybrid artificial photosynthetic systems comprising semiconductors as light harvesters and biomimetic complexes as molecular cocatalysts. Acc Chem Res，2013，46（11）：2355-2364.

[78] Li Y，Shen W J. Morphology-dependent nanocatalysts：rod-shaped oxides. Chem Soc Rev，2014，43（5）：1543-1574.

[79] Herzing A A，Kiely C J，Carley A F，Landon P，Hutchings G J. Identification of active gold nanoclusters on iron oxide supports for CO oxidation. Science，2008，321（5894）：1331-1335.

[80] Zhang X，Wang H，Xu B Q. Remarkable nanosize effect of zirconia in Au/ZrO_2 catalyst for CO oxidation. J Phys Chem B，2005，109（19）：9678-9683.

[81] Liu B，Yao H Q，Song W Q，Jin L，Mosa M I，Rusling J F，Suib S L，He J. Ligand-free noble metal nanocluster catalysts on carbon supports via “soft” nitriding. J Am Chem Soc，2016，138（14）：4718-4721.

[82] Xie Y，Ding K L，Liu Z M，Tao R T，Sun Z Y，Zhang H G，An G M. *In situ* controllable loading of ultrafine noble metal particles on titania. J Am Chem Soc，2009，131（19）：6648-6649.

[83] Zhong R Y，Sun K Q，Hong Y C，Xu B Q. Impacts of organic stabilizers on catalysis of Au nanoparticles from colloidal preparation. ACS Catal，2014，4（11）：3982-3993.

[84] Bai L C，Wang X，Chen Q，Ye Y F，Zheng H Q，Guo J H，Yin Y D，Gao C B. Explaining the size dependence in platinum-nanoparticle-catalyzed hydrogenation reactions. Angew Chem Int Ed，2016，55（50）：15656-15661.

[85] Zhang P, Chen C J, Kang X C, Zhang L J, Wu C Y, Zhang J L, Han B X. *In situ* synthesis of sub-nanometer metal particles on hierarchically porous metal-organic frameworks via interfacial control for highly efficient catalysis. Chem Sci, 2018, 9 (5): 1339-1343.

[86] Jin R X, Peng M, Li A, Deng Y C, Jia Z M, Huang F, Ling Y J, Yang F, Fu H, Xie J L, Han X D, Xiao D Q, Jiang Z, Liu H Y, Ma D. Low temperature oxidation of ethane to oxygenates by oxygen over iridium-cluster catalysts. J Am Chem Soc, 2019, 141 (48): 18921-18925.

[87] Tauster S J, Fung S C, Garten R L. Strong metal-support interactions. Group 8 noble metals supported on TiO_2. J Am Chem Soc, 1978, 100 (1): 170-175.

[88] Tauster S J. Strong metal-support interactions. Acc Chem Res, 1987, 20 (11): 389-394.

[89] Tang H L, Liu F, Wei J K, Qiao B T, Zhao K F, Su Y, Jin C Z, Lin L, Liu J Y, Wang J H, Zhang T. Ultrastable hydroxyapatite/titanium-dioxide-supported gold nanocatalyst with strong metal-support interaction for carbon monoxide oxidation. Angew Chem Int Ed, 2016, 55 (36): 10606-10611.

[90] Tang H L, Wei J K, Liu F, Qiao B T, Pan X L, Li L, Liu J Y, Wang J H, Zhang T. Strong metal-support interactions between gold nanoparticles and nonoxides. J Am Chem Soc, 2016, 138 (1): 56-59.

[91] Li J, Lin Y P, Pan X L, Miao D Y, Ding D, Cui Y, Dong J H, Bao X H. Enhanced CO_2 methanation activity of Ni/anatase catalyst by tuning strong metal-support interactions. ACS Catal, 2019, 9 (7): 6342-6348.

[92] Matsubu J C, Zhang S Y, de Rita L, Marinkovic N S, Chen J G, Graham G W, Pan X Q, Christopher P. Adsorbate-mediated strong metal-support interactions in oxide-supported Rh catalysts. Nature Chem, 2017, 9(2): 120-127.

[93] Yao S Y, Zhang X, Zhou W, Gao R, Xu W Q, Ye Y F, Lin L L, Wen X D, Liu P, Chen B B, Crumlin E, Guo J H, Zuo Z J, Li W Z, Xie J L, Lu L, Kiely C J, Gu L, Shi C, Rodriguez J A, Ma D. Atomic-layered Au clusters on α-MoC as catalysts for the low-temperature water-gas shift reaction. Science, 2017, 357 (6349): 389-393.

[94] Chen G X, Xu C F, Huang X Q, Ye J Y, Gu L, Li G, Tang Z C, Wu B H, Yang H Y, Zhao Z P, Zhou Z Y, Fu G, Zheng N F. Interfacial electronic effects control the reaction selectivity of platinum catalysts. Nat Mater, 2016, 15 (5): 564-569.

[95] Liu H Y, Mei Q Q, Li S P, Yang Y D, Wang Y Y, Liu H Z, Zheng L R, An P, Zhang J, Han B X. Selective hydrogenation of unsaturated aldehydes over Pt nanoparticles promoted by the cooperation of steric and electronic effects. Chem Commun, 2018, 54 (8): 908-911.

[96] Liu X W, Zhou K B, Wang L, Wang B Y, Li Y D. Oxygen vacancy clusters promoting reducibility and activity of ceria nanorods. J Am Chem Soc, 2009, 131 (9): 3140-3141.

[97] Zhou K B, Li Y D. Catalysis based on nanocrystals with well-defined facets. Angew Chem Int Ed, 2012, 51 (3): 602-613.

[98] Kang X C, Liu H Z, Hou M Q, Sun X F, Han H L, Jiang T, Zhang Z F, Han B X. Synthesis of supported ultrafine non-noble subnanometer-scale metal particles derived from metal-organic frameworks as highly efficient heterogeneous catalysts. Angew Chem Int Ed, 2016, 55 (3): 1080-1084.

[99] Qiao B T, Wang A Q, Yang X F, Allard L F, Jiang Z, Cui Y T, Liu J Y, Li J, Zhang T. Single-atom catalysis of CO oxidation using Pt_1/FeO_x. Nat Chem, 2011, 3 (8): 634-641.

[100] Yang X F, Wang A Q, Qiao B T, Li J, Liu J Y, Zhang T. Single-atom catalysts: a new frontier in heterogeneous catalysis. Acc Chem Res, 2013, 46 (8): 1740-1748.

[101] Zhang L L, Ren Y J, Liu W G, Wang A Q, Zhang T. Single-atom catalyst: a rising star for green synthesis of fine

chemicals. Natl Sci Rev，2018，5（5）：653-672.

[102] Chen Y J，Ji S F，Chen C，Peng Q，Wang D S，Li Y D. Single-atom catalysts：synthetic strategies and electrochemical applications. Joule，2018，2（7）：1242-1264.

[103] Yin P Q，Yao T，Wu Y，Zheng L R，Lin Y，Liu W，Ju H X，Zhu J F，Hong X，Deng Z X，Zhou G，Wei S Q，Li Y D. Single cobalt atoms with precise *N*-coordination as superior oxygen reduction reaction catalysts. Angew Chem Int Ed，2016，55（36）：10800-10805.

[104] Zhao L，Zhang Y，Huang L B，Liu X Z，Zhang Q H，He C，Wu Z Y，Zhang L J，Wu J P，Yang W L，Gu L，Hu J S，Wan L J. Cascade anchoring strategy for general mass production of high-loading single-atomic metal-nitrogen catalysts. Nat Commun，2019，10：1278.

[105] Yang H Z，Shang L，Zhang Q H，Shi R，Waterhouse G I N，Gu L，Zhang T R. A universal ligand mediated method for large scale synthesis of transition metal single atom catalysts. Nat Commun，2019，10：4585.

[106] Guo J J，Huo J J，Liu Y，Wu W J，Wang Y，Wu M H，Liu H，Wang G X. Nitrogen-doped porous carbon supported nonprecious metal single-atom electrocatalysts：from synthesis to application. Small Meth，2019，3（9）：1900159.

[107] Sheldon R A，Woodley J M. Role of biocatalysis in sustainable chemistry. Chem Rev，2018，118（2）：801-838.

[108] Yang Z Y，He Y，Toste F D. Biomimetic approach to the catalytic enantioselective synthesis of flavonoids. J Am Chem Soc，2016，138（31）：9775-9778.

[109] 佘远斌，邓金辉，张龙，沈海民. 氧气催化氧化环己烷. 化学进展，2018，30（1）：124-136.

[110] Rao H，Schmidt L C，Bonin J，Robert M. Visible-light-driven methane formation from CO_2 with a molecular iron catalyst. Nature，2017，548（7665）：74-77.

[111] Huang X F，Shen Q，Liu J B，Yang N J，Zhao G H. A CO_2 adsorption-enhanced semiconductor/metal-complex hybrid photoelectrocatalytic interface for efficient formate production. Energ Environ Sci，2016，9（10）：3161-3171.

[112] 纪红兵，佘远斌. 绿色氧化与还原. 北京：中国石化出版社，2005.

[113] Wojtowicz-Mlochowska H. Synthetic utility of metal catalyzed hydrogen peroxide oxidation of C—H，C—C and C＝C bonds in alkanes，arenes and alkenes：recent advances. Arkivoc，2017，Part ii：12-58.

[114] Albanese D C M，Foschi F，Penso M. Sustainable oxidations under phase-transfer catalysis conditions. Org Process Res Dev，2016，20（2）：129-139.

[115] Luo Y L，Liu C J，Yue H R，Tang S Y，Zhu Y M，Liang B. Selective oxidation of cyclopentene with H_2O_2 by using $H_3PW_{12}O_{40}$ and TBAB as a phase transfer catalyst. Chinese J Chem Eng，2019，27（8）：1851-1856.

[116] Yu Z H，Gan Y L，Xu J，Xue B. Direct catalytic hydroxylation of benzene to phenol catalyzed by $FeCl_3$ supported on exfoliated graphitic carbon nitride. Catal Lett，2020，150（2）：301-311.

[117] Muthuramalingam S，Anandababu K，Velusamy M，Mayilmurugan R. One step phenol synthesis from benzene catalysed by nickel (Ⅱ) complexes. Catal Sci Technol，2019，9（21）：5991-6001.

[118] Guo B，Zhu L F，Hu X K，Zhang Q，Tong D M，Li G Y，Hu C W. Nature of vanadium species on vanadium silicalite-1 zeolite and their stability in hydroxylation reaction of benzene to phenol. Catal Sci Technol，2011，1（6）：1060-1067.

[119] Xie J J，Jin R X，Li A，Bi Y P，Ruan Q S，Deng Y C，Zhang Y J，Yao S Y，Sankar G，Ma D，Tang J W. Highly selective oxidation of methane to methanol at ambient conditions by titanium dioxide-supported iron species. Nat Catal，2018，1（11）：889-896.

[120] Wang J X，Zhou X T，Han Q，Guo X X，Liu X H，Xue C，Ji H B. Efficient and selective oxidation of alcohols to carbonyl compounds at room temperature by a ruthenium complex catalyst and hydrogen peroxide. New J

Chem，2019，43（48）：19415-19421.

[121] Wang L L，Li Y M，Xie W，Zhang H J，Wu H H，Jiang Y W，He M Y，Wu P. Highly efficient and selective production of epichlorohydrin through epoxidation of allyl chloride with hydrogen peroxide over Ti-MWW catalysts. J Catal，2007，246（1）：205-214.

[122] Lu X Q，Wu H H，Jiang J G，He M Y，Wu P. Selective synthesis of propylene oxide through liquid-phase epoxidation of propylene with H_2O_2 over formed Ti-MWW catalyst. J Catal，2016，342：173-183.

[123] Ding Y，Xu H，Wu H H，He M Y，Wu P. An amphiphilic composite material of titanosilicate@mesosilica/carbon as a pickering catalyst. Chem Commun，2018，54（57）：7932-7935.

[124] Ma S M，Liu J X，Li S H，Chen B，Cheng J J，Kuang J Q，Liu Y，Wan B Q，Wang Y L，Ye J T，Yu Q，Yuan W M，Yu S C. Development of a general and practical iron nitrate/TEMPO-catalyzed aerobic oxidation of alcohols to aldehydes/ketones：catalysis with table salt. Adv Synth Catal，2011，353（6）：1005-1017.

[125] Mei Q Q，Liu H Z，Yang Y D，Liu H Y，Li S P，Zhang P，Han B X. Base-free aerobic oxidation of alcohols over copper-based complex under ambient condition. ACS Sustainable Chem Eng，2018，6（2）：2362-2369.

[126] Wang W，Xie Y，Zhang S H，Liu X，Zhang L Y，Zhang B S，Haruta M，Huang J H. Highly efficient base-free aerobic oxidation of alcohols over gold nanoparticles supported on ZnO-CuO mixed oxides. Chinese J Catal，2019，40（12）：1924-1933.

[127] Zhao G F，Hu H Y，Deng M M，Lu Y. Microstructured Au/Ni-fiber catalyst for low-temperature gas-phase selective oxidation of alcohols. Chem Commun，2011，47（34）：9642-9644.

[128] Shen H M，Zhang L，Deng J H，Sun J，She Y B. Enhanced catalytic performance of porphyrin cobalt (Ⅱ) in the solvent-free oxidation of cycloalkanes（C_5～C_8）with molecular oxygen promoted by porphyrin zinc (Ⅱ). Catal Comm，2019，132：105809.

[129] Chen B F，Li S P，Liu S J，Dong M H，Han B X，Liu H Z，Zheng L R. Aerobic selective oxidation of methylaromatics to benzoic acids over Co@N/Co-CNTs with high loading CoN_4 species. J Mater Chem A，2019，7（48）：27212-27216.

[130] Yang W H，Su Z A，Xu Z H，YangW N，Peng Y，Li J H. Comparative study of α-，β-，γ- and δ-MnO_2 on toluene oxidation：oxygenvacancies and reaction intermediates. Appl Catal B：Environ，2020，260：118150.

[131] Wang L Z，She Y B，Zhong R G，Ji H B，Zhang Y H，Song X F. A green process for oxidation of *p*-nitrotoluene catalyzed by metalloporphyrins under mild conditions. Org Proc Res Dev，2006，10（4）：757-761.

[132] Hu M，Wu W Q，Jiang H F. Palladium-catalyzed oxidation reactions of alkenes with green oxidants. ChemSusChem，2019，12（13）：2911-2935.

[133] Wang A Z，Jiang H F，Chen H J. Palladium-catalyzed diacetoxylation of alkenes with molecular oxygen as sole oxidant. J Am Chem Soc，2009，131（11）：3846-3847.

[134] Huang L B，Jiang H F，Qi C R，Liu X H. Copper-catalyzed intermolecular oxidative [3 + 2] cycloaddition between alkenes and anhydrides：a new synthetic approach to γ-lactones. J Am Chem Soc，2010，132（50）：17652-17654.

[135] Hayashi T，Tanaka K，Haruta M. Selective vapor-phase epoxidation of propylene over Au/TiO_2 catalysts in the presence of oxygen and hydrogen. J Catal，1998，178（2）：566-575.

[136] Stangland E E，Taylor B，Andres R P，Delgass W N. Direct vapor phase propylene epoxidation over deposition-precipitation gold-titania catalysts in the presence of H_2/O_2：effects of support，neutralizing agent，and pretreatment. J Phys Chem B，2005，109（6）：2321-2330.

[137] Li Z S，Gao L，Ma W H，Zhong Q. Higher gold atom efficiency over Au-Pd/TS-1 alloy catalysts for the direct propylene epoxidation with H_2 and O_2. Appl Surf Sci，2019，497：143749.

[138] Cai Y J，Song H Y，An Z，Xiang X，Shu X，He J. The confined space electron transfer in phosphotungstate intercalated ZnAl-LDHs enhances its photocatalytic performance for oxidation/extraction desulfurization of model oil in air. Green Chem，2018，20（24）：5509-5519.

[139] Zhu A L，Xing X F，Wang S L，Yuan D H，Zhu G M，Geng M W，Guo Y Y，Zhang G S，Li L J. Multi-component syntheses of diverse 5-fluoroalkyl-1, 2, 3-triazoles facilitated by air oxidation and copper catalysis. Green Chem，2019，21（12）：3407-3412.

[140] Huang S Y，Yan B，Wang S P，Ma X B. Recent advances in dialkyl carbonates synthesis and applications. Chem Soc Rev，2015，44（10）：3079-3116.

[141] Kim K H，Lee E Y. Environmentally-benign dimethyl carbonate-mediated production of chemicals and biofuels from renewable bio-oil. Energies，2017，10（11）：1790.

[142] Tundo P，Musolino M，Aricò F. The reactions of dimethyl carbonate and its derivatives. Green Chem，2018，20（1）：28-85.

[143] 史芸，张广林，王胜平，马新宾. 由碳酸二甲酯合成异氰酸酯. 石油学报（石油加工），2010，26（4）：648-656.

[144] Rojas-Buzo S，García-García P，Corma A. Zr-MOF-808@MCM-41 catalyzed phosgene-free synthesis of polyurethane precursors. Catal Sci Technol，2019，9（1）：146-156.

[145] Fiorani G，Perosa A，Selva M. Dimethyl carbonate：a versatile reagent for a sustainable valorization of renewables. Green Chem，2018，20（2）：288-322.

第 3 章 环境友好介质

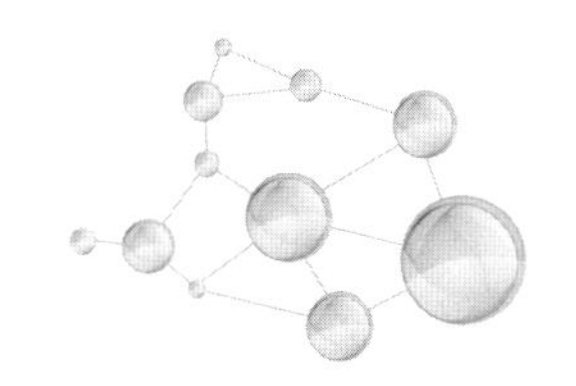

据粗略估计，在制备化学品和材料、分离等过程中，70%以上的化学化工过程使用溶剂，生产效率与溶剂的性质和功能密切相关。它可以强化传质、传热，调控反应速率和目标产物的选择性，调控所制备材料的尺寸、形貌、结构，通过选择性溶解某些物质可以对混合物进行分离等。然而，传统的有机溶剂易挥发，造成严重的浪费和环境污染。随着绿色化学的兴起和快速发展，人们越来越意识到主动选择环境友好介质的重要性，这与绿色化学 12 项基本原则中的第 5 项“使用无毒无害的溶剂和助剂”相一致。

传统有机溶剂普遍存在效率低、功能有限等问题。同时，采用传统溶剂取得重大技术突破越来越难。绿色溶剂的有效利用不仅可避免使用有害溶剂，减少环境污染，而且利用其特性往往可以优化和强化许多化学化工过程，减少能源消耗，提高原料利用率，实现一些传统条件下难以或无法进行的化学化工过程，为开发新型高效绿色技术、解决传统溶剂难以解决的重大难题提供了广阔的空间。环境友好介质的使用对实现化工过程绿色化至关重要。设计、筛选和利用绿色溶剂是当代化学工业发展的一个重要方向。绿色溶剂应该具备无毒无害、环境友好、容易循环利用等特点，其使用应能促进效率、节省能源。环境友好介质包括水、离子液体、超临界流体、液体聚合物、生物质基溶剂及其混合体系等[1]。

3.1 水

水无毒、无害且是地球上十分丰富的自然资源。水作为溶剂在工农业生产和日常生活中广泛应用。以水为溶剂的化学反应，无论从经济效益还是安全生产方面都极具吸引力。然而，由于水对大多数有机物的溶解能力很差，并且很多有机官能团和有机金属配合物在水中不稳定，限制了水在催化化学反应中作为溶剂的广泛应用。但是，水绿色、无毒的特点仍然促使人们对水中的有机反应做了大量研究。1980 年，Rideout 和 Breslow 发现 Diels-Alder 反应在水中比在有机溶剂中的反应速率快数百倍，并具有更高的立体选择性[2]，改变了人们通常认为的只有

反应物溶解在水中才能进行有效反应的认知。迄今为止，水中的化学反应已有很多研究[3, 4]。

在一定的反应条件下，反应物不溶于水，反应速率却大大加快，Sharpless等[5]称这种条件下进行的反应为“on water”（“水上”）反应。迄今为止，“水上”反应促进反应进行的实例和类型很多，如环加成反应、亲核加成反应、亲核取代反应、偶联反应、氧化反应、溴代反应，甚至将“水上”反应用于多组分一锅法反应体系也有很成功的报道。Zhang 等[6]研究了水中 L 酸催化的共轭加成-脱氢氧化的一锅反应，发现水能替代有机溶剂，反应速率是有机溶剂中的数十倍，而且水中反应可以很容易地合成双吲哚醌化合物，这在有机溶剂中难以实现。Wang等[7]利用水溶性的 Au/DNA 纳米杂合物催化从醇和胺直接合成了酰胺，金纳米、DNA 和水之间的相互作用使催化效率非常高。此反应具有产率高、底物的范围广、Au/DNA 纳米杂合物可以循环使用等优点。

不少研究者探索了水能促进反应的原因[8]，但至今仍然不是十分清楚。通过在微流体装置中产生静电液滴排除搅拌等动力学的影响，研究认为有机溶剂-水的界面对水促进反应的影响至关重要[9]。为了解释水的促进作用，人们提出了极性、憎水效应、氢键以及界面酸催化等机理。

反应过渡态的极性往往与反应物的极性不同。水是一种强极性溶剂，一般认为水可以促进过渡态极性增加的反应，而减慢过渡态极性减小的反应。Maji 等报道了以水为溶剂三价铱催化的 C—H 键功能化，实现了生物活性结构单元色酮的合成，虽然反应底物不溶于水，但在水中的反应速率明显快于有机溶剂中的反应速率[10]，通过比较甲醇与水中的反应速率，作者认为水的强极性是提高反应速率的重要因素（图 3.1）。

图 3.1 水促进 Ir 催化的 C—H 键的功能化

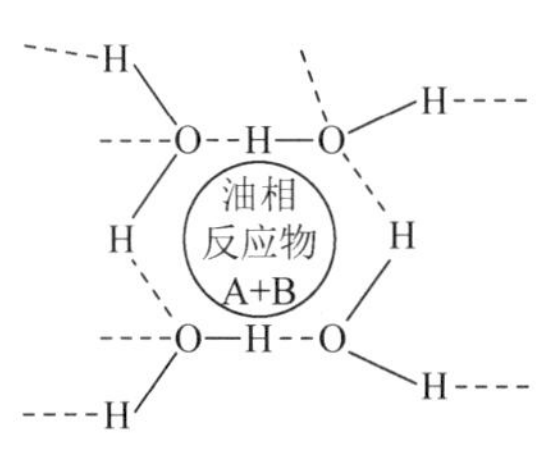

图 3.2 水中的憎水效应

当非极性反应物分散在水中时，由于憎水性，它们通过相互作用聚集到一起，使有机分子的运动受到限制，进而反应底物与有机物间会产生比在一般有机溶剂中更强的相互作用，有助于形成热力学稳定的缔合体或活化络合物，从而提高反应速率（图 3.2）[11]。

研究发现，在有机反应过程中如有氢键受体时，水分子会与它们形成氢键从而加速反应的进行。例如，水促进吲哚二酮的 Henry 加成反应[12]、Aldol 缩合反应[13]等。1, 8-二氨基萘与醛制备 2, 3-二氢-1*H*-哌啶的反应可以通过氢键促进的方式在水中实现，并且反应无须催化剂即可进行[14]。在 Aldol 缩合反应中，通过加入聚醚胺形成新的中间体，所形成的中间体和吲哚二酮都可以与水形成氢键，从而改变反应的过渡态促进反应的进行。原位核磁表征证实了表面氢键的形成，为氢键机理提供了有效证据（图 3.3）[15]。

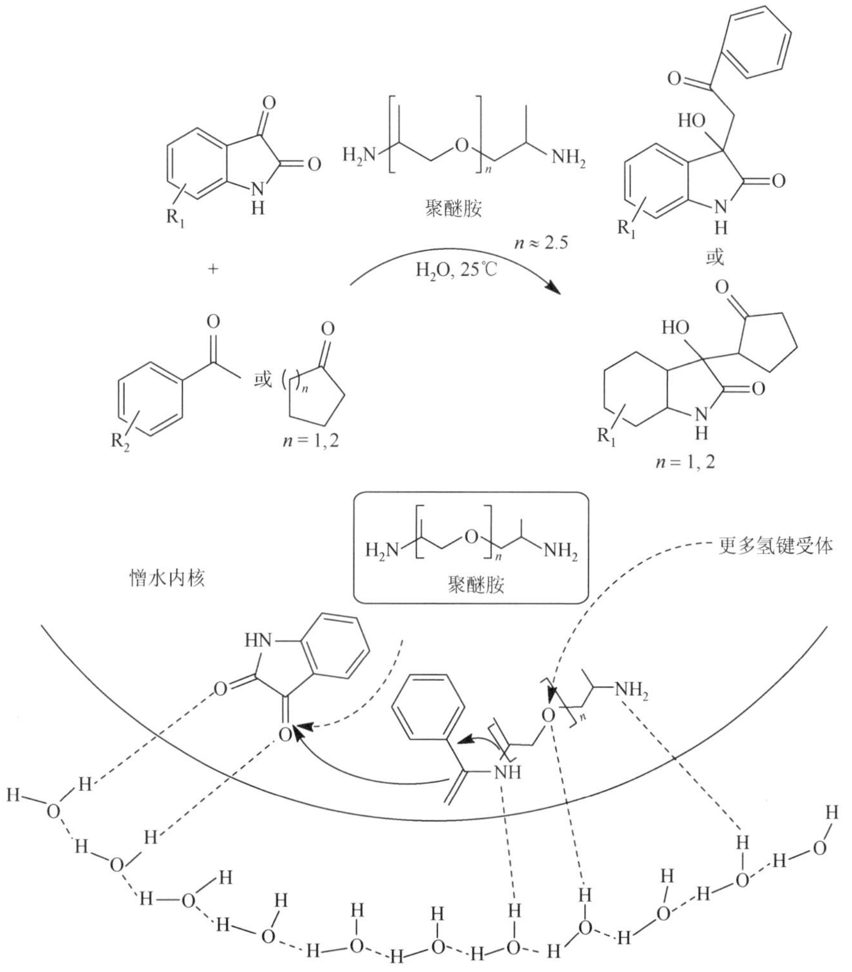

图 3.3　加入聚醚胺提供更多的氢键受体

研究者也提出了界面酸催化理论[16]。他们认为在“水上”反应中，反应物和水形成的界面能够强烈吸附氢氧根离子，促进反应物的质子化，水在“水上”反应中起酸催化作用。

除了提高反应速率外，水还可以有效提高目标产物的选择性。例如，与有机溶剂相比，在水中，铜催化的 3-苯基-1-（2-吡啶基）-2-丙基-1-酮与环戊二烯的 Diels-Alder 反应对映体选择性大大提高[17]。对于环氧化合物与胺合成β-胺基醇的反应[18]，在水中，室温条件下，大部分底物转化可以达到 100%立体选择性和区域选择性。虽然以苯乙烯环氧化合物为原料时得到了两种产物，但在水相中反应的结果明显优于有机溶剂中的结果。以中心金属 Ga 和手性半冠醚配体合成手性有机金属催化剂催化水相不对称 Mukaiyama Aldol 反应，其 ee 值高达 94%[19]。另外，研究发现，溶剂对 Pt/Co_3O_4 催化的 CO_2 加氢制备 C_{2+} 醇（含两个碳以上的醇）反应的选择性影响很大。水通过参与 CO_2 加氢反应促进了碳碳偶联，在有机溶剂中，C_{2+} 醇的选择性最高只能达到 23%，而在水中，C_{2+} 醇的选择性可超过 80%[20]。

虽然“水上”反应拓展了水作为反应介质的应用范围，但是催化剂的溶解度依然是限制其应用的重要因素。采用表面活性剂形成胶束是在水介质中实现催化反应的有效方法之一[21]。鉴于此，人们开发了表面活性剂修饰的催化体系。表面活性剂能够在体相水中形成纳米聚集体，由于分子间的弱相互作用，如疏水效应和离子配对作用，胶束的疏水核内具有对催化剂和反应物的增容效应，因而促进反应的进行。胶束在许多情况下不仅能够提高产率、选择性（化学、区域及对映体选择性），而且有利于产品分离和催化剂的循环利用，尤其是当产物疏水性足够强时，可以用与水不相溶的有机溶剂萃取产物，实现催化剂循环利用，具有良好应用前景[22]。

近年来，各种表征技术的发展使人们能够更好地研究反应底物、催化剂和胶束之间的相互作用，从而对胶束中的催化反应有了更深入的理解[23]。例如，通过核磁共振波谱能够检测反应底物、过渡态及催化剂等在胶束中的溶解程度和相互作用，从而理解水促进反应进行的机理[24]。

对于 Pd 催化的芳香醇歧化反应，水中的反应速率比有机溶剂中的反应速率快[25]。通过系统考察反应底物与水以及反应底物与其他有机溶剂体系的相行为，发现反应底物能溶解于有机溶剂中形成溶液，而水体系中为两相，并在搅拌下形成具有一定稳定性的反应物-水乳液。将少量反应物溶于水形成反应物水溶液，与相同反应条件下同浓度有机溶液相比，水溶液中的转化率与有机溶液中的转化率大体相同，这说明水对反应的促进作用不是由溶解在水中的少量反应物所致。通过研究不同水体积分数的水-正丙醇混合溶剂体系中 1-苯基乙醇的歧化反应，对反应的转化率、反应物在体系中的溶解度、反应体系相行为的关系进行分析。结果表明，在反应体系为均相透明溶液的范围内，随水体积分数的增加，反应转化率变化很小。而当反应体系变浑浊，开始形成乳液后，反应转化率随水体积分数的增加持续上升；在水体积分数达到一定值后，反应转化率不再随水体积分数的增加而改变。由此可以推测，乳液的形成是水促进反应的主要原因，并认为乳液液滴表面反应物分子（特别是分子中羟基）的高密度、高度规则排列导致了油水界面处的反应速率的增加（图 3.4）。

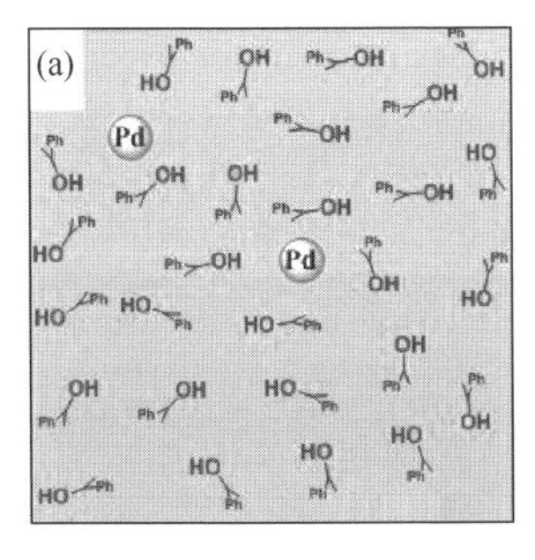

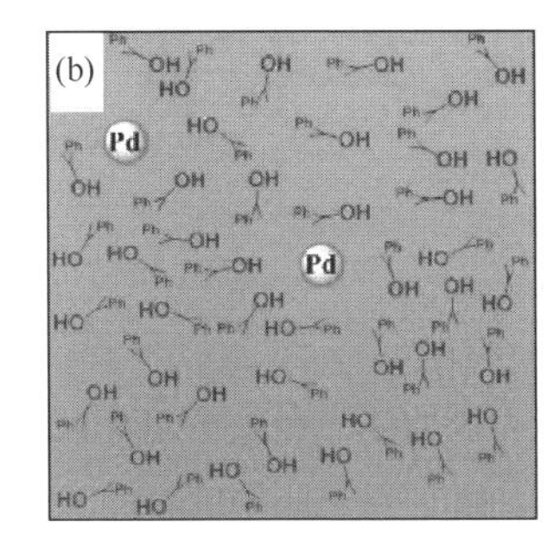

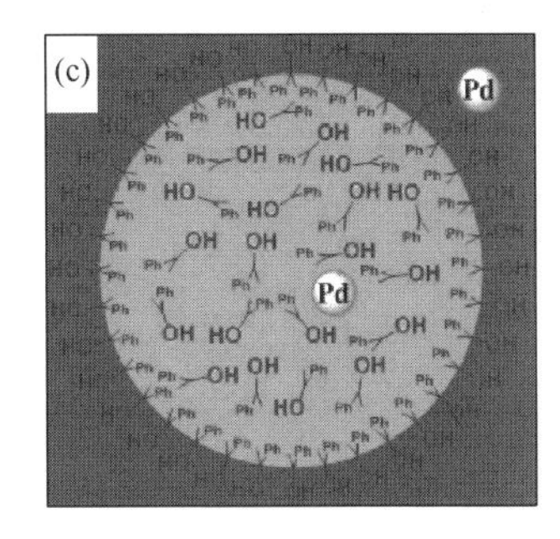

图 3.4　不同 1-苯基乙醇歧化反应体系对比示意图

（a）有机溶剂体系；（b）无溶剂反应物体系；（c）反应物/水乳液体系

除了脱水反应、氧化反应、碳碳偶联反应外，多组分反应也可以通过胶束提高反应速率。在十六烷基三甲基溴化铵（CTAB）表面活性剂的胶束溶液中，酮基-炔胺在水介质中能够经螺旋环化制备氮杂螺环化合物，而不依赖过渡金属催化[26]。

Zhou 等综述了近年来发展的绿色溶剂，认为水是最绿色、最环境友好的介质[27]。然而，水作为溶剂进行化学反应是否符合绿色化学的要求需要考虑很多因素[28]。即使以水为溶剂比有机溶剂反应效果更好，仍然不能或很难消除整个化学反应过程中有机溶剂的使用。如产品的分离纯化往往通过萃取、层析、精馏等方法，在产品纯化过程使用的溶剂甚至比在反应过程中的溶剂还多，并且反应过程中所产生的废水也会污染环境。因此，采用水作为溶剂需要考虑其对反应转化率和选择性的影响，对产物后续分离过程的影响，对产品处理过程的影响，以及反应后废水的处理问题等。但不可否认，水作为溶剂不仅可使很多反应过程更加绿色，而且通过反应路径的改变可以实现新的反应路线。应该指出的是，“水中”反应的机理仍然需要进一步研究。对于不同反应，水对反应速率和选择性的影响也会不同。

3.2　离子液体

离子液体是由阴阳离子组成、在较低温度下呈液态的有机盐。总的来说，离子液体具有蒸气压极低、离子电导率高、电化学窗口宽、热稳定性好、液程宽、不易燃、热容量大、溶剂化能力强、易循环利用等许多特点。离子液体最重要的特点之一是其可设计性，除了调配不同的阴阳离子外，还可以在阴阳离子上嫁接具有特定功能的基团以合成具有某些特殊功能的离子液体。离子液体可应用在化学反应、萃取分离、材料合成、能量存储与转换等方面[29-33]。离子液体为绿色化学的发展提供了新的机遇[34]。

图 3.5 和图 3.6 给出了几种典型的阳离子和阴离子的结构。近年来，人们还发展了手性离子液体（图 3.7）、两性离子液体等，并且针对不同的应用，人们还在不断设计新的离子液体，包括多阴离子、多阳离子基离子液体[35]，聚离子液体[36]，噻吩阳离子基离子液体（图 3.8）[37]以及以可再生生物材料为原料制备的离子液体[38]等。随着人们对离子液体认识的逐渐深入，其成本、稳定性、毒性、生物相容性等引起人们的普遍关注[39]。

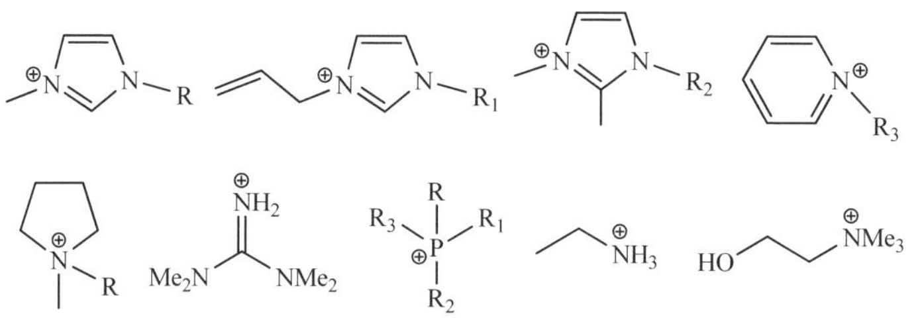

R = H, C_mH_{2m+1}, (m = 2, 4, 6, 8, 10, 16, 18);
R_1 = —$(CH_2)_4Si(OH)_3$, —$(CH_2)_8Si(OH)_2Cl$; R_2 = C_2H_5, C_4H_9;
R_3 = H, CH_3, n-C_4H_9, n-C_5H_{11}, n-C_6H_{13}, n-C_8H_{17}

图 3.5 典型离子液体的阳离子

BF_4^-, PF_6^-, NO_3^-, X^-(X = F, Cl, Br, CN), $N(CN)_2^-$, $N(CF_3SO_2)_2^-$,
$CF_3SO_3^-$, $CF_3CO_2^-$, $CH_3SO_3^-$, $EtOSO_3^-$, $(MeO)_2PO_2^-$, $AlCl_4^-$

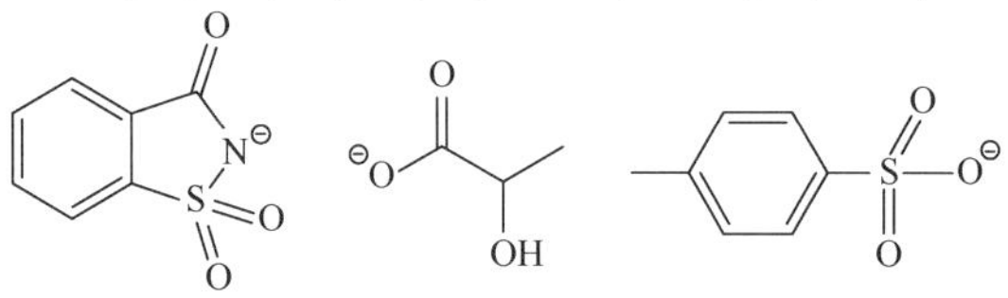

图 3.6 典型离子液体的阴离子

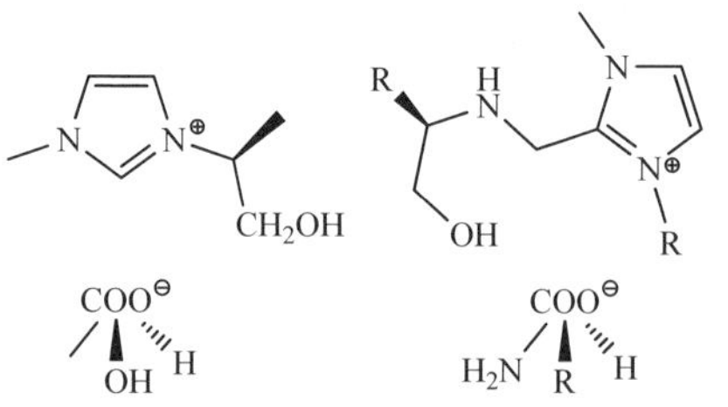

图 3.7 几种典型的手性离子液体的阴阳离子

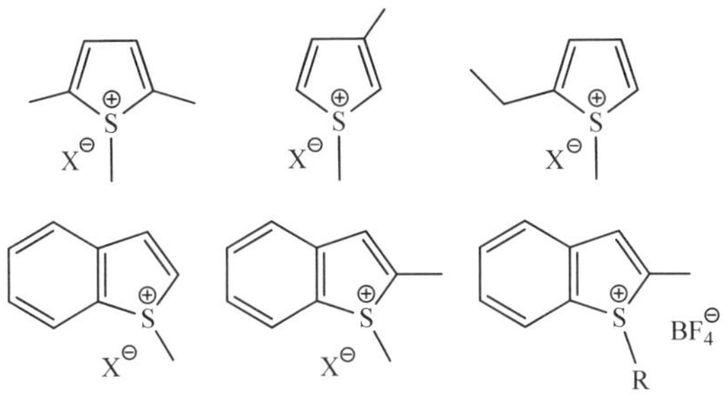

X = SbF_6, BF_4, PF_6　　R = Me, Et, Bu

图 3.8 噻吩阳离子基离子液体

离子液体应用前景广阔，可以用作催化剂、反应介质和萃取剂等。例如，羧酸或磺酸基团功能化的离子液体表现出质子酸性，能够催化酯化反应等酸催化的反应；以金属络合物为阴离子的离子液体可以作为金属配合物催化剂等。与传统溶剂相比，离子液体作为反应溶剂具有不挥发、不易燃等特点，因此可以消除因有机溶剂挥发产生的环境污染问题。在很多离子液体为介质的反应中，离子液体还可以降低反应的活化能，提高反应速率；也可改变反应路径，从而改变产物分布，提高反应选择性。本节将介绍离子液体在作为反应介质、催化剂和萃取剂等方面的应用。

3.2.1 离子液体在化学反应中的应用

离子液体在化学反应中可以作为催化剂，也可以作为溶剂，很多情况下，既作为溶剂又作为催化剂。

人们在离子液体中尝试了许多以前在分子溶剂中进行的反应，包括加氢和重排反应、氧化反应、氢甲酰化反应、烯烃的二聚和齐聚反应、烷氧羰基化反应、Heck 反应、Trost-Tsuji 偶联反应、Suzuki 偶联反应、关环转化反应等[40, 41]。

以室温离子液体为反应介质，以离子型的手性非膦金属二胺为催化剂，能够实现芳杂环喹啉衍生物的高效不对称氢化。离子液体显著提高了催化剂的活性、选择性和稳定性，并且离子液体和催化剂回收简单，可以循环使用[42]。己内酰胺（CPL）是一种重要的有机化工原料，是聚合物的单体，可以用来生产聚酰胺切片等，目前，工业 CPL 生产主要经过环己酮肟 Beckmann 重排过程[43]。传统的液相 Beckmann 重排是以发烟硫酸作为溶剂和催化剂，虽然反应条件温和、转化率和选择性高，但是反应后需要用大量的氨水中和反应体系。离子液体作为催化剂和反应溶剂具有明显优势[44]。邓友全等以离子液体作为反应介质，以五氯化磷为催化剂进行 Beckmann 重排反应[45]，环己酮肟的转化率和己内酰胺的选择性均可以达到 90%以上。他们进一步发展了质子化己内酰胺离子液体，避免了在 Beckmann

 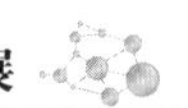

重排过程中重排产品（碱性的己内酰胺）与酸性催化剂的结合，同时，这类离子液体发生分解的唯一产物是己内酰胺，从而避免了来自催化剂体系的杂质引入问题。通过烷氧硅烷基将离子液体通过氢键作用固定到多级孔载体材料的表面，可以在活性中心周围创造稳定、疏水性增强的微反应环境，能够高效催化液相 Beckmann 重排反应[46]。离子液体也可以稳定金属纳米催化剂，形成离子液体-纳米催化剂体系。例如，研究表明，在非卤素绿色离子液体 1-丁基-3-甲基咪唑离子液体乳酸盐中制备纳米 Pd 催化剂，Pd 纳米粒子高度分散在离子液体中，平均粒径为 2.2～3.1 nm，此催化体系对 Heck-Mizoroki 反应具有良好的性能，且可循环使用[47]。

Friedel-Crafts 反应是最早研究的能够在离子液体中进行的反应之一。苯和苯甲酰氯反应的传统催化剂为 $AlCl_3$。由于 $AlCl_3$ 与产物中的羰基会生成稳定的加成物，所以 $AlCl_3$ 的用量必须过量，反应过程中会产生大量的无机废弃物。人们发现 $AlCl_3$ 离子液体能够明显促进 Friedel-Crafts 烷基化反应和 Friedel-Crafts 酰基化反应[48]，在反应过程中，离子液体既是催化剂又是溶剂。以三烷基胺为原料和溶剂，一步合成的氯铝酸盐离子液体，能够催化苯与苄基氯的 Friedel-Crafts 烷基化反应，所采用的三烷基胺可以回收利用[49]。研究表明，单一金属物种的金属卤化物离子液体的催化性能可以通过加入第二种金属进行调控。异丁烷与丁烯在酸性催化剂下反应生成高辛烷值异构烷烃是生产清洁汽油调和组分的重要工艺。传统无机酸催化剂氢氟酸和浓硫酸易腐蚀设备、容易造成环境污染和生产安全隐患。固体酸催化剂虽可避免无机酸催化剂的缺点，但易结焦失活。而新型催化剂离子液体兼具液体酸的高催化活性和固体酸的难挥发性，具有很好的应用前景。常规氯铝酸离子液体催化烷基化反应的活性较好，但仅靠调节 $AlCl_3$ 摩尔分数无法改变酸性阴离子的结构，因而对反应选择性的调控性能差。研究表明，在含有 $AlCl_3$ 的酸性离子液体中加入 CuCl 形成的复合离子液体可形成$[AlCuCl_5]^-$物种，含有多个金属中心，对正碳离子具有受体的作用，可抑制长碳链烃的生成。复合离子液体表现出优异的催化活性和对异辛烷的选择性，得到的烷基化油品质优良，并且离子液体腐蚀性低、容易回收和重复利用[50-52]。含金属 Ga 的离子液体对于间苯二甲醚与乙酰氯的 Friedel-Crafts 反应表现出很高的催化活性。研究表明，混合金属物种的存在是催化性能提高的重要原因[53]。

聚离子液体可以作为多相固体催化剂催化 Friedel-Crafts 反应。用对二乙烯基苯（D）、1-乙烯基咪唑（V）和 1-乙烯基-3-丁基咪唑溴盐（[VBIm]Br）为单体以及偶氮二异丁腈（AIBN）为引发剂，通过自由基聚合和离子交换合成的阴离子为 $CF_3SO_3^-$ 的三元单体聚离子液体（图 3.9），能够作为固体多相催化剂催化邻二甲苯与苯乙烯的 Friedel-Crafts 反应，在无溶剂条件下，1, 2-二苯乙烷的产率可以达到 98.7%[54]。将羟基功能化的 L 酸性离子液体固载在 SiO_2 上，可以在温和条件下，高效催化吲哚与苄醇 C-3 位的 Friedel-Crafts 反应。该催化体系具有制备简单、底物适用性广、催化活性高、化学选择性好等优点，并且催化剂易于回收利用[55]。

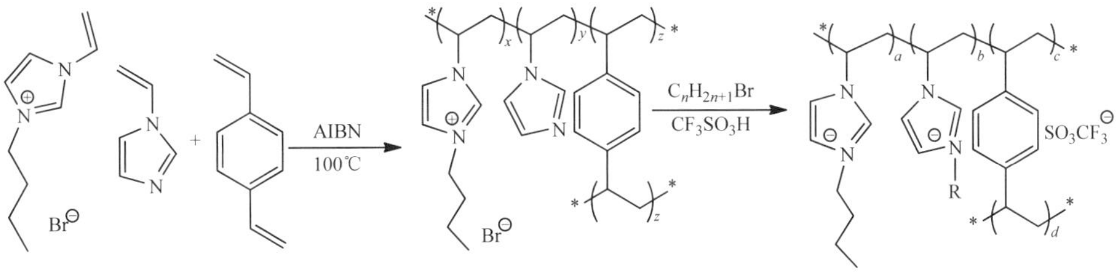

图 3.9 三元单体聚离子液体

酸性离子液体在酯化反应中可以起到催化剂和溶剂双重作用，更重要的是，由于离子液体与酯不互溶，反应结束后，酯和离子液体分相，实现产物分离。双磺酸功能化的磷钨酸 1, 4-二甲基哌嗪杂多酸阴离子基 B 酸离子液体，在一元酸与一元醇的酯化反应中表现出优异的催化性能，并且反应后由于离子液体不溶于酯可以实现自分离[56]。1-丁基-3-甲基咪唑硫酸氢盐（[BMIm][HSO_4]）离子液体可以作为溶剂和催化剂催化己酸与正丁醇反应制备己酸正丁醇酯。由于该反应为可逆反应，反应后，在离子液体相中会存在酸、醇和生成的水，在己酸正丁醇酯相中也会有未反应的酸、醇和生成的水，无法实现产物和反应物的完全分离，但离子液体与己酸正丁醇酯不互溶，可以通过简单的相分离分开[57]。木质素利用的一种方法是通过酯化来改善其物化性能，从而有助于生物质基复合材料的生产。酸性离子液体 1-丁基-3-甲基咪唑硫酸氢盐离子液体能够催化木质素与马来酸酐的酯化反应，既作为溶剂又作为催化剂[58]。

过渡金属配合物离子液体、金属多酸盐离子液体、酸/碱离子液体可用于催化氧化反应、氢甲酰化反应等。特别是将中性锰卟啉嫁接到离子液体上合成的锰卟啉功能化离子液体，结合了离子液体和锰卟啉的双重优势，使其在苯乙烯及其衍生物的氧化反应中表现出良好的催化活性和循环使用性能，是高效绿色的仿生催化体系[59, 60]。以乙酸根为阴离子的碱性离子液体能够有效催化以 O_2 为氧化剂的醇氧化酯化反应，离子液体的阴阳离子能够与醇羟基形成多个氢键，并且由于中间体醛与离子液体阳离子的相互作用，使反应过程不经过先氧化到酸然后酯化的过程。这类反应一般需要金属催化剂，但是采用离子液体可以避免金属的使用（图 3.10）[61]。

CO_2 与 H_2 反应生成甲酸是转化利用 CO_2 的途径之一。然而，此反应的标准自由能为正值，平衡产率很低，需要加入碱中和生成的甲酸才能使反应顺利进行。叔胺基团功能化的碱性离子液体能够通过与甲酸的相互作用拉动热力学平衡，提高平衡产率。由于离子液体蒸气压可以忽略，反应完成后，甲酸可以方便地通过

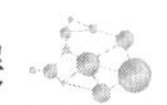

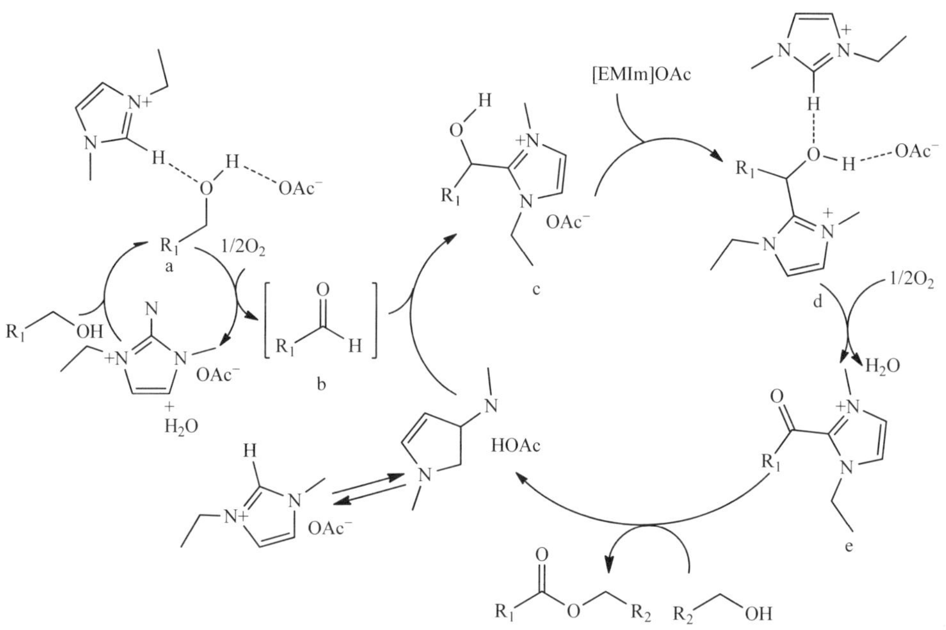

图 3.10　离子液体催化醇氧化自酯化反应

加热分离，离子液体和催化剂可以重复使用。在反应过程中，离子液体起到溶解 CO_2、H_2，分散催化剂，移动化学平衡等多重作用（图 3.11）[62]。利用离子液体阴阳离子的协同催化作用，催化芳香胺与环碳酸酯反应一步合成取代噁唑烷酮，避免了传统方法中使用有毒有害的异氰酸酯和贵金属催化剂等问题，反应过程简单，收率高，唯一的副产物是水。离子液体中的阴阳离子可同时活化芳香胺的亲核位点和环碳酸酯的亲电位点，从而促进反应的进行（图 3.12）[63, 64]。

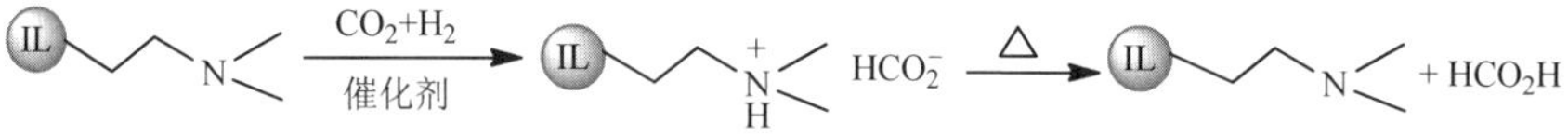

图 3.11　叔胺功能化离子液体促进甲酸合成示意图

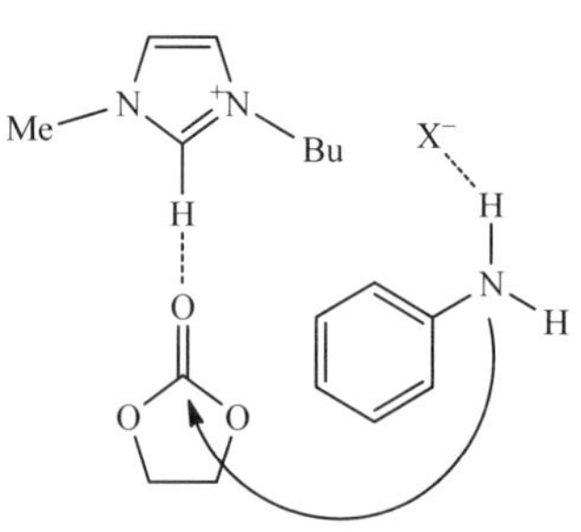

图 3.12　离子液体阴阳离子协同作用

离子液体除了作为反应的溶剂和催化剂外，还可以作为添加剂与金属催化剂协同作用促进反应的进行。由离子液体 1-丁基-3-甲基咪唑六氟磷酸盐([BMIm][PF_6])、Pd($PtBu_3$)$_2$、$FeCl_2$ 和合适配体组成的均相催化体系，可以在温和条件下催化 CO_2 加氢，在 180℃下，C_2～C_4 烃的选择性可达 98.3%。[BMIm][PF_6]与配体的协同作用使 Pd-Fe 催化剂通过形成物种$[HPd(PtBu_3)(BMIm\text{-}COO)(BMIm)(PF_6)Fe]^+$同时活化 CO_2 和 H_2。此外，该催化体系稳定，可回收利用，具有良好的应用前景[65]。在不同的离子液体中，RuFe 纳米粒子催化 CO_2 加氢的产物也会不同，在含有碱性阴离子的离子液体中，CO_2 加氢生成甲酸；在疏水性离子液体中，CO_2 加氢生成长链烃。离子液体在纳米粒子周围形成一个笼，控制底物、中间体和产品在催化剂表面的扩散/停留时间，从而影响产物的分布[66]。

离子液体还可有效提高酶催化反应的效率[67]。某些酶能在离子液体中保持活性，提高稳定性、反应选择性和产物的产率，离子液体与酶的带电基团、活性位点或外围基团反应，能够引起酶结构的变化，这些变化有可能提高酶在离子液体中的活性、选择性，也有可能使酶发生钝化而失活，因此设计合成能与酶相容的离子液体至关重要[68]。醚和叔丁醇双功能化的咪唑基离子液体具有“类水”结构。在该离子液体中，南极假丝酵母脂肪酶 B 表现出了很高的酯交换活性，比在二异丙基醚和叔丁醇中高 40%～100%，比非功能化离子液体（如[BMIm][Tf_2N]）高 2～4 倍，荧光发射光谱证明蛋白结构能在该离子液体中很好的保持[69]。

离子液体具有离子电导率高、电化学窗口宽等特点，使其成为传统电化学电解质的优良替代品，包括超级电容器、锂离子电池、染料敏化太阳能电池、电化学反应等。离子液体与其他溶剂的混合物可以作为电化学还原 CO_2 的电解质，其性质可以用组成调控[70]。例如，在 Pb 和 Sn 电极上还原 CO_2 制备甲酸时，可以通过调节离子液体/乙腈/水三元电解质体系的组成控制 CO_2 电还原为甲酸的法拉第效率和电流密度，在[BMIm][PF_6]/乙腈中加入少量水可显著提高电化学反应效率，有效降低过电位[71]。

3.2.2 离子液体在萃取分离中的应用

除了化学反应外，离子液体作为一类新型溶剂为萃取分离技术的发展提供了新的机遇，也引起广泛兴趣[72-74]。溶解度的不同是实现化合物分离的基础，离子液体与待分离物的相互作用会影响不同化合物在其中的溶解度。离子液体萃取具有高富集效率、快速简便、环境友好和安全，离子液体可循环使用，并且可以根据分离对象的特性设计离子液体等优点。金属离子、有机物、气体等与离子液体的相互作用机制的研究能够指导具有优异分离性能离子液体的设计。离子液体已广泛应用在有机物萃取、金属离子萃取、生物分子萃取及药物分离等方面。

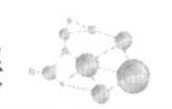

憎水性离子液体[BMIm][PF_6]可以从水中萃取苯的衍生物，如甲苯、苯甲酸、苯胺、氯苯等[75]。兼具良好疏水性与较强氢键识别能力的溴化季鏻离子液体-分子溶剂复合萃取剂，能够实现强亲水性结构相似化合物抗坏血酸（AA）与抗坏血酸葡糖苷（AA-2G）的高效分离。以三己基十四烷基化溴化膦（[P66614]Br）-乙酸乙酯（摩尔比 1∶9）复合溶剂为萃取剂时，AA 的分配系数可达到 1.36，是常规疏水性离子液体和乙酸乙酯萃取的 60～680 倍，同时 AA 对 AA-2G 的选择性大于 60%。通过 5 级逆流萃取，AA-2G 的纯度可由 50%提高到 96.2%，并且收率高于 98%。这种复合萃取剂对 AA 的高效萃取属于物理萃取过程，AA 分子通过与 Br^- 形成氢键，以分子或离子对形式从水相转移至离子液体相，可通过简单反萃取实现萃取剂的循环利用[76]。该复合萃取剂对从水溶液中萃取酚类化合物也有很好的表现，分配系数是含氟疏水离子液体的 9～60 倍[77]。化学化工过程中，经常遇到芳香族和脂肪族混合物的分离问题。研究发现，一些疏水性含双阳离子的离子液体可以有效从脂肪族和芳香族化合物的混合物中萃取芳香族物质，分配系数和选择性均很高。加入少量水对分离效率影响不大。但水可以大幅度降低离子液体的黏度，这有利于分离过程的传质和操作[78]。轻烃（C_1～C_4）是石油和化学工业的基本原料，结构相似的烷烃/烯烃/炔混合物的分离和纯化对于高纯度轻烃的生产具有重要意义。然而，传统的方法，如低温蒸馏和溶剂吸收能耗高。离子液体作为有机溶剂的一种新的替代物，具有与轻烃的良好相容性、优异的分子识别能力和可调的疏水性，被认为是轻烃分离的绿色介质。对于同一种离子液体，碳数较多的气体轻烃通常具有较大的溶解度。对于相同的轻烃，在阳离子中具有较长烷基侧链的咪唑离子液体中溶解度更高。在离子液体中引入 Ag 通常有助于提高分离性能，但成本高、黏度大限制了其应用。碳氢化合物在含膦离子液体中的溶解度通常高于咪唑离子液体中的溶解度。此外，可以在离子液体中引入官能团提高分离选择性。氢键碱度和自由体积是影响烃类溶解性和分离性能的重要因素，这两个因素都受阳离子和阴离子结构以及阳离子-阴离子相互作用的影响。较强的氢键碱度和较大的自由体积通常会导致碳氢化合物更好的溶解度，这可以指导我们设计具有优异碳氢化合物分离性能的离子液体。离子液体与气体的相互作用机制的研究，也会促进更加优异的离子液体的设计与合成[79]。

离子液体也可以用于不同气体混合物的吸收与分离，并已引起广泛关注[80]。对于 CO_2 吸收，可以通过调节离子液体的碱性，调控离子液体碳捕集的吸收容量和吸收焓，实现 CO_2 的高效可逆捕集[81]。早期研究通常是利用功能化阴离子与 CO_2 的单位点作用，因此其吸收容量常压下最高只有等摩尔。为进一步提高功能化离子液体的 CO_2 吸收容量，人们将多位点协同作用的思想引入到功能化离子液体的 CO_2 捕集中，并设计合成了多种含吡啶的阴离子功能化的强碱性离子液体。结果表明，含吡啶的阴离子功能化离子液体的 CO_2 吸收容量最高达 1.60 mol/mol。量子化学计算、核磁共振和在线红外光谱研究表明，吡啶阴离子与 CO_2 之间存在的多位点协同作用，是其 CO_2 吸收容量明显提高的重要原因[82]。研究表明，胍类离子液体可以从模拟烟道气中吸收 SO_2[83]。Wang 等利用 1, 2, 4-三氮唑型阴离子对 SO_2 的多位点作用，实现了常压下 SO_2 的高容量捕集[84]。研究还发现，多位点的四氮唑型阴离子功能化离子液体也是 NO 的良好吸收剂，常压下吸收容量高达 4.52 mol/mol[85]。该离子液体吸收过程中有两个平台，表明存在着双位点作用。量子化学计算和谱学研究表明，NO 首先发生偶合反应得到 N_2O_2，然后碱性的四唑阴离子与酸性的 N_2O_2 反应，从而实现 NO 的高容量吸收。由于离子液体具有不挥发、稳定性好、可设计性强等特点，离子液体吸收分离气体方法具有分离简单、吸附剂容易循环利用、分离性能容易调控等优点，显示良好的应用前景。离子液体和聚合离子液体在金属离子分离方面的应用也有不少研究[86, 87]。迄今为止，对咪唑类离子液体研究的较多，且对金属离子的萃取具有良好的效果。其中含有羧基、硫脲基、氨基、硫醇等官能团的咪唑类离子液体对一些二价、三价金属离子及碱金属等有较高的萃取率。在烷基咪唑类离子液体中，加入某种络合剂能改进其对一些金属离子的萃取能力。研究发现，通过光催化亲水和疏水咪唑离子液体交联聚合得到的聚合物多孔膜对于重金属离子具有很好的吸附性能，吸附金属后的膜很容易用酸性溶液进行再生，重复利用[88]。

3.2.3　离子液体在材料合成中的应用

聚离子液体是以离子液体为单体合成的聚合物，本身可以作为催化剂[89]，还可以作为催化剂的载体。1-乙烯基咪唑基离子液体和乙二醇二甲基丙烯酸酯聚合可以制备聚离子液体，负载 Au 和 Ru 纳米粒子后可用于氨的湿法催化氧化，具有良好的催化性能。由于载体与金属的相互作用，可以制备分布均匀的金属纳米粒子[90]。另外，聚离子液体型凝胶可以经由苯乙烯和氯化 4-乙烯基苯乙基咪唑的自由基聚合得到。这种凝胶负载的 *N*-杂环卡宾有机催化剂能够高效催化安息香缩合反应、酯交换反应及氰硅化反应。更重要的是，这种新型的聚离子液体凝胶具有热响应特性，反应完成后，催化剂可以通过冷却的方法分离[91]。聚离子液体也可用作其他功能材料。准固态导电水凝胶兼具较高的电导率和较小的界面电阻等优点，在柔性器件等方面具有良好的应用价值。研究表明，以离子液体作为溶剂，通过点击化学反应和溶剂替代法可以制备离子液体聚合物凝胶，在受到较大形变后，撤消外力即可快速恢复，并且在 1 万次循环压缩后，并未出现明显的信号偏移和损伤，表明该离子凝胶具有较好的抗疲劳性能。其中离子液体和聚合物较好的热稳定性为离子凝胶在高温下的稳定性提供了基本保障。此外，离子液体与聚合物链间的氢键相互作用，可解决由于温度升高分子热运动加剧而引起的溶剂分

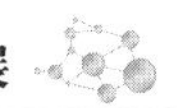

子从聚合物网络中析出的问题，从而进一步保证了离子凝胶在高温下的稳定性。将其制备成的柔性可拉伸纳米摩擦发电机，在低温、高温、拉伸、卷曲等极端条件下均表现出良好的摩擦电效应，在可拉伸导电柔性器件方面显示出潜在的应用前景[92]。

离子液体的两亲性、静电相互作用、空间位阻和阳离子的 π-π 堆积作用等赋予了其在催化材料制备过程中的特殊功能[93, 94]。离子液体具有可设计性，可通过改变阴阳离子结构调节其物化性质，例如，羟基、巯基、羧基及胺基等官能团的引入会改变离子液体与纳米粒子之间的相互作用，从而影响所形成的纳米粒子的尺寸、形貌和功能。离子液体在纳米催化材料的制备过程中可以起溶剂、稳定剂及结构导向剂的作用。

由于离子液体能够通过阴阳离子与纳米粒子相互作用，因此在离子液体中可以制备粒径分布窄、稳定性好的金属纳米粒子[95]。一般情况下，金属纳米粒子可以通过常规的化学还原方法在离子液体中制备得到通常呈球形的纳米粒子。通过 H_2 还原溶解在 1-正丁基-3-甲基亚胺六氟磷酸盐中的 Ir(Ⅰ)，可以制备平均直径为 2 nm 的 Ir(0)纳米粒子，并用于烯烃的催化加氢反应。反应后生成的烷烃不溶于离子液体，可以通过简单的相分离从催化体系中分离出来，因此催化剂很容易循环利用[96]。在 1-羟乙基-3-甲基咪唑氯盐离子液体的辅助下，在水溶液中能够制备出多孔纳米 Au 催化剂。离子液体的浓度对 Au 的形貌有很大影响，在没有离子液体的情况下只能形成 50 nm 到 120 nm 的细长颗粒，当离子液体的浓度为 100 mmol/L 时，形成由直径为 40 nm 的纳米链组装而成的 3D 纳米孔结构，随着离子液体浓度的增加，纳米链的直径增大，但多孔结构变弱。该离子液体中含有咪唑环和羟基，都可以与纳米 Au 发生相互作用影响 Au 的形貌[97]。离子液体还可以诱导氧化物形貌转变，通过添加离子液体，可以将 β-MnO_2 纳米棒转化为具有高纵横比的 α-MnO_2 纳米线。在此过程中，离子液体的两亲性、静电相互作用、空间位阻和阳离子的 π-π 堆积作用都发挥了重要作用，离子液体附着在 α-MnO_2 纳米线的表面可以提高催化剂的活性[98]。雷璇璇等通过离子液体辅助水热法，以离子液体 1-丁基-3-甲基咪唑四氟硼酸盐（[BMIm][BF_4]）为模板剂合成了六方片状 γ-Al_2O_3。离子液体能够促进晶体的结晶以及在特定晶面方向的择优生长，使得 γ-Al_2O_3 颗粒的晶面取向发生变化[99]。在离子液体 1-己基-3-甲基咪唑氯盐（[OMIm]Cl）/有机盐四丁基铵六氟磷酸盐（[N(Bu)$_4$][PF_6]）体系中，可以合成 80nm 左右的多孔 LaF_3、NdF_3 和 YF_3 空心颗粒，并且壁上有 4 nm 左右的介孔，材料内部存在大量晶体缺陷。具有这种结构的无机盐对苯甲醛的硅腈化生成氰醇的反应具有很好的催化性能。这种无机材料还可以作为载体负载 Ru 纳米颗粒催化苯和乙酰丙酸的选择性加氢反应，材料的多孔结构和缺陷是催化材料的高活性和选择性的重要因素[100]。离子液体作为溶剂能显著加速 Zr 基金属有机骨架（Zr-MOF）的形成，在室温下，在[OMIm]Cl 中 Zr-MOF 形成的反应时间为 0.5 h，而在常规溶剂 *N*, *N*-二甲基甲酰胺中至少需要 120 h。这种快速、低能耗、简便的合成路线制备的 Zr-MOF 颗粒尺寸小、比表面积大并且具有大量的缺陷，可作为 Meerwein-Ponndorf- Verley 反应的多相催化剂[101]。

离子液体因其特殊性质，被认为是一种绿色介质，在绿色化学发展中将发挥重要的作用[102]。随着研究的逐步深入，其对环境的影响和毒性也引起人们的广泛关注。评估离子液体对环境的影响，了解离子液体在自然界中降解程度、在生物体内的累积程度以及对生物的毒害程度，对人类的健康和可持续发展具有重要的意义。认识离子液体的毒理学及其对环境的影响，可以为绿色离子液体的设计提供有效的参考依据。目前离子液体毒性的相关研究主要集中在两方面：一是离子液体对生态系统中各类生物的毒性，二是离子液体的各部分组成对其毒性的影响。除毒性外，离子液体在不同条件下的稳定性也是一个需要研究的重要问题[103]。

3.3 超临界流体

超临界流体是温度、压力同时高于临界值的流体。超临界流体具有许多独特的性质，如黏度、密度、扩散系数、溶剂化能力等性质随温度和压力变化十分敏感，在不改变组成的条件下，其物化性质可用温度和压力连续调节。另外，超临界流体的黏度和扩散系数接近气体，而密度和溶剂化能力接近液体，界面张力为零，这些独特的性质使其在萃取分离、化学反应、材料、生物等领域有广阔的应用前景[104, 105]。从理论上讲，只要某一物质达到超临界态时不分解，均可成为超临界流体。在化学化工中常用的超临界流体包括 CO_2、水、甲醇、乙醇、烷烃等[106]。

3.3.1 超临界流体在化学反应中的应用

3.3.1.1 超临界 CO_2 在化学反应中的应用

CO_2 具有化学惰性、无毒、无腐蚀，超临界条件比较温和的特点，是重要的绿色溶剂，也是研究和应用最多的超临界流体。超临界 CO_2 作为反应介质具有很多优点[107]，如超临界 CO_2 与 O_2、H_2 等反应底物混溶，有利于消除气液传质阻力，提高反应速率；CO_2 处于最高氧化态，在氧化条件下惰性，因此作为氧化反应的介质具有很强的吸引力；反应完成后 CO_2 以气体的形式释放，便于产物的分离和 CO_2 循环利用；可以通过 CO_2 的压力调节反应的速率和选择性。不同反应，如催化氢化反应、羰基化反应、氧化反应、碳碳偶联反应、聚合反应和酶催化反应等都可以在超临界 CO_2 中实现。

α,β-不饱和醇是重要的香料以及有机合成的中间体，可以通过 α,β-不饱和醛选择性加氢制备。据报道，对于 Pt/C 催化剂催化的肉桂醛选择性加氢反应，CO_2 与肉桂醛的 C═O 之间存在相互作用，使得 C═O 的反应性增强，因此能够提高肉桂醇的选择性[108]。然而，这种相互作用与采用的催化剂有关，当 Pt/CeO_2 为催化剂时，由于载体 CeO_2 会与 C═O 相互作用，从而减弱 C═O 与超临界 CO_2 的相互作用，这时超临界 CO_2 对选择性的促进效果就不明显[109]。以负载 Pd 为催化剂，以超临界 CO_2 为反应介质，CO_2 的压力会大大影响柠檬醛选择性加氢制备二氢香茅醇的选择性[110]。当 CO_2 的压力较低时，二氢香茅醇的选择性较低，而当 CO_2 的压力较高时，二氢香茅醇的选择性可以达到 100%。超临界 CO_2 对转化率的影响主要是由于压力升高，反应体系密度随之增加，底物在 CO_2 中的浓度显著增加，使反应速率加快。而在低压时，反应体系为气液两相，气液传质阻力会使转化率降低。这是用压力调控反应性质的一个典型实例。对超临界 CO_2 在 H_2 条件下的稳定性研究表明[111]，Pt 基催化剂表面会发生逆水煤气变换反应生成 CO，因此超临界 CO_2 在加氢反应中并不一定惰性，很多反应的选择性有可能与 CO 对催化剂表面的毒化有关。在超临界 CO_2 中，Rh/C 和 Ru/C 催化苯酚加氢生成环己醇的转化率分别为 53%和 30%，而 Pd/C 和 Pt/C 催化剂的活性很低。在超临界 CO_2 中 Rh/C 是活性最高的催化剂，在有机溶剂中 Pd/C 是活性最高的催化剂[112]。这也表明，介质对反应影响很大。2003 年，Grunwaldt 等通过 X 射线吸收光谱技术研究了超临界 CO_2 中 Pd/Al_2O_3 催化的苄醇氧化反应，结果表明，虽然氧化钯的含量随着 O_2 浓度增加而增加，但是最多有 10%钯被氧化，钯颗粒吸收氧原子或氧以原子的形式嵌入到钯表面或次表面区域，这完全不同于在传统溶剂中的机理。在传统溶剂中，钯很容易发生深度氧化失活[113]。研究发现，超临界 CO_2 中降冰片烯的酯化反应，由于超临界 CO_2 的高扩散性和低黏度有利于反应物分子的碰撞，同时也有利于产物分子脱离催化剂的表面，反应的转化率和产物的选择性可分别达到 100%和 97%，远优于有机溶剂中的反应效果[114]。

很多酶在超临界 CO_2 中稳定，并能保持其催化活性，因此可以在超临界 CO_2 中进行酶催化的化学反应。迄今为止，此方面的研究已有不少报道，包括脂肪酶的酯化、酯交换、酯水解反应、氧化反应，外消旋拆分及手性合成等[115]。超临界 CO_2 可以用作脂肪酶催化三乙酸甘油酯醇解为单甘酯和脂肪酸乙酯反应的绿色溶剂。与传统溶剂相比，在超临界 CO_2 中脂肪酶 435 催化的醇解反应具有更高的反应速率[116]。在超临界 CO_2 中，脂肪酶催化的氨基与丙烯酸酯的 Aza-Michael 加成反应具有化学选择性高、产率高、反应时间短、溶剂环保等优点。超临界 CO_2 不仅提高了脂肪酶的催化活性，而且抑制了氨解，提高了反应的化学选择性，并且酶可以循环利用[117]。

在超临界 CO_2 中，以尿素为原料合成尼龙，CO_2 不仅起到反应介质的作用，而且是小分子副产物（NH_3）的吸收剂[118]。含氟聚合物是一类重要的聚合物，通常不溶于普通的有机溶剂。超临界 CO_2 对含氟有机物具有良好的溶解性能。利用这一特性，Desimone 等以超临界 CO_2 作为溶剂进行 1, 1-二氢全氟代辛基丙烯酸酯的自由基均聚，得到了分子量高达 27 万的聚合物[119]。从此，人们在超临界 CO_2 介质中的高分子合成方面开展了大量研究。不少含氟聚合物能在超临界 CO_2 中通过均相聚合的方法制备。由于聚合物在超临界 CO_2 中具有很高的溶解度，反应过程为均相反应，并可得到高分子量的聚合物。

3.3.1.2 超临界水在化学反应中的应用

水的临界温度和临界压力分别为 373.91℃和 22.05 MPa，随着温度的升高，氢键数量不断减少，相对介电常数降低，其他性质也会发生相应的变化，这些变化都会影响反应的进行。在 400℃，35 MPa 下，水为超临界状态，密度为 0.47 g/cm^3，离子积 $K_w^{\ominus} = 7\times10^{-14}$，此时，超临界水具有很强的对电解质的溶剂化能力，扩散系数大，离子迁移率大，氢键的形成能力强，比普通流体更有利于游离基的生成，适合离子反应。当温度升高到 500℃，离子积变为 2.1×10^{-20}，其性质更像高温气体，有利于自由基反应。在常温常压下，液态水的相对介电常数高达 78.5，很难与烃类化合物和气体相溶，当达到超临界状态后，水的介电常数大大降低，很多在常温常压下不溶于水的有机物和气体在超临界水中都有很好的溶解度。另外，水具有便宜、无毒、易于与产物分离等优点。

以超临界水作为反应介质，能够实现加氢、碳碳键形成、脱水、脱羧、加氢脱卤、部分氧化和水解等化学反应[120]。温度、pH、所采用的催化剂以及水的密度都可以控制反应的速率和选择性。由于超临界水特殊的酸碱性，开发能在超临界水中使用的催化剂也是该领域研究的热点，并且能够大大拓展超临界水的应用范围。

Perez 等以分子氧为氧化剂研究了超临界水、近临界水中对二甲苯氧化生成对二苯甲酸的反应[121]。在适当条件下，目标产物的选择性可高达 70.5%。Sasaki 等在无催化剂的条件下，在超临界水中，在很短的反应时间内，水解葡萄糖制备乙醇醛的产率高达 64.2%[122]。人们采用超临界水处理木质纤维素的三种模型化合物，即葡萄糖、木糖和愈创木酚，研究了这三种模型化合物之间的相互作用，发现愈创木酚的加入抑制了自由基反应，从而提高了离子反应产物的产率[123]。

由于超临界水独特的性质，超临界水氧化技术在废弃物、有机聚合物降解等领域具有广阔的应用前景。采取超临界水氧化技术处理废弃物具有效率高、设备结构简单以及无二次污染等优点。由于超临界水的高流动性和高扩散速率，有机物和氧化剂可以在超临界水中快速形成均一相，没有相界面，无传质阻力，

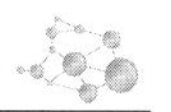

氧化效率高，因此对有机物的去除效果能够达到 99%。超临界水氧化处理技术在封闭的环境中进行，固废中的有毒、有害及难降解有机物被氧化成 CO_2、H_2O，无二次污染。新生成的无机盐以沉淀形式析出，在氧化有机物的同时达到除盐的效果[124, 125]。

3.3.2 超临界流体在萃取分离中的应用

超临界 CO_2 是常用的超临界流体萃取剂。与传统化学萃取法相比，超临界流体用于萃取分离具有很多优点。CO_2 来源丰富，容易获得，且在生产过程中很容易循环使用，有利于环保，并且在临界点附近，压力和温度的微小变化都会引起 CO_2 密度的显著变化，从而引起待萃取物溶解度的变化，因此，可以简单地通过改变温度或压力达到萃取的目的。由于超临界 CO_2 的临界温度比较低，能够有效地防止热敏性成分的化学变化，完整保留生物活性，因此，超临界 CO_2 在中药萃取方面具有重要应用。当含有溶解物的超临界 CO_2 流经分离器时，由于压力降低使得 CO_2 与萃取物迅速发生分离，分离过程简单。由于 CO_2 是一种惰性气体，在萃取过程中不会发生化学反应，并且 CO_2 为不可燃性气体，无毒、无味，安全性能好[126]。

由于超临界 CO_2 极性小，根据相似相溶的原则，超临界 CO_2 对极性小、分子量小的物质溶解度大，但是对极性大、分子量大的物质溶解度小。因此，分子量小、极性小的物质可以直接利用超临界 CO_2 萃取。分子量适中、极性大的物质需要加入共溶剂提高萃取物的溶解度，共溶剂的用量一般在 5%以下。对于极性大、分子量大的亲水性物质，一般通过加入表面活性剂和水形成超临界 CO_2 包水核的微乳液体系。

一般来说，升高温度和压力，萃取物在超临界 CO_2 中的溶解度也会增加。通过超临界 CO_2 可以从金缕梅的花萼中萃取类胡萝卜素，最高产量可以达到 15.96 mg/g[127]。采用超临界 CO_2 萃取技术可以从沙棘中获得沙棘果油，萃取物中含有 18 种黄酮类化合物，其中包括 8 种黄酮醇苷元及黄酮醇苷，3 种二氢黄酮醇苷元及二氢黄酮醇苷，5 种黄酮苷元及黄酮苷，1 种二氢黄酮苷元和 1 种黄烷醇苷，其中芹菜素-6-C-葡萄糖苷-8-C-木糖苷、儿茶素-7-吡喃葡萄糖苷、苜蓿素、紫罗兰素、刺槐黄素 5 种黄酮类化合物首次被发现存在于沙棘中[128]。聚乙烯生产过程中的低聚物、溶剂残料物以及副产物的去除引起了人们的广泛关注。通过超临界 CO_2 萃取技术能够除去低密度聚乙烯表面存在的脂肪族碳氢化合物，如二十烷、四烯、壬烷，萃取效果优于索氏提取，并且在萃取过程中不影响低密度聚乙烯的性能[129]。从大麻中萃取大麻籽油，通过与溶剂正己烷萃取对比，采用超临界和液态 CO_2 萃取技术生产的大麻籽油中含有大量的大麻素、多酚和生育酚，并且具有更低的氧化性[130]。超临界萃取分离技术在石油工业中显示出一些明显的优势[131]。例如，利用超临界技术可以将催化裂化过程的渣油分成 13 个馏分和不溶于超临界流体的剩余物，其中每个馏分的产率为 5wt%[132]。

3.3.3 超临界流体在材料合成中的应用

在超临界流体中合成功能材料，不仅可使材料制备过程绿色化，而且可以得到其他方法难以制备的材料。近年来发展了很多超临界技术制备各种材料，包括超临界溶液快速膨胀技术、超临界抗溶剂技术等，并且制备了很多性能优异的材料。例如，金属/碳纳米管催化材料在超临界流体中可通过一步法制备，这些材料显示出优异的催化性能。由于超临界流体界面张力为零，金属不仅负载在碳纳米管表面，而且负载在碳纳米管内部。此方法具有简单、环境友好、普适性好、材料结构可以用压力调控等优点，为高效碳纳米管基催化剂的制备提供了新的途径[133]。

超临界 CO_2 的临界温度和临界压力相对容易达到，因此在材料制备过程中具有很好的应用前景。通过简单改变超临界 CO_2 的压力和温度，能够制备二维非晶化 VS_2 和部分晶化的二维 VO_2（D）纳米片。研究表明，在超临界 CO_2 中材料的非晶化取决于时间，而二维形貌的形成与 CO_2 的压力有关。由于强的载流子局域化和量子约束等因素，在超临界 CO_2 中制备的独特的二维非晶化 VS_2 纳米片具有全波段吸收、强的光致发光和优异的光热转换效率等性能[134]。通过超临界 CO_2 构筑的乳液微环境，以表面活性剂由正向胶束转变成反向胶束作为驱动力，在水相条件下一步法成功制备了单层及少层石墨烯，同时制备的石墨烯极大限度地保持了结构的完整性，其电学性能优异。该方法绿色高效，具有很高的普适性[135]。利用超临界 CO_2 辅助单层二硫化钨选择性氧化成功制备了二硫化钨/一水合三氧化钨横向异质结结构，相对于体相材料，单层二硫化钨纳米片由于其显著增加的活性易在空气中氧化形成一水合三氧化钨[136]。在超临界流体作用下制备了分散性良好、粒径可控的聚合物纳米反应器——含有正三价乙酰丙酮锰的聚乙烯吡咯烷酮纳米颗粒，然后在 600℃下一步煅烧制备中空的三氧化二锰纳米颗粒[137]。

超临界流体沉积技术可将一些功能组分沉积到多孔材料的孔中。含有极性共溶剂的超临界 CO_2，可将咪唑离子液体沉积到 γ-Al_2O_3 多孔膜中。沉积后大部分微孔和介孔被堵塞，而大孔中部分填充离子液体。这种填充离子液体的膜对 CO_2/N_2 混合气体具有很好的分离效果，并且其性质可用离子液体的种类、沉积时间、共溶剂用量等进行调控[138]。利用超临界 CO_2 对 2-苯乙醇香精的溶解作用，可以将 2-苯乙醇封装在 SiO_2 或活性炭的孔中，其中每克 SiO_2 可封装 0.484g 香精，很好地达到缓慢释放的目的。这种方法不但绿色，而且由于超临界流体的表面张力为零，可以很容易地将香精封装在狭小的空间，不受表面张力的影响[139]。

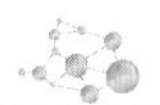

超临界水在无机材料制备过程中也表现出了独特的优势[140, 141]。例如，改变温度和压力可以有效地调节水的介电常数和溶剂密度，从而改变材料生成过程的热力学和动力学性质，得到结构、尺寸可控的材料。以超临界水作为反应介质进行材料的合成，可以通过改变相行为、扩散速率和溶剂化效应等，将在传统溶剂条件下的多相反应变为均相反应，增大扩散系数，降低传质、传热阻力，从而有利于扩散，控制相分离过程，缩短反应时间，并能有效地控制产物的尺寸、形貌、结晶性等。目前，超临界水合成的材料包括金属、氧化物、硫化物以及一些复合材料。矿物的合成在新材料和先进材料的开发中应发挥关键作用，超临界水的使用缩短了矿物的合成时间，并且可以控制颗粒的尺寸、结晶度及结构等性能[142]。

3.4 生物质基溶剂

生物质主要包括动植物和微生物，是重要的可再生碳资源。生物质基溶剂是以生物质为原料制备的溶剂。生物质基溶剂具有很多优点，如原料可再生、丰富易得等，这些优点促进了其开发利用。最近几十年生物质基溶剂的研究和开发利用发展迅速[143]。

目前广泛采用的生物质基溶剂主要包括甘油及其衍生物、乳酸乙酯、脂肪酸甲酯、*γ*-戊内酯（*γ*-GVL）、2-甲基四氢呋喃等。此外，由于木质素结构单元的烷基酚类化合物有很强的疏水性，可以代替一些非极性的有机溶剂与水溶液形成双相体系。

甘油是一种强极性溶剂，能有效促进一些通常需要酸催化的反应。甘油能够溶解极性的有机或无机物，可用于设计非水两相体系，可有效地溶解均相催化剂，分离产物简单。由于甘油在非极性有机溶剂中的溶解度非常低且与水混溶，反应后可以通过有机溶剂萃取或者加入水实现产物分离。在甘油中的反应已有不少研究，如羰基化合物的亲电反应、邻苯二胺与醛或酮的缩合反应、醛或酮的转移加氢反应等。在 MCM-41 上接枝的非均相 Ni(Ⅱ)席夫碱复合物催化剂能够催化苯并咪唑衍生物的合成，此反应在甘油中的产率为 80%[144]。*γ*-GVL 具有低毒性、生物可降解、蒸气压低等优点，是良好的偶极性非质子生物质基溶剂，可以用于 Sonogashira 反应、Heck 反应等。研究发现，使用 *γ*-GVL 作为溶剂，在硫酸的催化作用下可将糖类物质转化为 5-羟甲基糠醛（5-HMF）、乙酰丙酸（LA）和甲酸（FA）。通过调控 H_2SO_4/*γ*-GVL/H_2O 体系组成可以调控反应的选择性[145]。利用 *γ*-GVL 作为溶剂进行 CO_2 和胺类化合物的甲酰化反应，不需要外加任何助催化剂就可以得到产率很高的甲酰胺。与此同时，对苯并咪唑、苯并噻吩及苯噁唑等也有很好的活性，这主要是因为 *γ*-GVL 中的内酯基的特殊结构可以活化胺中的 N—H 键[146]。研究表明，*γ*-GVL 可以将 *g*-C_3N_4 块体剥离成几层厚的 *g*-C_3N_4 纳米片分散在溶液中，浓度可达到 0.8 mg/mL。这主要是由于 γ-GVL 的极性和适当的表面能。分散的 g-C_3N_4 纳米片对环氧化合物的醇解反应与 CO_2 的环加成反应有良好的催化性能[147]。2-仲丁基苯酚（SBP）可以高效萃取水相中的乙酰丙酸、糠醛和糠醇。通过构建水/SBP 双相体系，可以高效率、高选择性地解聚半纤维素制备乙酰丙酸[148]。在 2-甲基四氢呋喃中，镍可以催化 2-（氰甲基）苯腈与芳基硼酸的串联加成等反应，为在温和条件下合成具有良好官能团耐受性的氨基异喹啉提供了绿色方法。通过比较溶剂 2-甲基四氢呋喃、*N*, *N*-二甲基甲酰胺、水、甲苯、1, 4-二氧六环和丙酮对该反应的影响，在 2-甲基四氢呋喃中目标产物的产率最高[149]。绿色可再生的 2-甲基四氢呋喃作为一种有吸引力的溶剂，还可用于钯-NHC 催化的 Suzuki-Miyaura 酰胺和酯类的交叉偶联反应，并且由于 2-甲基四氢呋喃特殊的物化性质实现了高效的交叉偶联反应[150]。烯烃转位反应能够在环境友好的乳酸乙酯（EL）溶剂中顺利进行，并且由于其很好的水溶性，当采用水溶性的 Ru 配合物作为催化剂时，反应结束后，产物可以通过加入水沉淀出来，避免了有机溶剂萃取和凝胶色谱方法分离，并且减少了催化剂对产物的污染[151]。在生物质基溶剂中也可以实现过渡金属催化的 C—H 键活化[152]。

3.5 其他绿色溶剂

低共熔溶剂、生物可降解聚合物、碳酸二甲酯、碳酸二乙酯等也是常用的绿色溶剂。

低共熔溶剂与离子液体具有类似性质，主要由氢键供体（多元醇、尿素和羧酸）和氢键受体（季铵盐类，如氯化胆碱、氯化锌等）组成，在室温下呈液态。由于其固有的生物降解性能，被认为是可替代离子液体的绿色溶剂。低共熔溶剂可以应用于材料制备，在纳米材料制备中可同时作为催化剂、模板、前驱体和反应介质[153, 154]。低共熔溶剂在多种生物催化过程中得到了应用，获得比常规溶剂中更好的催化效果[155]。另外，低共熔溶剂还可以用于萃取分离方面[156]和材料制备方面[157]，并显示出良好的应用前景。

利用廉价和可生物降解的氯化胆碱与羟基乙酸组成的低共熔溶剂为催化剂和反应介质，可以实现活性炔烃的选择性硒化反应[158]。在温和的反应条件下，在低共熔溶剂中，$Cu(OAc)_2$ 能够催化芳基醛、盐酸羟胺与叠氮化钠的三组分反应，以中等到优异的产率（68%～90%）有效地合成了一系列 5-取代-1*H*-四唑。该合成方法具有转化率高、反应介质绿色、成本低、环境友好等优点[159]。聚乙二醇是一种生物可降解的聚合物，可以作为反应介质。在 PEG 4000 中原位生成的 4 nm 钯纳米粒子对亚油酸甲酯和葵花油生物柴油的部分加氢具有较高的选择性。采用相同的催化体系催化向日葵生物柴油加氢，能够得到较高的油酸甲酯收率[160]。

3.6 混合绿色介质

各种绿色介质都有其特性，采用混合绿色介质不仅能充分发挥不同介质各自的优势，还能产生许多新的特性。混合绿色介质在许多领域具有良好的应用前景。

3.6.1 超临界 CO_2/水混合绿色介质

在超临界 CO_2/水体系中存在如图 3.13 所示的化学反应平衡，因此体系会呈现酸性，并且酸性的强弱可以通过 CO_2 的压力和温度进行调节[161]。CO_2/水两相体系的 pH 随 CO_2 压力或温度的变化而变化，温度固定时，随着 CO_2 压力的增加，体系的酸性增强，pH 下降。在同样的压力下，随着温度的升高，体系的酸性降低，pH 升高。这与 CO_2 在水溶液中的浓度有关，当 CO_2 压力升高时，溶解在体系中 CO_2 的量增加，会产生更多的 H_2CO_3 分子，H_2CO_3 电离产生更多的 H^+，因此体系的酸性增强。而温度升高会降低 CO_2 在水中的溶解度，从而降低 H_2CO_3 的浓度，因此体系的酸性减弱。除酸性外，超临界 CO_2/水体系的黏度、密度、介电常数等也会随 CO_2 压力或温度的变化而变化，这些性质都可能影响该体系中的化学反应性质。

$$H_2O + CO_2 \underset{}{\overset{K_0}{\rightleftharpoons}} CO_2(aq)$$

$$H_2O + CO_2(aq) \overset{K'}{\rightleftharpoons} H_2CO_3$$

$$H_2CO_3 \overset{K_1}{\rightleftharpoons} H^+ + HCO_3^-$$

$$HCO_3^- \overset{K_2}{\rightleftharpoons} H^+ + CO_3^{2-}$$

图 3.13 超临界 CO_2/水中的化学反应平衡

超临界 CO_2/水体系可以作为酸催化剂催化香茅醛的环化反应制备薄荷醇类化合物[162]。由于超临界 CO_2/水体系有利于产物的分离，并且不需要碱中和废酸，更符合绿色化学的要求。喹唑啉-2, 4(1*H*，3*H*)-二酮及其衍生物具有特殊的生物和医药活性，并有着广泛的应用。H_2O 与 CO_2 形成的碳酸能够促进该反应的进行，在无催化剂条件下得到 92%的分离产率，而该反应在有机溶剂乙腈、四氢呋喃、甲苯和环己烷中不能进行[163]。超临界 CO_2/水体系中 Pd 催化的芳香醇类化合物的歧化反应的研究表明，随 CO_2 压力增加，反应转化率先快速上升，达到最高转化率后缓慢下降。通过对比实验发现，以氯化氢水溶液为反应介质，pH 对反应转化率无影响，表明 CO_2/水体系对反应的促进作用并非来源于体系的酸性变化。通过对比有无 CO_2 条件下无溶剂体系中的歧化反应，发现单独 CO_2 的加入不能对反应起到促进作用。CO_2/水体系对反应的促进作用也不是来源于 CO_2 对反应物相中反应的促进作用。由此推测，CO_2 对反应的促进作用来源于其对反应物-水乳液体系液滴尺寸和稳定性的影响[164]。

萃取实验表明，增加超临界 CO_2 的压力会降低有机物在水中的溶解度，这意味着在超临界 CO_2/水双相体系中，过高的 CO_2 压力可能引起反应物、产品、中间体从富水相萃取到超临界 CO_2 相中，从而影响反应物和产物分离。利用这种两相分离的特点，还可以设计金属配合物催化的反应体系，水溶性的金属配合物催化剂溶于水相中，反应完成后，产物经 CO_2 萃取分离，实现均相金属配合物催化剂的循环利用。除了有利于分离外，超临界 CO_2 对某些中间体的选择性萃取还有可能改变反应路径，产生特殊的选择性。当然，这种萃取作用有时不利于反应，如果反应物萃取到富 CO_2 相，会影响反应物与催化剂之间的接触，增加体系的传质阻力，会降低反应速率。利用超临界 CO_2/水体系的特性，筛选反应、优化反应条件还需要进一步研究。

在生物质酶解制备糖类物质工艺中，生物质预处理可以提高效率和糖的产率。研究表明，超临界 CO_2/水体系预处理高粱秸秆后能够明显提高高粱秸秆酶解产生糖的效率。进一步研究发现，将超临界 CO_2 预处理技术和超声波预处理技术相结合，酶解糖的效率更高。酶解糖的产率可以用超临界 CO_2 预处理的温度、压力、时间以及超声波预处理的时间和温度进行调控，在优化条件下糖的产率可达到 45.5%[165]。

3.6.2　超临界 CO_2/离子液体体系

超临界 CO_2 和离子液体是两类重要的绿色溶剂。超临界 CO_2/离子液体具有许多特性，在化学反应、萃取分离等许多方面显示出独特的优势[166]。很多离子液体的黏度大，超临界 CO_2 的引入可以调节离子液体的黏度，从而拓展离子液体的应用范围[167]。Blanchard 等发现，超临界 CO_2 可溶于离子液体，而离子液体在超临界 CO_2 中不溶解[168]，因此，超临界 CO_2 与离子液体能形成一类独特的两相体系。根据这一特性，他们提出了用超临界 CO_2 分离有机物/离子液体混合物的方法，这一方法不但效率高，而且能够避免交叉污染。对于化学反应，从离子液体溶剂中分离产物是阻碍其利用的主要挑战之一，通过超临界 CO_2 萃取分离产物，可以解决这一难题，催化剂在离子液体中，反应产物经超临界 CO_2 萃取实现与离子液体的分离[169, 170]。在亚临界 CO_2 和离子液体以及甲醇体系中，采用 Pd/C 催化剂催化 α-当归内酯选择性加氢制备 γ-戊内酯，反应后，α-当归内酯和 Pd/C 催化剂富集在离子液体相中，γ-戊内酯在甲醇相中。纯 γ-戊内酯可以通过放出 CO_2 后蒸发甲醇得到，离子液体、催化剂和甲醇可以重复利用[171]。

通过表面活性剂形成离子液体/CO_2 分散乳液体系可以制备多孔材料。以 *N*-乙基全氟辛基磺酰胺为乳化剂制备的 1, 1, 3, 3-四甲基胍乙酸盐（TMGA）/超临界 CO_2 乳液，其性质可用 CO_2 的压力等进行调节[172]。这类新型的乳液具有许多优点，

如乳液的形成和破坏可通过 CO_2 的压力进行控制；乳液连续相的性质可通过 CO_2 的压力进行调节；由于离子液体具有“结构可设计性”，因此乳液中离子液体液滴的性质具有“可调性”。这种乳液完全由两种绿色溶剂组成。在这种新型乳液体系中，合成了具有规则介孔的 MOF 纳米球，同时保持了 MOF 材料微孔的特性。这种新颖结构的 MOF 材料具有高的传质能力，在气体吸附、催化方面都有潜在的应用。

总之，CO_2 在离子液体中的溶解度可以用压力连续调节，因而混合溶剂的性质也可用压力进行调节，同时，混合溶剂的性质与离子液体的结构密切相关。这说明，此类混合溶剂体系的性质可用多种方法进行调节，使其在萃取分离、化学反应、材料合成等方面有很大的发展空间。

3.6.3 离子液体/水或有机溶剂混合体系

离子液体/水混合绿色溶剂体系在萃取分离、化学反应等方面的应用已有不少研究[173]。Li 等研究了水和几种有机溶剂对离子液体 1-丁基-3-甲基咪唑六氟磷酸盐（$[BMIm][PF_6]$）、1-丁基-3-甲基咪唑四氟硼酸盐（$[BMIm][BF_4]$）和 1-丁基-3-甲基咪唑三氟乙酸盐（$[BMIm][CF_3CO_2]$）的密度、黏度和电导率的影响。在不同温度下，还测定了三种纯离子液体的密度、黏度和电导率。根据混合物的摩尔电导率和相同黏度的纯离子液体的摩尔电导率，研究了溶液中离子液体的解离程度。可以推断，有机溶剂增强了离子液体的离子缔合，其作用取决于溶剂介电常数，而水由于其高介电常数以及与离子液体阴离子形成强氢键的能力而显著促进解离[174]。

在磺酸基功能化离子液体/水体系中制备的介孔功能化聚合物，其比表面积可达 431 m^2/g，孔径为 3～15 nm。这种介孔聚合物与 Ir(Ⅱ)配位后的催化材料对甲醇与胺的 *N*-甲基化反应具有良好的催化性能。在材料制备过程中，酸性离子液体不仅是反应的介质，还是聚合物形成的催化剂[175]。PEG 功能化的离子液体 $[PEG_m(mim)_2][NTf_2]_2$（$m = 200$、400、600、800、1000），可以在水相和有机相（醇、乙酸乙酯）之间可逆转移[176]。在 20℃时，离子液体存在于水相，当温度升高到 50℃时，97%的离子液体可以转移到乙酸乙酯相，这个过程是可逆的。变温傅里叶变换红外光谱技术（FTIR）和氢核磁共振波谱（^1H NMR）研究表明，随着温度的变化，离子液体的 PEG 链在水中的构象由自由弯曲构象转变为螺旋构象，引起有序结构水的形成与破坏，这是离子液体在水-有机物两相间可逆转移的主要原因。利用离子液体的相间可逆转移特性，以 CuI 为催化剂，能够实现叠氮与炔 Click 环加成反应的有效调控、反应产物的有效分离以及离子液体和催化剂的绿色循环使用。

用离子液体/水混合溶剂体系也可以制备负载金属催化剂。无机盐（$CaCl_2$ 和 $MgCl_2$）可诱导离子液体水溶液形成水凝胶，并且通过引入空气可以制备多孔水凝胶。利用离子液体多孔水凝胶一步法合成多级孔材料负载金属纳米催化材料的方法，制备了 Au/SiO_2、Ru/SiO_2、Pd/金属有机骨架化合物和 Au/聚丙烯酰胺（PAM）材料。其中，金属活性组分颗粒尺寸可小于 1 nm，并且在负载量高达 8 wt%时金属纳米颗粒仍具有非常好的分散性。由于合成的催化材料具有活性组分粒径小，载体具有多级孔结构等特性，分别对苯甲醇氧化酯化生成苯甲酸甲酯、苯加氢生成环己烷、苯甲醇氧化生成苯甲醛反应展现出非常高的催化活性。该方法操作简单，可以实现一步法制备负载型纳米催化材料，大大简化了催化剂制备过程[177]。

离子液体/水混合体系也可以用于生物活性物质的提取。水在生物活性物质萃取分离方面具有很多优点。然而，许多生物活性物质显示疏水性，在水中溶解度很低。这在很大程度上限制了水的应用。针对生物活性物质的提取，Jin 等设计了一系列离子液体/水混合体系。研究表明，采用适当的离子液体，离子液体/水混合体系对生物活性物质有很强的溶解能力，产物收率可达到采用传统溶剂时的 2～12 倍[178]。分离效率可用离子液体的结构、混合溶剂的组成进行调控。

3.6.4 CO_2/离子液体 + 其他溶剂组成的多元体系

开发更简单、可循环、环境友好的离子液体，实现反应、分离和离子液体回收过程的耦合是重要的研究课题。研究发现，由 CO_2 驱动的疏水-亲水可逆转变的新型含氮离子液体与水的混合物表现出特殊的相行为，在常温常压条件下，它们与水互不相溶，通入 CO_2 后两者完全互溶，然后再通入空气或 N_2，体系又恢复为互不相溶的两相[179]。光谱研究和密度泛函理论（DFT）计算表明，离子液体疏水性-亲水性的转变，归结为离子液体的阴离子和 CO_2 在水溶液中发生了可逆反应，生成了亲水性的铵盐。根据离子液体的特性，在 CO_2 存在下成功地实现了金纳米多孔膜的一步均相合成。然后通入 N_2，可以从水溶液中同时分离金纳米多孔膜和离子液体，并且回收的离子液体可直接应用于下一个循环过程。

CO_2/离子液体体系在实际应用过程中往往有其他物质存在。随着各种物质含量的变化，体系的相行为、分子间作用等会发生相应的变化，这会导致体系的反应和分离效率发生相应的变化。通过研究 CO_2/离子液体/有机溶剂和 CO_2/离子液体/水体系的相行为发现[180, 181]，在一定的压力范围内离子液体/有机溶剂、离子液体/水体系可以发生相分离生成富离子液体相和富有机溶剂/水相。图 3.14 是 CO_2/离子液体/丙酮三元体系在 313.15 K 的相图，从图中可以看出，此体系在一定压力范围内存在一个三相共存的区域（图中红色线条中的区域）。

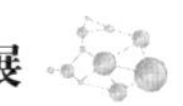

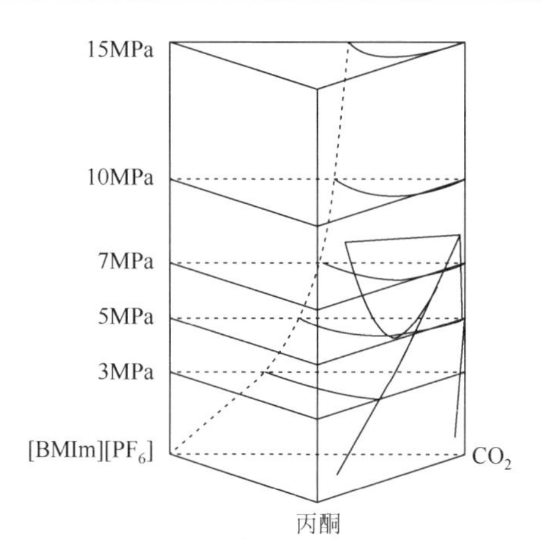

图 3.14* CO_2/[BMIm][PF_6]/丙酮体系的三元相图（313.15 K）

CO_2 的压力不仅影响体系中物质在各相间的分配，也影响化学反应的平衡。CO_2 的压力会影响离子液体[BMIm][HSO_4]中乙醇与乙酸的酯化反应[182]，如图 3.15 所示。结果表明，在压力较低时，体系处于气液两相区，压力增加可以提高乙醇的转化率；在压力到达一定值时，体系变为气液液三相，同时压力增加对乙醇转化率的影响增加，其转化率数值大大提升；继续增加压力，体系进入富离子液体相和富有机物相两相区，乙醇的转化率不再增加。

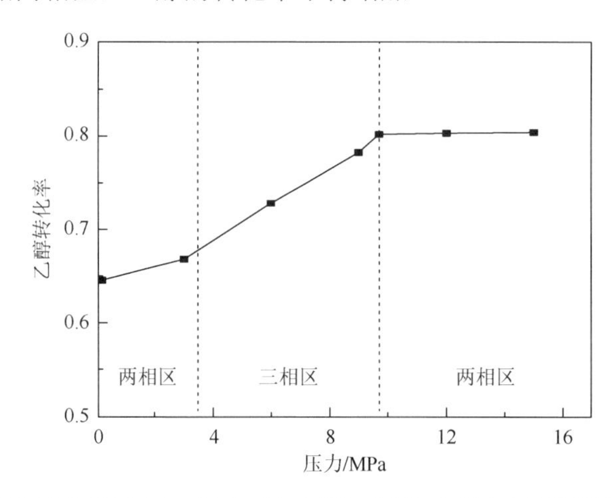

图 3.15 体系压力对离子液体[BMIm][HSO_4]中乙醇与乙酸酯化反应中乙醇转化率的影响（60℃）

3.6.5 CO_2 膨胀有机溶剂体系

由于 CO_2 为非极性分子，很多极性物质在超临界 CO_2 中的溶解度很低。超临

* 本书彩图以封底二维码形式提供，余同。

界CO_2与极性溶剂（如甲醇、乙醇及乙腈等）的混合溶剂可以增加极性物质在体系中的溶解度，在达到相同甚至更优的功能前提下，可减少有机溶剂的用量，使过程更加绿色。由于整个溶剂体系都无毒、无害，CO_2膨胀生物质基溶剂体系更具有吸引力[183]。

钴席夫碱和铁卟啉配合物催化的取代苯酚和环己烯的氧气氧化反应，在超临界CO_2膨胀乙腈溶剂中反应速率明显快于纯的有机溶剂和超临界CO_2中的反应速率。这是因为超临界CO_2膨胀乙腈体系不仅对O_2的溶解度高，还可以溶解金属配合物，使反应在均相条件下进行[184]。CO_2膨胀的2-甲基四氢呋喃可以作为新的生物质基溶剂，用于酶催化的酯交换反应，脂肪酶具有很高的活性和对映选择性[185]。更重要的是，该体系可用于空间位阻较大的反应底物的酯交换反应[186]。

盐在CO_2膨胀极性溶剂体系中的溶解度比在CO_2中高，从而拓展了超临界CO_2在材料制备中的应用[187]。在CO_2膨胀乙醇混合溶剂中，硝酸铁在氧化石墨烯的存在下分解，然后在N_2气氛中进行热处理得到了Fe_3O_4@石墨烯（Fe_3O_4@GN）复合材料。CO_2膨胀乙醇介质使Fe_3O_4纳米粒子均匀涂覆在石墨烯表面，并具有较高的负载量。然而，在纯乙醇体系中，Fe_3O_4颗粒很难负载到GN表面，大部分Fe_3O_4在纯乙醇中聚集形成较大的颗粒。在CO_2膨胀乙醇中合成的石墨烯含量为25 wt%的Fe_3O_4@GN复合材料可以作为锂离子电池的阳极，与乙醇合成的样品相比，具有良好的充放电循环稳定性和效率。该方法不需要烦琐的预处理、表面活性剂或沉淀物，是一种绿色的技术，在简单的相分离后，溶剂可以很容易地循环利用[188]。利用超临界CO_2溶剂膨胀技术，可以合成MOF材料[189, 190]。超临界CO_2溶剂膨胀技术可以简单地通过调整CO_2压力调控晶粒尺寸、形貌，并在CO_2的存在下可以加速合成后材料的老化过程，从而产生额外的孔隙。由于所增加的介孔和大孔与MOF的固有微孔相关联，可以得到多级孔结构，这将有助于材料在气体分离和催化中的应用。

超临界CO_2膨胀有机溶剂体系，拓宽了超临界CO_2对各种物质的溶解度，使其在萃取分离方面的应用更广。例如，超临界CO_2膨胀乙醇体系可以用于萃取废咖啡渣油[191]，CO_2膨胀生物质基溶剂可以用来从橄榄油中提取酚类化合物和植物甾醇[192]。

3.6.6 其他混合绿色溶剂体系

微乳液在工农业生产和日常生活中应用广泛。然而，传统的微乳液是由水、表面活性剂和有机溶剂组成，在高温条件下不稳定，这就限制了其作为反应器在高温条件下的应用。Wang等根据离子液体的构效关系，开发了一类完全由离子液体组成的高温微乳液[193]。深入研究表明，在离子液体微乳液中存在纳米液滴且形状近似为球形，液滴的大小可以通过调节离子液体的组成和体系的温度而实现。这些纳米液滴在室温下可以稳定至少 30 个月，并且 200℃时仍然稳定。基于离子液体微乳液的独特性质，将该离子液体微乳液用于高温下多孔 Pt 的合成。合成的多孔 Pt 具有松散的多级结构，作为催化剂在燃料电池、加氢反应中具有较好的应用前景。离子液体微乳液在多孔 Pt 的合成中起着溶剂、模板和还原剂三重作用。该研究为高温微乳液的发展提供了新的思路和方法。

在生物质基溶剂 γ-GVL-水组成的绿色溶剂体系中，木糖脱水可获得较高的糠醛产率（＞90%）[194]。聚乙二醇和超临界 CO_2 的混合体系有利于金属配合物的分离。α, β-不饱和醛（柠檬醛、3-甲基-2-丁烯醛、肉桂醛）在聚乙二醇/超临界 CO_2 两相体系中的加氢反应，在不含 CO_2，H_2 压力为 4 MPa 条件下，聚乙二醇中不饱和醛的加氢反应很慢，然而，加入 CO_2 后可大大促进反应的进行，尤其是当 CO_2 压力由 6 MPa 提高到 12 MPa 时，柠檬醛转化率由 35%提高到 98%，对不饱和醇的选择性达到 98%，产物可以通过超临界 CO_2 萃取与聚乙二醇相分离，Ru 络合物催化剂溶解在聚乙二醇中，聚乙二醇相和金属配合物催化剂可循环使用，无须后处理[195]。在超临界 CO_2/聚乙二醇/O_2 体系中，聚乙二醇降解产生自由基，可以引发多种自由基反应，如苄位碳碳双键的断裂反应，苄醇以及芳烃、烷烃的氧化反应和甲酰化反应等，超临界 CO_2 在聚乙二醇自由基引发的反应中发挥了重要作用[196]。该体系不需要其他自由基引发剂、无外加溶剂、无金属试剂，是环境友好方法。

3.7 无溶剂合成

无溶剂合成是在没有外加溶剂条件下合成目标产品，具有操作简单、避免反应过程溶剂挥发、能耗低等优点。另外，无溶剂合成有可能使反应的速率和选择性提高，可使产物的分离提纯过程变得较容易进行。迄今为止，无溶剂合成已有大量报道[197, 198]。无溶剂反应包括液-液反应、固-固反应、气-固反应和液-固反应。

对于液体无溶剂反应，反应物或产物本身就是溶剂，无溶剂稀释，反应物接触概率大，可能使反应速率更快。例如，环氧化合物与 CO_2 的反应大部分都是在无溶剂条件下进行，环氧化合物本身就是反应的溶剂，随着反应的进行，环氧化合物逐渐减少，产物代替反应物成为反应的溶剂。N-杂化丙烷的亲核开环反应也可以在无溶剂和无催化剂条件下进行（图 3.16）。

GP
N
+ $PhNH_2$
蘩修鞅処
蘩瀌処
Ph
PhHN
Ph
NHPG

图 3.16　N-杂环丙烷的亲核开环反应

当反应物为固体时，可以通过催化剂、反应物一起研磨促进反应的进行，也就是固相反应。反应的方法包括球磨法、高速振动粉碎法、主体-客体包结化合物法、超声波促进法等。球磨法是在圆筒形反应器中加入固体球、反应物和催化剂，使反应器旋转，进行研磨以实现反应。高速振动粉碎法是一种比球磨法更强的机械作用方法，在密封的反应器中加入固体球，反应器高速旋转，使加入的物质发生反应。在主体-客体包结化合物法中，通过形成主体与客体的包结化合物进行反应。研究表明，很多反应可以在无溶剂条件下进行，如 Pinacol 重排反应、偶联反应、Aldol 缩合反应、分子内重排反应、加成反应、醇的氧化反应、Michanel 加成反应、Friedel-Crafts 反应等。对于无溶剂固态反应，固态分子受到晶格的束缚，分子的构象被冻结，反应分子有序排列，可实现定向反应，提高了反应的选择性。在固体中，反应物分子处于受限状态，分子构象相对固定，而且可利用形成包结物、混晶、分子晶体等手段控制反应物的分子构型，尤其是通过与光学活性的主体化合物形成包结物控制反应物分子构型，可实现对映选择性的固态不对称合成。

由于无溶剂反应自身具有一些独特的优势，其发展潜力很大，开发新的反应、揭示反应规律和机理是很有意义的课题。不过，并非所有反应在无溶剂条件下进行最为有利，并且对于许多无溶剂反应，反应后还需溶剂进行分离提纯。对于很多反应，适当溶剂的使用可以大幅度提高反应效率、提高反应的选择性等。因此，在反应、分离、材料合成等领域，是否采用溶剂、采用什么溶剂、如何利用溶剂提高整个过程的效率是一个重要的难题。

3.8 小结

由于 70%以上的化学化工过程使用溶剂，溶剂的使用导致的环境污染、分离能耗升高等问题不可忽视。本章总结了近年来兴起的新型绿色溶剂和无溶剂合成。发展绿色溶剂体系，研究它们的性质、利用其特性开发新的绿色技术是绿色化学的重要内容。

参考文献

[1] Clarke C J，Tu W C，Levers O，Brohl A，Hallett J P. Green and sustainable solvents in chemical processes. Chem Rev，2018，118：747-800.

[2] Rideout D C，Breslow R. Hydrophobic acceleration of Diels-Alder reactions. J Am Chem Soc，1980，102（26）：7816-7817.

[3] Li C J，Chen L. Organic chemistry in water. Chem Soc Rev，2006，35：68-82.

[4] Kitanosono T，Masuda K，Xu P Y，Kobayashi S. Catalytic organic reactions in water toward sustainable society. Chem Rev，2018，118（2）：679-746.

[5] Narayan S，Muldoon J，Finn M G，Fokin V V，Kolb H C，Sharpless K B. “On water”：unique reactivity of

organic compounds in aqueous suspension. Angew Chem Int Ed，2005，44：3275-3279.

[6] Zhang H B，Liu L，Chen Y J，Wang D，Li C J. Synthesis of aryl-substituted 1, 4-benzoquinone via water-promoted and In(OTf)$_3$-catalyzed *in situ* conjugate addition-dehydrogenation of aromatic compounds to 1，4-benzoquinone in water. Adv Synth Catal，2006，348（1/2）：229-235.

[7] Wang Y，Zhu D B，Tang L，Wang S J，Wang Z Y. Highly efficient amide synthesis from alcohols and amines by virtue of a water-soluble gold/DNA catalyst. Angew Chem Int Ed，2011，50：8917-8921.

[8] Jung Y，Marcus R A. On the theory of organic catalysis "on water". J Am Chem Soc，2007，129：5492-5502.

[9] Guo D M，Zhu D Y，Zhou X H，Zheng B. Accelerating the "on water" reaction：by organic-water interface or by hydrodynamic effects？Langmuir，2015，31：13759-13763.

[10] Debbarma S，Sk M R，Modak B，Maji M S. On-water Cp*Ir（Ⅲ）-catalyzed C-H functionalization for the synthesis of chromones through annulation of salicylaldehydes with diazo-ketones. J Org Chem，2019，84（10）：6207-6216.

[11] Butler R N，Coyne A G. Water：nature's reaction enforcer-comparative effects for organic synthesis "in-water" and "on-water". Chem Rev，2010，110：6302-6337.

[12] Zhang Y，Wei B W，Lin H，Zhang L，Liu J X，Luo H Q，Fan X L. "On water" direct catalytic vinylogous Henry（nitroaldol）reactions of isatins for the efficient synthesis of isoxazole substituted 3-hydroxyindolin-2-ones. Green Chem，2015，17：3266-3270.

[13] Pan H，Han M Y，Li P H，Wang L. "On water" direct catalytic vinylogous Aldol reaction of silyl glyoxylates. J Org Chem，2019，84（21）：14281-14290.

[14] Harry N A，Cherian R M，Radhika S，Anilkumar G. A novel catalyst-free，eco-friendly，on water protocol for the synthesis of 2, 3-dihydro-1*H*-perimidines. Tetrahedron Lett，2019，60（33）：150946.

[15] Han J S，Zhang J L，Zhang W Q，Gao Z W，Xu L W，Jian Y J. "On water" catalytic Aldol reaction between isatins and acetophenones：interfacial hydrogen bonding and enamine mechanism. J Org Chem，2019，84（12）：7642-7651.

[16] Beattie J K，McErlean C S P，Phippen C B W. The mechanism of on-water catalysis. Chem Eur J，2010，16：8972-8974.

[17] Otto S，Boccaletti G，Engberts J B F N. A systematic study of ligand effects on a Lewis-acid-catalyzed Diels-Alder reaction in water. Water-enhanced enantioselectivity. J Am Chem Soc，1999，121：6798-6806.

[18] Azizi N，Saidi M R. Highly chemoselective addition of amines to epoxides in water. Org Lett，2005，7：3649-3651.

[19] Li H J，Tian H Y，Wu Y C，Chen Y J，Liu L，Wang D，Li C J. Aqueous asymmetric mukaiyama Aldol reaction catalyzed by chiral gallium Lewis acid with trost-type semi-crown ligands. Adv Synth Catal，2005，347（9）：1247-1256.

[20] He Z H，Qian Q L，Ma J，Meng Q L，Zhou H C，Song J L，Liu Z M，Han B X. Water-enhanced synthesis of higher alcohols from CO_2 hydrogenation over a Pt/Co_3O_4 catalyst under milder conditions. Angew Chem Int Ed，2016，55：737-741.

[21] Otto S，Engberts F N，Kwak J C T. Million-fold acceleration of a Diels-Alder reaction due to combined Lewis acid and micellar catalysis in water. J Am Chem Soc，1998，120：9517-9525.

[22] Sar P，Ghosh A，Scarso A，Saha B. Surfactant for better tomorrow：applied aspect of surfactant aggregates from laboratory to industry. Res Chem Intermediat，2019，45（12）：6021-6041.

[23] Sorella G L，Strukul G，Scarso A. Recent advances in catalysis in micellar media. Green Chem，2015，17：644-683.

[24] Laville L，Charnay C，Lamaty F，Martinez J，Colacino E. Ring-closing metathesis in aqueous micellar medium. Chem Eur J，2012，18：760-764.

[25] Zhang B B，Song J L，Liu H Z，Han B X，Jiang T，Fan H L，Zhang Z F，Wu T B. Acceleration of disproportionation

of aromatic alcohols through self-emulsification of reactants in water. ChemSusChem，2012，5：2469-2473.

[26] Beltran F，Vela-Gonzalez A V，Knaub T，Schmutz M，Krafft M P，Miesch L. Surfactant micelles enable metal-free spirocyclization of keto-ynamides and access to aza-spiro scaffolds in aqueous media. Eur J Org Chem，2019，41：6989-6993.

[27] Zhou F，Hearne Z，Li C J. Water—the greenest solvent overall. Curr Opin Green Sustain Chem，2019，18：118-123.

[28] Blackmond D G，Armstrong A，Coombe V，Wells A. Water in organocatalytic processes：debunking the myths. Angew Chem Int Ed，2007，46：3798-3800.

[29] Lei Z G，Chen B H，Koo Y M，MacFarlane D R. Introduction：ionic liquid. Chem Rev，2017，117：6633-6635.

[30] Wang H，Gurau G，Rogers R D. Ionic liquid processing of cellulose. Chem Soc Rev，2012，41：1519-1537.

[31] Cui G K，Wang J J，Zhang S J. Active chemisorption sites in functionalized ionic liquids for carbon capture. Chem Soc Rev，2016，45：4307-4339.

[32] Watanabe M，Thomas M L，Zhang S，Ueno K，Yasuda T，Dokko K. Application of ionic liquids to energy storage and conversion materials and devices. Chem Rev，2017，117：7190-7239.

[33] 夏春谷，李臻. 功能化离子液体. 北京：化学工业出版社，2018.

[34] 张锁江，徐春明，吕兴梅，周清. 离子液体与绿色化学. 北京：科学出版社，2009.

[35] Hu J Y，Ma J，Liu H Z，Qian Q L，Xie C，Han B X. Dual-ionic liquid system：an efficient catalyst for chemical fixation of CO_2 to cyclic carbonates under mild conditions. Green Chem，2018，20：2990-2994.

[36] Zhang P，Wu T B，Han B X. Preparation of catalytic materials using ionic liquids as the media and functional components. Adv Mater，2014，26（40）：6810-6827.

[37] Schiel M A，de la Concepción J G，Domini C E，Cintas P，Silbestri G F. Formation of *S*-alkyl thiophenium ionic liquids：mechanistic rationale and structural relationships. Org Biomol Chem，2019，17（33）：7772-7778.

[38] Hu S Q，Jiang T，Zhang Z F，Zhu A L，Han B X，Song J L，Xie Y，Li W J. Functional ionic liquid from biorenewable materials：synthesis and application as a catalyst in direct Aldol reactions. Tetrahedron Lett，2007，48：5613-5617.

[39] Penapereira F，Kloskowski A，Namieśnik J. Perspectives on the replacement of harmful organic solvents in analytical methodologies：a framework toward the implementation of a generation of eco-friendly alternatives. Green Chem，2015，17（7）：3687-3705.

[40] Vekariya R L. A review of ionic liquids：applications towards catalytic organic transformations. J Mol Liq，2017，227：44-60.

[41] Dai C N，Zhang J，Huang C P，Lei Z G. Ionic liquids in selective oxidation：catalysts and solvents. Chem Rev，2017，117：6929-6983.

[42] Zhou H F，Li Z W，Wang Z J，Wang T L，Xu L J，He Y M，Fan Q H，Pan J，Gu L Q，Chan A S C. Hydrogenation of quinolines using a recyclable phosphine-free chiral cationic ruthenium catalyst：enhancement of catalyst stability and selectivity in an ionic liquid. Angew Chem Int Ed，2008，47（44）：8464-8467.

[43] Kumar R，Biswajit C. Comprehensive study for vapor phase Beckmann rearrangement reaction over zeolite systems. Ind Eng Chem Res，2014，53（43）：16587-16599.

[44] 杨瀚森，李志会，王晓曼，徐元媛，薛伟，张东升，赵新强，王延吉. 离子液体在环己酮肟 Beckmann 重排反应中的研究进展. 化工进展，2018（11）：4337-4342.

[45] 邓友全，郭术，杜正银，朱来英. 催化环己酮肟重排制备 ε-己内酰胺的方法：CN1781908A. 2004 12-02.

[46] Annath H，Chapman S，Donnelly G F，Marr P C，Marr A C，Raja R. Heterogenized ionic-liquid metal-oxide hybrids：enhanced catalytic activity in the liquid-phase Beckmann rearrangement. ACS Sustainable Chem Eng，

2018，6：16797-16805.

[47] 王芙蓉，唐思思，于英豪，王乐夫，尹标林，李雪辉. 绿色离子液体中纳米钯催化剂的制备及其催化Heck-Mizoroki反应性能. 催化学报，2014，12：1921-1926.

[48] Boon J A，Levisky J A，Pflug J L，Wilkes J S. Friedel-Crafts reactions in ambient-temperature molten salts. J Org Chem，1986，51：480-483.

[49] Sakhalkar M，Aduri P，Lande S，Chandra S. Single-step synthesis of novel chloroaluminate ionic liquid for green Friedel-Crafts alkylation reaction. Clean Technol Environ Policy，2020，22（1）：59-71.

[50] Liu Z C，Zhang Y H，Huang C P，Gao J S，Xu C M. Effect of CuCl additive on catalytic performance of $Et_3NHCl/AlCl_3$ ionic liquid in C_4 alkylation. Chinese J Catal，2004，25（9）：693-696.

[51] Liu Z C，Meng X H，Zhang R，Xu C M，Dong H，Hu Y F. Reaction performance of isobutane alkylation catalyzed by a composite ionic liquid at a short contact time. AIChE J，2014，60（6）：2244-2253.

[52] 孟祥海，张睿，刘海燕，张璇，刘植昌，徐春明，Klusener P A A. 复合离子液体碳四烷基化技术开发与应用. 中国科学：化学，2018，48（4）：387-396.

[53] Li K，Choudhary H，Mishra M K，Rogers R D. Enhanced acidity and activity of aluminum/gallium-based ionic liquids resulting from dynamic anionic speciation. ACS Catal，2019，9：9789-9793.

[54] Sheng X L，Gao H Y，Zhou Y M，Wang B B，Sha X. Stable poly(ionic liquids)with unique cross-linked mesoporous-macroporous structure as efficient catalyst for alkylation of *O*-xylene and styrene. Appl Organometal Chem，2019，33（8）：e4979.

[55] Zhu A L，Feng W L，Li L J，Li Q Q，Wang J J. Hydroxyl functionalized Lewis acidic ionic liquid on silica：an efficient catalyst for the C-3 Friedel-Crafts benzylation of indoles with benzyl alcohols. Catal Lett，2017，147（1）：261-268.

[56] Keshavarz M，Iravani N，Parhami A. Novel SO_3H-functionalized polyoxometalate-based ionic liquids as highly efficient catalysts for esterification reaction. J Mol Struct，2019，1189：272-278.

[57] Zeng Q，Song Z，Qin H，Cheng H Y，Chen L F，Pan M，Heng Y，Qi Z W. Ionic liquid [BMIm][HSO_4] as dual catalyst-solvent for the esterification of hexanoic acid with *N*-butanol. Catal Today，2020，339：113-119.

[58] Husson E，Hulin L，Hadad C，Boughanmi C，Stevanovic T，Sarazin C. Acidic ionic liquid as both solvent and catalyst for fast chemical esterification of industrial lignins：performances and regioselectivity. Front Chem，2019，7：578.

[59] Liu Y，Zhang H J，Lu Y，Cai Y Q，Liu X L. Mild oxidation of styrene and its derivatives catalyzed by ionic manganese porphyrin embedded in a similar structured ionic liquid. Green Chem，2007, 9（10）：1114-1119.

[60] Wang S S，Liu W，Wan Q X，Liu Y. Homogeneous epoxidation of lipophilic alkenes by aqueous hydrogen peroxide：catalysis of a keggin-type phosphotungstate-functionalized ionic liquid in amphipathic ionic liquid solution. Green Chem，2009，11（10）：1589-1594.

[61] Liu M Y，Zhang Z R，Liu H Z，Xie Z B，Mei Q Q，Han B X. Transformation of alcohols to esters promoted by hydrogen bonds using oxygen as the oxidant under metal-free conditions. Sci Adv，2018，4：eaas9319.

[62] Zhang Z F，Xie Y，Li W J，Hu S Q，Song J L，Jiang T，Han B X. Hydrogenation of carbon dioxide is promoted by a task-specific ionic liquid. Angew Chem Int Ed，2008，47：1127-1129.

[63] Zhang L F，Fu X L，Gao G H. Anion-cation cooperative catalysis by ionic liquids. ChemCatChem，2011，3（8）：1359-1364.

[64] Zhang L F，Yang Y，Xue Y R，Fu X L，An Y，Gao G H. Experimental and theoretical investigation of reaction of aniline with dimethyl carbonate catalyzed by acid-base bifunctional ionic liquids. Catal Today，2010，158（3/4）：

279-285.

[65] Wang H, Zhao Y F, Wu Y Y, Li R P, Zhang H Y, Yu B, Zhang F T, Xiang J F, Wang Z P, Liu Z M. Hydrogenation of carbon dioxide to C_2～C_4 hydrocarbons catalyzed by $Pd(PtBu_3)_2$-$FeCl_2$ with ionic liquid as cocatalyst. ChemSusChem，2019，12：4390-4394.

[66] Qadir M I，Weilhard A，Fernandes J A，de Pedro I，Vieira B J C，Waerenborgh J C，Dupont J. Selective carbon dioxide hydrogenation driven by ferromagnetic RuFe nanoparticles in ionic liquids. ACS Catal，2018，8：1621-1627.

[67] Itoh T. Ionic liquids as tool to improve enzymatic organic synthesis. Chem Rev，2017，117：10567-10607.

[68] Gomes J M, Silva S S, Reis R L. Biocompatible ionic liquids: fundamental behaviours and applications. Chem Soc Rev，2019，48：4317-4335.

[69] Zhao H，Harter G A，Martin C J. "Water-like" dual-functionalized ionic liquids for enzyme activation. ACS Omega，2019，4：15234-15239.

[70] Feng J P, Zeng S J, Feng J Q, Dong H F, Zhang X P. CO_2 electroreduction in ionic liquids: a review. Chin J Chem，2018，36：961-970.

[71] Zhu Q G，Ma J，Kang X C，Sun X F，Liu H Z，Hu J Y，Liu Z M，Han B X. Efficient reduction of CO_2 into formic acid on alead or tin electrode using an ionic liquid catholyte mixture. Angew Chem Int Ed，2016，55：9012-9016.

[72] Sun X Q, Luo M H, Dai S. Ionic liquids-based extraction: a promising strategy for the advanced nuclear fuel cycle. Chem Rev，2012，112：2100-2128.

[73] Ventura S P M，Silva F A，Quental M V，Mondal D，Freire M G，Coutinho J A P. Ionic-liquid-mediated extraction and separation processes for bioactive compounds：past，present，and future trends. Chem Rev，2017，117：6984-7052.

[74] Clark K D，Emaus M N，Varona M，Bowers A N，Anderson J L. Ionic liquids：solvents and sorbents in sample preparation. J Separation Sci，2018，41（1）：209-235.

[75] Huddleston J G，Willauer H D，Swatloski R P，Visser A E，Rogers R D. Room temperature ionic liquids as novel media for 'clean' liquid-liquid extraction. Chem Commun，1998，16：1765-1766.

[76] Yang Q W，Guo S C，Liu X X，Zhang Z G，Bao Z B，Xing H B，Ren Q L. Highly efficient separation of strongly hydrophilic structurally related compounds by hydrophobic ionic solutions. AIChE J，2018，64（4）：1373-1382.

[77] 郭少聪，杨启炜，邢华斌. 离子液体-分子溶剂复合萃取剂脱除水中酚类化合物. 化工学报，2016，67（7）：2851-2856.

[78] Yao C F, Hou Y C, Sun Y, Wu W Z, Ren S H, Liu H. Extraction of aromatics from aliphatics using a hydrophobic dicationic ionic liquid adjusted with small-content water. Sep Purif Technol，2020，236：116287.

[79] Huang Y Q, Zhang Y B, Xing H B. Separation of light hydrocarbons with ionic liquids: a review. Chinese J Chem Eng，2019，27：1374-1382.

[80] Zeng S J，Zhang X P，Bai L，Zhang X C，Wang H，Wang J J，Bao D，Li M D，Liu X Y，Zhang S J. Ionic-liquid-based CO_2 capture systems：structure，interaction and process. Chem Rev，2017，117：9625-9673.

[81] Wang C M, Luo X Y, Luo H M, Jiang D E, Li H R, Dai S. Tuning the basicity of ionic liquids for equimolar CO_2 capture. Angew Chem Int Ed，2011，50（21）：4918-4922.

[82] Luo X Y，Guo Y，Ding F，Zhao H Q，Cui G K，Li H R，Wang C M. Pyridine-containing anion-functionalized ionic liquids through multiple-site cooperative interactions. Angew Chem Int Ed，2014，53：7053-7057.

[83] Wu W Z，Han B X，Gao H X，Liu Z M，Jiang T，Huang J. Desulphurization of flue gas：SO_2 absorption by an ionic liquid. Angew Chem Int Ed，2004，43：2415-2417.

[84] Wang C M，Cui G K，Luo X Y，Xu Y J，Li H R，Dai S. Highly efficient and reversible SO_2 capture by tunable azole-based ionic liquids through multiple-site chemical absorption. J Am Chem Soc，2011，133：11916-11919.

[85] Chen K H，Shi G L，Zhou X Y，Li H R，Wang C M. Highly efficient nitric oxide capture by azole-based ionic liquids through multiple-site absorption. Angew Chem Int Ed，2016，55（46）：14362-14366.

[86] Wang L Y，Guo Q J，Lee M S. Recent advances in metal extraction improvement：mixture systems consisting of ionic liquid and molecular extractant. Sep Purif Technol，2019，210：292-303.

[87] Wang K Y，Adidharma H，Radosz M，Wan P Y，Xu X，Russell C K，Tian H J，Fan M H，Yu J. Recovery of rare earth elements with ionic liquids. Green Chem，2017，19（19）：4469-4493.

[88] Ren Y Y，Zhang J D，Guo J N，Chen F，Yan F. Porous poly(ionic liquid)membranes as efficient and recyclable absorbents for heavy metal ions. Macromol Rapid Commun，2017，38（14）：1700151.

[89] Ghazali-Esfahani S，Song H B，Păunescu E，Bobbink F D，Liu H Z，Fei Z F，Laurenczy G，Bagherzadeh M，Yan N，Dyson P J. Cycloaddition of CO_2 to epoxides catalyzed by imidazolium-based polymeric ionic liquids. Green Chem，2013，15（6）：1584-1589.

[90] Gai H J，Zhong C Y，Liu X F，Qiao L，Zhang X W，Xiao M，Song H B. Poly(ionic liquid)-supported gold and ruthenium nanoparticles toward the catalytic wet air oxidation of ammonia to nitrogen under mild conditions. Appl Catal B：Environ，2019，258：117972.

[91] Garmendia S，Lambert R，Wirotius A L，Vignolle J，Dove A P，O'Reilly R K，Taton D. Facile synthesis of reversibly crosslinked poly(ionic liquid)-type gels：recyclable supports for organocatalysis by *N*-heterocyclic carbenes. Eur Polym J，2018，107：82-88.

[92] Ren Y Y，Guo J N，Liu Z Y，Sun Z，Wu Y Q，Liu L L，Yan F. Ionic liquid-based click-ionogels. Sci Adv，2019，5（8）：eaax0648.

[93] 邓友全. 离子液体——性质、制备与应用. 北京：中国石化出版社，2006.

[94] Kang X C，Sun X F，Han B X. Synthesis of functional nanomaterials in ionic liquids. Adv Mater，2016，28：1011-1030.

[95] Verma C，Ebenso E E，Quraishi M A. Transition metal nanoparticles in ionic liquids：synthesis and stabilization. J Mol Liq，2019，276：826-849.

[96] Dupont J，Fonseca G S，Umpierre A P，Fichtner P F P，Teixeira S R. Transition-metal nanoparticles in imidazolium ionic liquids：recycable catalysts for biphasic hydrogenation reactions. J Am Chem Soc，2002，124：4228-4229.

[97] Yao K S，Zhao C C，Wang N，Lu W W，Wang H Y，Zhao S，Wang J J. Ionic liquid-assisted synthesis of 3D nanoporous gold and its superior catalytic properties. CrystEngComm，2018，20：6328-6337.

[98] Yan G B，Lian Y B，Gu Y D，Yang C，Sun H，Mu Q Q，Li Q，Zhu W，Zheng X S，Chen M Z，Zhu J F，Deng Z，Peng Y. Phase and morphology transformation of MnO_2 induced by ionic liquids toward efficient water oxidation. ACS Catal，2018，8：10137-10147.

[99] 雷璇璇，唐韶坤，李林，孙丽伟. 离子液体辅助水热法合成六方片状 γ-Al_2O_3. 高等化学学报，2018，39（11）：2372-2379.

[100] Kang X C，Shang W T，Zhu Q G，Zhang J L，Jiang T，Han B X，Wu Z H，Li Z H，Xing X Q. Mesoporous inorganic salts with crystal defects：unusual catalysts and catalyst supports. Chem Sci，2015，6：1668-1675.

[101] Sang X X，Zhang J L，Xiang J F，Cui J，Zheng L R，Zhang J，Wu Z H，Li Z H，Mo G，Xu Y，Song J L，Liu C C，Tan X N，Luo T，Zhang B X，Han B X. Ionic liquid accelerates the crystallization of Zr-based metal-organic frameworks. Nat Commun，2017，8：175.

[102] 张锁江. 离子液体与绿色化学. 北京：科学出版社，2018.

[103] Wang B S，Qin L，Mu T C，Xue Z M，Gao G H. Are ionic liquids chemically stable? Chem Rev，2017，117（10）：7113-7131.

[104] Jessop P G，Leitner W. Chemical Synthesis Using Supercritical Fluids. Weinheim：Wiley-VCH，1999.

[105] 韩布兴. 超临界流体科学与技术. 北京：化学工业出版社，2005.

[106] 王键吉，卓克垒. 绿色溶剂. 北京：科学出版社，2018.

[107] Han X，Poliakoff M. Continuous reactions in supercritical carbon dioxide：problems，solutions and possible ways forward. Chem Soc Rev，2012，41：1428-1436.

[108] Zhao F，Fujita S，Akihara S，Arai M. Hydrogenation of benzaldehyde and cinnamaldehyde in compressed CO_2 medium with a Pt/C catalyst： a study on molecular interactions and pressure effects. J Phys Chem A，2005，109：4419-4424.

[109] Piqueras C M，Gutierrez V，Vega D A，Volpe M A. Selective hydrogenation of cinnamaldehyde in supercritical CO_2 over Pt/SiO_2 and Pt/HS-CeO_2：an insight about the role of carbonyl interaction with supercritical CO_2 or with ceria support sites in cinamyl alcohol selectivity. Appl Catal A：Gen，2013，467：253-260.

[110] Chatterjee M，Chatterjee A，Ikushima Y. Pd-catalyzed completely selective hydrogenation of conjugated and isolated C═C of citral（3, 7-dimethyl-2, 6-octadienal）in supercritical carbon dioxide. Green Chem，2004，6：114-118.

[111] Burgener M，Ferri D，Grunwaldt J D，Mallat T，Baiker A. Supercritical carbon dioxide：an inert solvent for catalytic hydrogenation? J Phys Chem B，2005，109：16794-16800.

[112] Shirai M，Hiyoshi N，Rode C V. Stereoselective aromatic ring hydrogenation over supported rhodium catalysts in supercritical carbon dioxide solvent. Chem Rec，2019，19：1926-1934.

[113] Grunwaldt J D，Caravati M，Ramin M，Baiker A. Probing active sites during palladium-catalyzed alcohol oxidation in “supercritical” carbon dioxide. Catal Lett，2003，90（3/4）：221-229.

[114] Jia L Q，Jiang H F，Li J H. Selective carbonylation of norbornene in $scCO_2$：palladium-catalyzed carbonylation of norbornene in supercritical carbon dioxide. Green Chem，1999，1（2）：91-93.

[115] Matsuda T. Recent progress in biocatalysis using supercritical carbon dioxide. J Biosci Bioeng，2013，115（3）：233-241.

[116] Melgosa R，Sanz M T，Benito-Román Ó，Illera A E，Beltrán S. Supercritical CO_2 assisted synthesis and concentration of monoacylglycerides rich in Omega-3 polyunsaturated fatty acids. J CO_2 Util，2019，31：65-74.

[117] Zhang J X，Wang C D，Wang C Y，Shang W，Xiao B，Duan S H，Li F X，Wang L，Chen P J. Lipase-catalyzed aza-michael addition of amines to acrylates in supercritical carbon dioxide. Chem Technol Biotechnol，2019，94：3981-3986.

[118] Yuan D D，Bao J X，Ren Y. Synthesis of nylon 1 in supercritical carbon dioxide and its crystallization behavior effect on nylon 11. Crystengcomm，2018，20：4676-4684.

[119] Desimone J M，Guan Z，Elsbernd C S. Synthesis of fluoropolymers in supercritical carbon-dioxide. Science，1992，257：945-947.

[120] Savage P E. Organic chemical reactions in supercritical water. Chem Rev，1999，99：603-621.

[121] Perez E，Fraga-Dubreuil J，Garcia-Verdugo E，Hamley P A，Thomas M L，Yan C，Thomas W B，Housley D，Partenheimer W，Poliakoff M. Selective aerobic oxidation of para-xylene in sub- and supercritical water. Part 2. The discovery of better catalysts. Green Chem，2011，13：2397-2407.

[122] Sasaki M，Goto K，Tajima K，Adschiri T，Arai K. Rapid and selective retro-Aldol condensation of glucose to glycolaldehyde in supercritical water. Green Chem，2002，4（3）：285-287.

[123] Paksung N，Matsumura Y. Interaction among glucose，xylose，and guaiacol in supercritical water. Energ Fuels，2018，32：1788-1795.

[124] 吴霖，文国涛. 超临界水氧化技术在城市固废处理中的应用综述. 环境与发展，2019，8：97-99.

[125] 廖玮，廖传华，朱廷风，闫正文，朱跃钊. 超临界水氧化技术在环境治理中的应用. 印染助剂，2019，36（8）：6-10.

[126] Molino A，Mehariya S，Sanzo G D，Larocca V，Martino M，Leone G P，Marino T，Chianese S，Balducchi R，Musmarra D. Recent developments in supercritical fluid extraction of bioactive compounds from microalgae：role of key parameters，technological achievements and challenges. J CO_2 Utiliz，2020，36：196-209.

[127] Huang Z，Ma Q，Liu S F，Guo G M. Benign recovery of carotenoids from *Physalis alkekengi* L. var. Francheti through supercritical CO_2 extraction：yield，antioxidant activity and economic evaluation. J CO_2 Utiliz，2020，36：9-17.

[128] 丁丽娜，邱亦亦，束彤，阮晖. 超高效液相色谱-质谱联用技术解析沙棘果超临界 CO_2 萃取物中黄酮类天然产物结构. 食品科学，2019，40（18）：273-280.

[129] Issasia C S C，Sasaki M，Quitain A T，Kida T，Taniyama N. Removal of impurities from low-density polyethylene using supercritical carbon dioxide extraction. J Supercrit Fluid，2019，146：23-29.

[130] Aiello A，Pizzolongo F，Scognamiglio G，Romano A，Masi P，Romano R. Effects of supercritical and liquid carbon dioxide extraction on hemp（*Cannabis sativa* L.）seed oil. Inter J Food Sci Tech，2020，DOI：10.1111/ijfs.14498.

[131] Shi Q，Zhao S Q，Zhou Y S，Gao J S，Xu C M. Development of heavy oil upgrading technologies in China. Rev Chem Eng，2020，36（1）：1-19.

[132] Li W D，Chen Y L，Zhang L Z，Xu Z M，Sun X W，Zhao S Q，Xu C M. Supercritical fluid extraction of fluid catalytic cracking slurry oil：bulk property and molecular composition of narrow fractions. Energ Fuel，2016，30（12）：10064-10071.

[133] Liu Z M，Han B X. Synthesis of carbon nanotube composites using supercritical fluids and their potential applications. Adv Mater，2009，21：825-829.

[134] Zhou Y N，Xu Q，Ge T P，Zheng X L，Zhang L，Yan P F. Accurate control of VS_2 nanosheets for coexisting high photoluminescence and photothermal conversion efficiency. Angew Chem Int Ed，2020，59：3322-3328.

[135] Xu S S，Xu Q，Wang N，Chen Z M，Tian Q G，Yang H X，Wang K X. Reverse-micelle-induced exfoliation of graphite into graphene nanosheets with assistance of supercritical CO_2. Chem Mater，2015，27：3262-3272.

[136] Zhou P S，Xu Q，Li H X，Wang Y，Yan B，Zhou Y C，Chen J F，Zhang J N，Wang K X. Fabrication of two-dimensional lateral heterostructures of $WS_2/WO_3\cdot H_2O$ through selective oxidation of monolayer WS_2. Angew Chem Int Ed，2015，54：15226-15230.

[137] Kang Z W，Kankala R K，Chen B Q，Fu C P，Wang S B，Chen A Z. Supercritical fluid-assisted fabrication of manganese(III)oxide hollow nanozymes mediated by polymer nanoreactors for effecient glucose sensing characteristics. ACS Appl Mater Inter，2019，11：28781-28790.

[138] Liu Y F，Xu Q Q，Wang Y Q，Zhen M Y，Yin J Z. Preparation of supported ionic liquid membranes using supercritical fluid deposition based on γ-alumina membrane and imidazolium ionic liquids. J Supercrit Fluid，2018，139：88-96.

[139] Song L，Chen Y F，Chen K N，Hu X H，Hong Y Z，Wang H T，Li J. Solute-saturated supercritical CO_2 loading of 2-phenylethyl alcohol in silica and activated carbon：measurement and mechanism. J Supercrit Fluid，2017，128：378-385.

[140] Adschiri T，Lee Y W，Goto M，Takami S. Green materials synthesis with supercritical water. Green Chem，2011，

13：1380-1390.

[141] Darr J A，Zhang J Y，Makwana N M，Weng X L. Continuous hydrothermal synthesis of inorganic nanoparticles：applications and future directions. Chem Rev，2017，117：11125-11238.

[142] Claverie M，Diez-Garcia M，Martin F，Aymonier C. Continuous synthesis of nanominerals in supercritical water. Chem Eur J，2019，25：5814-5823.

[143] Gu Y L，Jerome F. Bio-basedsolvents：an emerging generation of fluids for the design of eco-efficient processes in catalysis and organic chemistry. Chem Soc Rev，2013，42：9550-9570.

[144] Bharathi M，Indira S，Vinoth G，Bharathi K S. Immobilized Ni-Schiff-base metal complex on MCM-41 as a heterogeneous catalyst for the green synthesis of benzimidazole derivatives using glycerol as a solvent. J Porous Mat，2019，26：1377-1390.

[145] Qi L，Mui Y F，Lo S W，Lui M Y，Akien G R，Horvath I T. Catalytic conversion of fructose，glucose，and sucrose to 5-(hydroxymethyl)furfural and levulinic and formic acids in γ-valerolactone as a green solvent. ACS Catal，2014，4（5）：1470-1477.

[146] Song J L，Zhou B W，Liu H Z，Xie C，Meng Q L，Zhang Z R，Han B X. Biomass-derived γ-valerolactone as efficient solvent and catalyst for the transformation of CO_2 to formamides. Green Chem，2016，18：3956-3961.

[147] Xue Z M，Liu F J，Jiang J Y，Wang J F，Mu T C. Scalable and super-stable exfoliation of graphitic carbon nitride in biomass-derived γ-valerolactone：enhanced catalytic activity for alcoholysis and cycloaddition of epoxides eith CO_2. Green Chem，2017，19：5041-5045.

[148] Gürbüz E I，Wettstein S G，Dumesic J A. Conversion of hemicellulose to furfural and levulinic acid using biphasic reactors with alkylphenol solvents. ChemSusChem，2012，5（2）：383-387.

[149] Zhen Q Q，Chen L P，Qi L J，Hu K，Shao Y L，Li R H，Chen J X. Nickel-catalyzed tandem reaction of functionalized arylacetonitriles with arylboronic acids in 2-MeTHF：eco-friendly synthesis of aminoisoquinolines and isoquinolones. Chem Asian J，2020，15：106-111.

[150] Lei P，Ling Y，An J，Nolan S P，Szostak M. 2-methyltetrahydrofuran（2-MeTHF）：a green solvent for Pd NHC-catalyzed amide and ester suzuki-miyaura cross coupling by N-C/O-C cleavage. Adv Synth Catal，2019，361：5654-5660.

[151] Planer S，Jana A，Grela K. Ethyl lactate：a green solvent for olefin metathesis. ChemSusChem，2019，12：4655-4661.

[152] Gandeepan P，Kaplaneris N，Santoro S，Vaccaro L G，Ackermann L. Biomass-derived solvents for sustainable transition metal catalyzed C-H activation. ACS Sustainable Chem Eng，2019，7：8023-8040.

[153] Tomé L I N，Baião V，da Silva W，Brett C M A. Deep eutectic solvents for the production and application of new materials. Appl Mater Today，2018，10：30-50.

[154] Wang H Y，Liu S Y，Zhao Y L，Wang J J，Yu Z W. Insights into the hydrogen bond interactions in deep eutectic solvents composed of choline chloride and polyols. ACS Sustainable Chem Eng，2019，7：7760-7767.

[155] Gotor-Fernández V，Paul C E. Deep eutectic solvents for redox biocatalysis. J Biotech，2019，293：24-35.

[156] Sahin S. Tailor-designed deep eutectic liquids as a sustainable extraction media：an alternative to ionic liquids. J Pharm Biomed Anal，2019，174：324-329.

[157] Jiang J Y，Yan C Y，Zhao X H，Luo H X，Xue Z M，Mu T C. PEGylated deep eutectic solvent for controllable solvothermal synthesis of porous $NiCo_2S_4$ for efficient oxygen evolution reaction. Green Chem，2017，19：3023-3031.

[158] Wu C，Xiao H J，Wang S W，Tang M S，Tang Z L，Xia W，Li W F，Cao Z，He W M. Natural deep eutectic

solvent-catalyzed selenocyanation of activated alkynes via an intermolecular H-bonding activation process. ACS Sustainable Chem Eng，2019，7：2169-2175.

[159] Xiong X Q，Yi C，Liao X，Lai S L. A practical multigram-scale method for the green synthesis of 5-substituted-1*H*-tetrazoles in deep eutectic solvent. Tetrahedron Lett，2019，60：402-406.

[160] Liu W，Xu L G，Lu G H，Zhang H. Selective partial hydrogenation of methyl linoleate using highly active palladium nanoparticles in polyethylene glycol. ACS Sustainable Chem Eng，2017，5：1368-1375.

[161] Pigaleva M A，Elmanovich I V，Kononevich Y N，Gallyamov M O，Muzafarov A M. A biphase H_2O/CO_2 system as a versatile reaction medium for organic synthesis. RSC Adv，2015，5：103573-103608.

[162] Cheng H Y，Meng X C，Liu R X，Hao Y F，Yu Y C，CaiS X，Zhao F Y. Cyclization of citronellal to *p*-menthane-3, 8-diols in water and carbon dioxide. Green Chem，2009，11（8）：1227-1231.

[163] Ma J，Han B X，Song J L，Hu J Y，Lu W J，Yang D Z，Zhang Z F，Jiang T，Hou M Q. Efficient synthesis of quinazoline-2, 4(1*H*, 3*H*)-diones from CO_2 and 2-aminobenzonitriles in water without any catalyst. Green Chem，2013，15：1485-1489.

[164] Zhang B B，Song J L，Ma J，Wang W T，Zhang P，Jiang T，Han B X. Acceleration of disproportionation reactions of aryl alcohols in water medium by CO_2. Sci China Chem，2013，56：1-4.

[165] Zhang Q Z，Zhao M J，Xu Q Q，Ren H R，Yin J Z. Enhanced enzymatic hydrolysis of sorghum stalk by supercritical carbon dioxide and ultrasonic pretreatment. Appl Biochem Biotech，2019，188（1）：101-111.

[166] Jutz F，Andanson J M，Baiker A. Ionic liquids and dense carbon dioxide：a beneficial biphasic system for catalysis. Chem Rev，2011，111：322-353.

[167] Morais A R C，Alaras L M，Baek D L，Fox R V，Shiflett M B，Scurto A M. Viscosity of 1-alkyl-1-methylpyrrolidinium bis(trifluoromethylsulfonyl)imide ionic liquids saturated with compressed CO_2. J Chem Eng Data，2019，64（11）：4658-4667.

[168] Blanchard L A，Hancu D，Beckman E J，Brennecke J F. Green processing using ionic liquids and CO_2. Nature，1999，399（6731）：28-29.

[169] Dzyuba S V，Bartsch R A. Recent advances in applications of room-temperature ionic liquid/supercritical CO_2 systems. Angew Chem Int Ed，2003，42（2）：148-150.

[170] Paninho A B，Ventura A L R，Branco L C，Pombeiro A J L，da Silva M F C G，da Ponte M N，Mahmudov K T，Nunes A V M. CO_2 + ionic liquid biphasic system for reaction/product separation in the synthesis of cyclic carbonates. J Supercrit Fluid，2018，132：71-75.

[171] Xin J Y，Yan D X，Cao R M，Lu X M，Dong H X，Zhang S J. Sub/supercritical carbon dioxide induced phase switching for the reaction and separation in ILs/methanol. Green Energ Environ，2016，1（2）：144-148.

[172] Zhao Y J，Zhang J L，Han B X，Song J L，Li J S，Wang Q. Metal-organic framework nanospheres with well ordered mesopores synthesized in ionic liquid/CO_2/surfactant system. Angew Chem Int Ed，2011，50：636-639.

[173] Freire M G，Claudio A F M，Araujo J M M，Coutinho J A P，Marrucho I M，Lopes J N C，Rebelo L P N. Aqueous biphasic systems：a boost brought about by using ionic liquids. Chem Soc Rev，2012，41：4966-4995.

[174] Li W J，Zhang Z F，Han B X，Hu S Q，Xie Y，Yang G Y. Effect of water and organic solvents on the ionic dissociation of ionic liquids. J Phys Chem B，2007，111：6452-6456.

[175] Yu X X，Yang Z Z，Zhang H Y，Yu B，Zhao Y F，Liu Z H，Ji G P，Liu Z M. Ionic liquid/H_2O-mediated synthesis of mesoporous organic polymers and their application in methylation of amines. Chem Commun，2017，53：5962-5965.

[176] Yao W H，Wang H Y，Cui G K，Li Z Y，Zhu A L，Zhang S J，Wang J J. Tuning the hydrophilicity and

hydrophobicity of the respective cation and anion：reversible phase transfer of ionic liquids. Angew Chem Int Ed，2016，55：7934-7938.

[177] Kang X C，Zhang J L，Shang W T，Wu T B，Zhang P，Han B X，Wu Z H，Mo G，Xing X Q. One-step synthesis of highly efficient nanocatalysts on the supports with hierarchical pores using porous ionic liquid-water gel. J Am Chem Soc，2014，136（10）：3768-3771.

[178] Jin W B，Yang Q W，Huang B B，Bao Z B，Su B G，Ren Q L，Yang Y W，Xing H B. Enhanced solubilization and extraction of hydrophobic bioactive compounds using water/ionic liquid mixtures. Green Chem，2016，18：3549-3557.

[179] Xiong D Z，Cui G K，Wang J J，Wang H Y，Li Z Y，Yao K S，Zhang S J. Reversible hydrophobic-hydrophilic transition of ionic liquids driven by carbon dioxide. Angew Chem Int Ed，2015，54：7265-7269.

[180] Zhang Z F，Wu W Z，Gao H X，Han B X，Wang B，Huang Y. Tri-phase behavior of ionic liquid-water-CO_2 system at elevated pressures. Phys Chem Chem Phys，2004，6：5051-5055.

[181] Zhang Z F，Wu W Z，Wang B，Chen J W，Shen D，Han B X. High-pressure phase behavior of CO_2/acetone/ionic liquid system. J Supercrit Fluid，2007，40：1-6.

[182] Zhang Z F，Wu W Z，Han B X，Jiang T，Wang B，Liu Z M. Phase separation of the reaction system induced by CO_2 and conversion enhancement for the esterification of acetic acid with ethanol in ionic liquid. J Phys Chem B，2005，109：16176-16179.

[183] Cunico L P，Turner C. Density measurements of CO_2-expanded liquids. J Chem Eng Data，2017，62（10）：3525-3533.

[184] Wei M，Musie G T，Busch D H，Subramaniam B. CO_2-expanded solvents：unique and versatile media for performing homogeneous catalytic oxidations. J Am Chem Soc，2002，124（11）：2513-2517.

[185] Hoang H N，Nagashima Y，Mori S C，Kagechika H，Matsuda T. CO_2-expanded bio-based liquids as novel solvents for enantioselective biocatalysis. Tetrahedron，2017，73（20）：2984-2989.

[186] Hoang H N，Granero-Fernandez E，Yamada S，Mori S，Kagechika H，Medina-Gonzalez Y，Matsuda T. Modulating biocatalytic activity toward sterically bulky substrates in CO_2-expanded biobased liquids by tuning the physicochemical properties. ACS Sustainable Chem Eng，2017，5：11051-11059.

[187] Tenorio M J，Ginés S，Pando C，Renuncio J A R，Cabañas A. Solubility of the metal precursor $Ni(NO_3)_2 \cdot 6H_2O$ in high pressure CO_2 + ethanol mixtures. J Chem Eng Data，2018，63（4）：1065-1071.

[188] Zhuo L H，Wu Y Q，Wang L Y，Ming J，Yu Y C，Zhang X B，Zhao F Y. CO_2-expanded ethanol chemical synthesis of a Fe_3O_4@graphene composite and its good electrochemical properties as anode material for Li-ion batteries. J Mater Chem A，2013，1：3954-3960.

[189] Peng L，Zhang J L，Xue Z M，Han B X，Sang X X，Liu C C，Yang G Y. Highly mesoporous metal-organic framework assembled in a switchable solvent. Nat Commun，2014，5：5465.

[190] Doan H V，Fang Y N，Yao B Q，Dong Z L，White T J，Sartbaeva A，Hintermair U，Ting V P. Controlled formation of hierarchical metal-organic frameworks using CO_2 expanded solvent systems. ACS Sustainable Chem Eng，2017，5：7887-7893.

[191] Araújo M N，Azevedo A Q P L，Hamerski F，Voll F A P，Corazza M L. Enhanced extraction of spent coffee grounds oil using high-pressure CO_2 plus ethanol solvents. Ind Crops Prod，2019，141：111723.

[192] Vasquez-Villanueva R，Plaza M，Garcia M C，Turner C，Marina M L. A sustainable approach for the extraction of cholesterol-lowering compounds from an olive by-product based on CO_2-expanded ethyl acetate. Anal Bioanal Chem，2019，411（22）：5885-5896.

 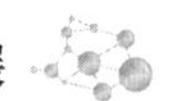

[193] Pei Y C，Ru J，Yao K S，Hao L H，Li Z Y，Wang H Y，Zhu X Q，Wang J J. Nanoreactors stable up to 200℃：a class of high temperature microemulsions composed solely of ionic liquids. Chem Commun，2018，54：6260-6263.

[194] Sener C，Motagamwala A H，Alonso D M，Dumesic J A. Enhanced furfural yields from xylose dehydration in the γ-valerolactone/water solvent system at elevated temperatures. ChemSusChem，2018，11（14）：2321-2331.

[195] Liu R X，Cheng H Y，Wang Q，Wu C Y，Ming J，Xi C Y，Yu Y C，Cai S X，Zhao F Y，Arai M. Selective hydrogenation of unsaturated aldehydes in a poly(ethylene glycol)/compressed carbon dioxide biphasic system. Green Chem，2008，10：1082-1086.

[196] Wang J Q，He L N，Miao C X，Gao J. The free-radical chemistry of polyethylene glycol：organic reactions in compressed carbon dioxide. ChemSusChem，2009，2（8）：755-760.

[197] Garay A L，Pichon A，James S L. Solvent-free synthesis of metal complexes. Chem Soc Rev，2007，36：846-855.

[198] Martins M A P，Frizzo C P，Moreira D N，Buriol L，Machado P. Solvent-free heterocyclic synthesis. Chem Rev，2009，109（9）：4140-4182.

第4章 二氧化碳转化利用

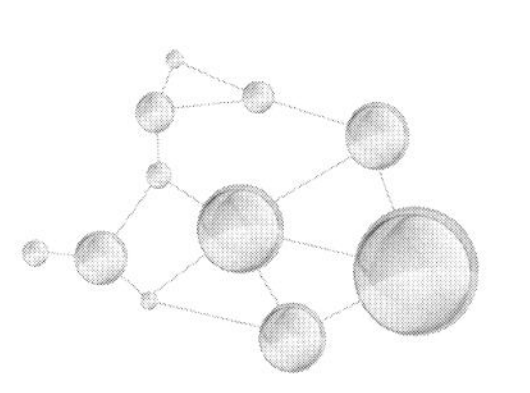

二氧化碳（CO_2）的资源化利用与绿色化学化工和可持续发展密切相关。由于化石燃料的使用，一百多年来大气中 CO_2 的含量迅速增加，目前已超过 400 ppm（ppm 为 10^{-6}），而且还在继续上升。大气中 CO_2 含量的迅速增加带来了温室效应等一系列环境问题。另外，CO_2 是一种储量丰富、廉价易得、安全的可再生碳资源。将 CO_2 转化为有价值的化学品，具有节约资源和保护环境的双重意义。CO_2 是碳的最高氧化态，也是热力学上的低能态，它的化学利用是有挑战性的科学难题。CO_2 化学转化研究已有较长的历史。近几十年来，CO_2 造成的温室效应等环境问题日益凸显，学术界、工业界和政府部门对这方面的工作越来越重视[1]。目前，以 CO_2 为原料生产的化学品仅有尿素、水杨酸、环状碳酸酯、聚合物、甲醇等已经实现工业化，其中用于尿素的量最大。CO_2 的化学利用是当前化学界研究的前沿和热点。CO_2 参与的反应可以分为化合反应和还原反应两类。化合反应中 CO_2 的价态和氧的价态都没有发生变化，还原反应中碳的价态降低。由于 CO_2 中碳处于最高氧化态，CO_2 参与的还原反应往往需要输入比较高的能量。CO_2 化学转化形成主要化学品的类型如图 4.1 所示。

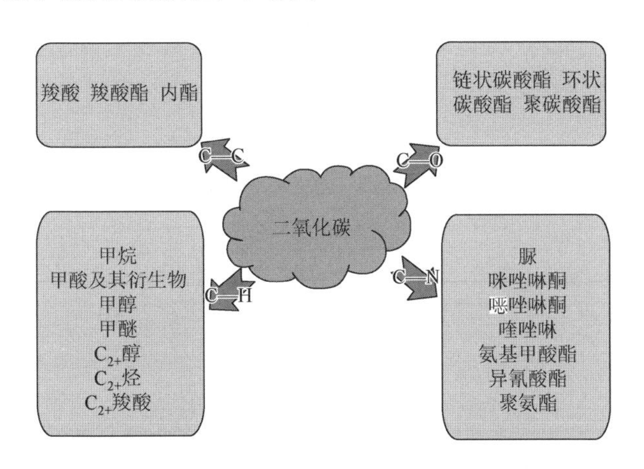

图 4.1 二氧化碳化学转化的基本途径

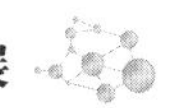

4.1 CO_2参与构筑 C—O 键合成酯类化合物

以 CO_2 为原料合成链状碳酸酯、环状碳酸酯及聚碳酸酯等酯类化合物过程中，伴随着新的 C—O 键的形成（图 4.2）。碳酸二甲酯是非常重要的研究最多的链状碳酸酯。本节以碳酸二甲酯为例介绍以 CO_2 为原料的链状碳酸酯的合成。环状碳酸酯可以通过 CO_2 与环氧化合物或二醇反应制备。

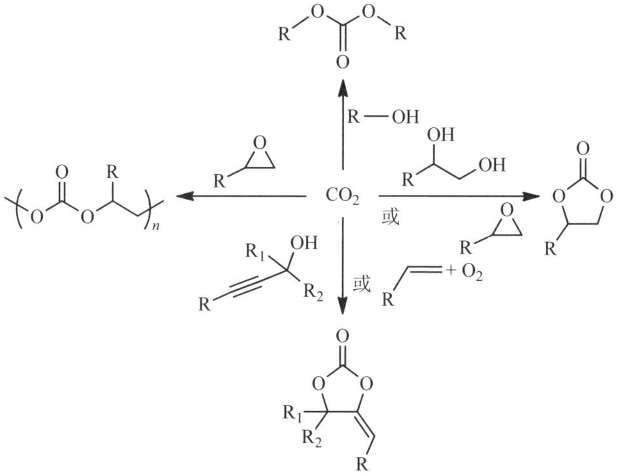

图 4.2 CO_2 参与构筑 C—O 键合成酯类化合物

4.1.1 碳酸二甲酯

碳酸二甲酯（DMC）是一种极具发展潜力的绿色化工产品[2]，不仅可以作为燃料添加剂、锂离子电池的电解质溶液、溶剂、甲基化试剂、无毒的羰基化试剂，还可用于制备碳酸二苯酯、异氰酸酯、四甲氧基硅烷、聚碳酸酯等。尽管存在热力学上的局限性，但是无论从经济还是环保角度来讲，CO_2 和甲醇一步法制备 DMC 都是非常有前途的 DMC 生产路线（图 4.3）。

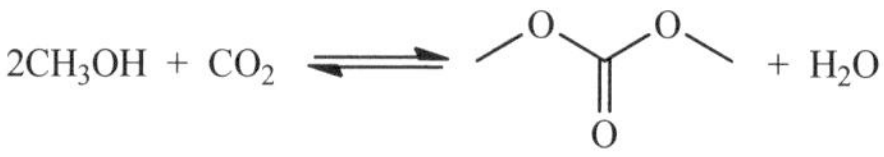

图 4.3 CO_2 与甲醇反应制备 DMC

CO_2 与甲醇合成 DMC 的反应为放热反应，高温不利于 DMC 的生成，但是为了获得较快的反应速率，反应又需要在较高温度下进行[3]。因此，设计高效催化剂提高反应速率，选择合适的脱水剂和脱水方法移动反应平衡，是提高 CO_2 和甲醇一步法制备 DMC 效率的重要途径。

碳酸盐、氢氧化物、磷酸盐及金属醇氧化物属于碱催化剂，往往需要 CH_3I 作为促进剂。可能的反应历程如图 4.4 所示，碱与甲醇首先通过酸碱反应生成 $CH_3O^- \cdots H^+ \cdots Base^-$，$CH_3O^-$ 作为亲核试剂进攻 CO_2，CH_3I 作为一种反应物参与了反应，但经过一个反应循环后可以再生。基于这样的反应机理，碱的性质对催化剂的活性影响很大，在 CH_3I 存在的情况下，比较 K_2CO_3、$KHCO_3$、Na_2CO_3、$(NH_4)_2CO_3$、Li_2CO_3、$BaCO_3$、$CaCO_3$ 等几种金属碳酸盐的催化活性发现 K_2CO_3 催化剂的催化性能最高[4]。

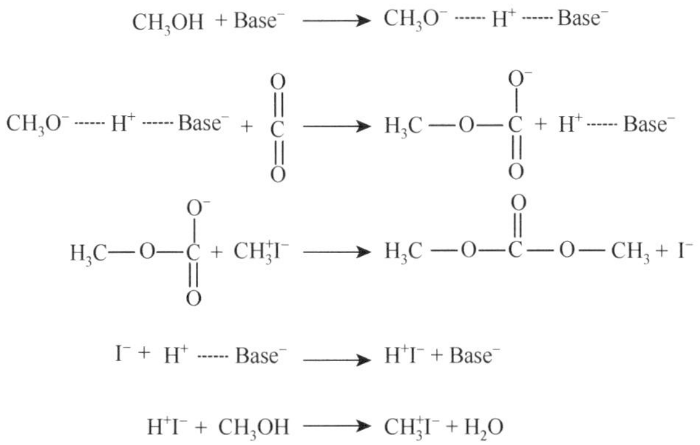

$$CH_3OH + Base^- \longrightarrow CH_3O^- \cdots H^+ \cdots Base^-$$

$$CH_3O^- \cdots H^+ \cdots Base^- + O{=}C{=}O \longrightarrow H_3C{-}O{-}C(=O)O^- + H^+ \cdots Base^-$$

$$H_3C{-}O{-}C(=O)O^- + CH_3^+I^- \longrightarrow H_3C{-}O{-}C(=O){-}O{-}CH_3 + I^-$$

$$I^- + H^+ \cdots Base^- \longrightarrow H^+I^- + Base^-$$

$$H^+I^- + CH_3OH \longrightarrow CH_3^+I^- + H_2O$$

图 4.4　碱催化的 CO_2 与甲醇反应制备 DMC 的反应路径

金属醇氧化物也属于碱催化剂，然而由于碱性更强，表现出了不同于碳酸盐、氢氧化物、磷酸盐的反应机理，一般不需要 CH_3I 作为促进剂。大量的研究表明，有机锡醇氧化物催化剂对 DMC 具有较高的选择性。对于有机烷氧基锡催化体系，反应起始于 CO_2 对 Sn—O 键的插入反应（图 4.5）[5]。正是基于这样的认识，研究者设计了多种烷氧基金属催化体系，包括烷氧基锡催化体系、甲氧基镁、甲氧基铝等。由于金属醇氧化物为均相催化剂，为了实现催化剂的回收利用，人们也发展了 SiO_2、SBA-15 等载体固载的金属醇氧化物催化剂[6, 7]。

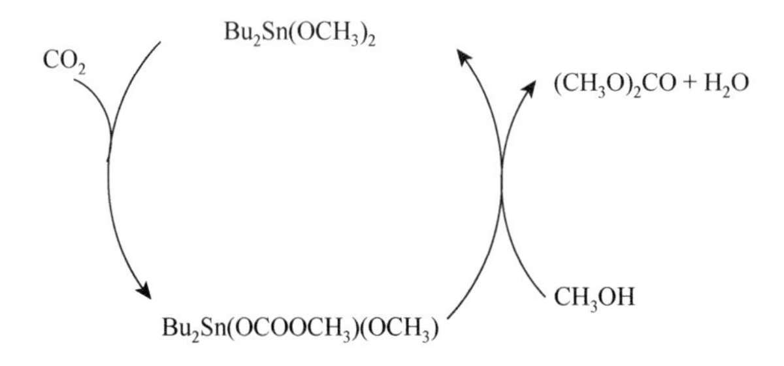

图 4.5　有机锡催化 CO_2 与甲醇反应合成 DMC

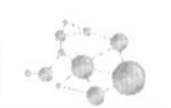

ZrO_2、CeO_2 及 V_2O_5 等可以作为多相催化剂催化 CO_2 与甲醇直接反应制备 DMC。利用在线原位拉曼和原位红外对 ZrO_2 催化甲醇和 CO_2 的反应机理的研究表明，催化剂表面的 Zr—OH 和不饱和的 $Zr^{4+}O^{2-}$形成的路易斯酸碱对为活性中心，甲醇在催化剂表面吸附、解离形成 CH_3O—Zr，经 CO_2 插入形成甲基碳酸酯基，后经甲基迁移形成 DMC。CeO_2 和 V_2O_5 的催化机理基本与 ZrO_2 相似。

采用金属氧化物作为载体负载金属纳米粒子催化剂，可以获得同时含有金属位、L 酸性位及 L 碱性位的多功能复合催化剂。反应过程中，金属位与 L 酸性位协同活化 CO_2，CO_2 解离为 CO 和 O；L 酸性位和 L 碱性位协同活化甲醇，使甲醇解离为 CH_3O 和 H 。CO 与两分子的 CH_3O 反应生成 DMC， H 与 O 结合生成水。虽然目前对不同的催化体系的催化机理认识仍然不足，但是普遍认为都会经历甲醇活化解离为 CH_3O，以及 CO_2 插入金属氧键的过程。一般认为，路易斯酸碱对是活性中心，催化剂表面的强碱性位是活化甲醇产生 CH_3O 的关键，弱 B 酸中心辅助活化甲醇。DMC 的合成速率取决于催化剂表面活化态的 CO_2 和 CH_3O 的浓度。因此，基于这样的认识，可以通过调控催化剂表面的酸碱活性中心的数量和强度控制催化活性。然而，由于影响因素众多，对催化机理的认识仍然有待深入。

众所周知，由 CO_2 和甲醇直接合成 DMC 的主要难题之一是该反应为可逆反应，且平衡产率低。主要通过反应过程的设计以及采用不同种类的脱水剂移除反应过程中生成的水，从而促进反应向正反应方向进行，提高目标产物的产率。因此，除了发展高效的催化剂外，及时移除反应过程中产生的水对提高 DMC 的产率至关重要。所采用的脱水剂包括无机脱水剂和有机脱水剂。在开发 DMC 合成的路线时，需要考虑过程强化单元、脱水过程和副反应的发生、脱水剂自身参与反应等因素[8]。无机脱水剂虽然价格相对便宜、可再生容易，然而吸水量一般较小。

有机脱水剂通过与水反应消耗反应过程中生成的水，从而移动反应平衡。因此，采用有机脱水剂最大的问题是再生困难，一般价格都比较昂贵，并且会在反应体系中引入副产物，给后续分离带来困难。使用有机脱水剂时还应考虑脱水反应与主反应的耦合，两者的反应条件必须近似或相同。图 4.6 列出了几种常用的有机脱水剂。一般来说，有机脱水剂主要用在间歇式反应器中。在固定床连续流动反应器中，使用脱水剂进行 DMC 的合成，以 CeO_2 为催化剂，也可获得很高的甲醇转化率（＞95%）、DMC 选择性（＞99%）以及高的反应活性 [1 $g_{DMC}/(g_{cat}·h)$][9]。

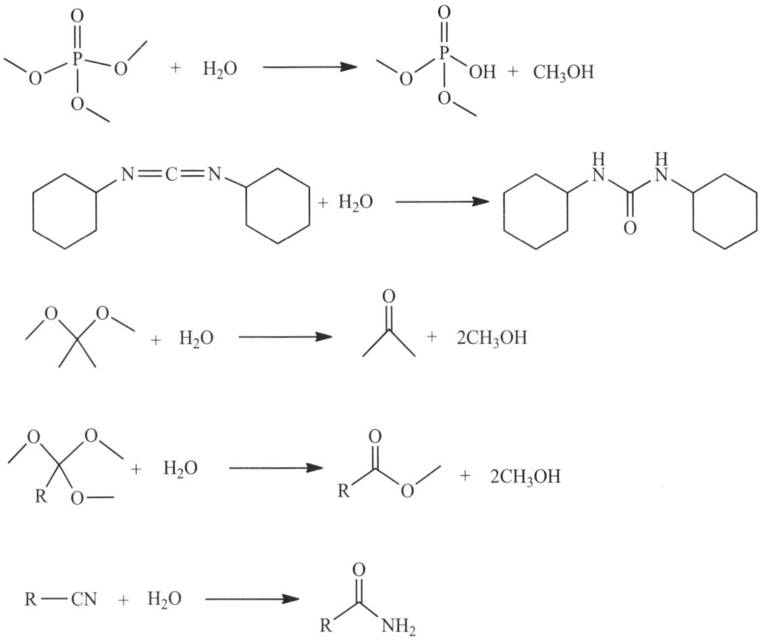

图 4.6 常用的有机脱水剂及吸水反应

在反应混合物中加入离子液体可以促进 CO_2 的吸收，增加溶液中 CO_2 的浓度，并且有的离子液体还能够移除反应过程中生成的水，移动化学平衡，从而提高反应的转化率[10]。离子液体$[C_1C_4Im][HCO_3]$（图 4.7）中的阴离子 HCO_3^- 能够夺取 N—CH—N 中的 H 形成卡宾，卡宾吸收 CO_2 形成 CO_2 的加合物，与甲醇反应得到 DMC。离子液体同时起到催化剂和脱水剂的作用。该反应的甲醇转化率可达 74%，离子液体经过催化反应后可以重新脱水再生并循环使用[11]。

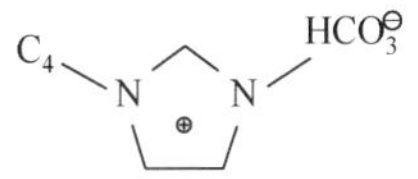

图 4.7 $[C_1C_4Im][HCO_3]$

利用离子液体的可设计和不挥发的特性，可以设计克服该反应热力学限制的方法。例如，在反应中，首先通过尿素与二醇功能化离子液体形成高能碳酸酯类离子液体中间产物并放出氨气，然后，碳酸酯类离子液体与甲醇反应得到 DMC 和二醇功能化离子液体，二醇功能化离子液体进入下一个催化反应循环（图 4.8）[12]。

4.1.2 环状碳酸酯

环状碳酸酯主要有碳酸乙烯酯和碳酸丙烯酯，广泛用于印染、纺织、高分子合成、精细化工中间体合成、药物合成、电池等方面。以 CO_2 为原料制备环状碳酸酯的路线主要包括环氧化合物与 CO_2 反应、烯烃氧化羰基化法、炔丙醇

与 CO_2 反应、邻二醇与 CO_2 反应、卤代醇与 CO_2 反应等。其中前两条路线为原子经济反应。

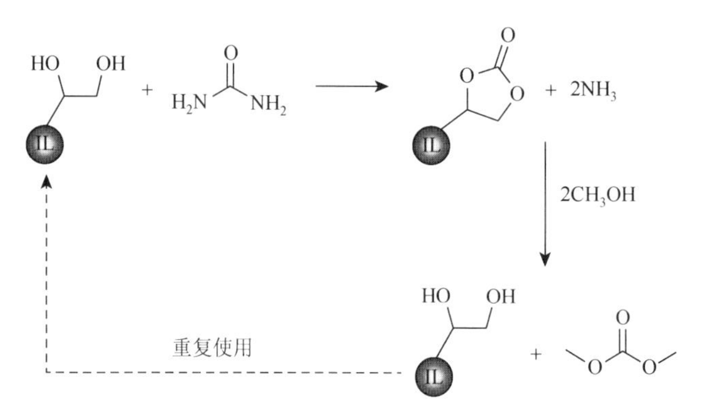

图 4.8 CO_2 合成碳酸二甲酯新途径

4.1.2.1 环氧化合物与 CO_2 反应

1979 年，Buttner 等将有机锑化合物用于环氧化合物和 CO_2 加成反应制备环状碳酸酯。经过几十年的发展，环氧化合物和 CO_2 加成反应制备环状碳酸酯已取得了长足的发展，其中碳酸乙烯酯和碳酸丙烯酯已经实现了商业化生产，这是 CO_2 化学转化领域的重要事件。人们已经开发了多种催化体系合成环状碳酸酯[13]。所采用的催化剂包括金属盐类、络合物阳离子及其他盐类催化剂；酞菁和 salen 的均相配合物催化剂；离子液体类催化剂及金属氧化物类催化剂；金属有机骨架类化合物；共价有机骨架材料等。

环氧化合物与 CO_2 反应制备环状碳酸酯的反应机理如图 4.9 所示，首先亲核试剂进攻环氧化合物的碳，诱导环氧化合物开环，开环后生成的氧负离子作为亲核试剂进攻 CO_2 的碳中心生成最终产物。卤素离子是诱导环氧化合物开环的重要亲核试剂，因此，大部分催化体系中都含有卤素离子。但是，当仅有卤素离子存在时，反应温度往往比较高，胺基、羟基等官能团辅助环氧化合物开环，可以使反应温度降低。除胺基、羟基官能团外，在催化剂表面引入 L 酸性位，同样可以大大降低反应温度。目前文献报道的催化剂中基本上包含两部分，一部分是亲核试剂，另一部分是辅助环氧化合物开环和 CO_2 活化的官能团。亲核试剂一般为卤素，官能团一般为羟基、胺基等能与环氧化合物中的氧形成氢键的基团或者是 L 酸或 L 碱性位点。

碱金属卤素盐，如 KI、KBr、NaI、NaBr、LiI、LiBr 等可以催化 CO_2 与环氧化合物的羰基化反应，但是一般反应条件苛刻。采用 DFT 计算模拟 LiBr 催化的环氧化合物与 CO_2 反应的机理，通过不同路径活化能计算，认为环氧化合物的开环或者闭环生成环状碳酸酯是决速步骤[14]。YCl_3 与四丁基溴化铵组成的催化体系，能够在室温常压下催化环氧丙烷与 CO_2 合成环状碳酸酯[15]。

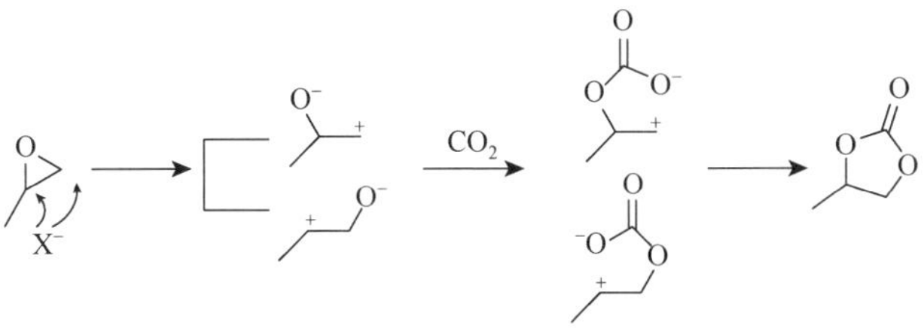

图 4.9 CO_2 和环氧丙烷制备碳酸丙烯酯的反应机理

卤素阴离子型离子液体催化剂广泛应用于 CO_2 与环氧化合物的环加成反应中。羟基功能化的离子液体，在优化的反应条件下，环氧丙烷的转化率和碳酸丙烯酯的选择性均能达到 99%以上[16]，可能的反应机理如图 4.10 所示。卤素离子作为亲核试剂诱导环氧化合物开环，羟基通过与环氧化合物中的氧形成氢键，促进其开环，环氧化合物开环后形成氧负离子进攻 CO_2，形成最终产物。卤素离子的活性顺序一般与它们的亲核性有关，即 $I^- > Br^- > Cl^-$。然而水的存在会降低 I^- 的活性[17]。通过设计合成多阴离子、多阳离子的离子液体催化体系，该反应能够在常温常压下进行。双阳离子双阴离子离子液体通过 CO_2 和环氧化合物的同时活化，常温常压条件下可以进行 CO_2 与环氧化合物的环加成反应（图 4.11）[18]。三阳离子三阴离子离子液体中的活性位点数量增加，催化活性得到了进一步提高（图 4.12）[19]。

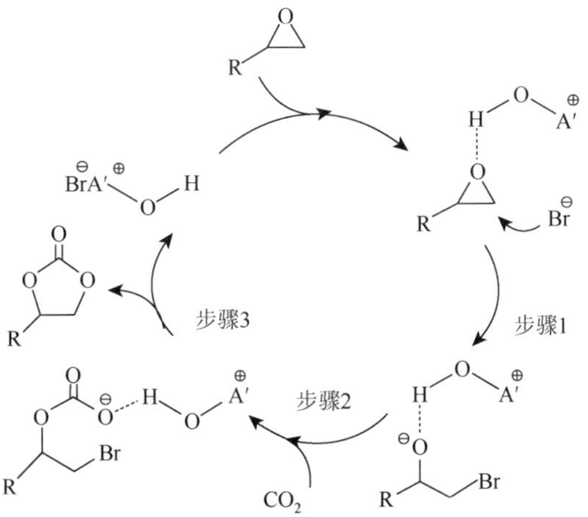

图 4.10 羟基功能化离子液体催化环加成反应的反应机理

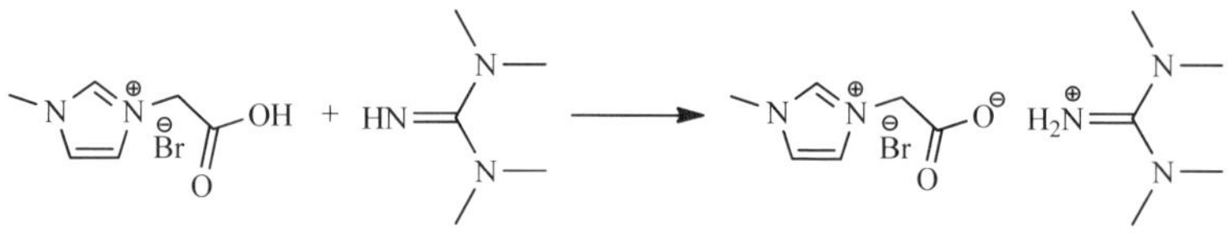

图 4.11　双阳离子双阴离子离子液体合成

离子液体作为均相催化剂，难以回收利用，因此，固载化的离子液体催化剂作为多相催化剂也已用于催化 CO_2 的环加成反应。常用的载体包括树脂、聚苯乙烯小球、二氧化硅等。可以将胺基、羟基等官能团引入到载体中，辅助环氧化合物开环。离子液体物理吸附到载体上很容易脱落，化学键合的方法虽然可以有效防止离子液体在反应过程中的脱落，但是同时限制了催化剂活性组分的自由度，影响催化剂的活性。聚离子液体作为一种多相催化剂可以催化 CO_2 的环加成反应。3-丁基-1-乙烯基咪唑氯化物与对二乙烯基苯共聚得到的高度交联聚离子液体催化剂，能够非均相催化 CO_2 与环氧化合物的环加成反应，活性中心为 Cl^-，并且在催化剂中无其他官能团辅助催化，因此反应条件相对苛刻[20]。以(DMAEMA-EtOH)Br（图 4.13）为单体聚合得到的聚离子液体中含有官能团羟基和活性相对较高的亲核试剂 Br^-，能够高效催化环氧化合物与 CO_2 反应[21]。

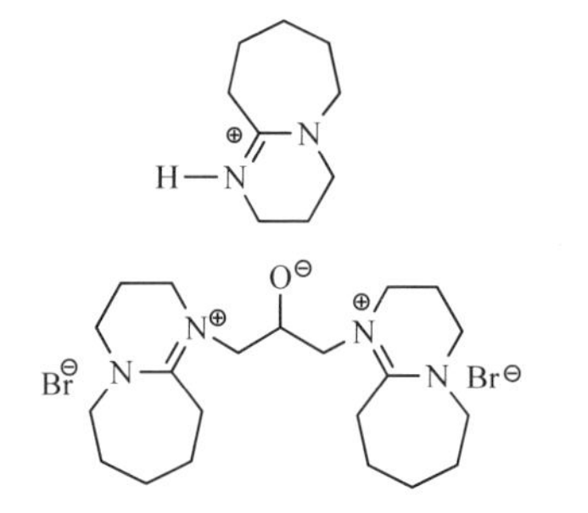

图 4.12　三阳离子三阴离子离子液体结构

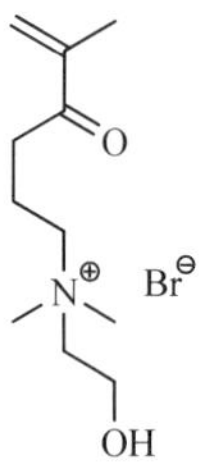

图 4.13　(DMAEMA-EtOH)Br

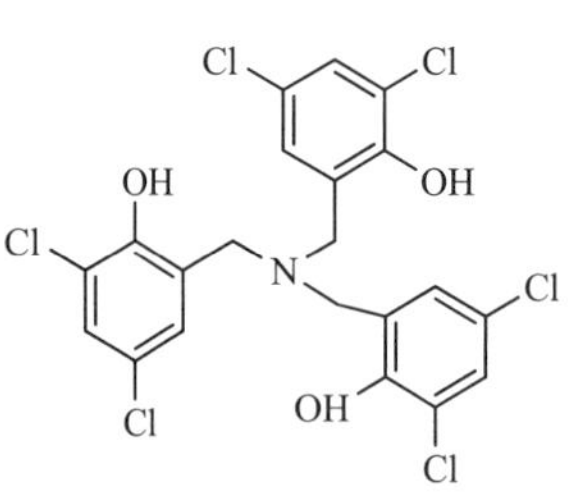

图 4.14　氨基三酚配体

金属配合物催化剂采用金属中心作为 L 酸性位，与环氧化合物中的氧作用诱导其开环，因此增强金属活性中心的 L 酸性是提高催化剂活性的重要手段。有强诱导效应的氨基三酚配体（图 4.14）能够提高 Al 金属中心的亲氧性，所形成的 Al 配合物能够高效催化环氧化合物与 CO_2 的环加成反应，更重要的是该催化剂对大位阻的功能环氧化合物也表现出了非常优异的催化性能[22]。一般的金属配合物催化剂仍然需要含卤素的化合物（四丁基溴化铵、四丁基碘化铵等）作为助催化剂。

将具有亲核性的卤素离子和季铵盐阳离子引入金属配合物催化剂中，制备得到鎓盐功能化的卟啉催化剂，通过金属中心、卤素离子和季铵盐阳离子的协同作用促进催化反应的进行。研究发现 CO_2 的活化并不是决速步骤，柔性季铵盐阳离子与卤素阴离子相互作用会影响卤素阴离子的亲核性，从而促进反应的进行[23]。

MOF 是一类由金属节点和有机连接体通过配位键连接而成的多孔结晶材料，具有可调变的金属活性中心和可功能化的有机连接体，对 CO_2 具有优异的吸附能力，在 CO_2 转化利用领域有广阔的应用前景。由于 MOF 结构中含有配位不饱和的金属中心，可以作为 L 酸性位点催化 CO_2 与环氧化合物的环加成反应，然而由于活性位点单一，往往需要加入助催化剂促进反应的进行。通过后合成改性的方法制备离子液体功能化的 MOF 催化剂能够实现 CO_2 的高效转化。以 $(Br^-)Etim\text{-}H_2BDC$ 为有机连接体（图 4.15），合成的咪唑功能化介孔阳离子 Cr-MOF 含有游离的 Br^- 和 L 酸性位点 Cr^{3+}，可高效催化此类反应。首先，环氧化合物被 L 酸性 Cr^{3+} 中心吸附和活化，卤素离子亲核进攻环氧化合物中位阻较小的碳诱导开环，形成氧负离子，氧负离子进攻 CO_2 并通过分子内环化形成环状碳酸酯[24]。通过后合成改性的方法，将 Br^- 后合成改性的酸性位点引入双功能 MOF 中可以构筑三功能 MOF 催化剂，所合成的 MIL-IMAc-Br^- 中含有配位不饱和的 Cr^{3+} L 酸性位点、—COOH 的 B 酸性位点和游离的 Br^-，三种活性位点协同作用，能够高效催化 CO_2 与环氧化合物反应制备环状碳酸酯[25]。

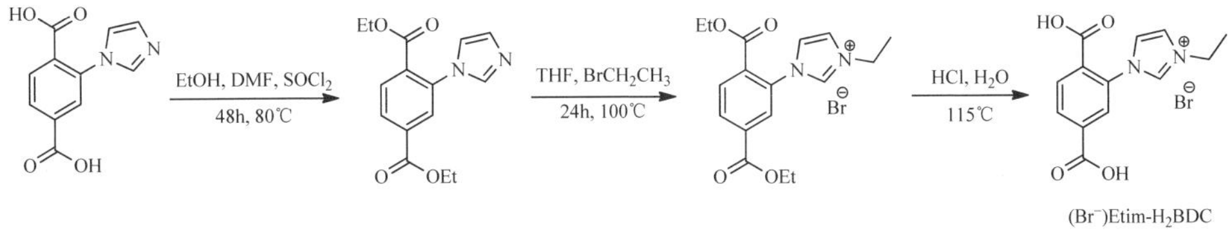

HO O N N O OH
EtOH, DMF, $SOCl_2$
48h, 80℃
EtO O N N O OEt
THF, $BrCH_2CH_3$
24h, 100℃
EtO O N N⊕ Br⊖ O OEt
HCl, H_2O
115℃
HO O N N⊕ Br⊖ O OH
$(Br^-)Etim\text{-}H_2BDC$

图 4.15 $(Br^-)Etim\text{-}H_2BDC$ 配体的合成

COF 以及多孔有机聚合物是近年来新兴的一类催化材料。骨架中可以引入路易斯酸碱对以及官能团，因此能够作为环加成反应的催化剂。通过后修饰策略将咪唑盐的活性位点均匀地键合在由亚胺键构筑的 COF 的孔壁上，这种催化材料对 CO_2 环加成反应具有优异的催化性能。研究表明，功能化的 COF 材料具有较高的 BET 比表面积，有序的介孔通道中稠密均匀分布的咪唑阳离子和 Br^- 阴离子可作为反应的有效催化中心[26]。将含有 Br^- 阴离子的线型离子型聚合物固载在 COF 材料靠近 L 酸性位点的孔壁上，由于线型聚合物具有很好的柔韧性，并且在 L 酸性位点富集，很好地实现了多相 L 酸性位点与 Br^- 阴离子的协同作用，能够高效催化 CO_2 与环氧化合物的环加成反应[27]。将含 Br^- 阴离子的咪唑类离子液体固载到富含羟基的介孔聚合物上，制备一系列离子液体功能化的非均相催化材料，用于

催化 CO_2 环加成反应。这类聚合物在无溶剂、无助催化剂条件下显示出良好的催化性能，并且容易回收和循环利用。进一步研究表明，离子液体和介孔聚合物表面丰富的羟基协同催化该反应的进行[28]。在温和条件下，水溶液中合成的多级介孔邻羟基偶氮苯聚合物具有高的比表面积及金属络合能力，络合 Zn^{2+} 的聚合物可以作为多功能催化剂催化 CO_2 与环氧化合物的环加成反应。在四丁基溴化铵存在下，反应可在常温常压条件下进行[29]。

CO_2 主要来源于工厂的废气排放，特别是发电厂。直接吸附转化烟气中的 CO_2 能够避免 CO_2 富集、分离过程中的能源消耗，由于烟气中 CO_2 的浓度低，对催化剂的设计提出了更高的要求。采用氨基酸盐吸收 CO_2，然后直接催化转化可以实现吸收-转化一体化，并制备多种重要化合物[30]。Cu(Ⅱ)-MOF 催化剂具有高密度的活性位点以及常温常压下高的 CO_2 吸附量，能够作为催化剂催化模拟烟道气中的 CO_2 与环氧化合物反应制备环状碳酸酯[31]。通过苄基咪唑盐和 1, 4-二（氯甲基）苯共超联聚合合成的超交联多孔聚合物（HCPs），具有表面基团可调的咪唑功能化离子。其中，具有丰富的微孔和相对较高的离子基团的聚合物对 CO_2 吸附量较大，对各种环氧化合物与模拟烟气中 CO_2 的环加成反应表现出更高的催化活性，反应可在无添加剂和无溶剂条件下进行[32]。

目前，所报道的催化体系大部分都能在无溶剂条件下进行，卤素几乎是必不可少的助催化剂，虽然早在 1999 年就报道了无卤素金属氧化物催化的 CO_2 与环氧化合物的反应，但是反应需要在 DMF 中进行，并且反应条件相对比较苛刻[33]。多金属氧酸盐也是一种无卤素催化剂，多金属氧酸盐中的金属中心与 CO_2 配位时，形成稳定的配合物，协同进攻被阳离子活化的环氧化合物开环，最终形成环状碳酸酯。多金属氧酸盐中的过渡金属和反离子对催化剂的性能影响很大，活性顺序为：$Co^{2+} \approx Mn^{2+} > Ni^{2+} > Fe^{3+} \gg Cu^{2+}$，$(n\text{-}C_7H_{15})_4N^+ > (n\text{-}C_4H_9)_4N^+ \gg K^+$[34]。吡啶基阴离子的离子液体（PA-IL）具有两种能与 CO_2 相互作用的位点，并通过阴阳离子的协同作用促进反应的进行。在无卤素、无金属条件下，该催化剂能够在常温常压下催化 CO_2 与环氧化合物反应制备环状碳酸酯（图 4.16）[35]。以含氮生物质甲壳素为前驱体制备的 N 掺杂碳材料，也可以作为无卤素催化剂催化 CO_2 与环氧化合物反应制备环状碳酸酯。多壁碳纳米管和活性炭都没有活性。N 掺杂碳材料中的活性中心主要来源于吡啶氮、吡咯氮及季铵盐氮产生的 L 碱性位，它们能够活化 CO_2，并且材料中含有的羟基能够辅助环氧化合物开环，该材料对环氧化合物与 CO_2 反应制备环状碳酸酯具有良好的催化活性，产率可达 99%[36]。目前，无卤素催化剂的活性一般低于有卤素的催化剂，因此发展高效、绿色的催化体系仍然需要进一步研究。

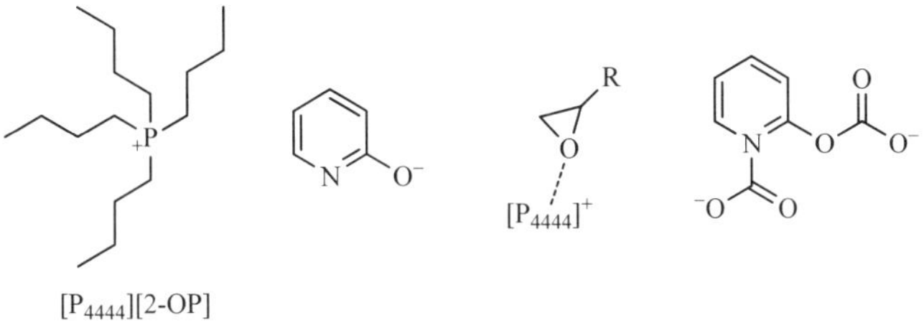

[P4444][2-OP]

图 4.16 吡啶基阴离子型离子液体与 CO_2、环氧丙烷相互作用

4.1.2.2 烯烃氧化羰基化法

目前，环氧化合物与 CO_2 的加成反应是制备环状碳酸酯的主要方法。环氧化合物有毒，并且容易爆炸，市场价格也较为昂贵。从绿色化学角度考虑，以廉价易得的烯烃为底物与 CO_2 反应合成环状碳酸酯，具有十分重要的意义，这一类反应被称为烯烃的环氧化碳酰化反应。在烯烃的环氧化碳酰化合成环状碳酸酯的反应中，烯烃首先发生氧化反应，然后氧化中间体与 CO_2 反应生成环状碳酸酯。所采用的氧化剂通常为氧气、H_2O_2、有机过氧化物、尿素-H_2O_2 加成物等。从绿色化学角度，氧气与 H_2O_2 是最理想的氧化剂。然而，该反应的产率往往比环氧化合物与 CO_2 直接反应制备环状碳酸酯反应的产率低。以 H_2O_2 为氧化剂，用季铵盐磷钨酸铵-卤化物季铵盐催化体系，以丙烯和 CO_2 为原料一锅两步反应直接制备碳酸丙烯酯。该催化体系在 75℃氧化阶段的环氧丙烷产率为 91%，环加成阶段的丙烯碳酸酯产率最高（99%）[37]。利用填充床反应器，以 H_2O_2 为氧化剂，将烯烃的氧化反应和环加成反应串联耦合，可在温和条件下实现 CO_2 与烯烃反应制备环状碳酸酯，目标产物的产率接近 100%[38]。近年来，采用氧气作为氧化剂的烯烃环氧化碳酰化反应也有新的进展。采用金属卟啉配合物与离子液体作为催化剂，实现了较高的烯烃转化率和环状碳酸酯的选择性[39]。乙酰丙酮钴(Ⅱ)和溴化四苯基膦修饰的壳聚糖颗粒催化剂能够高效催化苯乙烯的环氧化碳酰化反应，苯乙烯转化率大于 90%，环状碳酸酯收率大于 60%，但是需要异丁醛作为共还原剂[40]。负载型 Au/TiO_2 催化剂与离子液体可协同催化 1-癸烯与氧气、CO_2 反应生成环状碳酸酯，但在不使用共还原剂与溶剂的条件下，反应的收率与转化率均不高[41]。CO_2 与环氧化合物的反应，在合适的反应条件下，目标产物的产率可以接近 100%，因此，由烯烃与 CO_2 制备环状碳酸酯反应的关键是烯烃的环氧化反应，以 H_2O_2 或氧气为氧化剂，实现烯烃高效环氧化仍然是一个有挑战性的课题。另外，CO_2 与环氧化合物反应的催化剂往往会毒化烯烃环氧化的催化剂，因此，如何实现两种催化剂的协同、匹配是实现该过程的一个关键问题。

4.1.2.3 炔丙醇与 CO_2 反应

炔丙醇与 CO_2 反应可以制备 α-烷叉基碳酸酯（图 4.17）。一般存在两种活化机理，炔丙醇的—OH 活化机理和 CO_2 活化机理。一般金属配合物催化剂遵循炔丙醇的—OH 活化机理，卡宾、碱性离子液体等遵循 CO_2 活化机理。已报道的催化体系包括无机碱、有机碱、碱性离子液体、金属配合物以及聚合物材料等。

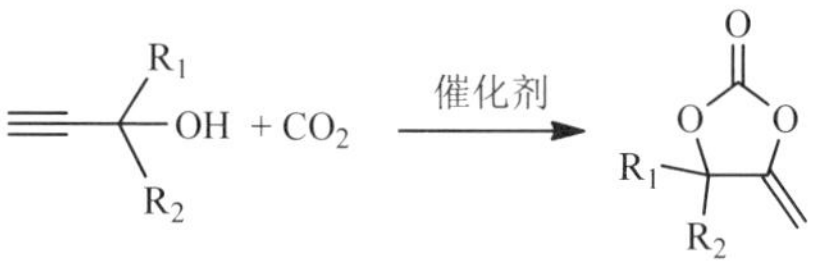

图 4.17 炔丙醇与 CO_2 反应制备 α-烷叉基碳酸酯

由于 Zn 盐和 Ag 盐能与碳碳三键配位，通过活化碳碳三键诱导炔丙醇中—OH 的活化，因此很多含 Zn 和 Ag 的催化体系能够在温和条件下实现炔丙醇与 CO_2 的反应。例如，ZnI_2/Et_3N 催化体系可以在室温、常压条件下催化该反应的进行。通过 DFT 计算研究机理发现，Zn^{II} 和 Et_3N 的协同作用，以及反应物和产物的溶剂效应，显著降低了反应的能垒。ZnI_2/Et_3N 催化遵循—OH 活化机理，而不是 CO_2 活化机理，主要涉及四个步骤：炔丙醇去质子化、CO_2 的亲电进攻、协同金属化-分子内环化、质子化形成环碳酸酯，其中第三步协同金属化-分子内环化是决速步骤。在催化循环过程中，Zn^{II} 活化羟基，平衡烷基碳酸根阴离子的电荷，并通过与碳碳三键的碳原子键合金属化。Et_3N 在反应过程中既作为配体又是质子转移的桥梁。反应物醇或产物碳酸酯提供的极性溶剂环境不仅稳定了相应的中间体和过渡态，而且有利于离子对 $[HNEt_3]I$ 的解离[42, 43]。Ag_2WO_4 中的银阳离子和钨酸阴离子通过协同作用能够同时活化 CO_2 和炔丙醇的碳碳三键（图 4.18），在三苯基膦配体存在下，反应可以在室温和常压下进行，更重要的是该催化体系还能够催化一锅法由炔醇、CO_2、伯胺或仲胺反应合成各种噁唑烷酮类化合物[44]。

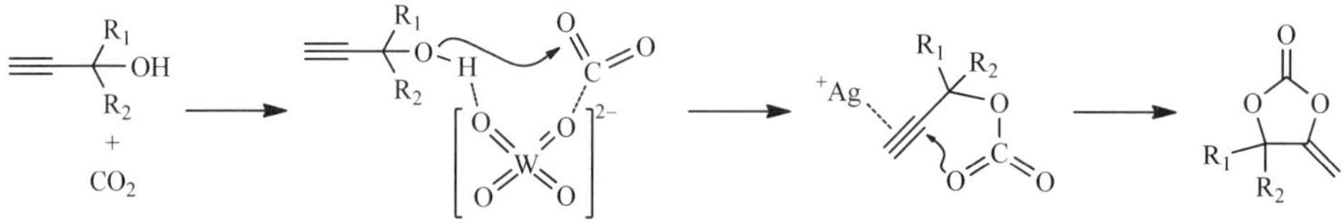

图 4.18 Ag_2WO_4 催化炔醇与 CO_2 反应

氮杂卡宾（NHC）、氮杂环烯烃卡宾（NHO）以及离子液体可以作为非金属催化剂催化炔醇与 CO_2 的反应，根据文献报道，所经历的机理一般为 CO_2 活化机理。NHC 通过与 CO_2 形成 NHC-CO_2 的加合物活化 CO_2，NHC-CO_2 与三键亲核加成生成烷氧基中间体，烷氧基中间体分子内环化生成 α-烷叉基碳酸酯，NHC 两臂的取代基大大影响催化剂的性能，这意味着 NHC-CO_2 加合物的亲核进攻有可能是决速步骤[45]。NHO 同样能够与 CO_2 形成加合物 NHO-CO_2，并且在同样的反应条件下其活性远远高于 NHC-CO_2，NHO 作为催化剂存在两条可能的反应路径。一是 NHO-CO_2 与炔醇的三键发生亲核加成，同时，醇羟基中的氢发生质子转移产生新的两性离子，其氧负离子进攻羰基碳生成产物和 NHO，游离的 NHO 迅速捕获 CO_2 形成化合物 NHO-CO_2 完成催化循环。然而，由于 NHO-CO_2 加合物的不稳定性，有可能 NHO-CO_2 会分解，释放出游离 NHO，因此在反应体系中存在 NHO-CO_2 加合物到游离 NHO 和 CO_2 的动力学平衡，这取决于 CO_2 压力和反应温度。二是炔醇在 NHO 的作用下去质子生成烷氧基负离子，烷氧基负离子作为亲核试剂进攻 CO_2 形成烷基碳酸阴离子，再经分子内亲核取代形成产物。通过同位素标记实验证明反应过程主要为 CO_2 活化机理，NHO 的高活性来源于 NHO-CO_2 的低稳定性[46]。多位点的$[Bu_4P]^+$阳离子基离子液体能够同时吸收活化 CO_2，实现室温常压下无金属催化的炔丙醇和 CO_2 的环化反应，机理研究表明，离子液体的阴离子通过多位点协同活化 CO_2，同时通过诱导效应活化炔丙醇中的三键[47]。

4.1.2.4 邻二醇与 CO_2 反应

金属氧化物催化剂 CeO_2-ZrO_2 能够催化乙二醇或 1, 2-丙二醇与 CO_2 反应制备碳酸丙烯酯和碳酸乙烯酯（图 4.19），然而受热力学限制，在 150℃的平衡转化率只有 2%，及时移除反应过程中的水可以有效提高平衡转化率。采用 CeO_2 作为催化剂，2-氰基吡啶作为脱水剂，CeO_2 不仅催化 CO_2 与二醇的羰基化反应，同时催化 2-氰基吡啶的脱水反应。在最优反应条件下，1, 2-丙二醇与 CO_2 反应得到碳酸丙烯酯的产率大于 99%，催化体系具有很好的底物适应性。更重要的是，该催化剂不仅可以催化 CO_2 与邻二醇反应合成各种五元环状碳酸酯，还可以催化 1, 3-二醇与 CO_2 反应制备通常难以得到的六元环状碳酸酯，各种含单烷基、二烷基和苯基取代基的 1, 3-二醇都可以与 CO_2 反应转化为相应的六元环碳酸酯，产率为 62%～97%[48]。非金属催化剂卡宾在 Cs_2CO_3 和卤代烷烃存在下能够催化二醇与 CO_2 的反应。卡宾通过与 CO_2 形成卡宾-CO_2 加合物活化 CO_2，二醇在 Cs_2CO_3 存在的条件下形成烷氧基负离子，在卡宾-CO_2 加合物进攻 CH_2Br_2 的同时，烷氧基负离子亲核进攻 CO_2 的碳，同时—CH_2Br 作为离去基团离去，二醇中的另一

羟基脱质子形成环状碳酸酯，在整个过程不需要脱水剂，但伴随着 HBr 和甲醛的生成[49]。

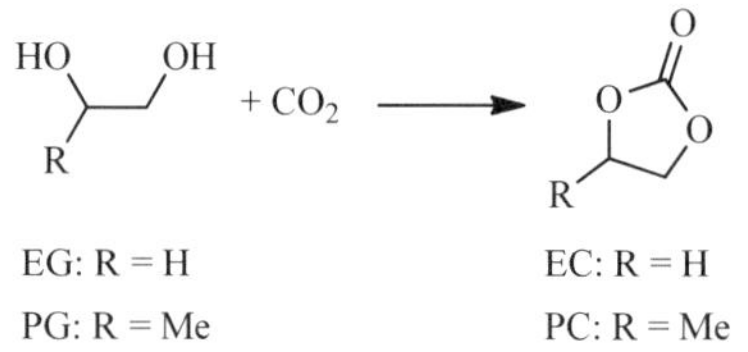

HO OH + CO_2 ⟶

EG: R = H　　EC: R = H

PG: R = Me　　PC: R = Me

图 4.19　乙二醇或 1, 2-丙二醇与 CO_2 反应制备碳酸丙烯酯和碳酸乙烯酯

此外，甘油可以直接与 CO_2 反应制备甘油碳酸酯。甘油碳酸酯是一种新型的可合成多种聚合物的单体，可以作为溶剂、合成材料和表面活性剂等的原料。同样采用 CeO_2 催化剂和 2-氰基吡啶脱水剂，能够将甘油和 CO_2 转化为甘油碳酸酯[50]。

4.1.3　聚碳酸酯

聚碳酸酯在建材行业、医疗器械、航空航天及汽车制造业等领域都有广泛的应用。CO_2 可以与多种化合物发生聚合反应生成聚碳酸酯，如 CO_2 与双酚（烷氧基）钾/二卤代物的缩聚反应、CO_2 与炔烃/二卤代物的缩聚反应、CO_2 和烯类化合物的聚合反应、CO_2 和二炔类化合物的聚合反应、CO_2 与环氧化合物的聚合反应等。最近，也有由 CO_2 与二醇直接共聚得到较低分子量聚合物的报道[51]。在各种合成方法中，由 CO_2 与环氧化合物共聚反应生成 CO_2 基聚碳酸酯，是研究得最广泛、最充分，也是最有工业价值的反应。为了使该反应更加符合绿色化学的原则，人们也在尝试利用来自生物质等可再生资源的环氧化合物为原料合成聚碳酸酯[52]。

CO_2 与环氧化合物共聚反应的理论研究近年来取得了重要进展[53]。目前最有效的催化剂是 Cr(III)、Co(III)和 Al(III)等金属 salen 配合物，这些金属配合物表现出了很高的催化活性，然而在该反应过程中不可避免地生成热力学更稳定的环状碳酸酯，人们通过将亲核试剂引入金属 salen 配合物中，可以大大降低环状碳酸酯的生成。

对于端位环氧化合物与 CO_2 的交替共聚反应，环氧烷烃的开环位置不同，还会导致三种不同的碳酸酯单元连接方式：头-头、头-尾和尾-尾连接，因此，如何实现共聚过程中环氧化合物的区域选择性开环，也是该反应研究的重要内容。基于手性 Co(III) salen 配合物的亲电-亲核双组分催化体系可以催化 CO_2 和环氧丙烷的聚合反应，高选择性得到呈窄分布的光学活性聚碳酸丙烯酯，聚合物中碳酸酯单元高于 99%，得到的聚碳酸酯的头-尾相接单元高于 95%，意味着参与共聚环氧烷烃高区域选择性地在亚甲基碳-氧键断裂开环[54]。利用双酚交联的双核钴配合物能够实现 3, 4-环氧四氢呋喃和 CO_2 的手性选择性共聚，生成的聚碳酸酯的交联度高于 99%，手性选择性接近 99%[55]。此外，该催化剂还可以实现 3, 4-环氧四氢呋喃、环戊烯和 CO_2 的三元共聚，生成全同立构的梯度聚碳酸酯，并展示了独特的晶态梯度特性。CO_2 调控的立构嵌段共聚物包括立体规整度可调的聚酯链段和不规则的 CO_2 基聚碳酸酯链段[56]。由一个大环三（Zn-salen）单元和一个第ⅢB 族金属组成的多金属催化剂能够催化环氧环己烯与 CO_2 的交替共聚反应，其中 $Ce^{III}Zn$ 金属配合物表现出较高的催化活性。在该反应中，采用胺盐作为链转移试剂控制聚合物的分子量，并保持催化活性，在这个催化体系中，能够选择性地分离出各种末端功能化的聚碳酸酯[57]。Co(III)salen 双功能催化剂催化的外消旋-叔丁基-3, 4-环氧丁酸甲酯和 CO_2 的共聚，得到的聚叔丁基-3, 4-二羟基丁酸甲酯碳酸酯交联度高于 99%，头-尾区域选择性接近 100%，玻璃化转变温度为 37℃。该类聚合物可以用于药物的载体[58]。利用 Al(III)氨基三酚盐配合物和双（三苯基膦）氯化铵作为催化剂，由萜烯、柠檬烯和 CO_2 聚合可制备三元共聚碳酸酯。这些共聚物可以通过硫烯链接反应进行修饰并得到交联聚合物，玻璃化转变温度达到 150℃。研究表明，聚合物前驱体中交联官能团的含量会影响三元共聚物的溶解性、硬度和热稳定性等物化性质[59]。采用钴 salen 配合物和[PPN]TFA（图 4.20）二元催化剂合成的氧化还原响应的聚乙烯基环己烯碳酸酯，具有可拆分的双硫键骨架[60]。

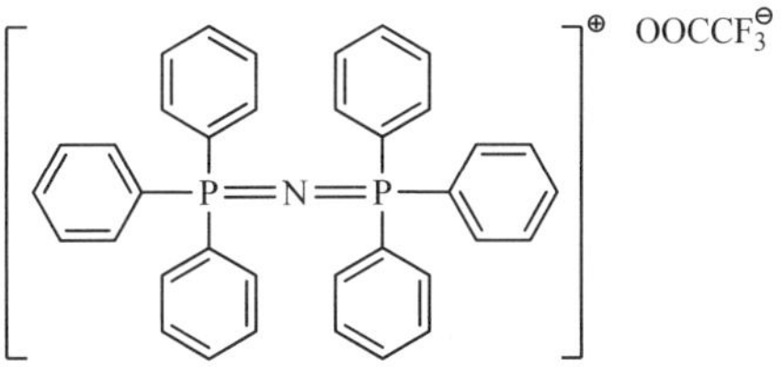

$$\left[Ph_3P{=}N{=}PPh_3 \right]^{\oplus}\ OOCCF_3^{\ominus}$$

图 4.20 [PPN]TFA 的结构

人们还发展了利用天然物质或生物质来源的原料与 CO_2 反应合成共聚物的反应路线。例如，利用 CO_2 和天然糖基二醇合成可降解和生物相容性的脂肪聚碳酸酯[61]。由大豆油皂化环氧化后得到的端位环氧化合物，能够与 CO_2 反应制备生物可降解的聚碳酸酯[62]。锌复合物催化剂能够催化柠檬烯二环氧化合物和 CO_2 的交替共聚，得到的线型无定形聚碳酸酯的玻璃化转变温度高达 135℃。在氢氧化锂或四丁基溴化膦的作用下，该类聚合物可以用硫醇或羧酸分别进行修饰，并且不会破坏主链结构[63]。

聚碳酸酯二元醇是碳酸酯中非常重要的一种类聚合物，是分子内有多个碳酸

酯基且分子两端带有羟基的聚合物，可用来合成新一代聚碳酸酯型聚氨酯。聚氨酯广泛应用于机电、船舶、航空、车辆、土木建筑、轻工及纺织等行业，在聚合物材料工业中占有相当重要的地位。与传统多元醇所合成的聚氨酯材料相比，聚碳酸酯型聚氨酯具有优良的力学性能、耐热性、耐水解性、耐氧化性及耐光性。王献红课题组在 CO_2 环氧化合物调节共聚法制备聚碳酸酯二元醇方面做了大量的工作。研究发现，以便宜的二元酸草酸为引发剂，通过预先生成草酸基寡醚二醇的方法，用二醇作为链转移剂可进行接枝共聚，具有反应时间短、聚合物稳定性高等优点[64]。以 1, 2, 4, 5-苯四甲酸作为链转移剂，以锌钴双金属氰化物（Zn-Co-DMC）作为催化剂，CO_2 与环氧丙烷（PO）进行共聚合，可合成 CO_2 基聚（碳酸酯-醚）四元醇[65]。使用造纸副产物木质素磺酸为催化剂，以水为绿色溶剂，通过木质素衍生产物甲基愈创木酚与甲醛的缩合反应可以制备木质素基双酚，再与来源于甘油的环氧氯丙烷进行缩水甘油醚化制备木质素/甘油基双环氧化合物。该环氧化合物与 CO_2 进行环加成反应制备木质素/甘油基双环碳酸酯，所得双环碳酸酯能够在 DMSO 中与各种二胺进行开环聚合制备木质素基聚氨酯，其中 1, 6-己二胺表现出最佳的聚合反应活性，获得的聚氨酯具有较高的热稳定性，其分子量能达到 46000，玻璃化转变温度为 63℃[66]。

4.2 CO_2 参与构筑 C—C 键合成羧酸类化合物

以 CO_2 为 C_1 合成子构建各种羧酸类化合物及其衍生物是 CO_2 利用和实现碳循环的重要途径[67]。除此之外，有机硼化合物及有机金属化合物也可以与 CO_2 反应制备羧酸类化合物[68]。

4.2.1 碳碳双键和碳碳三键的羧化反应

端基炔可以与 CO_2 反应生成炔酸，这是一个典型的 C—H 键的插入反应，但是由于受热力学限制，需要加入碱拉动平衡，反应完成后经酸中和，得到羧酸，或者在卤代烷烃存在的条件下生成酯。所采用的催化剂是能与炔烃配位的 Ag 盐、Cu 盐等。自从 Inoue 在 1994 年报道了 Cu 或 Ag 的催化体系催化炔烃与 CO_2 的反应以来，人们发展了大量的 Cu 基、Ag 基催化体系，特别是相对比较便宜的 Cu 基催化体系。所经历的反应路径如图 4.21 所示，金属炔是反应的中间体。

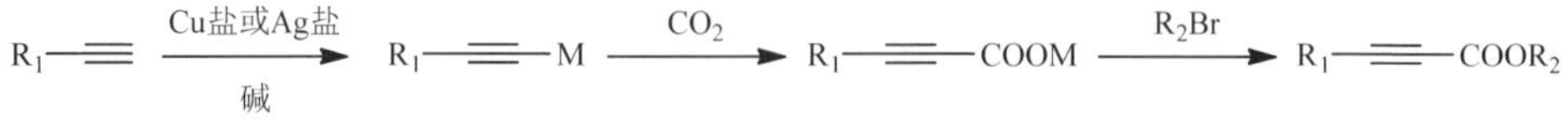

$$R_1—\equiv \xrightarrow[\text{碱}]{\text{Cu盐或Ag盐}} R_1—\equiv—M \xrightarrow{CO_2} R_1—\equiv—COOM \xrightarrow{R_2Br} R_1—\equiv—COOR_2$$

图 4.21 炔烃与 CO_2 生成羧酸类化合物的反应路径

人们前期的工作主要致力于开发高效的 Ag 基或 Cu 基催化体系，多为均相催化体系，然而均相催化体系往往与反应物和产物难分离，因此人们开始发展多相催化体系，包括 CuBr/C 催化体系，Ag@MIL-101 催化体系，*N*-杂化卡宾聚合物负载 Ag 纳米粒子以及 Ag/MgO 等。研究表明，季铵盐与无机碱结合形成的无过渡金属催化体系也可以催化端基炔与 CO_2 生成炔酸[69]。

炔烃除了经过 C—H 键的插入直接制备羧酸外，还可以通过还原羧化反应制备烯酸类化合物。以 Ni 的配合物为催化剂，醇为质子源，芳香炔与 CO_2 反应可以得到烯酸类化合物。还原剂为 Mn 粉，Mn 粉将 Ni(Ⅱ)还原为 Ni^0，通过配位活化三键金属化，并通过与 CO_2 氧化加成得到五元环状中间体Ⅱ和Ⅲ，由于空间位阻的作用醇优先与中间体Ⅱ反应，生成目标产物，表现出非常好的区域选择性（图 4.22）[70]，反应过程中五元环内酯是重要中间体。

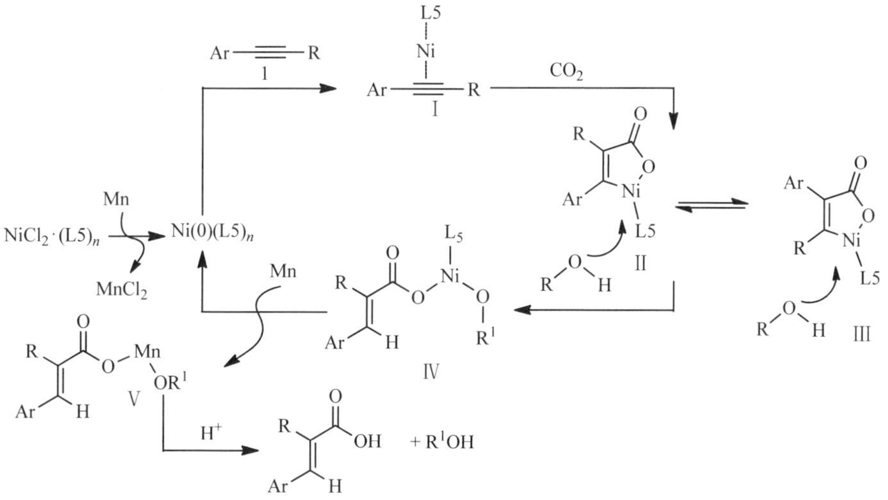

图 4.22　醇为质子源时芳香炔与 CO_2 制备烯酸类化合物的反应机理

烯烃和炔与 CO_2 反应所经历的反应路径不同，因此开发合适的催化体系，通过选择不同的反应底物（炔烃或烯烃）能够控制所形成产物的类型。以 Ni 的配合物为催化剂，以廉价的 H_2O 作为氢源，当反应物为端基烯烃时，Ni 基催化剂与 H_2O 形成 Ni-H 物种，与烯烃加成反应金属化形成 C—Ni 键，后与 CO_2 发生氧化加成得到反马氏规则的产物直链羧酸。当反应物为端基炔时，反应通过中间体五元环状化合物，经水合得到马氏选择性的支链羧酸（图 4.23）。这种区域选择性并不局限于末端炔烃或 α 端烯烃，对内炔烃和内烯烃同样适用，当采用 1-辛烯、2-辛烯、3-辛烯的混合物为反应物时，产物只有 1-壬酸，并且该催化体系能够催化乙烯与 CO_2、水反应制备丙酸[71]。

通过 CO_2 参与的烯烃不对称还原羟甲基化反应，可以高对映选择性地合成一系列具有光学活性的高苄醇/烯丙醇化合物。可能的催化循环为：硅烷还原铜盐生成氢化铜物种，烯烃高对映选择性地插入氢化铜物种形成手性苄基铜物种，该中间体被 CO_2 捕获生成羧酸，进一步还原以及氟化铵水解得到最终的目标产物[72]。

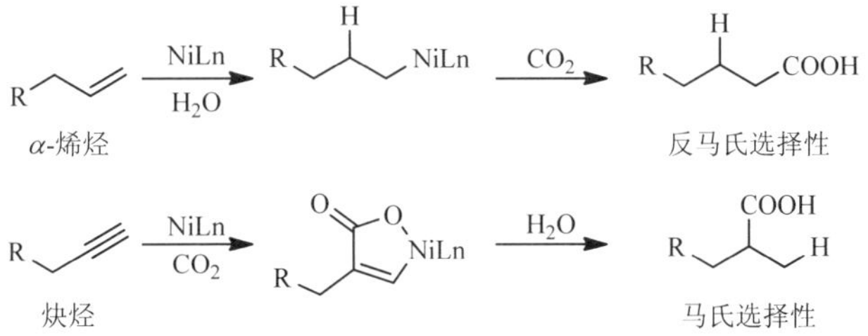

图 4.23 炔烃和烯烃的不同反应路径

sp^2 杂化的 C—H 键也可以经 CO_2 插入生成相应的羧酸类化合物。在工业上，丙烯酸钠是一种用于合成聚丙烯酸钠的单体，聚丙烯酸钠是一种用途广泛的聚合物。以 CO_2 和乙烯为原料直接合成丙烯酸酯，是原子经济性为 100%的反应路线，但这一反应极具挑战性。2012 年，人们实现了镍催化 CO_2 和乙烯合成丙烯酸钠，然而转换数（TON）值仅为 10。在反应过程中，催化剂 Ni 与 CO_2、烯烃形成的五元环是重要的中间体，其很难经历 β 烯烃消除生成产物，这是限制反应进行的主要因素[73]。经过不断的优化，在酰胺类溶剂中，采用 Pd 基催化剂，TON 值可以达到 500 以上[74]。

4.2.2 卤代烃与 CO_2 的羧化反应

卤代烃与 CO_2 反应可以制备羧酸类化合物。早在 20 世纪 90 年代就已经有电催化芳烃与 CO_2 反应制备羧酸类化合物的报道[75, 76]。均相 Pd 催化剂也可以热催化溴代芳烃与 CO_2 的羧化反应，含有胺、醚、硫醚、烯烃、酯类等官能团的溴代芳烃都可以转化为相应的羧酸类化合物，甚至对杂环化合物溴代噻吩也有很高的活性[77]。作者提出了可能的反应机理，首先是 Pd 催化剂催化的芳烃的氧化加成，后经 CO_2 的配位插入得到 CO_2 与 Pd 的三元环配合物，最后在 $ZnEt_2$ 的作用下经还原消除得到产物。在这个过程中还伴随着 β-H 消除导致的副产物苯和还原消除导致的副产物乙苯的生成。由于没有检测到中间体，这个机理仍然需要进一步验证。该催化体系的局限性为所采用的 $ZnEt_2$ 易燃，并且对氯代芳烃惰性。采用温和的还原剂 Mn 粉，以 Ni 为催化剂，能够实现氯苯和乙烯基氯化物的羧化反应[78]。在反应过程中，Ni(Ⅰ)参与了催化循环，后经 CO_2 插入芳基金属键，经 Mn 的还原消除得到最终产物。以 Zn 粉为还原剂，同样以 Ni 为催化剂，能够实现苄基卤化

物与 CO_2 的直接羧化生成苯乙酸类化合物的反应[79]。反应物为对溴代芳烃时，所需要的添加剂为四丁基碘化铵，反应物为对氯代芳烃时，所需要的添加剂为 $MgCl_2$，但是添加剂的作用仍然有待进一步研究。

未活化的烷基卤代烃参与的还原羧化反应一直是一个挑战性难题。Ni 基催化剂前驱体与含不同取代基的 1, 10-菲咯啉配体组成的催化体系，当配体中的取代基不同时，能够实现不同的卤代烃与 CO_2 的反应（图 4.24）。在还原剂 Mn 粉存在下，氯化镍(Ⅱ)乙二醇二甲基醚络合物（$NiCl_2$·glyme）与配体 L_1 能够催化非活化溴代正构烷烃与 CO_2 的羧化反应[80]。相比 C sp^3—Br 键，C sp^3—Cl 键断裂的能垒更高，而且容易发生 β 断裂消除和双分子聚合反应，通过在体系中加入四丁基溴化铵（TBAB），并将反应温度升高到 60℃，$NiCl_2$·glyme 与配体 L_2 组成的催化体系可以催化烷基氯化物与 CO_2 的偶联反应，高效地得到烷基羧酸化合物，反应适用于一级、二级和三级氯化物[81]。以一级或二级卤代炔烃为原料，溴化镍(Ⅱ)二乙二醇二甲基醚络合物（$NiBr_2$·diglyme）与配体 L_3 组成的催化体系实现了 CO_2 还原环化/羧化反应[82]。

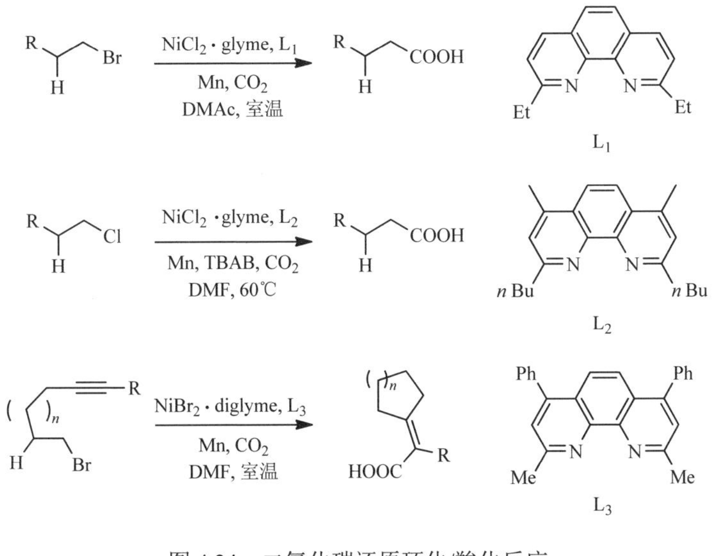

图 4.24 二氧化碳还原环化/羧化反应

研究发现，未功能化的脂肪族烃类化合物，经溴代后，在催化剂（NiI_2 为前驱体与 1, 10-菲咯啉配体组成的催化体系）的作用下，活性位沿着烃的碳链迁移，能够实现远端 C—H 键的羧化反应，具有优异的区域和立体选择性。更重要的是，当有两个不同的远端活性位时，可以通过反应温度对选择性进行调节[83]。这使得在有更活泼位点存在的情况下将不太活泼的位点进行功能化成为可能。该反应可以利用来自石油加工中产生的大宗原料作为反应底物，如烷烃和未精炼的烯烃（图 4.25）。

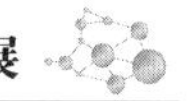

图 4.25　未功能化的脂肪族位点远端羧化反应

4.2.3　醚与 CO_2 的羧化反应

以醚类化合物、CO_2 和 H_2 为原料，通过构建 IrI_4/LiI 高效催化体系成功制备了长链羧酸。在 170℃条件下，在乙酸溶剂中该反应可高效进行，各种醚均可转化为对应的高级羧酸。机理研究表明，底物醚首先在催化剂作用下转化为烯烃，烯烃进一步转化为烷基碘化物；该类碘化物再与经逆水煤气反应原位生成的 CO 反应，生成高级羧酸（图 4.26）。这种催化体系为 CO_2 转化和高级羧酸的合成提供了一个新策略[84]。

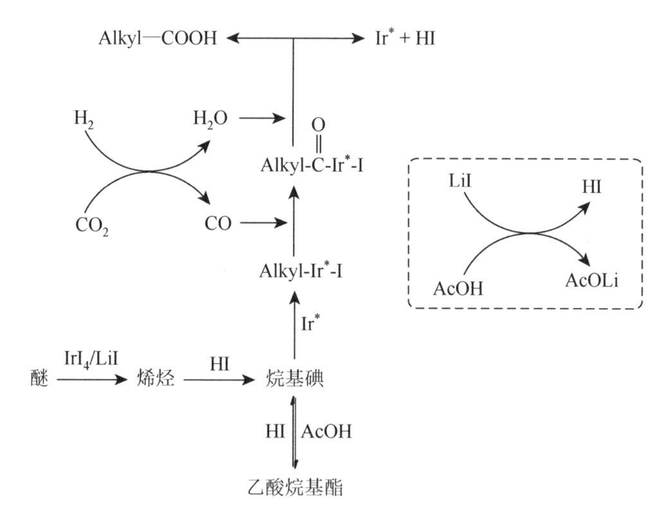

图 4.26　醚与 CO_2、H_2 合成长链羧酸的反应和机理

4.2.4　醇与 CO_2 的羧化反应

乙酸是一种重要的大宗化学品，可以用于生产乙酸乙烯、乙酐、醋酸纤维、

乙酸酯和金属乙酸盐等，也用作农药、医药和染料等工业溶剂和原料，在许多行业都有广泛用途。目前制备乙酸的方法主要是甲醇羰基化法，所用的羰基源为CO，但CO是有毒气体，因此用CO_2代替CO引起了人们广泛的兴趣。甲烷与CO_2碳重整可以生成乙酸，但由于sp^3杂化的C—H键与CO_2都比较惰性，因此反应温度一般都比较高，并且乙酸的产率比较低。CH_3I可以作为起始原料与CO_2和H_2反应制备乙酸，但是乙酸的产率较低，并伴随CO、CH_4等副产物生成，更重要的是CH_3I毒性较大并且价格昂贵。在LiI的存在下，以CO_2、甲醇、H_2为原料和咪唑（imidazole）为配体，在1, 3-二甲基-2-咪唑啉酮（DMI）溶剂中，通过CH_3I中间体制备乙酸，乙酸的产率可以达到77%。机理研究发现，乙酸的生成并不经过CO路径，而是通过CO_2直接插入进行的反应（图4.27）[85]。

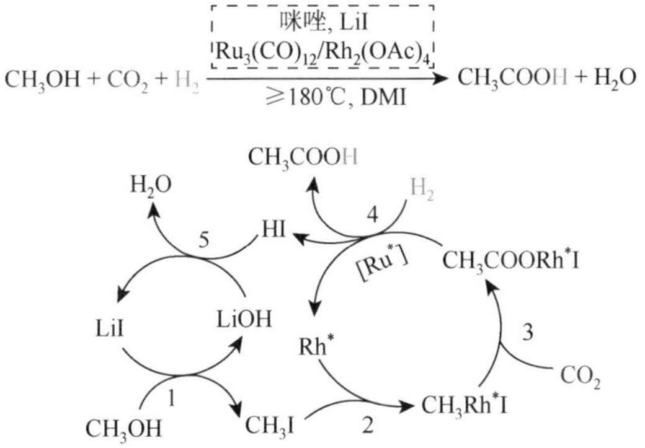
咪唑, LiI
Ru3(CO)12/Rh2(OAc)4
CH3OH + CO2 + H2
≥180℃, DMI
CH3COOH + H2O
CH3COOH
H2O
H2
4
5
HI
[Ru*]
CH3COORh*I
LiI
LiOH
Rh*
3
CO2
1
CH3OH
CH3I
2
CH3Rh*I

图 4.27　甲醇与CO_2、H_2制备乙酸的反应和机理

通过配体调控，Ni基催化剂可以催化2-辛烯醇与CO_2选择性羧化反应，当配体为三齿含氮配体L_1时，产物主要为支链羧酸，当配体为两齿配体L_2时，产物主要为直链羧酸（图4.28）[86]。

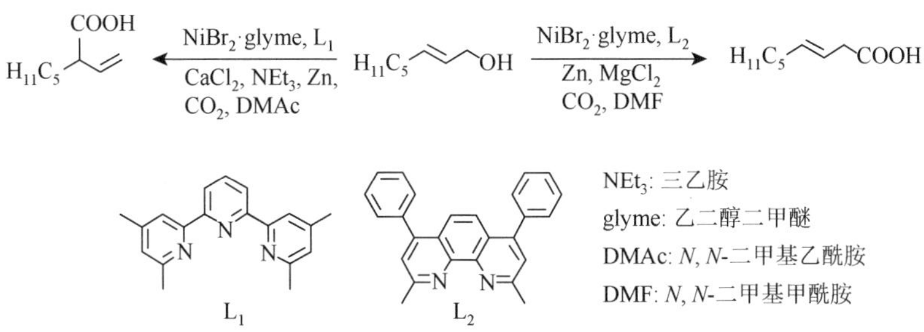
COOH
H11C5
NiBr2·glyme, L1
CaCl2, NEt3, Zn,
CO2, DMAc
H11C5
OH
NiBr2·glyme, L2
Zn, MgCl2
CO2, DMF
H11C5
COOH
N
N
N
L1
N
N
L2
NEt3: 三乙胺
glyme: 乙二醇二甲醚
DMAc: N, N-二甲基乙酰胺
DMF: N, N-二甲基甲酰胺

图 4.28　配体调控的烯丙醇与CO_2的选择性催化羧化

在Ni基催化剂作用下，烯丙醇经烯丙基Ni中间体，与CO_2还原羧化合成高

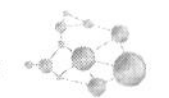

E/*Z* 立体选择性的线型 *β*-不饱和羧酸。该反应还可以通过炔丙醇加氢生成烯丙醇，经烯丙醇中间体与 CO_2 反应得到羧酸类化合物[87]。

4.3 CO_2 参与构筑 C—N 键合成含氮化合物

事实上，CO_2 与含氮化合物的反应和 CO_2 与含氧化合物的反应具有许多相似之处。例如，CO_2 与氮杂环丙烷反应制备噁唑啉酮的反应类似于 CO_2 与环氧丙烷制备环状碳酸酯的反应；CO_2 与邻氨基醇的反应类似于 CO_2 与邻二醇的反应；CO_2 与炔胺的反应类似于 CO_2 与炔醇的反应；CO_2 直接与胺反应生成脲类似于 CO_2 与醇反应生成链状碳酸酯。除此之外，CO_2、胺与醇反应还可以制备氨基甲酸酯，胺、CO_2 与炔反应可以生成氨基甲酸烯酯，胺与 CO_2 经脱水反应可以得到异氰酸酯，由 CO_2 和环氧化合物生成的环状碳酸酯进一步与胺反应可以制备聚氨酯。

4.3.1 CO_2 与胺反应制备脲

CO_2 与胺直接反应可以生成脲，反应过程中会生成水，为热力学受限的反应，所报道的催化体系包括 1, 8-二氮杂双环[5.4.0]十一碳-7-烯（DBU）、CsOH、Cs_2CO_3、离子液体等。研究发现，在无催化剂催化下，胺就可以与 CO_2 反应生成相应的脲（图 4.29），虽然反应条件相对苛刻，目标产物的产率相对较低，但是反应过程更加绿色，所得产品的纯度更高。在无催化剂体系中，胺与 CO_2 首先生成烷基氨基甲酸胺盐，盐作为中间体经历分子内脱水形成最终产物[88]。

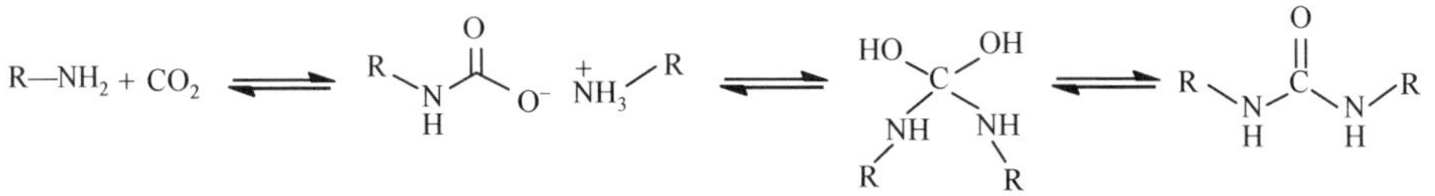

$$R{-}NH_2 + CO_2 \rightleftharpoons RNHCOO^-\ {}^+NH_3R \rightleftharpoons (HO)_2C(NHR)_2 \rightleftharpoons RNHC(=O)NHR$$

图 4.29 胺与 CO_2 合成脲的反应路径

同样在无催化剂存在下，溶剂 2-吡咯烷酮能够促进二胺类化合物与 CO_2 的反应（图 4.30）。在 2-吡咯烷酮中，乙二胺与 CO_2 生成 2-咪唑烷酮的产率可以达到 83%，而在 *N*-甲基-2-吡咯烷酮中，产率仅为 21.1%。同样，在无催化剂条件下，在 2-吡咯烷酮中，1, 2-丙二胺与 CO_2 生成甲基咪唑啉-2-酮的产率可以达到 93.3%，而在 *N*-甲基-2-吡咯烷酮中仅为 33.5%。溶剂与反应中间体形成的多种类型的氢键是促进反应进行的关键[89]。

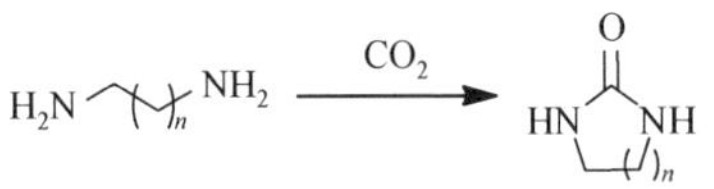

图 4.30 二胺与 CO_2 反应制备环脲

通过 *N*-三甲基硅基胺与 CO_2 反应制备脲的路线，可以合成大环脲类化合物（图 4.31）。可能的反应路径为：硅胺和 CO_2 转化为硅氨基甲酸和硅氨基甲酸酯，两者存在热力学平衡，会向热力学更稳定的脲和二硅基醚转化（图 4.32）[90]。

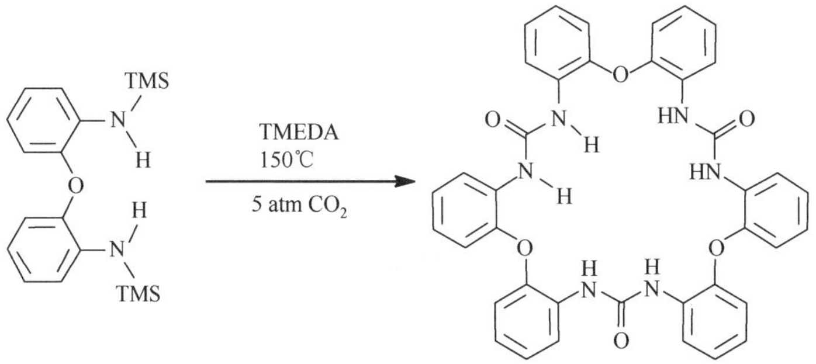

图 4.31 *N*-三甲基硅基胺与 CO_2 反应制备大环脲

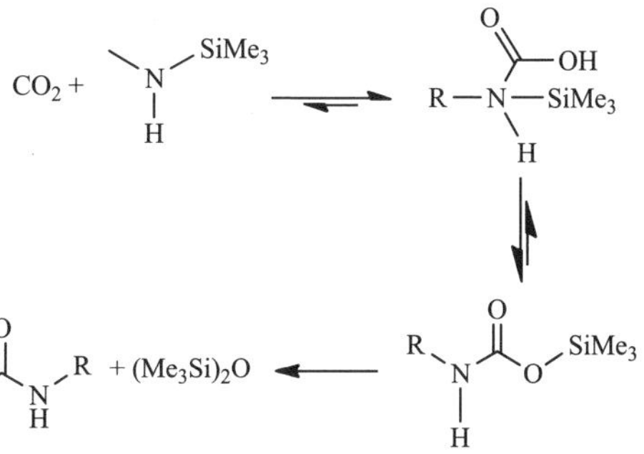

图 4.32 *N*-三甲基硅基胺与 CO_2 反应制备脲的反应路径

4.3.2 喹唑啉酮类化合物的合成

喹唑啉-(1*H*, 3*H*)-2, 4-二酮类化合物具有很高的药物活性和生物活性，是合成很多抗肿瘤、抗高血压药物的中间体，能够通过 CO_2 与邻氨基苯甲腈反应制备。这是一条原子经济性为100%的反应路线，所采用的催化剂包括有机碱、无机碱、金属氧化物等。具有脒类结构的有机碱，如 DBU 和 1, 5-二氮杂双环[4.3.0]壬-5-烯（DBN）能够在室温常压条件下催化反应的进行，但是反应过程需要大量的有机碱，并且需要有机溶剂 DMF。高温可以大大降低有机碱的用量，在超临界 CO_2 中，反应温度为 120℃，10 mol%（摩尔分数，后同）DBU 就能催化喹唑啉-(1*H*, 3*H*)-2, 4-二酮的生成，并且反应速率很快。反应中，由于 DBU 的碱性比邻氨基苯腈的氨基的碱性强，DBU 能够夺取氨基上的氢，使其进攻 CO_2 生成氨基碳酸盐，后经分子内亲核进攻环化、异构化得到产物（图 4.33）[91]。

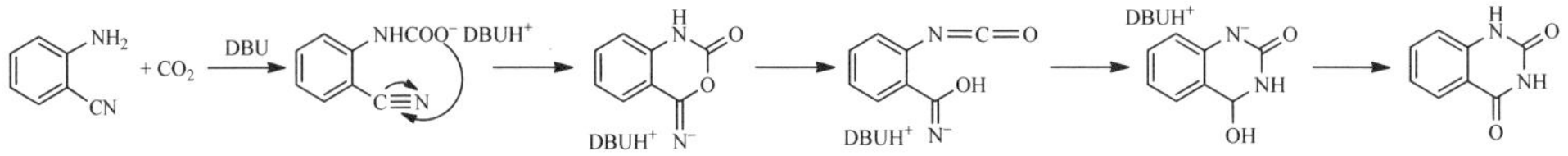

NH_2 CN + CO_2 DBU NHCOO⁻ DBUH⁺ C≡N → H N O O DBUH⁺ N⁻ → N=C=O OH DBUH⁺ N⁻ → DBUH⁺ N⁻ O NH OH → H N O NH O

图 4.33 DBU 催化喹唑啉-(1*H*, 3*H*)-2, 4-二酮的生成

DBU 与三氟乙醇反应能够得到质子型离子液体[$HDBU^+$][TFE^-]。该离子液体能够在常温常压条件下有效催化邻氨基苯腈及其衍生物与 CO_2 的反应，并且具有很好的底物适应性。[$HDBU^+$][TFE^-]中的阴阳离子都能够与邻氨基苯腈的氨基形成氢键从而活化氨基，阴离子活化 CO_2 形成碳酸中间体 B，被活化的氨基进攻被活化的 CO_2 得到中间体 C，后经分子内环化和重排得到产物（图 4.34）[92]。

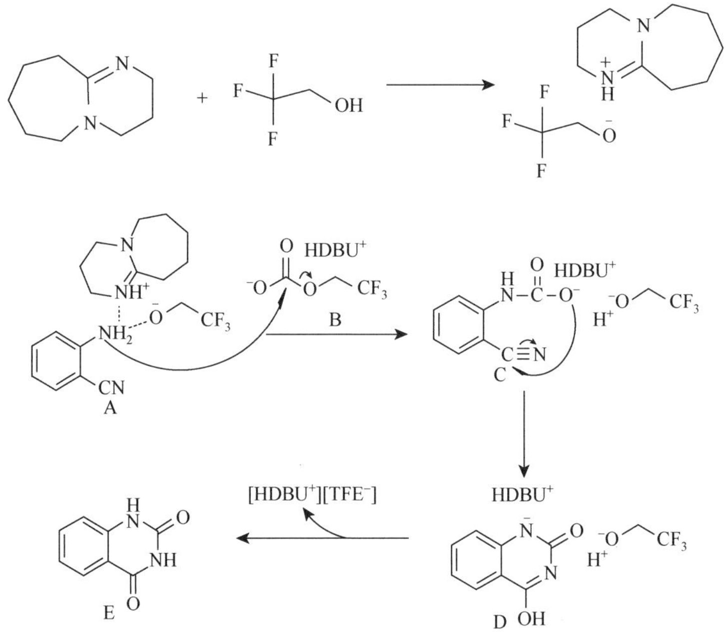

N N + F F F OH → N $\overset{+}{N}$ H F F F O^-

N NH^+ NH_2 O^- CF_3 CN A; O HDBU⁺ ^-O O CF_3; B; H N-C-O⁻ O HDBU⁺ C≡N C; H⁺ ^-O CF_3

HDBU⁺ N⁻ O N D OH; H⁺ ^-O CF_3; [$HDBU^+$][TFE^-]; H N O NH O E

图 4.34 [$HDBU^+$][TFE^-]催化邻氨基苯腈与 CO_2 反应的可能机理

最绿色的反应过程是无催化剂条件下和在绿色溶剂中的反应。研究表明，H_2O 既可作为溶剂又可作为催化剂催化该类反应的进行。H_2O 与 CO_2 在高温高压下原位生成 H_2CO_3，CO_2 通过 H_2CO_3 与 2-氨基苯甲腈反应生成产物。CO_2 和 H_2O 反应生成的 H_2CO_3 是在没有催化剂的情况下在水中顺利进行反应的关键，主要原因有两个：首先，H_2CO_3 比 CO_2 本身更容易与 2-氨基苯甲腈反应；其次，H_2CO_3 能通过其羰基 O 原子和其中的一个羟基 O 原子协同作用促进反应[93]。

4.3.3 噁唑啉酮类化合物的合成

CO_2与炔丙胺反应能够合成噁唑啉酮类化合物。由$CoBr_2$和1, 5, 7-三氮杂双环[4.4.0]癸-5-烯（TBD）组成的钴-双环胍催化体系，能够高效催化炔丙胺与CO_2反应制备2-噁唑啉酮。TBD作为碱能够夺取炔丙胺中氨基上的氢，并作为亲核试剂进攻CO_2，形成氨基甲酸酯阴离子，并通过与$CoBr_2$、配体以及三键配位，形成$CoBr_2$(TBD)配合物。这种体积较大的配合物可以增强原位形成的氨基甲酸酯中间体的O的亲核性，进而促进随后的分子内环化生成2-噁唑啉酮[94]。

质子型离子液体[DBUH][MIm]作为非金属催化剂，能够在常压条件下催化CO_2与炔丙胺高效合成2-噁唑烷酮（图4.35）。研究发现，离子液体的阴离子与炔丙胺中氨基的氢相互作用，促进CO_2的亲电进攻过程，阳离子提供氢促进分子内环化过程，阴阳离子协同作用促进反应的进行[95]。

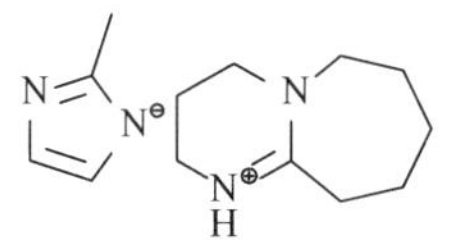

图4.35 [DBUH][MIm]质子型离子液体

4.3.4 甲酰胺类化合物的合成

CO_2可以作为甲酰化试剂与胺类化合物反应制备甲酰胺类化合物，所采用的还原剂主要为苯硅烷和H_2（图4.36），所采用的催化剂包括金属配合物催化剂、多相负载型纳米金属催化剂和非金属催化剂。

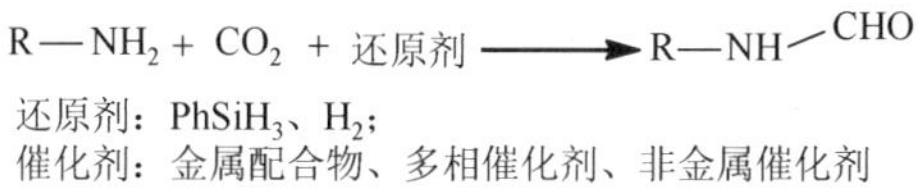

$$R—NH_2 + CO_2 + \text{还原剂} \longrightarrow R—NH—CHO$$

还原剂：$PhSiH_3$、H_2；
催化剂：金属配合物、多相催化剂、非金属催化剂

图4.36 CO_2作为甲酰化试剂与胺类化合物制备甲酰胺类化合物

由于苯硅烷的还原能力更强，所以以苯硅烷为还原剂的甲酰化反应条件更温和，甚至在室温常压下就可以进行，并且底物的普适性更好，大部分烷基胺和芳香胺都可以发生反应。近年来，针对该催化反应，人们也发展了大量的非金属催化体系，包括离子液体、生物质基有机分子、苯硼酸等。例如，离子液体[BMIm]Cl能够在室温下催化胺类化合物的*N*-甲酰化反应，并且催化体系具有非常广的底物适应性，离子液体还可以重复使用。首先，苯硅烷的Si—H键被离子液体活化，从而使CO_2的插入更容易，形成关键中间体（A），同时，胺中的N—H键通过与[BMIm]Cl形成氢键而减弱，胺中的N原子亲核进攻中间体（A）的碳原子形成（B），从而产生甲酰胺产物（C）和硅烷醇（图4.37）[96, 97]。该离子液体还能够催化CO_2、伯胺和醛还原偶联制备不对称*N*, *N*-二取代甲酰胺（图4.38）[98]。采用甜菜碱作为

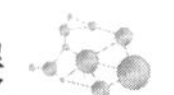

催化剂，可以通过调节反应条件，如反应原料比例、反应温度等实现 CO_2 的逐级还原，并与胺类化合物反应生成相应的甲酰胺、缩醛胺和甲基胺[99, 100]。

O=C=O
Ph—Si—H
[BMIm]Cl
Ph—Si—O
(A)
R_1R_2NH
[BMIm]Cl
PhSi—O
[BMIm]$^+$Cl$^-$--- H
(B)
PhH$_2$SiOH
(C)

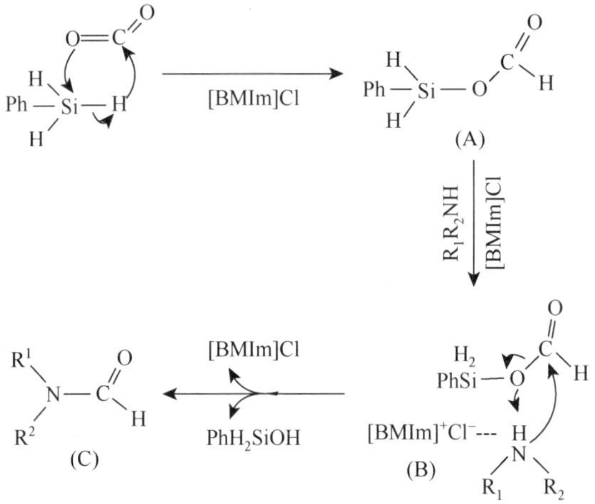

图 4.37 离子液体催化的 *N*-甲酰化反应

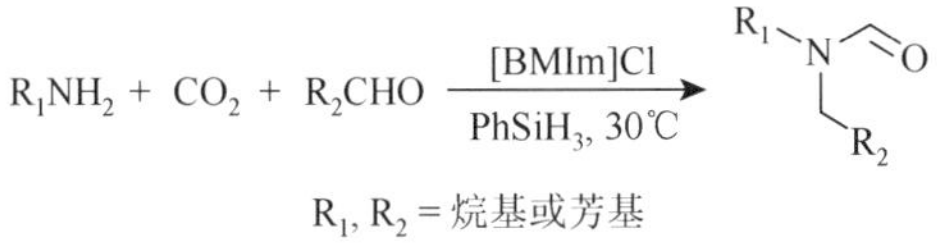

R_1NH_2 + CO_2 + R_2CHO
[BMIm]Cl
PhSiH$_3$, 30℃
R_1, R_2 = 烷基或芳基

图 4.38 苯硅烷为还原剂时 CO_2、伯胺和醛制备不对称 *N*, *N*-二取代甲酰胺

由胺、CO_2 和 H_2 制备甲酰胺类化合物，副产物只有水，是一条绿色合成路径，但 H_2 的活性相比苯硅烷要低，所以以 H_2 为还原剂的氢甲酰化反应条件相对比较苛刻，并且大部分都是在金属催化下进行。有很多催化剂虽然对烷基胺有很高的催化活性，但是对芳香胺的活性相对较低，甚至没有活性。针对这一反应路线，人们发展了 Pd 基、Ir 基、Pt 基、Ru 基金属配合物催化体系。研究发现，Ru 基 Pincer 型配合物催化剂能够高效催化不同胺类化合物与 CO_2 和 H_2 生成甲酰胺的反应，达到了很高的反应活性（单次反应的 TON 值接近 1940000）和选择性，尤其是对二甲胺、CO_2、H_2 制备 DMF 表现出非常高的催化活性，催化剂可以回收利用，重复利用 12 次后催化剂活性没有明显降低[101]。

为了降低催化剂的成本，人们还发展了 Co 基、Fe 基非贵金属催化体系，但反应活性明显低于贵金属催化剂，非贵金属催化体系已用于催化二甲胺、CO_2 与 H_2 制备 DMF[102]。

非均相纳米催化剂由于容易回收利用，在 *N*-甲酰化反应中也得到了广泛研究。例如，Pd/Al_2O_3 催化剂能够催化芳香和脂肪仲胺的 *N*-甲酰化反应，但对伯胺和苯胺及其衍生物的活性较低[103]。将 Pd 纳米颗粒负载在羟基功能化的多孔

碳材料上制备得到 Pd/C 催化剂，用来催化 *N*-甲酰化反应，在碳材料结构保持的前提下，羟基的密度越大活性越高，这可能是碳材料亲水性增加使得 Pd 位点附近对 CO_2 和胺的吸附能力增加[104]。非贵金属 Cu/ZnO 催化剂能够催化 DMF 的合成。在反应中，Cu 可以活化氢，在 Cu 表面氢与 CO_2 形成甲酸物种。甲酸物种通过两种可能的途径转化为 DMF。第一种，Cu 上的一些甲酸物种被直接加氢生成甲酸，与二甲胺反应生成二甲胺甲酸酯，在反应条件下脱水生成 DMF；第二种，一些在 Cu 上形成的甲酸物种迁移到 ZnO 表面，一些活化的氢从 Cu 表面转移到 ZnO 上。将 ZnO 上的甲酸物种氢化得到甲酸，然后与二甲胺结合形成二甲胺甲酸酯，二甲胺甲酸酯经脱水形成 DMF。甲酸物种和活化氢从 Cu 转移到 ZnO 使得 Cu 表面能够提供更多的活性中心，这种协同效应使 Cu/ZnO 活性更高[105]。

由于 CO_2 作为甲酰化试剂的反应是在还原条件下进行的，因此要合成不饱和的甲酰胺涉及选择性控制问题。以苯硅烷为还原剂，铑基双（TzNHC）配合物（Tz = 1, 2, 3-三唑-5-亚乙基）能够催化不饱和胺的选择性甲酰化反应，羰基、碳碳双键、碳碳三键及酯基等都可以保留[106]。$Cu(OAc)_2$/4-二甲基氨基吡啶（DMAP）催化体系能够实现以 H_2 作为还原剂的不饱和胺的选择性甲酰化反应，产物中羰基、碳碳双键、碳氧双键及酯基都能很好地保留[107]。

4.3.5　氨基酸酯类化合物的合成

CO_2、胺和 *N*-甲苯磺酰腙三组分偶联能够制备氨基酸酯（图 4.39）。该反应经过碳正离子中间体，并具有非常广的底物普适性。链状胺、环状胺、链状 *N*-甲苯磺酰腙、芳香族 *N*-甲苯磺酰腙都能够反应生成相应的氨基酸酯[108]。

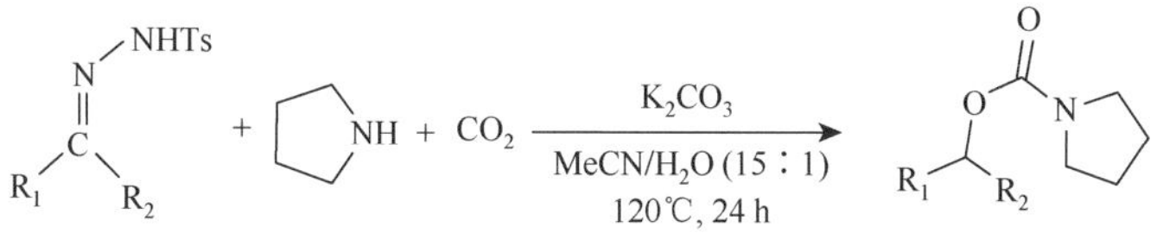

图 4.39　CO_2、环胺和 *N*-甲苯磺酰腙三组分偶联制备氨基酸酯

氨基醇与 CO_2 反应可以制备相应的环状氨基羧酸酯类化合物，包括五元环状氨基羧酸酯和六元环状氨基羧酸酯（图 4.40）。该反应也是一个热力学受限的反应，需要移除反应过程中生成的水促进反应的进行。非均相 CeO_2 催化剂对 CO_2 和氨基醇反应合成噁唑烷酮具有很高的选择性，并且具有良好的底物普适性[109]。一般来说，五元环脲的合成比六元环脲更难，CeO_2 作为催化剂还能够催化 CO_2 和二胺制备环脲，包括五元环脲和六元环脲[110]。

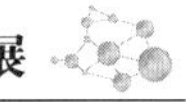

图 4.40 氨基醇与 CO_2 反应制备环状氨基羧酸酯

4.4 CO_2 作为甲基源

CO_2 作为甲基化试剂形成新的 C—N 键和新的 C—C 键可以制备许多化合物[111]。

4.4.1 *N*-甲基化反应

1988 年，Schreiner 等报道了以 CO_2 作为甲基源的 *N*-甲基化反应，用于制备 DMF[112, 113]，然而直到 2013 年才引起人们的广泛关注。

1）有机还原剂

使用硅烷或硼烷作为还原剂，利用 CO_2 作为甲基源的 *N*-甲基化反应，可在常压以及相对较低的反应温度下进行。目前所报道的催化体系包括非金属催化体系（图 4.41）、金属催化体系（图 4.42）。

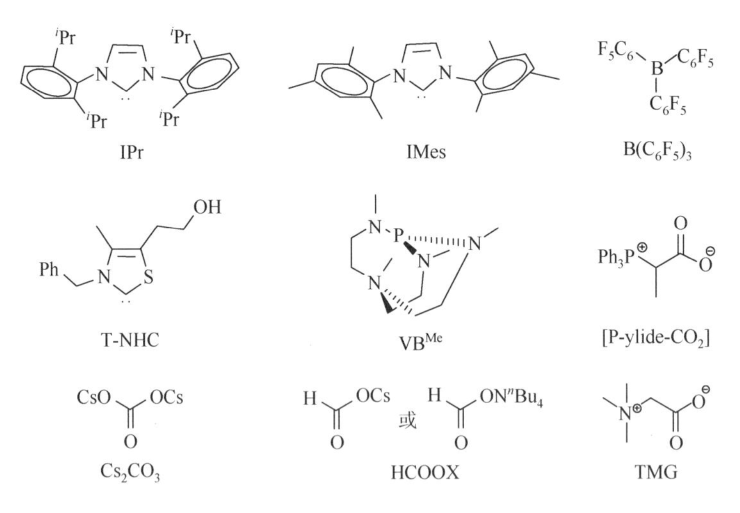

图 4.41 有机还原剂的 *N*-甲基化反应的典型非金属催化剂

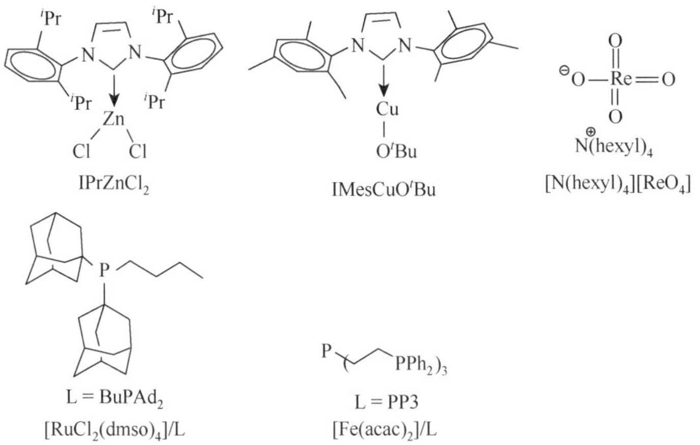

图 4.42 有机还原剂的 *N*-甲基化反应的典型金属催化剂

2）以氢气为还原剂

对于以 CO_2 作为甲基源，以 H_2 作为还原剂的 *N*-甲基化反应，使用的典型催化剂是以 Triphos 为配体的 Ru 基催化剂。采用不同的 Ru 的前驱体，以 Triphos 为配体能够实现芳香族胺类化合物、脂肪胺、芳胺和仲芳胺以及亚胺的甲基化反应。Ru-Triphos 催化体系甚至能够催化喹啉类化合物还原制备相应的 *N*-甲基-1, 2, 3, 4-四氢喹啉化合物，产率高达 99%[114]。Ru-Triphos 体系还能够催化氨气或氯化铵的 *N*-甲基化反应制备三甲胺。当采用氨气作为胺源时，需要酸作为助催化剂；当采用氯化铵作为胺源时，不需要酸作为助催化剂[115]。Cu 基、Pt 基、Pd 基和 Au 基等多相催化体系，由于合成简单以及容易与催化剂产物分离等优点，引起了人们的广泛关注。Cu/TiO_2 作为非贵金属催化剂能够催化甲基苯胺与 CO_2 和 H_2 的 *N*-甲基化反应，在最佳反应条件下，可以得到 82%的转化率和 96%的目标产物的选择性。机理研究发现，CO_2 与 H_2 反应生成 CHO^*物种，CHO^*与甲基苯胺反应生成中间产物 *N*-甲酰基甲基苯胺，最后 *N*-甲酰基甲基苯胺加氢生成目标产物 *N*, *N*-二甲基苯胺。催化剂失活后可以通过在空气中 450℃下煅烧，然后在氢气中 250℃下还原的简单热处理进行再生[116]。$CuAlO_x$ 能够在较低反应温度下催化胺的 *N*-甲基化反应，并且具有很好的底物普适性。反应经历了先生成甲酰胺后还原为甲基，以及先生成脲后还原的路径[117]。

4.4.2 *O*-甲基化反应

CO_2 与 H_2 以及醇反应可以生成亚甲基醚类化合物（图 4.43）。亚甲基醚是一种重要的燃料添加剂。以[Ru(Triphos)(tmm)]为催化剂，$Al(OTf)_3$ 为共催化剂，能够实现 CO_2/H_2 作为—CH_2—构筑单元合成二甲氧基甲烷（OME_1）[118]。由于该反应路线涉及加氢和酯化过程，因此加氢催化剂和 L 酸催化剂的协同作用是实现这一过程的关键。以非贵金属 $Co(BF_4)_2·6H_2O$ 作为前驱体，以 Triphos 为配体，同样可以实现 CO_2 与 H_2 以及醇反应制备亚甲基醚，并且发现所采用的配体对催化效率影响很大，所采用的配体如图 4.44 所示。当配体为 $Triphos^{Tol}$ 时，催化剂的活性与[Ru(Triphos)(tmm)]相当，并且都可以催化甲醇、乙醇、丙醇等各类醇与 CO_2、H_2 的反应[119]。

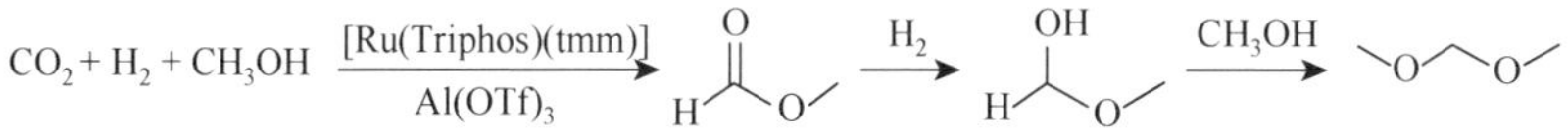

$$CO_2 + H_2 + CH_3OH \xrightarrow[Al(OTf)_3]{[Ru(Triphos)(tmm)]} HCOOCH_3 \xrightarrow{H_2} HCH(OH)OCH_3 \xrightarrow{CH_3OH} CH_3OCH_2OCH_3$$

图 4.43　以 CO_2/H_2 作为—CH_2—构筑单元合成二甲氧基甲烷

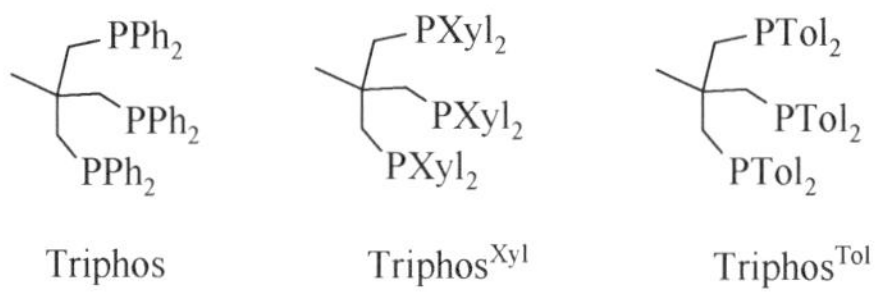

图 4.44　所采用的配体

4.5　CO_2 自身加氢反应

CO_2 催化氢化能生成一系列能源产品，如醇类、醚类、羧酸、烃类等。CO_2 是碳的最高氧化态，也是热力学上的低能态，通过 CO_2 催化加氢获取化学品，实现对碳资源的循环利用，这是固定 CO_2 最有希望的途径之一。随着使用可再生资源（如风能、太阳能等）生产电力技术以及电解水制氢技术逐渐成熟，CO_2 催化氢化反应更加具有吸引力。由于 CO_2 氢化反应研究具有重要的理论价值和应用前景，因而得到广泛关注。最近几十年来，均相催化剂和非均相催化剂催化的 CO_2 氢化反应都取得了长足的进步。受限路易斯酸碱对类催化剂在 CO_2 氢化反应领域也获得了初步的进展。人们对 CO_2 氢化反应机理的认识也在不断深入。到目前为止，CO_2 加氢反应的研究进展主要围绕 C_1 产物的合成方面，尤其是甲酸及其衍生物、甲醇、甲烷、CO 等。

近年来，CO_2 加氢反应制备两个以上碳原子（C_{2+}）的化合物的研究进展缓慢。然而，C_{2+}化合物在很多情况下更为重要，尤其是作为燃料，例如，C_{2+}醇比甲醇更具优势，它储运更加安全且与汽油相溶性好；而液体烃 C_{5+}烃本身就是汽油、柴油、煤油等的主要成分，因此由 CO_2 合成 C_{2+}醇和液体烃等无疑具有重大的意义。但是由 CO_2 和氢气制备 C_{2+}产物涉及 CO_2 的可控加氢和碳碳偶联，目前仍是一个公认的难题。随着由 CO_2 加氢合成 C_1 产物研究的日益完善，人们已开始越来越重视制备 C_{2+}化合物的研究。

4.5.1 CO_2加氢制备C_1产物

CO_2加氢制备C_1产物：CO_2与H_2反应可以生成甲醇、甲酸、甲酸甲酯、甲烷等产物[120]。

1）CO_2加氢制备甲醇

甲醇是重要的化学品和平台分子，由CO_2和氢气合成甲醇具有重要意义。除了由CO_2直接氢化合成甲醇的研究，还有关于CO_2衍生物（有机碳酸酯、氨基甲酸酯、甲酸甲酯、环状碳酸酯等）氢化反应制备甲醇方面的研究。

对于CO_2加氢过程，一方面需要提高CO_2的单程转化率，另一方面需要抑制竞争反应逆水煤气变换导致的副产物CO的生成。很多催化体系需要通过牺牲催化剂活性来提高甲醇的选择性，因此需要发展同时具有高CO_2单程转化率和高甲醇选择性的催化体系。

$$CO_2 + H_2 \longrightarrow CH_3OH + H_2O \quad \Delta_r H^{\ominus}\text{（500K）} = -62\ \text{kJ/mol}$$

$$CO_2 + H_2 \longrightarrow CO + H_2O \quad \Delta_r H^{\ominus}\text{（500K）} = +40\ \text{kJ/mol}$$

目前由CO_2氢化反应合成甲醇的催化剂主要为非均相催化剂。工业上用于CO_2加氢制甲醇的主要催化剂是$Cu/ZnO/Al_2O_3$。对于该催化剂的活性中心仍然存在争议，一种认为可能是在界面上Cu和ZnO存在着紧密的协同作用，ZnO作为结构修饰剂、氢储层或化学键活化的促进剂。另一种可能是通过部分还原ZnO或用金属Zn修饰Cu而形成高活性的ZnCu合金。通过比较ZnCu和ZnO/Cu模型催化剂催化甲醇合成的活性，理论和实验研究的结果均表明，在反应条件下ZnCu经历了表面氧化过程，表面的Zn转化为ZnO，而ZnCu转化为具有相同Zn覆盖率的活化的ZnO/Cu，Cu和ZnO界面的协同作用有利于CO_2加氢经由甲酸中间物种转化为甲醇[121]。将催化体系简化为裸露的Cu(111)和Cu(775)表面催化的CO_2加氢反应，研究催化剂表面的活性物种及中间体，发现CO_2在催化剂表面本身不能转化为其他活性物种，而在催化剂表面共吸附的氢会诱导CO_2解离为CO、表面氧（O^*）和表面羟基（HO^*），这些物种会进一步转化为碳酸（CO_3^*）、碳酸氢（HCO_3^*）和甲酸（$HCOO^*$），在加热过程中CH_2物种增加而甲酸物种的数量逐渐减少，证明甲酸（$HCOO^*$）是反应的中间物种[122]。

通过助剂添加，载体修饰、创造构建合适的界面、提高活性组分的分散度等方式能够调节CO_2在催化剂表面的吸附以及中间体在催化剂表面的稳定性，从而调节催化剂的活性和选择性。研究发现，通过将富电子的量子点CdSe封装到ZnO纳米棒中形成核壳结构，能够显著提高ZnO的电子密度。以ZnO棒/CdSe为载体负载铜，能够高效催化CO_2加氢制备甲醇。在CdSe和ZnO棒之间形成异质结促进了改性ZnO和Cu之间的肖特基-莫特结的电子转移，从而提高了反应的甲醇选

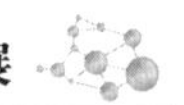

择性[123]。Cu/ZnO 和 Cu/ZrO_2 的界面在催化 CO_2 加氢生成甲醇的过程中起着至关重要的作用，然而在催化过程中，表面结构重组和纳米颗粒的聚集都会降低这些界面的活性，从而降低催化剂的活性和甲醇选择性。将超细 Cu/ZnO 纳米颗粒负载在 MOF 上，获得了 Cu/ZnO_x@MOF 催化剂，该催化材料能够有效抑制 Cu 颗粒的团聚，并且由于 ZnO_x 被约束在 MOF 的腔内，有效抑制了 Cu 颗粒与 ZnO_x 的相分离。Cu/ZnO_x@MOF 催化剂具有很高的活性，CO_2 加氢对甲醇的选择性接近 100%，并且至少能够稳定运行 100 h 以上[124]。利用金属氧化物固溶体 $MZrO_x$（M = Cd，Ga）为催化剂，M 和 Zr 组分表现出较强的协同效应，促进 H_2 异裂，同样有利于活性和甲醇选择性的提高，在 H_2/CO_2 = 3∶1、5 MPa、24000 h^{-1} 的反应条件下，CO_2 单程转化率达到 4.3%～12.4%，同时甲醇选择性达到 80%[125]。Cu/ZrO_2 催化剂催化 CO_2 加氢制备甲醇的中间体为 $HCOO^*$，ZrO_2 和 Cu 的界面是将该中间体转化为甲醇的关键[126]。将还原性载体 CeO_x 负载在 Cu(111)表面产生 Cu 和 CeO_x 的界面，研究发现 Cu/CeO_2 催化甲醇生成的中间体为羧酸盐中间体（$CO_2^{\delta+}$），这不同于传统的 Cu/ZnO 催化剂，由于 $CO_2^{\delta+}$ 中间体在催化过程中的低稳定性，大大加快了合成甲醇的反应速率[127]。In_2O_3/ZrO_2 催化剂表面的氧空位的产生及湮灭是催化循环过程中的关键，通过在气体进料中添加 CO 或使用电子相互作用的 ZrO_2 作为 In_2O_3 的载体都会增加活性空位的数量，从而促进反应的进行，甲醇的选择性可以达到 100%，并且催化剂能够稳定运行 1000 h[128]。

贵金属 Au、Pt、Pd 等也已用于催化 CO_2 加氢制备甲醇。研究表明，Au/TiO_2、Au/CeO_x/TiO_2 催化的 CO_2 加氢制备甲醇反应经历了逆水煤气变换过程，CO_2 经逆水煤气变换得到 CO，CO 通过 HCO、$^*H_2CO$ 和 $^*H_3CO$ 中间体加氢生成甲醇。反应发生在金属-氧化物界面处，在 Au/CeO_x/TiO_2 表面，电子金属-载体相互作用导致在 Au-CeO_x 界面附近金属的电荷重新分布，产生表面极化，从而促进了 CO_2 的吸附和低压下的加氢活性[129]。对 Pd-Cu 双金属合金催化 CO_2 加氢合成甲醇的反应机理的研究发现，双金属合金结构、水对 CO_2 转化及甲醇选择性具有重要影响。阶梯型 PdCu(111)表面具有低配位的 Pd 原子暴露在表面，其对 CO_2 和 H_2 的吸附活化比表面富含 Cu 的平面型 $PdCu_3$(111)合金具有更高的活性，同时对 CO_2 的初始氢化转化也表现出更优异的催化性能。在 PdCu(111)表面甲醇生成的优势反应路径为：$CO_2^* \rightarrow HCOO^* \rightarrow HCOOH^* \rightarrow H_2COOH^* \rightarrow CH_2O^* \rightarrow CH_3O^* \rightarrow CH_3OH^*$。$H_2O$ 对表面化学和基元反应的活化能具有重要影响。在 PdCu(111)合金相的双金属催化剂上，适量 H_2O 的加入使甲醇的选择性显著提高；而在富含 $PdCu_3$(111)合金相的催化剂上，H_2O 的作用不明显[130]。负载在金属有机骨架 MIL-101 上的 Pt 单原子催化剂，在催化 CO_2 加氢生成甲醇的过程中会形成 Pt-OH 活性中间体，该活性中间体中的 H 原子能够作为氢源直接加成到 CO_2 的 C 端形成 $HCOO^*$ 中间体。$HCOO^*$ 中间体不易形成 CO，而易于加氢形成甲醇。与之相比，Pt 颗粒在 CO_2 加氢反应中会形成 Pt-H 活性中间体。该活性中间体中的 H 原子会加成到 CO_2 的 O 端生成 COOH*中间体，而 COOH*中间体易于脱羟基形成 CO。因此，Pt 单原子催化剂在 32 bar（1 bar = 10^5 Pa）和 150℃的条件下有着高达 90.3%的甲醇选择性，远高于相同条件下 Pt 颗粒对甲醇的选择性（13.3%）[131]。

均相催化 CO_2 和氢气反应制备甲醇也取得了重要的进展。反应中同时存在三种均相催化剂[$(PMe_3)_4$Ru(Cl)(OAc)]、[Sc$(OTf)_3$]和[(PNN)Ru(CO)(H)]，CO_2 加氢制备甲醇经历了三步反应，即 CO_2 加氢生成甲酸，甲酸与醇生成甲酯，甲酯再加氢生成甲醇[132]。Ru-Triphos 催化剂催化的 CO_2 加氢制备甲醇的反应，阳离子甲酸配合物[(Triphos)Ru(η^2-O_2CH)(S)]（S = 溶剂）为关键中间体[133]。二甲胺能够辅助钌配合物催化剂催化 CO_2 加氢制备甲醇[134]，该反应中 CO_2 被二甲胺捕获后与氢气反应生成 DMF 中间产物，然后进一步加氢生成甲醇，最终产物是甲醇和 DMF 的混合物。其他胺类化合物同样能够辅助 CO_2 加氢制备甲醇，但胺的种类影响甲醇的产率和选择性[135]。更重要的是，Mn(Ⅰ)-PNP 螯合物催化剂催化的胺辅助的 CO_2 加氢制备甲醇，反应经过了甲酰胺中间体，还原为甲醇后，胺能够循环利用[136]。以 Ru 配合物为催化剂，氨基乙醇辅助的 CO_2 加氢制备甲醇不经过甲酰胺步骤，而是 CO_2 在碳酸铯的作用下被氨基乙醇捕获并生成噁唑烷酮，然后噁唑烷酮直接氢化为甲醇并实现氨基乙醇的再生[137]。在 2-甲基呋喃/水双相体系中，采用胺的水溶液捕集 CO_2 后，在 Ru 的配合物催化剂作用下，捕集 CO_2 的胺溶液经加氢制备甲醇。采用聚胺能够避免挥发性胺在反应过程中的损失，Ru 配合物和胺很容易循环利用。更重要的是该催化体系将 CO_2 捕集和加氢一体化，能够直接利用空气作为反应物，将胺捕集的 CO_2 加氢制备甲醇[138]。

2）CO_2 加氢制备甲酸和甲酸甲酯

CO_2 加氢制备甲酸是原子经济性为 100%的反应，在气态下，H_2 与 CO_2 生成液体甲酸的标准吉布斯自由能为 + 33 kJ/mol。对于 CO_2 加氢制备甲酸的大部分催化反应体系，需要加入碱拉动平衡，促进甲酸的生成。在体系中加入三级胺具有明显的优势，三级胺与甲酸生成加合物，这种加合物往往对热不稳定，通过加热分解可以得到纯甲酸。由于大部分胺具有挥发性，可以通过碱性离子液体代替胺，释放出游离的甲酸后，离子液体可以循环利用[139]。除了加入碱拉动化学平衡外，通过溶剂与甲酸之间的相互作用同样能够促进甲酸的生成。甲酸与许多溶剂有很强的分子作用，从而拉动反应。例如，Ru(Acriphos)(Ph_3)(Cl)$(PhCO_2)$[Acriphos = 4, 5-二（二苯基膦）吖啶]催化剂在 DMSO 或 DMSO/H_2O 溶液中能够高效催化 CO_2 氢化生成甲酸，而无须加入碱性物质[140]。Ir 的配合物[Cp*Ir(N，N′)]Cl（N, N′ = 2, 2′-二-1, 4, 5, 6-四氢嘧啶）能够催化水相中 CO_2 加氢制备甲酸，在 80℃下的初始转化频率（TOF）高达 13000 h^{-1}，反应过程同样不需要外加碱[141]。

均相催化体系催化剂难回收，将均相催化剂固载化可以很好地解决这一问题。

将亚胺基膦配体配位的铱催化剂接枝到介孔 SiO_2 上，可以作为多相催化剂催化 CO_2 加氢制备甲酸，在 60℃时 TON 值可达到 2800，并且催化剂至少能够循环利用 10 次[142]。利用菲咯啉基多孔有机聚合物通过 N 的配位固定过渡金属催化剂，形成聚合物负载的 Ir 配合物催化剂，能够高效催化 CO_2 加氢生成甲酸，初始 TOF 值高达 40000 h^{-1}，通过热循环实验发现反应为多相催化过程，并且催化剂循环利用 3 次后活性没有明显降低[143]。

对于负载型纳米催化剂，金属活性中心表面的电子状态对 CO_2 加氢制备甲酸的性能具有重要影响。Pd@Ag/TiO_2 在周围 Ag 原子的作用下产生孤立和富电子的 Pd 原子，这使得其能在温和条件（2.0 MPa，100℃）下就可以高效催化 CO_2 加氢制备甲酸。反应过程中，H_2 首先在催化剂表面解离生成金属氢化物物种，CO_2 溶于水溶液中，在催化剂表面形成 HCO_3^-，活化的氢进攻 HCO_3^- 的碳原子得到甲酸[144]。席夫碱改性的 SiO_2 负载的 Au 催化剂，通过席夫碱与 CO_2 之间的弱相互作用改变 CO_2 加氢的前驱体性质，促进反应的进行，在 90℃下反应 12 h 其 TON 值可达 14470[145]。

甲酸甲酯也是重要的 C_1 化学品，可用作处理烟草、干水果、谷物等的烟熏剂和杀菌剂；也常用作硝化纤维素、醋酸纤维素的溶剂；在医药上，常用作磺酸甲基嘧啶、磺酸甲氧嘧啶、镇咳剂美沙芬等药物的合成原料。CO_2、H_2 与甲醇反应可以制备甲酸甲酯。CO_2 和 H_2 在负载型纳米 Au 催化剂上首先生成甲酸，甲酸和甲醇发生酯化反应生成甲酸甲酯。在这个过程中无须加入碱，甲酸在催化剂表面形成后与甲醇反应得到甲酸甲酯，甲酸甲酯很快从催化剂表面脱附，保证了甲酸在催化剂表面的不断形成[146]。具有 L 酸性的载体 Al_2O_3 和 ZrO_2 能够促进甲酸物种从催化剂表面溢流到载体表面，与甲醇发生酯化反应得到甲酸甲酯，因而 Ag/Al_2O_3、Ag/ZrO_2 表现出了比 Ag/SiO_2 更高的催化活性[147]。

3）CO_2 加氢制备甲烷

负载型镍基催化剂价格低廉，引起了人们的广泛兴趣。利用常压 X 射线光电子能谱分别研究 CO_2 以及 CO_2 和 H_2 混合气在 Ni(111)表面的吸附和反应情况，可以确定在 CO_2 甲烷化反应中吸附物种的表面化学态和性质[148]。研究发现，在 CO_2 分裂为 CO 和 O 原子的过程中形成了 NiO，然后 CO_2 进一步与 NiO 反应生成碳酸根，将 H_2 引入反应环境，H_2 会还原 NiO 并使碳酸根消失。在温度高于 160℃时，CO 吸附在空位上，而碳原子和羟基位于催化剂的表面。结果表明，CO_2 分解的 CO 还原为碳原子，碳原子进一步加氢为甲烷。利用原位 X 射线吸收光谱研究 H_2/CO_2 和 CO_2 气氛下镍基催化剂的表面状态变化[149]，发现将 H_2/CO_2（4∶1，体积比）气流中的 H_2 去除后 Ni 颗粒被迅速氧化，并且新的反应循环开始后反应性能会降低，这是 Ni 氧化形成了 NiO 所致。氧化物载体对镍催化剂促进的 CO_2 甲烷化反应活性有显著影响。对于多数催化剂来讲，随着温度升高，在 225～250℃

之间，CO_2的转化率有显著的提高，并在300～350℃处达到极值。在250℃下各催化剂上甲烷产率高低顺序如下：Ni/Y_2O_3＞Ni/Sm_2O_3＞Ni/ZrO_2＞Ni/CeO_2＞Ni/Al_2O_3＞Ni/La_2O_3[150]。金属有机骨架材料包覆的镍纳米粒子催化剂能够高效催化CO_2甲烷化反应，并具有良好的热稳定性。Ni(111)晶面是主要的活性位点，其催化CO_2解离为CO和氧的活化能仅为Ni(200)晶面的一半[151]。

CeO_2中含有氧空位的Ru/CeO_2催化剂催化的CO_2甲烷化反应经历了甲酸中间物种，氧空位催化的甲酸物种解离为甲醇是决速步骤。而$Ru/\alpha\text{-}Al_2O_3$中$\alpha\text{-}Al_2O_3$不含有氧空位，其催化的CO_2甲烷化反应经历了CO路径[152]。$BaZrO_3$作为载体可以更有效地促进Pt修饰的Co纳米粒子催化CO_2甲烷化反应，这是由于$BaZrO_3$与Co颗粒之间存在强相互作用[153]。在咪唑基离子液体介质中原位制备的纳米Ru催化剂催化CO_2甲烷化反应，最高的甲烷收率达到69%[154]。迄今为止，CO_2甲烷化研究主要采用非均相催化剂。不过也有一些均相催化研究的报道，但是还原剂通常不是氢气，而是氢硅烷，例如，锆-硼烷配合物催化CO_2与氢硅烷生成甲烷的反应[155]；均相Ir催化剂催化的CO_2与氢硅烷合成甲烷的反应[156]等。

4.5.2 CO_2可控加氢和碳碳偶联

1）CO_2氢化制C_2和C_{2+}醇

CO_2和H_2反应合成C_{2+}醇通常经过逆水煤气反应生成CO，然后CO和H_2反应转化为C_{2+}醇。在类似反应条件下，能同时催化上述两类反应的催化剂有利于C_{2+}醇生成。例如，通过铑基催化剂、铁基费-托催化剂（C—C键形成）、铜基催化剂（生成—OH官能团）不同方式的混合，能够实现由CO_2氢化反应制备C_{2+}醇[157]。采用Ru-Rh双金属均相催化剂，LiI为促进剂，在160℃下可催化CO_2和H_2反应合成C_2～C_5醇[158]，在最优的反应条件下，C_{2+}醇在总醇中的选择性可达到96.4%，产物中除了直链醇，还有一些支链醇。研究表明，多碳醇是由甲醇等低碳醇通过链增长生成。Ru-Co催化剂在保持较好的多碳醇选择性的情况下，具有更高的催化活性，催化体系中LiBr和PPNCl在反应中的协同作用对催化性能的提高起了重要的作用[159]。

Pd-Cu纳米催化剂能够将CO_2高效、高选择性地转化为乙醇，机理研究表明，$^*HCO$的生成是反应中的决速步骤[160]。采用水滑石作为前驱体合成的氧化铝表面负载小粒径的氧化钴纳米颗粒，通过控制还原条件能够在纳米颗粒中构筑Co-CoO结构，用其作为催化剂催化CO_2加氢生成乙醇，其中，Co-CoO结构有利于CH_x的插入，促进C—C键的形成，反应过程遵循甲酸根形成、CH_x插入形成乙酸根、乙酸根氢化生成乙氧基物种的路线。在140℃的反应温度下，乙醇的生成速率可

以达到 0.444 mmol/(g_{cat}·h)，选择性达到 92.1%；提高反应温度至 200℃，乙醇的生成速率可以进一步提高至 1.003 mmol/(g_{cat}·h)[161]。

在制备 C_{2+}醇过程中，由于高活性的 C_1 中间物种（CO、CH_3^*、CH_3OH 等）的生成和碳链增长同步进行，反应产物的分布通常较宽，乙醇在总醇或总产物中的选择性通常较低。引入新的 C_1 物种能够显著提高乙醇的选择性，并使反应条件更加温和。研究发现，以$[RuCl_2(CO)_3]_2/Co_4(CO)_{12}$为催化剂，LiI 为促进剂，*N*-乙基-2-吡咯烷酮（NEP）为溶剂，在温和条件下能够催化甲醇、CO_2 和 H_2 反应制备乙醇，基于 Ru 的乙醇的转化频率高达 7.5 h^{-1}，乙醇在总产物中的选择性可达 65.0%[162]。在由 CO_2、二甲醚（DME）和 H_2 合成乙醇的反应路线中，二甲醚提供一个碳原子，以 LiI 为促进剂，在 1, 3-二甲基-2-咪唑啉酮（DMI）溶剂中，用 Ru-Co 双金属催化剂促进反应的进行。该反应的主要产物是乙醇，乙醇在总产物中的选择性可达 71.7%，乙醇在液体产品中的选择性可达 94.1%[163]。以多聚甲醛、CO_2 和 H_2 为原料，由多聚甲醛提供其中的一个 C 原子合成乙醇，在温和条件下，以 LiI 为促进剂的 Ru-Co 双金属催化剂可以有效催化反应的进行。乙醇在总产物中的选择性达到 50.9%，基于 Ru 金属催化剂的乙醇转化频率达到 17.9 h^{-1}[164]。

2）CO_2 氢化制长链烃

长链烃是重要的液体燃料。近几年，由 CO_2 和 H_2 合成长链烃的研究越来越多，并取得了重要的进展[165, 166]。CO_2 加氢生成的烃类产物中，液体烷烃可以作为燃油，是理想的目标产物，但是目前只有较少的报道。更短链的烃类中，人们更关心 C_2～C_3 烯烃的选择性。

CO_2 氢化制烷烃的主要反应路径是，CO_2 经逆水煤气反应先转化为 CO，然后 CO 和 H_2 通过费-托合成制备长链烃。通过添加有效的促进剂和选用适当的载体对催化剂进行改性，已成为制备用于由 CO_2 合成长链烃的高性能催化剂的有效方法。铁系催化剂是用于此反应路线的主要催化剂。Na-Fe_3O_4/HZSM-5 催化体系可以在 320℃下催化 CO_2 选择性加氢，产物以 C_5～C_{11} 烃为主，为汽油的主要成分[167]。该反应经历了三个过程，即 CO_2 先在 Fe_3O_4 作用下经逆水煤气反应生成 CO，然后 CO 和 H_2 在 Fe_5C_2 作用下通过费-托合成反应生成 *α*-烯烃，然后在 HZSM-5 分子筛内重整为目标产物。优化的条件下，CO 在总产物中占比 20.1%，烃类占比 79.9%。在烃类产物中 C_5～C_{11} 产物占 78%，并以芳烃类为主。$CuFeO_2$ 在 CO_2 加氢过程中会被原位碳化为重烃合成的活性相（Fe_5C_2），在反应产物中 CO 含量在 30%以上，其中液体烃在烃类中的选择性可以达到 65%，并且主要为烯烃[168]。Co_6/MnO_x 纳米催化剂在 200℃下可以高效催化 CO_2 加氢制备长链烃，产物中 C_{5+}液体燃料的选择性高达 53.2%。实验发现，在反应过程中几乎没有 CO 生成。原位 FTIR 表征和 ^{13}CO 同位素实验进一步表明，反应不经过 CO 路径。机理研究表明，Co 是主要的催化剂，而 Mn 增强了 CO_2 在催化剂上的吸附，同时减弱了 H_2 的吸附。反应过程中，CO_2 在催化剂表面吸附活化，然后被 H 原子还原，经过$CO_2^{\delta-}$、$HCOO^-$、—CH_2OH、CH_3O^-等中间体形成 CH_2 和 CH_3 物种，这些物种经过链增长过程生成长链烃[169]。Co-Fe 双金属催化剂中的 Fe 含量会影响 CO_2 加氢制备长链烃产物选择性，含量增加时 C_2～C_4 组分的选择性会相应增加，Fe 含量高于 50%后，产物中醇的选择性会先增加后降低[170]。据报道，In-Zr/SAPO-34 复合催化剂可以高效催化 CO_2 加氢生成 C_2～C_4 烯烃，选择性高于 80%，CO_2 转化率高于 35%，反应 150 h 后催化剂没有明显失活[171]。CeO_2-Pt@mSiO_2-Co 催化剂能够催化 CO_2 加氢高效合成 C_2～C_4 烃类，目标化合物选择性高于 60%。研究发现，该反应主要发生在两个金属氧化物界面处，即 Pt/CeO_2 界面催化 CO_2 和 H_2 生成 CO，而 Co/mSiO_2 界面催化费-托合成反应生成 C_2～C_4 烃类[172]。

除了经费-托反应的路线，CO_2 也可以先转化为甲醇，甲醇再经酸催化重整为长链烃类。In_2O_3/HZSM-5 催化剂在 340℃下能够将 CO_2 选择性氢化生成汽油范围碳氢化合物[173]。在该反应中，部分还原的 In_2O_3 组分先催化 CO_2 氢化生成甲醇，然后甲醇在 HZSM-5 上重整转化得到支链烃为主的汽油组分。

4.6 小结

经过多年的努力，CO_2 转化制备重要化学品、材料和能源产品方面取得重要进展，有些路线已经实现了产业化，目前越来越多的学者开展这方面的研究。然而，由于 CO_2 转化过程涉及化学热力学、动力学、工艺学等方面的难题，近年来 CO_2 资源化利用产业发展缓慢，主要是还有很多重要的科学和技术问题有待研究和解决。设计新型催化体系、新反应路线、开发新的工艺和技术，推动工业化进程和相关产业的发展意义重大，也是一项长期的工作。

参 考 文 献

[1] He M Y，Sun Y H，Han B X. Green carbon science：scientific basis for integrating carbon resource processing，utilization，and recycling. Angew Chem Int Ed，2013，52（37）：9620-9633.

[2] Tundo P，Musolino M，Aricò F. The reactions of dimethyl carbonate and its derivatives. Green Chem，2018，20（1）：28-85.

[3] 肖雪，路嫔，韩媛媛，蔡清海. 二氧化碳与甲醇合成碳酸二甲酯反应的热力学探讨. 天然气化工，2007，32（2）：34-37.

[4] Fujita S，Bhanage B M，Ikushima Y，Arai M. Synthesis of dimethyl carbonate from carbon dioxide and methanol in the presence of methyl iodide and base catalysts under mild conditions：effect of reaction conditions and reaction mechanism. Green Chem，2001，3（2）：87-91.

[5] Ballivet-Tkatchenko D，Chambrey S，Keiski R，Ligabue R，Plasseraud L，Richard P，Turunen H. Direct synthesis of dimethyl carbonate with supercritical carbon dioxide：characterization of a key organotin oxide intermediate.

Catal Today，2006，115（1/4）：80-87.

[6] Fan B B，Zhang J L，Li R F，Fan W B. *In situ* preparation of functional heterogeneous organotin catalyst tethered on SBA-15．Catal Lett，2008，121（3/4）：297-302.

[7] 孔令丽，钟顺和，肖秀芬. 超临界条件下负载型配合物催化剂 $Cu_2(\mu\text{-}OEt)_2/SiO_2$ 合成碳酸二甲酯的反应性能．分子催化，2004，18（3）：172-178.

[8] Honda M，Tamura M，Nakagawa Y，Tomishige K. Catalytic CO_2 conversion to organic carbonates with alcohols in combination with dehydration system. Catal Sci Technol，2014，4（9）：2830-2845.

[9] Bansode A，Urakawa A. Continuous DMC synthesis from CO_2 and methanol over a CeO_2 catalyst in a fixed bed reactor in the presence of a dehydrating agent. ACS Catal，2014，4（11）：3877-3880.

[10] Chaugule A A，Tamboli A H，Kim H. Ionic liquid as a catalyst for utilization of carbon dioxide to production of linear and cyclic carbonate. Fuel，2017，200：316-332.

[11] Zhao T X，Hu X B，Wu D S，Li R，Yang G Q，Wu Y T. Direct synthesis of dimethyl carbonate from carbon dioxide and methanol at room temperature using imidazolium hydrogen carbonate ionic liquid as a recyclable catalyst and dehydrant. ChemSusChem，2017，10（9）：2046-2052.

[12] Zhang Z F，Wu C Y，Ma J，Song J L，Fan H L，Liu J L，Zhua Q G，Han B X. A strategy to overcome the thermodynamic limitation in CO_2 conversion using ionic liquids and urea. Green Chem，2015，17（3）：1633-1639.

[13] Buttner H，Longwitz L，Steinbauer J，Wulf C，Werner T. Recent developments in the synthesis of cyclic carbonates from epoxides and CO_2. Top Curr Chem，2017，375（3）：50.

[14] Ren Y，Guo C H，Jia J F，Wu H S. A computational study on the chemical fixation of carbon dioxide with epoxide catalyzed by LiBr salt. J Phys Chem A，2011，115（11）：2258-2267.

[15] Guillerm V，Weselinski L J，Belmabkhout Y，Cairns A J，D'Elia V，Wojtas Ł，Adil K，Eddaoudi M. Discovery and introduction of a(3, 18)-connected net as an ideal blueprint for the design of metal-organic frameworks. Nat Chem，2014，6（8）：673-680.

[16] Sun J，Zhang S J，Cheng W G，Ren J Y. Hydroxyl-functionalized ionic liquid：a novel efficient catalyst for chemical fixation of CO_2 to cycliccarbonate. Tetrahedron Lett，2008，49（22）：3588-3591.

[17] Sun J，Ren J Y，Zhang S J，Cheng W G. Water as an efficient medium for the synthesis of cyclic carbonate. Tetrahedron Lett，2009，50（4）：423-426.

[18] Hu J Y，Ma J，Liu H Z，Qian Q L，Xie C，Han B X. Dual-ionic liquid system：an efficient catalyst for chemical fixation of CO_2 to cyclic carbonates under mild conditions. Green Chem，2018，20（13）：2990-2994.

[19] Meng X L，Ju Z Y，Zhang S J，Liang X D，von Solms N，Zhang X C，Zhang X P. Efficient transformation of CO_2 to cyclic carbonates using bifunctional protic ionic liquids under mild conditions. Green Chem，2019，21（12）：3456-3463.

[20] Xie Y，Zhang Z F，Jiang T，He J L，Han B X，Wu T B，Ding K L. CO_2 cycloaddition reactions catalyzed by an ionic liquid grafted onto a highly cross-linked polymer matrix. Angew Chem Int Ed，2007，46（38）：7255-7258.

[21] Ying T，Tan X，Su Q，Cheng W G，Dong L，Zhang S J. Polymeric ionic liquids tailored by different chain groups for the efficient conversion of CO_2 into cyclic carbonates. Green Chem，2019，21（9）：2352-2361.

[22] Whiteoak C J，Kielland N，Laserna V，Escudero-Adan E C，Martin E，Kleij A W. A powerful aluminum catalyst for the synthesis of highly functional organic carbonates. J Am Chem Soc，2013，135（4）：1228-1231.

[23] Ema T，Miyazaki Y，Shimonishi J，Maeda C，Hasegawa J. Bifunctional porphyrin catalysts for the synthesis of cyclic carbonates from epoxides and CO_2：structural optimization and mechanistic study. J Am Chem Soc，2014，136（43）：15270-15279.

[24] Liang J，Xie Y Q，Wang X S，Wang Q，Liu T T，Huang Y B，Cao R. An imidazolium-functionalized mesoporous cationic metal-organic framework for cooperative CO_2 fixation into cyclic carbonate. Chem Commun，2018，54（4）：342-345.

[25] Ma D X，Zhang Y W，Jiao S S，Li J X，Liu K，Shi Z. A tri-functional metal-organic framework heterogeneous catalyst for efficient conversion of CO_2 under mild and co-catalyst free conditions. Chem Commun，2019，55(95)：14347-14350.

[26] Qiu J K，Zhao Y L，Li Z Y，Wang H Y，Shi Y L，Wang J J. Imidazolium-salt-functionalized covalent organic frameworks for highly efficient catalysis of CO_2 conversion. ChemSusChem，2019，12（11）：2421-2427.

[27] Sun Q，Aguila B，Perman J，Nguyen N，Ma S Q. Flexibility matters：cooperative active sites in covalent organic framework and threaded ionic polymer. J Am Chem Soc，2016，138（48）：15790-15796.

[28] Zhang W，Wang Q X，Wu H H，Wu P，He M Y. A highly ordered mesoporous polymer supported imidazolium-based ionic liquid：an efficient catalyst for cycloaddition of CO_2 with epoxides to produce cyclic carbonates. Green Chem，2014，16（11）：4767-4774.

[29] Ji G P，Yang Z Z，Zhang H Y，Zhao Y F，Yu B，Ma Z S，Liu Z M. Hierarchically mesoporous *o*-hydroxyazobenzene polymers：synthesisand their applications in CO_2 capture and conversion. Angew Chem Int Ed，2016，55（33）：9685-9689.

[30] Liu A H，Ma R，Song C，Yang Z Z，Yu A，Cai Y，He L N，Zhao Y N，Yu B，Song Q W. Equimolar CO_2 capture by *N*-substituted amino acid salts and subsequent conversion. Angew Chem Int Ed，2012，51（45）：11306-11310.

[31] Liang L F，Liu C P，Jiang F L，Chen Q H，Zhang L J，Xue H，Jiang H L，Qian J J，Yuan D Q，Hong M C. Carbon dioxide capture and conversion by an acid-base resistant metal-organic framework. Nat Commun，2017，8：1233.

[32] Zhang W L，Ma F P，Ma L，Zhou Y，Wang J. Imidazolium-functionalized ionic hypercrosslinked porous polymers for efficient synthesis of cyclic carbonates from simulated flue gas. ChemSusChem，2020，13（2）：341-350.

[33] Yamaguchi K，Ebitani K，Yoshida T，Yoshida H，Kaneda K. Mg-Al mixed oxides as highly active acid-base catalysts for cycloaddition of carbon dioxide to epoxides. J Am Chem Soc，1999，121（18）：4526-4527.

[34] Yasuda H，He L N，Sakakura T，Hu C W. Efficient synthesis of cyclic carbonate from carbon dioxide catalyzed by polyoxometalate：the remarkable effects of metal substitution. J Catal，2005，233（1）：119-122.

[35] Yuan G F，Zhao Y F，Wu Y Y，Li R P，Chen Y，Xu D M，Liu Z M. Cooperative effect from cation and anion of pyridine-containing anion-based ionic liquids for catalysing CO_2 transformation at ambient conditions. Sci China Chem，2017，60（7）：958-963.

[36] Samikannua A，Konwar L J，Maki-Arvela P，Mikkola J P. Renewable N-doped active carbons as efficient catalysts for direct synthesis of cyclic carbonates from epoxides and CO_2. Appl Catal B：Environ，2019，241：41-51.

[37] Zhao G D，Zhang Y，Zhang H Y，Li J，Gao S. Direct synthesis of propylene carbonate from propylene and carbon dioxide catalyzed by quaternary ammonium heteropolyphosphatotungstate-TBAB system. J Energy Chem，2015，24（3）：353-358.

[38] Sathe A A，Nambiar A M K，Rioux R M. Synthesis of cyclic organic carbonates via catalytic oxidative carboxylation of olefins in flow reactors. Catal Sci Technol，2017，7（1）：84-89.

[39] Bai D，Jing H. Aerobic oxidative carboxylation of olefins with metalloporphyrin catalysts. Green Chem，2010，12（1）：39-41.

[40] Kumar S，Singhal N，Singh R K，Gupta P，Singh R，Jain S L. Dual catalysis with magnetic chitosan：direct synthesis of cyclic carbonates from olefins with carbon dioxide using isobutyraldehyde as the sacrificial reductant.

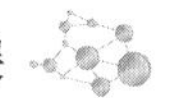

Dalton T，2015，44（26）：11860-11866.

[41] Engel R V，Alsaiari R，Nowicka E，Pattisson S，Miedziak P J，Kondrat S A，Morgan D J，Hutchings G J. Oxidative carboxylation of 1-decene to 1, 2-decylene carbonate. Top Catal，2018，61（5/6）：509-518.

[42] Hu J Y，Ma J，Zhu Q G，Qian Q L，Han H L，Mei Q Q，Han B X. Zinc(Ⅱ)-catalyzed reactions of carbon dioxide and propargylic alcohols to carbonates at room temperature. Green Chem，2016，18（2）：382-385.

[43] Ma J，Lu L，Mei Q Q，Zhu Q G，Hu J Y，Han B X. ZnI_2/NEt_3-catalyzed cycloaddition of CO_2 with propargylic alcohols：computational study on mechanism. ChemCatChem，2017，9（21）：4090-4097.

[44] Song Q W，Yu B，Li X D，Ma R，Diao Z，Li R G，Li W，He L N. Efficient chemical fixation of CO_2 promoted by a bifunctional Ag_2WO_4/Ph_3P system. Green Chem，2014，16（3）：1633-1638.

[45] Kayaki Y，Yamamoto M，Ikariya T. *N*-heterocyclic carbenes as efficient organocatalysts for CO_2 fixation reactions. Angew Chem Int Ed，2009，48（23）：4194-4197.

[46] Wang Y B，Wang Y M，Zhang W Z，Lu X B. Fast CO_2 sequestration，activation，and catalytic transformation using *N*-heterocyclic olefins. J Am Chem Soc，2013，135（32）：11996-12003.

[47] Wu Y Y，Zhao Y F，Li R P，Yu B，Chen Y，Liu X W，Wu C L，Luo X Y，Liu Z M. Tetrabutylphosphonium-based ionic liquid catalyzed CO_2 transformation at ambient conditions：a case of synthesis of alpha-alkylidene cyclic carbonates. ACS Catal，2017，7（9）：6251-6255.

[48] Honda M，Tamura M，Nakao K，Suzuki K，Nakagawa Y，Tomishige K. Direct cyclic carbonate synthesis from CO_2 and diol over carboxylation/hydration cascade catalyst of CeO_2 with 2-cyanopyridine. ACS Catal，2014，4（6）：1893-1896.

[49] Bobbink F D，Gruszka W，Hulla M，Das S，Dyson P J. Synthesis of cyclic carbonates from diols and CO_2 catalyzed by carbenes. Chem Commun，2016，52（71）：10787-10790.

[50] Liu J X，Li Y M，Zhang J，He D H. Glycerol carbonylation with CO_2 to glycerol carbonate over CeO_2 catalyst and the influence of CeO_2 preparation methods and reaction parameters. Appl Catal A：Gen，2016，513：9-18.

[51] Tamura M，Ito K，Honda M，Nakagawa Y，Sugimoto H，Tomishige K. Direct copolymerization of CO_2 and diols. Sci Rep，2016，6：24038.

[52] Poland S J，Darensbourg D J. A quest for polycarbonates provided via sustainable epoxide/CO_2 copolymerization processes. Green Chem，2017，19（21）：4990-5011.

[53] Darensbourg D J，Yeung A D. A concise review of computational studies of the carbon dioxide-epoxide copolymerization reactions. Polym Chem，2014，5（13）：3949-3962.

[54] Lu X B，Wang Y. Highly active，binary catalyst systems for the alternating copolymerization of CO_2 and epoxides under mild conditions. Angew Chem Int Ed，2004，43（27）：3574-3577.

[55] Liu Y，Ren W M，He K K，Lu X B. Crystalline-gradient polycarbonates prepared from enantioselective terpolymerization of meso-epoxides with CO_2. Nat Commun，2014，5：5687.

[56] Han B，Liu B Y，Ding H N，Duan Z Y，Wang X H，Theato P. CO_2-tuned sequential synthesis of stereoblock copolymers comprising a stereoregularity-adjustable polyester block and an atactic CO_2-based polycarbonate block. Macromolecules，2017，50（23）：9207-9215.

[57] Nagae H，Aoki R，Akutagawa S，Kleemann J，Tagawa R，Schindler T，Choi G，Spaniol T P，Tsurugi H，Okuda J. Lanthanide complexes supported by a trizinc crown ether as catalysts for alternating copolymerization of epoxide and CO_2：telomerization controlled by carboxylate anions. Angew Chem Int Ed，2018，57（9）：2492-2496.

[58] Tsai F T，Wang Y Y，Darensbourg D J. Environmentally benign CO_2-based copolymers：degradable polycarbonates derived from dihydroxybutyric acid and their platinum-polymer conjugates. J Am Chem Soc，2016，138（13）：

4626-4633.

[59] Martin C，Kleij A W. Terpolymers derived from limonene oxide and carbon dioxide：access to cross-linked polycarbonates with improved thermal properties. Macromolecules，2016，49（17）：6285-6295.

[60] Liu S J，Zhao X，Guo H C，Qin Y S，Wang X H，Wang F S. Construction of well-defined redox-responsive CO_2-based polycarbonates：combination of immortal copolymerization and prereaction approach. Macromol Rapid Commun，2017，38（9）：1600754.

[61] Gregory G L，Hierons E M，Kociok-Kohn G，Sharma R I，Buchard A. CO_2-driven stereochemical inversion of sugars to create thymidine-based polycarbonates by ring-opening polymerization. Polym Chem，2017，8（10）：1714-1721.

[62] Chang C，Qin Y S，Luo X L，Li Y B. Synthesis and process optimization of soybean oil-based terminal epoxides for the production of new biodegradable polycarbonates via the intergration of CO_2. Ind Crops Prod，2017，99：34-40.

[63] Li C L，Sablong R J，Koning C E. Chemoselective alternating copolymerization of limonene dioxide and carbon dioxide：a new highly functional aliphatic epoxy polycarbonate. Angew Chem Int Ed，2016，55（38）：11572-11576.

[64] Liu S J，Qin Y S，Qiao L J，Miao Y Y，Wang X H，Wang F S. Cheap and fast：oxalic acid initiated CO_2-based polyols synthesized by a novel preactivation approach. Polym Chem，2016，7（1）：146-152.

[65] Liu S J，Miao Y Y，Qiao L J，Qin Y S，Wang X H，Chen X S，Wang F S. Controllable synthesis of a narrow polydispersity CO_2-based oligo(carbonate-ether)tetraol. Polym Chem，2015，6（43）：7580-7585.

[66] Chen Q，Gao K K，Peng C，Xie H B，Zhao Z K，Bao M. Preparation of lignin/glycerol-based bis(cyclic carbonate) for the synthesis of polyurethanes. Green Chem，2015，17（9）：4546-4551.

[67] 张宇，岑竞鹤，熊文芳，戚朝荣，江焕峰. CO_2：羧基化反应的 C_1 合成子. 化学进展，2018，30（5）：547-563.

[68] Johnson M T，Wendt O F. Carboxylation reactions involving carbon dioxide insertion into palladium-carbon sigma-bonds. J Organomet Chem，2014，751：213-220.

[69] Wang W H，Feng X J，Sui K，Fang D Q，Bao M. Transition metal-free carboxylation of terminal alkynes with carbon dioxide through dual activation：synthesis of propiolic acids. J CO_2 Util，2019，32：140-145.

[70] Wang X Q，Nakajima M，Martin R. Ni-catalyzed regioselective hydrocarboxylation of alkynes with CO_2 by using simple alcohols as proton sources. J Am Chem Soc，2015，137（28）：8924-8927.

[71] Gaydou M，Moragas T，Julia-Hernandez F，Martin R. Site-selective catalytic carboxylation of unsaturated hydrocarbons with CO_2 and water. J Am Chem Soc，2017，139（35）：12161-12164.

[72] Gui Y Y，Hu N F，Chen X W，Liao L L，Ju T，Ye J H，Zhang Z，Li J，Yu D G. Highly regio- and enantioselective copper-catalyzed reductive hydroxymethylation of styrenes and 1, 3-dienes with CO_2. J Am Chem Soc，2017，139（47）：17011-17014.

[73] Lejkowski M L，Lindner R，Kageyama T，Bjdizs G P，Plessow P N，Meller I B，Schfer A，Rominger F，Hofmann P，Futter C，Schunk S A，Limbach M. The first catalytic synthesis of an acrylate from CO_2 and an alkene：a rational approach. Chem Eur J，2012，18（44）：14017-14025.

[74] Manzini S，Cadu A，Schmidt A C，Huguet N，Trapp O，Paciello R，Schaub T. Enhanced activity and recyclability of palladium complexes in the catalytic synthesis of sodium acrylate from carbon dioxide and ethylene. ChemCatChem，2017，9（12）：2269-2274.

[75] Amatore C，Jutand A，Khalil F，Nielsen M F. Carbon-dioxide as a C_1 building block-mechanism of palladium-catalyzed carboxylation of aromatic halides. J Am Chem Soc，1992，114（18）：7076-7085.

[76] Amatore C，Jutand A. Activation of carbon-dioxide by electron-transfer and transition-metals-mechanism of

nickel-catalyzed electrocarboxylation of aromatic halides. J Am Chem Soc，1991，113（8）：2819-2825.

[77] Correa A，Martin R. Palladium-catalyzed direct carboxylation of aryl bromides with carbon dioxide. J Am Chem Soc，2009，131（44）：15974-15975.

[78] Fujihara T，Nogi K，Xu T H，Terao J，Tsuji Y. Nickel-catalyzed carboxylation of aryl and vinyl chlorides employing carbon dioxide. J Am Chem Soc，2012，134（22）：9106-9109.

[79] Leon T，Correa A，Martin R. Ni-catalyzed direct carboxylation of benzyl halides with CO_2. J Am Chem Soc，2013，135（4）：1221-1224.

[80] Yu L，Josep C，Ruben M. Ni-catalyzed carboxylation of unactivated primary alkyl bromides and sulfonates with CO_2. J Am Chem Soc，2014，136（32）：11212-11215.

[81] Borjesson M，Moragas T，Martin R. Ni-catalyzed carboxylation of unactivated alkyl chlorides with CO_2. J Am Chem Soc，2016，138（24）：7504-7507.

[82] Wang X Q，Liu Y，Martin R. Ni-catalyzed divergent cyclization/carboxylation of unactivated primary and secondary alkyl halides with CO_2. J Am Chem Soc，2015，137（20）：6476-6479.

[83] Juliá-Hernández F，Moragas T，Cornella J，Martin R. Remote carboxylation of halogenated aliphatic hydrocarbons with carbon dioxide. Nature，2017，545（7652）：84-88.

[84] Wang Y，Qian Q L，Zhang J J，Bernard B A B，Wang Z P，Liu H Z，Han B X. Synthesis of higher carboxylic acids from ethers，CO_2 and H_2. Nat Commun，2019，10：5395.

[85] Qian Q L，Zhang J J，Cui M，Han B X. Synthesis of acetic acid via methanol hydrocarboxylation with CO_2 and H_2. Nat Commun，2016，7：11481.

[86] van Gemmeren M，Borjesson M，Tortajada A，Sun S Z，Okura K，Martin R. Switchable site-selective catalytic carboxylation of allylic alcohols with CO_2. Angew Chem Int Ed，2017，56（23）：6558-6562.

[87] Chen Y G，Shuai B，Ma C，Zhang X J，Fang P，Mei T S. Regioselective Ni-catalyzed carboxylation of allylic and propargylic alcohols with carbon dioxide. Org Lett，2017，19（11）：2969-2972.

[88] Wu C Y，Cheng H Y，Liu R X，Wang Q，Hao Y F，Yua Y C，Zhao F Y. Synthesis of urea derivatives from amines and CO_2 in the absence of catalyst and solvent. Green Chem，2010，12（10）：1811-1816.

[89] Hwang J，Han D G，Oh J J，Cheong M，Koo H J，Lee J S，Kim H S. Efficient non-catalytic carboxylation of diamines to cyclicureas using 2-pyrrolidone as a solvent and a promoter. Adv Synth Catal，2019，361（2）：297-306.

[90] Xu M，Jupp A R，Ong M S E，Burton K I，Chitnis S S，Stephan D W. Synthesis of urea derivatives from CO_2 and silylamines. Angew Chem Int Ed，2019，58（17）：5707-5711.

[91] Mizuno T，Mihara M，Nakai T，Iwai T，Ito T. Solvent-free synthesis of quinazoline-2, 4(1*H*, 3*H*)-diones using carbon dioxide and a catalytic amount of DBU. Synthesis-Stuttgart，2007，16：2524-2528.

[92] Zhao Y F，Yu B，Yang Z Z，Zhang H Y，Hao L D，Gao X，Liu Z M. A protic ionic liquid catalyzes CO_2 conversion at atmospheric pressure and room temperature：synthesis of quinazoline-2, 4-(1*H*, 3*H*)-diones. Angew Chem Int Ed，2014，53（23）：5922-5925.

[93] Ma J，Han B X，Song J L，Hu J Y，Lu W J，Yang D Z，Zhang Z F，Jiang T，Hou M Q. Efficient synthesis of quinazoline-2, 4(1*H*, 3*H*)-diones from CO_2 and 2-aminobenzonitriles in water without any catalyst. Green Chem，2013，15（6）：1485-1489.

[94] Zhou Z H，Xia S M，Huang S Y，Huang Y Z，Chen K H，He L N. Cobalt-based catalysis for carboxylative cyclization of propargylic amines with CO_2 at atmospheric pressure. J CO_2 Util，2019，34：404-410.

[95] Hu J Y，Ma J，Zhu Q G，Zhang Z F，Wu C Y，Han B X. Transformation of atmospheric CO_2 catalyzed by protic ionic liquids：efficient synthesis of 2-oxazolidinones. Angew Chem Int Ed，2015，54（18）：5399-5403.

[96] Hao L D，Zhao Y F，Yu B，Yang Z Z，Zhang H Y，Han B X，Gao X，Liu Z M. Imidazolium-based ionic liquids catalyzed formylation of amines using carbon dioxide and phenylsilane at room temperature. ACS Catal，2015，5（9）：4989-4993.

[97] Yang Z Z，Yu B，Zhang H Y，Zhao Y F，Ji G P，Ma Z S，Gao X，Liu Z M. $B(C_6F_5)_3$-catalyzed methylation of amines using CO_2 as a C_1 building block. Green Chem，2015，17（8）：4189-4193.

[98] Ke Z G，Hao L D，Gao X，Zhang H Y，Zhao Y F，Yu B，Yang Z Z，Chen Y，Liu Z M. Reductive coupling of CO_2，primary amine，and aldehyde at room temperature：a versatile approach to unsymmetrically *N*, *N*-disubstituted formamides. Chem Eur J，2017，23（41）：9721-9725.

[99] Liu X F，Li X Y，Qiao C，Fu H C，He L N. Betaine catalysis for hierarchical reduction of CO_2 with amines and hydrosilane to form formamides，aminals，and methylamines. Angew Chem Int Ed，2017，56（26）：7425-7429.

[100] Xie C，Song J L，Wu H R，Zhou B W，Wu C Y，Han B X. Natural product glycine betaine as an efficient catalyst for transformation of CO_2 with amines to synthesize *N*-substituted compounds. ACS Sustainable Chem Eng，2017，5（8）：7086-7092.

[101] Zhang L，Han Z B，Zhao X Y，Wang Z，Ding K L. Highly efficient ruthenium-catalyzed *N*-formylation of amines with H_2 and CO_2. Angew Chem Int Ed，2015，54（21）：6186-6189.

[102] Federsel C，Boddien A，Jackstell R，Jennerjahn R，Dyson P J，Scopelliti R，Laurenczy G，Beller M. A well-defined iron catalyst for the reduction of bicarbonates and carbon dioxide to formates，alkyl formates，and formamides. Angew Chem Int Ed，2010，49（50）：9777-9780.

[103] Cui X J，Zhang Y，Deng Y Q，Shi F. Amine formylation via carbon dioxide recycling catalyzed by a simple and efficient heterogeneous palladium catalyst. Chem Commun，2014，50（2）：189-191.

[104] Zhang Y J，Wang H L，Yuan H K，Shi F. Hydroxyl group-regulated active nano-Pd/C catalyst generation via *in situ* reduction of $Pd(NH_3)_xCl_y/C$ for *N*-formylation of amines with CO_2/H_2. ACS Sustainable Chem Eng，2017，5（7）：5758-5765.

[105] Liu J L，Guo C K，Zhang Z F，Jiang T，Liu H Z，Song J L，Fan H L，Han B X. Synthesis of dimethylformamide from CO_2，H_2 and dimethylamine over Cu/ZnO. Chem Commun，2010，46（31）：5770-5772.

[106] Nguyen T V Q，Yoo W J，Kobayashi S. Effective formylation of amines with carbon dioxide and diphenylsilane catalyzed by chelating bis(tzNHC)rhodium complexes. Angew Chem Int Ed，2015，54（32）：9209-9212.

[107] Liu H Y，Mei Q Q，Xu Q L，Song J L，Liu H Z，Han B X. Synthesis of formamides containing unsaturated groups by *N*-formylation of amines using CO_2 with H_2. Green Chem，2017，19（1）：196-201.

[108] Xiong W F，Qi C R，He H T，Ouyang L，Zhang M，Jiang H F. Base-promoted coupling of carbon dioxide，amines，and *N*-tosylhydrazones：a novel and versatile approach to carbamates. Angew Chem Int Ed，2015，54（10）：3084-3087.

[109] Tamura M，Honda M，Noro K，Nakagawa Y，Tomishige K. Heterogeneous CeO_2-catalyzed selective synthesis of cyclic carbamates from CO_2 and aminoalcohols in acetonitrile solvent. J Catal，2013，305：191-203.

[110] Tamura M，Noro K，Honda M，Nakagawa Y，Tomishige K. Highly efficient synthesis of cyclic ureas from CO_2 and diamines by a pure CeO_2 catalyst using a 2-propanol solvent. Green Chem，2013，15（6）：1567-1577.

[111] Li Y H，Cui X J，Dong K W，Junge K，Beller M. Utilization of CO_2 as a C_1 building block for catalytic methylation reactions. ACS Catal，2017，7（2）：1077-1086.

[112] Schreiner S，Yu J Y，Vaska L. Carbon-dioxide reduction via homogeneous catalytic synthesis and hydrogenation of *N*, *N*-dimethylformamide. Inorg Chim Acta，1988，147（2）：139-141.

[113] Vaska L，Schreiner S，Felty R A，Yu J Y J. Catalytic reduction of carbon-dioxide to methane and other species via

formamide intermediation-synthesis and hydrogenation of HC(O)NH_2 in the presence of [Ir(Cl)(CO)(PH_3P)$_2$]. Mol Catal，1989，52（2）：11-16.

[114] He Z H，Liu H Z，Qian Q L，Lu L，Guo W W，Zhang L J，Han B X. *N*-methylation of quinolines with CO_2 and H_2 catalyzed by Ru-triphos complexes. Sci China Chem，2017，60（7）：927-933.

[115] Beydoun K，Thenert K，Streng E S，Brosinski S，Leitner W，Klankermayer J. Selective synthesis of trimethylamine by catalytic *N*-methylation of ammonia and ammonium chloride by utilizing carbon dioxide and molecular hydrogen. ChemCatChem，2016，8（1）：135-138.

[116] Liu K，Zhao Z B，Lin W W，Liu Q，Wu Q F，Shi R H，Zhang C，Cheng H Y，Arai M，Zhao F Y. *N*-methylation of *N*-methylaniline with carbon dioxide and molecular hydrogen over a heterogeneous non-noble metal Cu/TiO_2 catalyst. ChemCatChem，2019，11（16）：3919-3926.

[117] Cui X J，Dai X C，Zhang Y，Deng Y Q，Shi F. Methylation of amines，nitrobenzenes and aromatic nitriles with carbon dioxide and molecular hydrogen. Chem Sci，2014，5（2）：649-655.

[118] Thenert K，Beydoun K，Wiesenthal J，Leitner W，Klankermayer J. Ruthenium-catalyzed synthesis of dialkoxymethane ethers utilizing carbon dioxide and molecular hydrogen. Angew Chem Int Ed，2016，55（40）：12266-12269.

[119] Schieweck B G，Klankermayer J. Tailor-made molecular cobalt catalyst system for the selective transformation of carbon dioxide to dialkoxymethane ethers. Angew Chem Int Ed，2017，56（36）：10854-10857.

[120] 刘志敏. 二氧化碳化学转化. 北京：科学出版社，2018.

[121] Kattel S，Ramirez P J，Chen J G，Rodriguez J A，Liu P. Active sites for CO_2 hydrogenation to methanol on Cu/ZnO catalysts. Science，2017，355（6331）：1296-1299.

[122] Kim Y，Trung T V S B，Yang S，Kim S，Lee H. Mechanism of the surface hydrogen induced conversion of CO_2 to methanol at Cu(111) step sites. ACS Catal，2016，6（2）：1037-1044.

[123] Liao F L，Zeng Z Y，Eley C，Lu Q，Hong X L，Tsang S C E. Electronic modulation of a copper/zinc oxide catalyst by a heterojunction for selective hydrogenation of carbon dioxide to methanol. Angew Chem Int Ed，2012，51（24）：5832-5836.

[124] An B，Zhang J Z，Cheng K，Ji P F，Wang C，Lin W B. Confinement of ultrasmall Cu/ZnO_x nanoparticles in metal-organic frameworks for selective methanol synthesis from catalytic hydrogenation of CO_2. J Am Chem Soc，2017，139（10）：3834-3840.

[125] Wang J J，Tang C Z，Li G N，Han Z，Li Z L，Liu H L，Cheng F，Li C. High-performance MaZrO_x（Ma=Cd，Ga）solid-solution catalysts for CO_2 hydrogenation to methanol. ACS Catal，2019，9（11）：10253-10259.

[126] Larmier K，Liao W C，Tada S，Lam E，Verel R，Bansode A，Urakawa A，Comas-Vives A，Coperet C. CO_2-to-methanol hydrogenation on zirconia-supported copper nanoparticles：reaction intermediates and the role of the metal-support interface. Angew Chem Int Ed，2017，56（9）：2318-2323.

[127] Graciani J，Mudiyanselage K，Xu F，Baber A E，Evans J，Senanayake S D，Stacchiola D J，Liu P，Hrbek J，Sanz J F，Rodriguez J A. Highly active copper-ceria and copper-ceria-titania catalysts for methanol synthesis from CO_2. Science，2014，345（6196）：546-550.

[128] Martin O，Martin A J，Mondelli C，Mitchell S，Segawa T F，Hauert R，Drouilly C，Curulla-Ferre D，Perez-Ramirez J. Indium oxide as a superior catalyst for methanol synthesis by CO_2 hydrogenation. Angew Chem Int Ed，2016，55（21）：6261-6265.

[129] Yang X F，Kattel S，Senanayake S D，Boscoboinik J A，Nie X W，Graciani J，Rodriguez J A，Liu P，Stacchiola D J，Chen J G. Low pressure CO_2 hydrogenation to methanol over gold nanoparticles activated on a CeO_x/TiO_2

interface. J Am Chem Soc，2015，137（32）：10104-10107.

[130] Nie X W，Jiang X，Wang H Z，Luo W J，Janik M J，Chen Y G，Guo X W，Song C S. Mechanistic understanding of alloy effect and water promotion for Pd-Cu bimetallic catalysts in CO_2 hydrogenation to methanol. ACS Catal，2018，8（6）：4873.

[131] Chen Y Z，Li H L，Zhao W H，Zhang W B，Li J W，Li W，Zheng X S，Yan W S，Zhang W H，Zhu J F，Si R，Zeng J. Optimizing reaction paths for methanol synthesis from CO_2 hydrogenation via metal-ligand cooperativity. Nat Commun，2019，10：1885.

[132] Huff C A，Sanford M S. Cascade catalysis for the homogeneous hydrogenation of CO_2 to methanol. J Am Chem Soc，2011，133（45）：18122-18125.

[133] Wesselbaum S，Moha V，Meuresch M，Brosinski S，Thenert K M，Kothe J，Stein T V，Englert U，Holscher M，Klankermayer J. Hydrogenation of carbon dioxide to methanol using a homogeneous ruthenium-triphos catalyst：from mechanistic investigations to multiphase catalysis. Chem Sci，2015，6（1）：693-704.

[134] Rezayee N M，Huff C A，Sanford M S. Tandem amine and ruthenium-catalyzed hydrogenation of CO_2 to methanol. J Am Chem Soc，2015，137（3）：1028-1031.

[135] Everett M，Wass D F. Highly productive CO_2 hydrogenation to methanol：a tandem catalytic approach via amide intermediates. Chem Commun，2017，53（68）：9502-9504.

[136] Kar S，Goeppert A，Kothandaraman J，Prakash G K S. Manganese-catalyzed sequential hydrogenation of CO_2 to methanol via formamide. ACS Catal，2017，7（9）：6347-6351.

[137] Khusnutdinova J R，Garg J A，Milstein D. Combining low-pressure CO_2 capture and hydrogenation to form methanol. ACS Catal，2015，5（4）：2416-2422.

[138] Kar S，Sen R，Goeppert A，Prakash S G K. Integrative CO_2 capture and hydrogenation to methanol with reusable catalyst and amine：toward a carbon neutral methanol economy. J Am Chem Soc，2018，140（5）：1580-1583.

[139] Wesselbaum S，Hintermair U，Leitner W. Continuous-flow hydrogenation of carbon dioxide to pure formic acid using an integrated $scCO_2$ process with immobilized catalyst and base. Angew Chem Int Ed，2012，51（34）：8585-8588.

[140] Rohmann K，Kothe J，Haenel M W，Englert U，Holscher M，Leitner W. Hydrogenation of CO_2 to formic acid with a highly active ruthenium acriphos complex in DMSO and DMSO/water. Angew Chem Int Ed，2016，55（31）：8966-8969.

[141] Lu S M，Wang Z J，Li J，Xiao J L，Li C. Base-free hydrogenation of CO_2 to formic acid in water with an iridium complex bearing a *N*, *N*′-diimine ligand. Green Chem，2016，18（16）：4553-4558.

[142] Xu Z，McNamara N D，Neumann G T，Schneider W F，Hicks J C. Catalytic hydrogenation of CO_2 to formic acid with silica-tethered iridium catalysts. ChemCatChem，2013，5（7）：1769-1771.

[143] Gunasekar G H，Yoon S. A phenanthroline-based porous organic polymer for the iridium-catalyzed hydrogenation of carbon dioxide to formate. J Mater Chem A，2019，7（23）：14019-14026.

[144] Mori K，Sano T，Kobayashi H，Yamashita H. Surface engineering of a supported PdAg catalyst for hydrogenation of CO_2 to formic acid：elucidating the active Pd atoms in alloy nanoparticles. J Am Chem Soc，2018，140（28）：8902-8909.

[145] Liu Q，Yang X F，Li L，Miao S，Li Y，Li Y Q，Wang X K，Huang Y Q，Zhang T. Direct catalytic hydrogenation of CO_2 to formate over a schiff-base-mediated gold nanocatalyst. Nat Commun，2017，8：1407.

[146] Wu C Y，Zhang Z F，Zhu Q G，Han H L，Yang Y Y，Han B X. Highly efficient hydrogenation of carbon dioxide to methyl formate over supported gold catalysts. Green Chem，2017，17（3）：1467-1472.

[147] Corral-Pérez J J，Copéret C，Urakawa A. Lewis acidic supports promote the selective hydrogenation of carbon dioxide to methyl formate in the presence of methanol over Ag catalysts. J Catal，2019，380：153-160.

[148] Heine C，Lechner B A J，Bluhm H，Salmeron M. Recycling of CO_2：probing the chemical state of the Ni(111) surface during the methanation reaction with ambient-pressure X-ray photoelectron spectroscopy. J Am Chem Soc，2016，138（40）：13246-13252.

[149] Mutz B，Carvalho H W P，Mangold S，Kleist W，Grunwaldt J D. Methanation of CO_2：structural response of a Ni-based catalyst under fluctuating react ion conditions unraveled by operando spectroscopy. J Catal，2015，327：48-53.

[150] Muroyama H，Tsuda Y，Asakoshi T，Masitah H，Okanishi T，Matsui T，Eguchi K. Carbon dioxide methanation over Ni catalysts supported on various metal oxides. J Catal，2016，343：178-184.

[151] Zhen W L，Gao F，Tian B，Ding P，Deng Y B，Li Z，Gao H B，Lu G X. Enhancing activity for carbon dioxide methanation by encapsulating (111) facet Ni particle in metal-organic frameworks at low temperature. J Catal，2017，348：200-211.

[152] Wang F，He S，Chen H，Wang B，Zheng L R，Wei M，Evans D G，Duan X. Active site dependent reaction mechanism over Ru/CeO_2 catalyst toward CO_2 methanation. J Am Chem Soc，2016，138（19）：6298-6305.

[153] Shin H H，Lu L，Yang Z，Kiely C J，McIntosh S. Cobalt catalysts decorated with platinum atoms supported on barium zirconate provide enhanced activity and selectivity for CO_2 methanation. ACS Catal，2016，6（5）：2811-2818.

[154] Melo C I，Szczepanska A，Bogel-Lukasik E，da Ponte M N，Branco L C. Hydrogenation of carbon dioxide to methane by ruthenium nanoparticles in ionic liquid. ChemSusChem，2016，9（10）：1081-1084.

[155] Matsuo T，Kawaguchi H. From carbon dioxide to methane：homogeneous reduction of carbon dioxide with hydrosilanes catalyzed by zirconium-borane complexes. J Am Chem Soc，2006，128（38）：12362-12363.

[156] Park S，Bezier D，Brookhart M. An efficient iridium catalyst for reduction of carbon dioxide to methane with trialkylsilanes. J Am Chem Soc，2012，134（28）：11404-11407.

[157] Inui T，Yamamoto T，Inoue M，Hara H，Takeguchi T，Kim J B. Highly effective synthesis of ethanol by CO_2-hydrogenation on well balanced multi-functional FT-type composite catalysts. Appl Catal A：Gen，1999，186（1-2）：395-406.

[158] Qian Q L，Cui M，He Z H，Wu C Y，Zhu Q G，Zhang Z F，Ma J，Yang G Y，Zhang J J，Han B X. Highly selective hydrogenation of CO_2 into C_{2+} alcohols by homogeneous catalysis. Chem Sci，2015，6（10）：5685-5689.

[159] Cui M，Qian Q L，He Z H，Zhang Z F，Ma J，Wu T B，Yang G Y，Han B X. Bromide promoted hydrogenation of CO_2 to higher alcohols using Ru-Co homogeneous catalyst. Chem Sci，2016，7（8）：5200-5205.

[160] Bai S X，Shao Q，Wang P T，Dai Q G，Wang X Y，Huang X Q. Highly active and selective hydrogenation of CO_2 to ethanol by ordered Pd-Cu nanoparticles. J Am Chem Soc，2017，139（20）：6827-6830.

[161] Wang L X，Wang L，Zhang J，Liu X L，Wang H，Zhang W，Yang Q，Ma J Y，Dong X，Yoo S J，Kim J G，Meng X J，Xiao F S. Selective hydrogenation of CO_2 into ethanol over cobalt catalysts. Angew Chem Int Ed，2018，57（21）：6104-6108.

[162] Wang Y，Zhang J J，Qian Q L，Bernard B A B，Cui M，Yang G Y，Yan J，Han B X. Efficient synthesis of ethanol by methanol homologation using CO_2 at lower temperature. Green Chem，2019，21（3）：589-596.

[163] Qian Q L，Cui M，Zhang J J，Xiang J F，Song J L，Yang G Y，Han B X. Synthesis of ethanol via reaction of dimethyl ether with CO_2 and H_2. Green Chem，2018，20（1）：206-213.

[164] Zhang J J，Qian Q L，Cui M，Chen C J，Liu S S，Han B X. Synthesis of ethanol from paraformaldehyde CO_2 and

H_2. Green Chem，2017，19（18）：4396-4401.

[165] Yang H Y，Zhang C，Gao P，Wang H，Li X P，Zhong L S，Wei W，Sun Y H. A review of the catalytic hydrogenation of carbon dioxide into value-added hydrocarbons. Catal Sci Technol，2017，7（20）：4580-4598.

[166] Saeidi S，Najari S，Fazlollahi F，Nikoo M K，Sefidkon F，Klemes J J，Baxter L L. Mechanisms and kinetics of CO_2 hydrogenation to value-added products：a detailed review on current status and future trends. Renew Sustain Energy Rev，2017，80：1292-1311.

[167] Wei J，Ge Q J，Yao R W，Wen Z Y，Fang C Y，Guo L S，Xu H Y，Sun J. Directly converting CO_2 into a gasoline fuel. Nat Commun，2017，8：15174.

[168] Choi Y H，Jang Y J，Park H，Kim W Y，Lee Y H，Choi S H，Lee J S. Carbon dioxide fischer-tropsch synthesis：a new path to carbon-neutral fuels. Appl Catal B：Environ，2017，202：605-610.

[169] He Z H，Cui M，Qian Q L，Zhang J J，Liu H Z，Han B X. Synthesis of liquid fuel via direct hydrogenation of CO_2. Proc Natl Acad Sci USA，2019，116（26）：12654-12659.

[170] Gnanamani M K，Jacobs G，Hamdeh H H，Shafer W D，Liu F，Hopps S D，Thomas G A，Davis B H. Hydrogenation of carbon dioxide over Co-Fe bimetallic catalysts. ACS Catal，2016，6（2）：913-927.

[171] Gao P，Dang S S，Li S G，Bu X N，Liu Z Y，Qiu M H，Yang C G，Wang H，Zhong L S，Han Y，Liu Q，Wei W，Sun Y H. Direct production of lower olefins from CO_2 conversion via bifunctional catalysis. ACS Catal，2018，8（1）：571-578.

[172] Xie C L，Chen C，Yu Y，Su J，Li Y F，Somorjai G A，Yang P D. Tandem catalysis for CO_2 hydrogenation to C_2～C_4 hydrocarbons. Nano Lett，2017，17（6）：3798-3802.

[173] Gao P，Li S G，Bu X N，Dang S S，Liu Z Y，Wang H，Zhong L S，Qiu M H，Yang C G，Cai J，Wei W，Sun Y H. Direct conversion of CO_2 into liquid fuels with high selectivity over a bifunctional catalyst. Nat Chem，2017，9（10）：1019-1024.

第5章 生物质的资源化利用

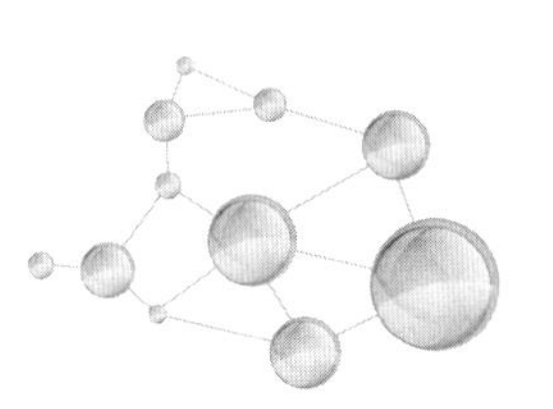

生物质是指一切直接或间接利用绿色植物光合作用形成的各种有机体，包括所有的动植物和微生物，如木质纤维素、甲壳素、油脂、微生物、蛋白质等。生物质是十分丰富的可再生碳资源。以生物质为原料可以制备燃料、化学品及功能材料等。本章着重讨论木质纤维素、甲壳素、油脂、微藻的资源化利用。

5.1 木质纤维素转化为化学品和燃料

木质纤维素是最重要的生物质之一。通过光合作用，每年木质纤维素的再生量约为2000亿吨。木质纤维素主要由纤维素、半纤维素和木质素组成，其利用潜力巨大。

早期生物质能利用主要是直接燃烧利用，虽然投资小，但效率低且只能作为燃料使用。另外，生物质通过生物转化方法，可在生物酶的作用下转化为沼气、甲醇及乙醇等。沼气技术是我国生物质能利用的重要技术之一，在全国已经得到了推广。

木质纤维素转化可制备化学品和能源产品[1]。转化主要有热化学法和水解法（图5.1）。热化学法可分成气化法和热裂解法。气化法是先将生物质转化为合成气（氢气、CO），然后通过费-托合成制备化学品和燃料。热裂解法是将生物质在较高温度下裂解成生物油，这种液体产物可以直接作为燃料使用，也可以通过进一步加工制备高品质燃料和化学品。热化学法的优点是原料普适性强、利用率高，缺点是转化温度高。水解法是指先将木质纤维素分离成纤维素、半纤维素和木质素，然后分别转化利用。此方法的主要优点是操作条件较温和，可根据原料特性合成目标产品等，缺点是前处理分离过程复杂、原料利用率较低等。

5.1.1 热化学法转化

5.1.1.1 气化法制备高品质产品

费-托合成反应是气化法制备燃油和化学品的基础。在此过程中，生物质气化

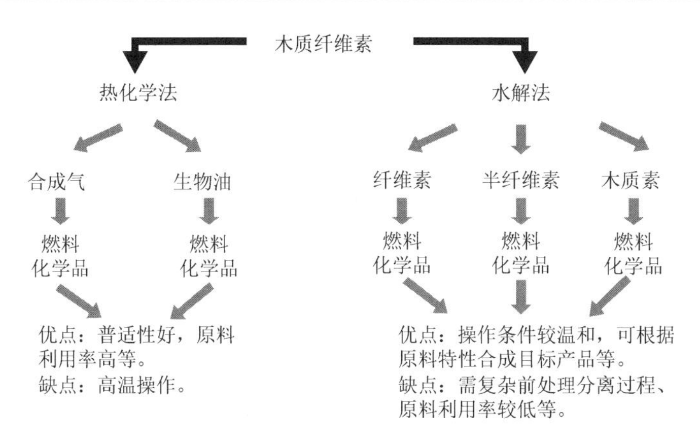

图 5.1　热化学法和水解法转化木质纤维素制备重要化学品和燃料

产生的合成气，通过费-托合成制备烷烃及含氧化合物等液体燃料或化学品。此技术突出的特点是产品纯度高，几乎不含 S、N 等杂质。由于受到费-托合成经典 ASF 烃分布规律的限制，一般很难由该过程直接获得烃碳数集中于 8～16 区间的航空煤油。研究发现，利用费-托合成中烯烃自循环引发的额外碳链增长机制，能够实现一种反 ASF 规律的产物分布，以松木或杉树皮为原料可制备航空煤油。中国科学院大连化学物理研究所洁净能源国家实验室（筹）、日本富山大学和中国科学院山西煤炭化学研究所合作，并联合 MRJ 客机生产商三菱重工业公司，实现了该技术的工业级示范[2]。

5.1.1.2　热裂解法制备生物油

木质纤维素在 500℃左右进行热裂解可以制备生物油，主要包括快速加热、冷凝等过程[3]。在适当条件下生物油的产率可以达到 70%以上，主要成分为醇、醛、酸、酚类物质。与气化法相比，此方法的优点在于通过热裂解直接得到生物油，可用作锅炉燃料等。裂解得到的燃料油性质不稳定，在储存和运输过程中其物化性质都会发生变化。生物油需要进行加氢脱酸脱氧等步骤才能得到高品质运输燃料。目前国内外已有一些热裂解法制备生物油的中试和半商业化技术和装置。

5.1.1.3　制氢

氢气热值很高，并且无毒、质轻、燃烧性良好。由于其燃烧过程只产生水，是公认的清洁能源，其开发利用有助于解决环境污染问题。

生物质制氢方法，原料可再生，并且可以采用造纸、生物炼制以及农业的废弃物为原料，具有节能、清洁等优点。目前生物质制氢有化学法制氢和生物法制氢两种。其中，化学方法包括高温气化、催化热解或超临界水气化等，被认为是有前途的生物质利用技术。在这些过程中，往往需要催化剂，减少贵金属催化剂

的使用是降低反应过程成本的重要方面。提高催化剂的催化活性、高抗焦性和长期稳定性是化学方法生物质制氢的重要研究方向。

高温气化制氢是指以空气（氧气）、水蒸气、氢气等作为气化剂，在高温下，通过热化学反应将生物质中可以燃烧的部分转化为可燃气的过程。可燃气的有效成分为 H_2、CO 和 CH_4 等，经过分离后得到纯氢。气化剂的类型对制氢过程有重要影响。一般来说，以氧气为气化剂时产氢量高，但成本高，以空气为气化剂时虽然成本低，但产物中会存在大量氮气[4]。

气化反应温度一般较高，条件苛刻，可以借助催化剂加速中低温反应。以铈改性的镍（CeO_2-NiO）为催化剂，以水蒸气和 CO_2 的混合气体为气化剂，在 400℃开始形成 H_2，温度升高到 650℃时，气体产物中氢的量大幅度增加[5]。高温气化所产生的气体中会含有微粒、焦油、碱金属、硫化氢和氨等污染物，造成堵塞和腐蚀问题。在一种两级气化炉中，煤基活性炭作为唯一的焦油去除剂，各种类型的木质生物质气化，如木材颗粒、玉米秸秆、棕榈核壳和棕榈核饼，所产生的气体中均有很高的氢含量和低焦油含量[6]。停留时间、气化温度及催化剂都会影响产氢的效率。研究发现，以空气和水蒸气为气化剂，在流化床反应器中，以 $Ni/CeO_2/Al_2O_3$ 为催化剂，高温和高催化剂负载量有利于焦油的裂解和高纯度氢的产生，当停留时间为 60 min 时，在 $Ni/CeO_2/Al_2O_3$ 存在下，焦油裂解效率比没有催化剂的情况下提高了 196%；而在 Ni/Al_2O_3 存在下，比没有催化剂的情况下提高了 162%[7]。

催化热解过程是指在隔绝氧气的条件下，生物质受热分解得到气、液、固三种类型的产物，再利用热裂解产生的合成气或者通过催化重整热裂解所得的生物油制取氢气。第一步热解也可以产生氢气，但是量少，耦合第二步，将热解反应产生的烷烃类气体或者生物油进行重整，可以提高氢气的产量。首先将生物质在热解反应器中快速热解，然后经过流化床反应器水相重整，这是一种非常适合生物质产氢的策略。研究发现，Ni/Al_2O_3 中加入 CeO_2 不仅能够促进焦炭的气化，而且能够延长催化剂的寿命[8]。在 Ni/Al_2O_3 催化剂中加入 La_2O_3 同样可以延长催化剂的寿命，并且 La_2O_3 有利于水的吸附和解离，这些都促进了焦炭的气化，防止催化剂失活[9]。近年来，人们还发展了塑料和生物质混合物的热解制氢技术，Ni-CaO-C 催化剂能够催化塑料/生物质的热解/气化产氢。所得气体产物中含有高的 H_2 浓度和低的 CO_2 浓度[10]。热解技术存在的最主要的问题之一是反应条件苛刻、能耗高及选择性低。所报道的“一锅两步法”制氢策略，H_2 的产率可以达到 95%。以生物质为原料，串联两个反应，首先纤维素和半纤维素转化为甲酸，然后甲酸分解产生 H_2，虽然两步所采用的催化剂和反应温度都不同，但是反应过程无须纯化，气体中 CO 及 CH_4 含量低[11]。

超临界水中生物质气化制氢是利用超临界状态下的水作为反应介质，生物质在其中经热解、氧化、还原等一系列热化学反应，产生以氢气为主的合成气，这种技术称为超临界水气化技术。这是一种有效的热化学转化技术，特别适合处理高含水量的原料，具有不需要昂贵的原料脱水/干燥工艺，产品净化成本低等优点[12]。ZnO掺杂的纳米 MgO 催化剂能够催化超临界水中油棕榈叶气化制氢，虽然 $Mg_{0.80}Zn_{0.20}O$ 催化剂的比表面积最小，但具有很多的碱性中心，因此产生总气体多、H_2 产率高[13]。将 Ni(Ⅱ)浸渍到蔗渣和果皮中，在超临界和亚临界水中气化制氢，与雷尼镍催化气化相比，这种原位浸渍的方法不仅提高了 H_2 产率，而且提高了总气产量，促进了两种原料的气化效率[14]。Ni-Co/Mg-Al 催化剂对生物质气化表现出了比 Ni/Mg-Al 和 Co/Mg-Al 更高的活性。共沉淀法制备的 Ni_2Co_4 催化剂具有很好的催化性能，可以催化不同种类的生物质产氢，具有低热稳定性、低结晶度和高灰分性质的生物质的产氢率更高[15]。

以酶为催化剂生物方法制氢反应条件温和，但往往产氢率低。低产氢率阻碍了其工业应用。银杏叶的加入能够提高甘蔗糖蜜发酵制氢的产率[16]。用水稻废料（稻草、稻糠等）进行发酵制氢研究的结果表明，提高发酵温度可以提高多种原料的产氢率[17]。采用稀盐酸对生物质原料进行预处理，获得预处理液。以此为基质，通过对实验中涉及的微生物进行分析发现，梭菌类对该发酵制氢有促进作用，微生物在发酵制氢过程中可循环使用[18]。

5.1.2　水解法转化

木质纤维素分离为纤维素、半纤维素、木质素组分后，可以分别转化制备化学品和燃料，如图 5.2 所示。

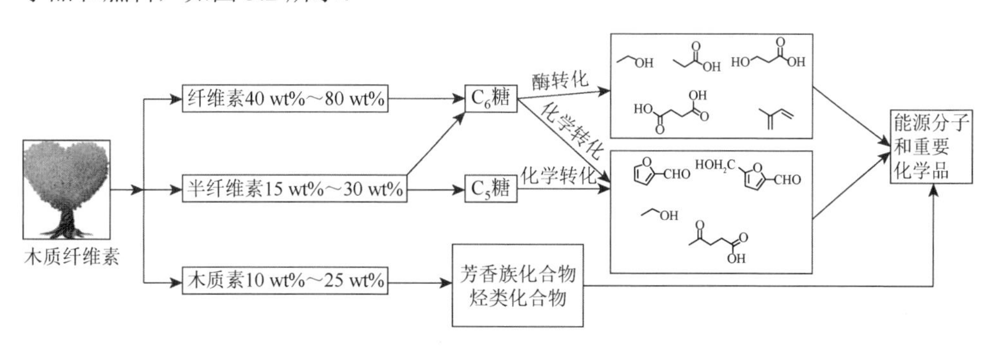

图 5.2　水解法转化木质纤维素

5.1.2.1　纤维素和半纤维素转化

通过酶或酸催化，纤维素可以水解为葡萄糖，半纤维素也可水解得到相应的 C_6 和 C_5 糖单体[19]。传统无机酸（如 H_2SO_4）对纤维素和半纤维素的水解表现出高活性，但是对设备腐蚀性强，并且不易回收。固体酸、杂多酸等可以克服传统

无机酸的缺点，近年来已被成功用于催化纤维素和半纤维素的水解[20]。离子液体也可以用于催化纤维素解聚，将能溶解纤维素和能催化纤维素解聚的离子液体混合形成混合离子液体，可以实现纤维素的溶解和原位催化解聚，溶解和催化作用对纤维素解聚都很重要。体系中对纤维素溶解能力强的离子液体的存在是实现纤维素有效解聚的关键[21]。此外，微波辅助、机械研磨等手段也可以促进纤维素和半纤维素的水解。

通常，纤维素和半纤维素水解生成单糖的产率很高。因此，纤维素和半纤维素的转化利用很大程度上取决于相应糖单体的进一步转化。

1）纤维素转化为醇类化合物

纤维素通过水解和加氢两类反应过程能够转化为多元醇类化合物。负载型 Ru/C 催化剂在热水中能够催化纤维素转化为六碳醇（山梨醇和甘露醇等）。在此过程中，热水本身的酸性促进纤维素水解为葡萄糖，葡萄糖在 Ru/C 上加氢得到多元醇[22]。

碳化钨可以作为催化剂高选择性地催化纤维素转化制备乙二醇，Ni 通过与碳化钨的协同效应可大大提高乙二醇的产率。Ni-W_2C/AC 催化剂催化纤维素转化制备乙二醇的收率可达到 61%，表现出了比贵金属催化剂 Pt/Al_2O_3 更好的催化性能[23]。SiO_2 负载的 NiCu 双金属催化剂可以高效催化木糖醇加氢制备乙二醇、丙二醇等。研究表明，在 Cu-SiO_2 催化剂中加入适量的 Ni，有利于 Cu 的分散、催化剂的还原以及 Ni 表面 Cu-Ni 合金的富集。NiCu-SiO_2 表现出了比 Ni/SiO_2、Cu/SiO_2 更好的催化性能，主要归因于双金属催化剂对 C—OH 脱氢和 C═O 加氢更高的活性，并且 Ni 的结构和电子效应使活性中心更抗烧结[24]。多元醇是重要的大宗化学品，工业生产高度依赖于化石资源，这些工作开辟了利用可再生资源制备多元醇的途径，具有良好的应用前景。

乙醇应用范围广、用量大。生物乙醇已成为目前大规模工业化的生物燃料。2016 年全球生物燃料乙醇总产量约为 8000 万吨，联合国粮食及农业组织预计，2020 年全球生物燃料乙醇总产量将达到 1.2 亿吨。当今世界发酵生物乙醇的主要原料为玉米、土豆、糖类作物和植物纤维素。植物纤维素具有量大、易于取材，且不与人争粮的优点，具有更广阔的发展前景[25]。但以纤维素为原料，用生物技术制备乙醇需要多个过程，目前效率较低、成本较高。化学催化具有速度快、效率高等优点。采用氧化-加氢策略，经两步法可以将纤维素转化为乙二醇和乙醇。在甲醇中，利用钨基催化剂，在 240℃和 1 MPa O_2 条件下，纤维素能够转化为乙醇酸甲酯，所获得的乙醇酸甲酯很容易通过蒸馏分离。乙醇酸甲酯在 Cu/SiO_2 催化下，在 200℃几乎可以定量转化为乙二醇，在 280℃转化为乙醇[26]。H_2WO_4 与 Pt/ZrO_2 催化剂结合可催化纤维素一锅法制备乙醇，乙醇产率可达到 32%。在反应过程中，H_2WO_4 催化 C—C 键断裂，Pt/ZrO_2 催化剂催化 C—OH 的氢解和 C═O 键加氢，在 ZrO_2 上，合适的 Pt^0 和 Pt^{2+} 比例抑制过度氢解，在高选择性制备乙醇中具有重要的作用[27]。多功能催化剂 Ru-WO_x/HZSM-5 可以高效催化由纤维素一锅法制备乙醇，对于 5 wt%的纤维素水溶液，乙醇产率可达到 53.7%[28]。针对纤维素乙醇生产中纤维素酶和木质素没有有效利用导致乙醇成本高的问题，以制备纤维素乙醇过程中副产的木质素为原料，通过制备木质素聚氧乙烯醚非离子表面活性剂[29]和木质素两性表面活性剂[30]用于强化纤维素的酶解，可显著减少纤维素酶用量[31]；同时利用其 pH 响应和温度响应回收利用纤维素酶[32]，从而降低了纤维素乙醇的成本，同时实现了木质素的高值利用。

2）纤维素转化为各种酸类化合物

纤维素及其衍生的糖类化合物可以被氧化为各种有机酸，如将纤维素氧化生成葡萄糖酸等。迄今已报道多种高效催化剂体系。例如，碳纳米管负载的纳米金可以催化氧化纤维二糖选择性地生成葡萄糖酸，并且反应过程不需要控制 pH 值，但催化性能依赖于碳纳米管表面的酸性[33]。除直接氧化为葡萄糖酸外，纤维素还能在 $H_5PV_2Mo_{10}O_{40}$、$NaVO_3/H_2SO_4$ 等催化剂的作用下氧化为甲酸。研究发现，氧化铜催化剂可以将纤维素在碱性水溶液中氧化为草酸[34]。此外，以 $Pb(NO_3)_2$、Al^{3+}-Sn^{2+}双金属盐、NbF_5-AlF_3、$Er(OTf)_3$、Er 离子交换的蒙脱石等为催化剂，纤维素能够直接转化为重要化工产品乳酸。

3）纤维素加氢制备 C_5/C_6 烃

单糖水相重整可以制备液态烷烃。在这个过程中，山梨醇在双功能金属催化剂 Pt/SiO_2-Al_2O_3 上加氢脱羟基生成不饱和化合物，然后经过连续加氢和重整生成液体烷烃（C_5/C_6）[35]。由纤维素直接加氢制备 C_5/C_6 烃涉及水解、加氢、脱水和加氢脱氧多个过程，目前报道的主要有两种途径。一条为山梨醇路径，纤维素首先经水解转化为葡萄糖，葡萄糖加氢转化为山梨醇，这是生成烷烃的重要中间体。另一条为 5-羟甲基糠醛（5-HMF）路径，纤维素通过水解、异构化、脱水转化为 5-HMF，再经加氢脱氧生成 C_5/C_6 烃[36]。

4）纤维素热裂解制备乙腈

乙腈是重要的化学品和常用的溶剂，在制药、精细化工等领域有广泛的用途，目前乙腈主要采用化石原料生产。研究发现，在氨中，分子筛负载的金属催化剂可以催化纤维素等生物质资源快速裂解直接转化为乙腈[37]。以 CoO_x/HZSM-5 为催化剂，乙腈是纤维素转化的主要产物，碳收率可达到 32.5%，乙腈在生物油中的选择性为 84.6%。实验和理论计算研究表明，在乙腈形成过程中催化剂的—Co—O—Si—位点具有关键的作用。纤维素首先裂解为乙醛、乙酸等含氧化合物，这些化合物与氨反应生成乙腈。此工作为纤维素转化制备乙腈提供了一条可持续的路线。

5）纤维素制备氨基酸

木质纤维素通过化学方法经两步合成可以制备氨基酸类化合物。首先将木质纤维素转化为多种 α-羟基酸中间体，再将 α-羟基酸转化为一系列 α-氨基酸，包括

丙氨酸、亮氨酸、缬氨酸、天冬氨酸和苯丙氨酸等。第二步反应遵循先脱氢再还原胺化的途径，其中脱氢反应是决速步骤。碳纳米管负载的 Ru 纳米颗粒(Ru/CNT)在羟基酸催化转化为氨基酸的反应中表现出优异的性能，主要得益于氨分子对 Ru 催化剂脱氢反应独特的增强效应。基于该催化体系，葡萄糖在两步化学反应中转化为丙氨酸，与微生物转化体系相当[38]。

通过各种反应，纤维素、半纤维素及其相应的单糖可以转化为 5-HMF、糠醛（FAL）、乙酰丙酸、山梨糖醇、乙二醇、甲酸、乳酸、葡萄糖酸等重要化学品和能源产品。而这些化合物的进一步转化也是纤维素和半纤维素转化利用的重要内容[19]。下面将分别进行介绍。

1）5-HMF 转化

葡萄糖、果糖等通过酸催化脱水可得到 5-HMF。其中，D-果糖的脱水反应较易发生，可以在质子酸、L 酸和卤素离子液体等催化剂的作用下经过脱水反应转化为 5-HMF。其他醛糖，如 D-葡萄糖、D-甘露糖、D-半乳糖等也可以转化为 5-HMF，但它们一般需要先异构化为果糖再脱水生成 5-HMF。B 碱、L 酸、酶等均能催化这些醛糖的异构化反应。但是，由于其他单糖异构化为果糖的反应是可逆反应，在相同条件下，由其他己糖转化为 5-HMF 的产率比果糖低。而纤维素需要经过纤维素水解为葡萄糖、葡萄糖异构为果糖、果糖脱水转化为 5-HMF 三步反应，反应过程更复杂，5-HMF 产率一般更低[39]。作为一种重要的生物质平台分子，5-HMF 近年来受到广泛关注[40]。通过各种反应，5-HMF 可以转化为多种重要化学品，如己二醇、己二酸、环状内酯、各种呋喃衍生物等（图 5.3）。其中，5-HMF 的选择性加氢和氧化反应研究最多。

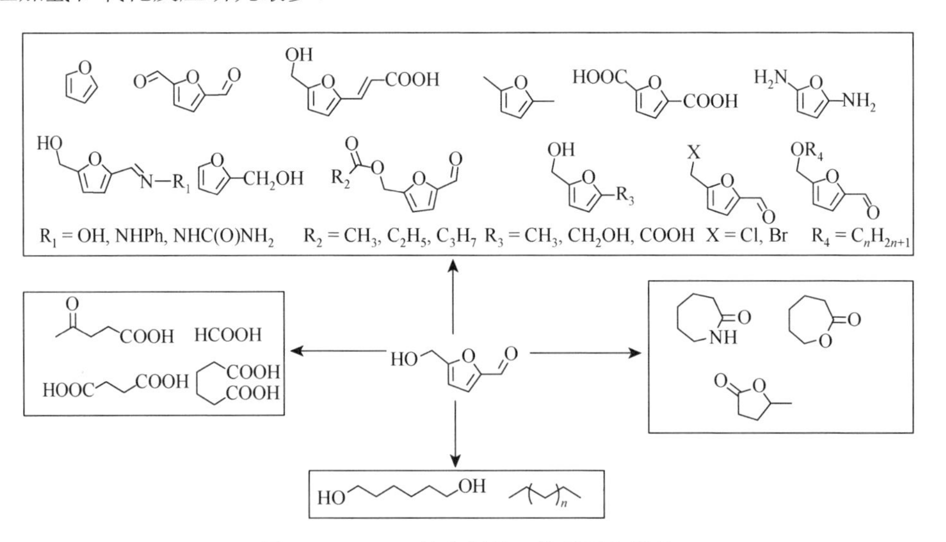

图 5.3　5-HMF 转化制备一些重要化学品

离子液体与金属氯化物耦合能够高效催化葡萄糖转化为 5-HMF。在 1-乙基-3-甲基咪唑氯盐（[EMIm]Cl）中，$CrCl_2$ 催化葡萄糖转化可以获得 68%的 5-HMF 产率[41]。$SnCl_4$ 可以在 1-乙基-3-甲基咪唑四氟硼酸盐（[EMIm][BF_4]）中将葡萄糖高效地转化为 5-HMF。该催化体系在葡萄糖浓度高达 26 wt%的条件下催化效率仍然很高。研究表明，Sn 原子与葡萄糖形成的五元环螯合物在 5-HMF 的形成过程中起到重要的作用[42]。通过 $RuCl_3$ 促进纤维素的水解，与 $CrCl_2$ 和离子液体[EMIm]Cl 协同作用，能够将纤维素高效转化为 5-HMF[43]。磷酸化的 TiO_2 作为一种多相催化剂能够催化果糖、葡萄糖、纤维二糖及蔗糖转化为 5-HMF，当以纤维素为原料时 5-HMF 的产率较低，然而经过球磨酸处理，能够有效降低纤维素的结晶度和粒径，形成可溶性的低聚物，增强了底物与催化活性中心的接触，能够有效促进 5-HMF 的生成[44]。$HfO(PO_4)_2$ 在 NaCl-H_2O/THF 两相体系中能够高效催化纤维素转化制备 5-HMF，对果糖、葡萄糖、纤维二糖、蔗糖、淀粉及麦秸等都有活性，并且催化剂可以循环使用[45]。

通过加氢反应，5-HMF 可以转化为 2, 5-二羟甲基呋喃（DHMF）、2, 5-二羟甲基四氢呋喃（DHTHF）、2, 5-二甲基呋喃（2, 5-DMF）、2, 5-二甲基四氢呋喃（DMTHF）、己二醇（HOL）等（图 5.4）。这些产物都是高附加值的化学品，如 DHMF 具有独特的对称结构，在醚、酮和聚合物的生产中有着广阔的应用前景；DHTHF 是一种重要的有机化学品，作为原料可以合成药物中间体、核苷衍生物、冠醚等，也可用作溶剂、软化剂、湿润剂、黏结剂、表面活性剂、增塑剂等；2, 5-DMF 和 DMTHF 被认为是可以替代乙醇的新型液体生物燃料；己二醇可以作为合成聚酯、聚氨酯的单体。但是如果同时生成多种化合物，会给后续分离带来困难，因此选择性的控制至关重要。由于该反应过程涉及 C═O 双键、C—O 单键以及 C═C 双键的还原，高选择性得到某一种化学品是一个难题。

涉及 C═O 双键加氢以及呋喃环加氢的 5-HMF 选择性氢解，反应条件一般比较温和，5-HMF 加氢选择性制备 DHMF 或 DHTHF 均可以在室温下实现。然而，涉及脱羟基反应以及呋喃环开环的 5-HMF 的选择性氢解，反应条件往往比较苛刻。目前，5-HMF 经脱羟基反应制备 2, 5-DMF 的研究较多，所报道的催化体系包括 Ru 基、Pt 基等贵金属催化体系和 Cu 基、Ni 基等非贵金属催化体系，反应条件比较苛刻，5-HMF 很容易自身发生反应生成胡敏素，导致目标产物的选择性差。因此，开发温和条件下 5-HMF 转化制备重要化学品的催化体系至关重要。在酸性条件下 Pd 基催化剂能够在 100℃以下催化 5-HMF 选择性加氢制备 2, 5-DMF，然而酸的腐蚀性往往会限制其应用。无添加剂、温和条件下 5-HMF 选择性加氢制备 2, 5-DMF 是目前研究的重点。在酯类化合物中制备的 Pd/C 催化剂，在无酸条件下，在 80℃可实现 5-HMF 选择性加氢制备 2, 5-DMF[46]。水滑石（layered double hydroxides）负载的 Co 催化剂能够高效催化 5-HMF 加氢生成 2, 5-DMF。Co 在载

体上的均匀分散以及载体与金属活性组分的相互作用有利于催化活性提高，因此反应可在相对温和的条件下发生[47]。

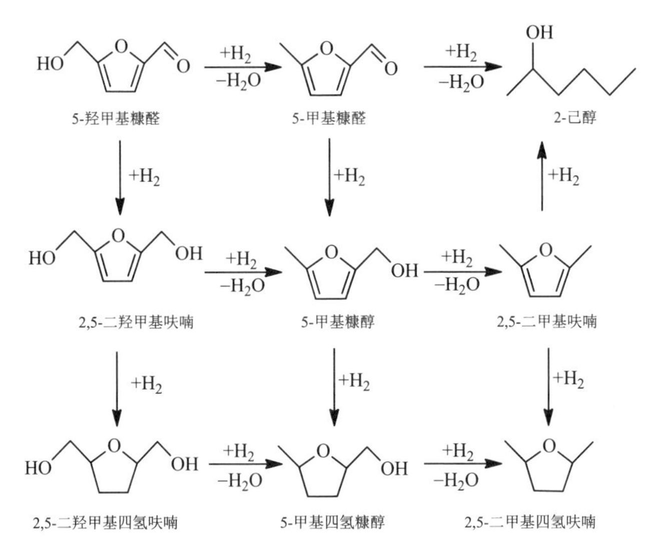

图 5.4　5-HMF 选择性加氢反应路径

2, 5-呋喃二甲酸（FDCA）被美国能源部评为 12 种最具潜力的生物质基平台化合物之一。FDCA 可以用来合成生物质基高分子材料，由于其中含有芳香环结构，可以有效提高所合成高分子材料的耐热性和机械性能。5-HMF 作为生物质平台分子，能够通过氧化反应制备 FDCA，并且 O_2 是最理想的氧化剂。在氧化过程中会伴随着呋喃二甲醛（DFF）、5-羟甲基-2-呋喃甲酸（HMFCA）、5-醛基-2-呋喃甲酸（FFCA）生成，并且由于羟甲基和醛基都很活泼，很容易过氧化生成胡敏素（图 5.5）。已报道的催化剂包括负载型 Pd、Pt、Au 等贵金属催化剂以及非贵金属 Fe、Cu、Co 基催化剂等，发展廉价、易得、高效、绿色的催化体系仍然是该反应的重要研究内容。

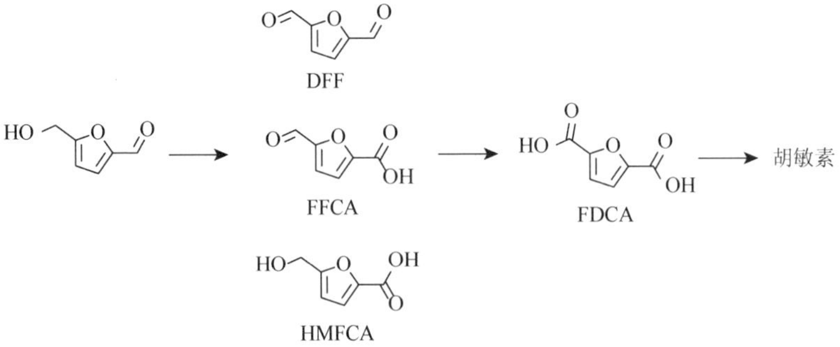

DFF
FFCA
FDCA
胡敏素
HMFCA

图 5.5　5-HMF 氧化过程

对于贵金属催化剂，催化体系中的微环境、载体的性质、金属的晶面等都会影响催化剂的活性。例如，采用具有特定晶面的 Pt 纳米晶作为催化剂，在 Pt(100)表面，O_2 分子发生解离，与 H_2O 反应生成·OH；在 Pt(111)表面，O_2 分子被还原形成·O_2^-。这是由于在(100)晶面，Pt 原子的无序排列和相对低的配位数有利于 O_2 的解离。在不同的晶面形成不同的自由基物种，对于 5-HMF 氧化的性能不同，呈现(100)晶面的立方 Pt 具有最高的催化活性和 FDCA 的收率[48]。Au/CeO_2 可以作为催化剂催化 5-HMF 氧化制备 FDCA，载体的形貌会影响催化剂的性能。当 CeO_2 呈现纳米棒状结构时，催化剂的活性最高。研究发现，Au/CeO_2 界面上的氧空位通过影响 Au 的尺寸、价态和界面酸性等性质影响催化性能。氧空位最多的纳米棒状 CeO_2 负载的 Au 催化剂中阳离子金的比例较高，并且 CeO_2 和 Au 纳米粒子之间呈现出更多的界面 L 酸性位点。界面 L 酸、相邻 Au 纳米颗粒与 NaOH 之间的协同作用可有效激活羟基、醛和分子 O_2 促进氧化反应的进行[49]。在水溶液中，单原子的 Pd-MnO_2 催化剂能够在常压条件下将 5-HMF 氧化为 FDCA，并且催化剂稳定性好，但反应体系中需要加入 K_2CO_3[50]。很明显，这些体系采用了贵金属催化剂，并且反应都需要在碱性条件下进行。碳纳米管（CNT）负载的 Au-Pd 双金属催化剂（Au-Pd/CNT），在没有碱存在的条件下即可催化水中的 5-HMF 选择性氧化制备 FDCA。CNT 表面的官能团是 FDCA 形成的关键因素之一。含有更多羰基/醌和较少羧基的 CNT 通过增强反应物和反应中间体的吸附促进 FDCA 的形成[51]。非贵金属催化剂的活性往往低于贵金属催化剂，但采用非贵金属仍然是人们追求的目标。非贵金属 Mn 和 Fe 的混合氧化物，能够在温和条件下催化 5-HMF 氧化制备 FDCA[52]。人们还尝试了光催化的 5-HMF 氧化过程，利用表面杂化技术将含硫氮杂金属卟啉键合到氮化碳上，可以在常温常压下高选择性地氧化 5-HMF 制备 FDCA，单线态氧是该反应高选择性的关键因素[53]。

己二酸是生产尼龙-66 的重要单体。由 FDCA 加氢制备 2, 5-二羧酸四氢呋喃（THFDCA），再经加氢脱氧制备己二酸是制备生物质基己二酸的重要路线，开发高活性、高选择性的催化剂促进四氢呋喃环断裂开环是提高己二酸收率的关键。此方面的研究不断取得进展[54, 55]。铌酸负载的铂催化剂（Pt/$Nb_2O_5\cdot xH_2O$）可以催化水溶液中 FDCA 加氢脱氧制备己二酸。研究表明，铌酸中的 L 酸性位（Nb^{5+}）吸附活化呋喃环中 C—O—C 键，而 Pt 活化 H_2，解离的氢迁移至 $Nb_2O_5\cdot xH_2O$ 表面促进 C—O—C 键断裂。铌酸中 B 酸性位还可能通过脱水反应催化中间体（如 2-羟基己二酸）的 C—OH 断裂。此外，Pt 的粒径大小直接影响催化剂的性能，粒径约为 3.8 nm 的金属 Pt^0 显示最高的己二酸选择性[56]。

1, 6-己二醇也可以通过 5-HMF 经氢解、呋喃环开环制备。1, 6-己二醇可以经脱氢制备己内酯，并进一步与 NH_3 反应得到己内酰胺。己内酰胺是尼龙-6 的单体，尼龙-6 是一种重要的聚合物，年产约 400 万吨。由 5-HMF 制备己内酰胺的路线，原料可再生，是一条具有应用前景的路线。以甲酸为氢源，1, 6-己二醇的生成主要通过 5-HMF 的呋喃环直接开环和后续的不饱和 C═O 键和 C═C 键的加氢实现[57]。5-HMF 也可以首先加氢得到 2, 5-二羟甲基四氢呋喃，再进一步转化生成 1, 2, 6-己三醇。酸性催化剂催化下，1, 2, 6-己三醇异构化为 2-羟甲基-2*H*-吡喃，然后加氢得到 1, 6-己二醇[58]。

2）糠醛转化

糠醛是另一类重要的呋喃类生物质平台化合物，它的分子结构中含有醛基、二烯基醚官能团。因此，糠醛具有醛、醚、二烯烃等化合物的性质，可以转化为多种衍生物，在合成塑料、医药、农药等领域有广阔的应用前景。

与合成 5-HMF 类似，糠醛可以由戊糖和半纤维素等经过酸催化脱水制备，所用的催化剂包括质子酸、L 酸和固体酸等。溶剂对糠醛的产率有很大影响。例如，通过比较 20 种不同溶剂中的木糖脱水反应，发现糠醛在不同溶剂中的收率由高到低依次为：二甲基亚砜＞甲苯＞甲酸甲酯＞四氢呋喃＞2-丁醇＞愈创木酚＞异丙醇＞乙酸甲酯＞丙酮＞1-丁醇＞1-丙醇＞乙醚＞甲醇＞环戊酮＞十六烷＞呋喃＞水＞乙二醇＞羟基丙酮＞2, 5-二甲氧基四氢呋喃。此外，采用混合溶剂体系、两相体系或者离子液体体系，可以进一步提高糠醛的产率[59]。

由于糠醛分子中含有多种官能团，糠醛选择性加氢可以生成多种产物（图 5.6）。不同的金属、反应条件以及氢源都会影响反应和产物分布[60]。研究发现，碳化钼和氮化钼在糠醛加氢反应过程中会优先活化 C═O 和 C—OH 键，而不是 C═C 键，因此能够选择性地催化糠醛加氢生成糠醇，并进一步氢解为甲基呋喃，并且纯相 α-MoC 的催化活性比 β-Mo_2C 和 γ-Mo_2N 高。另外，糠醛加氢速率和产物的选择性可以通过溶剂进一步调控。一方面，一级醇和二级醇作为氢的供体可以提高反应速率。另一方面，在热力学上，醇有利于在碳化钼和氮化钼上解离吸附，在反应条件下，催化剂表面被大量醇覆盖，反应底物在活性中心的吸附以及在催化剂表面形成反应过渡态的空间位阻可由醇的大小调节。溶剂效应使糠醛加氢在小分子甲醇溶剂中更容易生成糠醇，在 2-丁醇溶剂中更容易生成 2-甲基呋喃[61]。

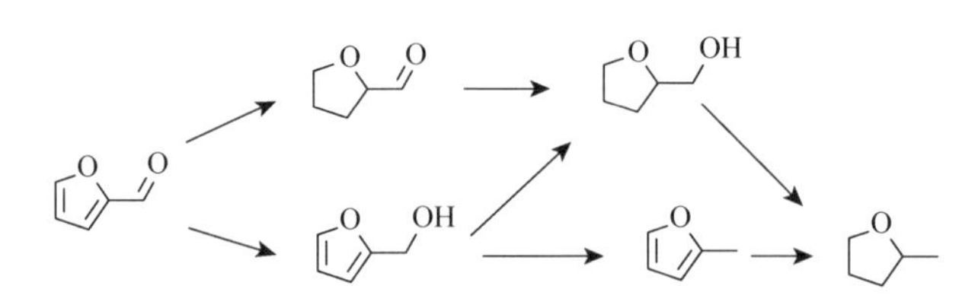

图 5.6　糠醛选择性加氢路径

除了 C═C 双键、C═O 双键的加氢以及 C—OH 的氢解脱水外，在催化剂的作用下，经加氢、呋喃环开环可以制备链状二醇类化合物，主要包括 1, 4-戊二醇、1, 5-戊二醇、1, 2-戊二醇。这些链状二醇类化合物在消毒剂、化妆品等领域都有广泛的应用，并且可以用作聚酯单体。在糠醛转化制备二醇类化合物的过程中，选择性的控制是关键。在 Rh 基催化体系中，首先糠醛加氢生成四氢糠醇，四氢糠醇在 1 号位开环得到 1, 2-戊二醇，在 2 号位开环得到 1, 5-戊二醇（图 5.7）。从热力学角度，1, 2-戊二醇的形成比 1, 5-戊二醇的形成更有利。然而，产物分布在很大程度上取决于催化剂、添加剂、溶剂的性质[62]。生成 1, 5-戊二醇的另外一条路径是四氢糠醇首先异构化为二氢吡喃，后经水合得到 2-羟基四氢吡喃，再进一步加氢开环得到 1, 5-戊二醇。由于竞争反应相对较少，该条路径 1, 5-戊二醇的产率较高（图 5.8）[63]。

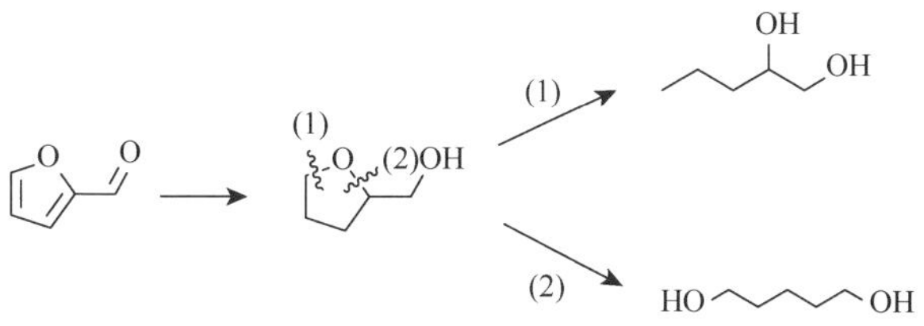

(1) OH OH (1) O (2)OH (2) HO OH

图 5.7　糠醛经四氢糠醇中间体转化制备 1, 2-戊二醇和 1, 5-戊二醇

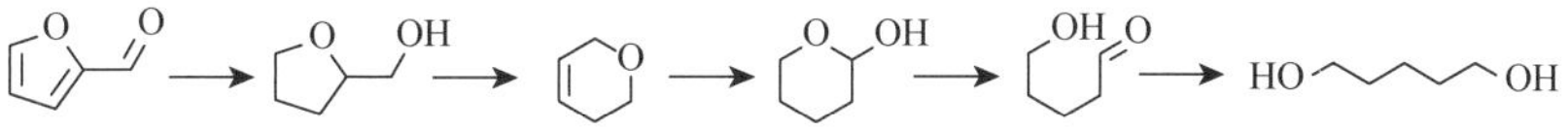

O O O OH O O OH OH O HO OH

图 5.8　糠醛经二氢吡喃中间体转化制备 1, 5-戊二醇

在 Pt 基催化剂上糠醛加氢生成糠醇，糠醇可以直接开环加氢得到 1-羟基-2-戊酮，并进一步加氢得到 1, 2-戊二醇（图 5.9）[64]。

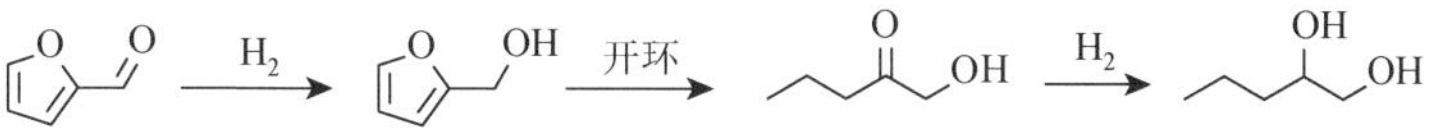

O O H_2 O OH 开环 O OH H_2 OH OH

图 5.9　糠醛经 1-羟基-2-戊酮中间体转化制备 1, 2-戊二醇

NiSn 合金催化剂具有很强的表面酸性，能够催化糠醛转化为 1, 4-戊二醇。在与甲基呋喃选择性加氢到四氢甲基呋喃的竞争反应中，氢解反应更快，因此 1, 4-戊二醇的选择性高（图 5.10）[65]。利用 CO_2 和 H_2O 原位产生的碳酸与金属催化剂耦合能够实现糠醛转化制备 1, 4-戊二醇。糠醛首先选择性氢化生成糠醇；随后，糠醇在酸催化作用下开环，生成戊二烯基中间体，这与 Piancatelli 重排反应中酸催化开环的过程一致。最后，戊二烯基中间体加氢生成 3-乙酰丙醇，再进一步氢化得到目标产物 1, 4-戊二醇[66]。

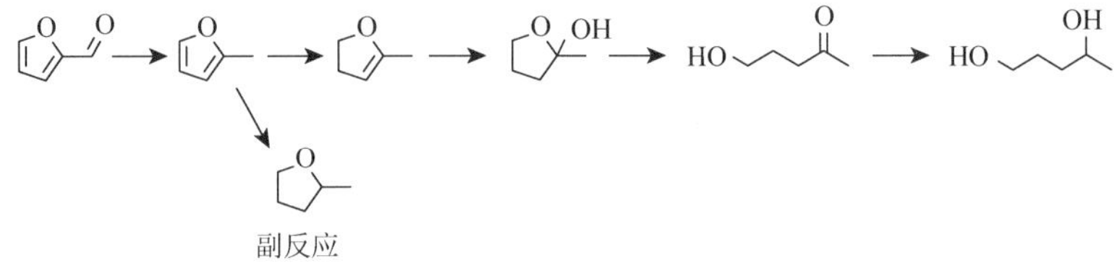

副反应

图 5.10　糠醛转化制备 1, 4-戊二醇

3）乙酰丙酸转化

乙酰丙酸（LA）及乙酰丙酸酯也是一种生物质平台化合物，可用作溶剂、香料、化工中间体和汽柴油燃料添加剂等。乙酰丙酸酯作为燃料添加剂已完成了发动机的燃料性能测试，表现出良好的性能。通过单糖、5-HMF 的水解可以得到 LA。但是由于纤维素可以直接从自然界中来，直接以纤维素为原料制备 LA 仍然更具吸引力，这个过程经历了纤维素水解到单糖，单糖水解到 5-HMF，5-HMF 进一步水解转化为 LA 的三步过程，反应步骤多，导致产率低。尽管 H_2SO_4 催化生物质制备 LA 已实现商业化，但是由于液体酸的腐蚀性，开发更加绿色、高效的催化过程仍然是研究的重点。纤维素高效转化的关键在于其晶体结构氢键的破坏和糖苷键的解聚。将 $Al_2(SO_4)_3$ 溶于醇/水混合溶剂中，通过原位产生的均相 L 酸性位点$[Al(OH)_x(H_2O)_y]_n^+$和 B 酸性位点 H^+催化纤维素的转化，很好地克服了反应中的传质阻碍，在微波加热的条件下，能以较快的速度完成纤维素解聚。同时，两种活性位点为后续的多步转化提供了必要的催化位点，可以高收率得到乙酰丙酸甲酯[67]。

LA 分子中的羰基和酯基为制备下游的精细化学品和药物分子提供了可能性。通过加氢或者氧化等化学反应，LA 可以转化为 GVL、戊酸、马来酸、戊二醇等多种重要化学品。

LA 通过加氢、脱水可以生成一系列化学品（图 5.11）。目前的研究主要集中在 LA 加氢脱水制备 GVL 和甲基四氢呋喃（MTHF）两种产物。

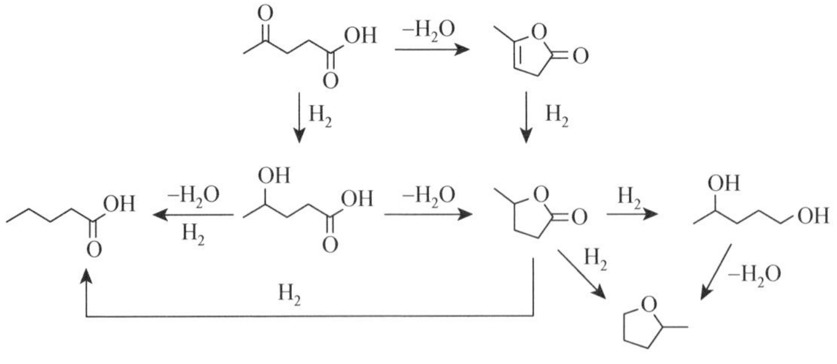

图 5.11　由 LA 氢解水合制备高附加值化学品

GVL 具有优异的物化性能、低毒性和安全储存性能，可用作燃料添加剂、食品配料、医药中间体等。LA 可以在金属催化剂催化下，以 H_2 为还原剂，在室温常压条件下转化为 GVL，金属活性组分的粒径大小、载体的性质都会影响催化剂的性能[68]。将生物质基碳水化合物经酸性水解，将水解产物中的甲酸直接作为氢源，在 Ru 基金属配合物催化下，可实现无外加氢源的 LA 催化氢化合成 GVL，过程简洁、环境友好[69]。

LA 加氢制备 MTHF 涉及酯的加氢，一般反应温度较高，采用溶胶-凝胶法和浸渍法制备的 Cu-Ni/Al_2O_3-ZrO_2 催化剂在 LA 选择性加氢转化为 MTHF 方面表现出优异的性能，载体的酸性以及 Cu 和 Ni 之间的协同效应是促进反应进行的重要因素。在反应中，首先 LA 加氢生成 GVL，然后 GVL 进一步加氢生成 MTHF[70]。

乙酰丙酸酯经羰基和酯基加氢可以得到 1, 4-戊二醇，负载型双金属催化剂 Cu-Fe/SBA-15 中 Cu/Fe 原子比对催化性能有重要的影响，其中比值为 1∶1.5 时效果最好，1, 4-戊二醇的产率可达到 85%。研究表明，催化剂的高活性主要源于金属活性组分的高度分散以及 Fe 的掺杂对 Cu 结构的调控作用。另外，Fe 本身提供了 L 酸性位点，对反应也有促进作用[71]。

4）基于碳碳偶联实现生物质平台分子转化制备液体燃料

将生物质来源的化合物经一系列化学反应转化为液体燃料，是生物质转化研究的重要方面。目前，催化生物质资源转化为有机平台小分子的研究已有很多报道。将生物质原料（主要成分为纤维素、半纤维素和木质素）转化为液体燃料的过程可以通过两个步骤实现。首先将生物质原料转化为有机平台小分子，然后通过一系列化学反应转化为液体燃料或化学品。但是，经纤维素和半纤维素水解、脱水得到的有机小分子一般仅含有 2～4 个碳原子，经木质素降解得到的有机小分子也仅含有 6～9 个碳原子，若直接氢化脱氧只能制得短链的烷烃，很难达到与汽油或者柴油相当的燃料性能，因此往往需要将有机小分子通过碳链延长反应制得分子量较大的中间体，然后再氢化脱氧转化为所需的高值液体燃料或化学品。

基于碳碳偶联和加氢脱氧反应，糖类化合物经脱水得到 5-HMF，5-HMF 经过一系列的 Aldol 缩合反应、加氢脱氧反应可以得到不同碳链长度的烷烃类化合物（图 5.12）[72]。采用环己酮和甲基苯甲醛作为原料，通过生物质基离子液体催化的羟醛缩合反应和羟醛缩合产物的水相直接加氢脱氧过程，得到了两种航空煤油范围内的三环烷烃化合物，这些多环烷烃既可以作为高密度航空燃料，也可以作为燃料添加剂改善现有木质纤维素航空煤油的密度和体积热值（图 5.13）[73]。糠醛与 2, 4-戊二酮经两步法可制备含 15 个碳的带支链的烷基环己烷，得到的产物熔点低（–81℃）、密度高（0.8139 g/mL），可用作航空煤油。首先采用一锅法，以 $CoCl_2·6H_2O$ 为催化剂，进行糠醛与 2, 4-戊二酮的 Aldol 缩合反应，其缩合产物进一步与 2, 4-戊二酮进行罗宾逊成环反应，所得产物经 Pd/$NbOPO_4$ 催化加氢得到烷烃类化合物[74]。

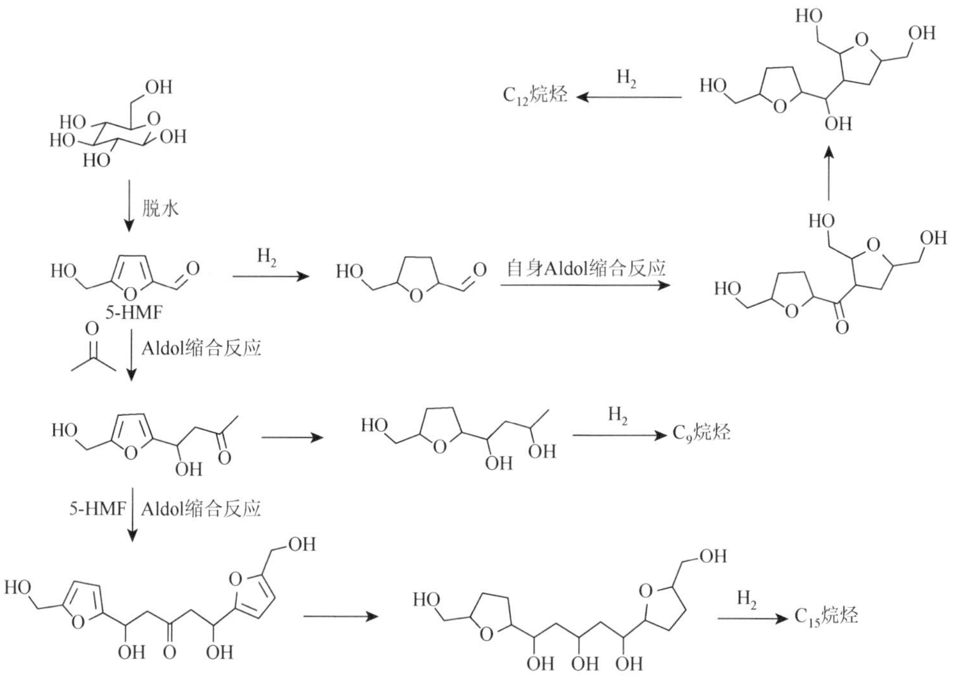

图 5.12 C_6 糖转化制备烷烃类液体燃料

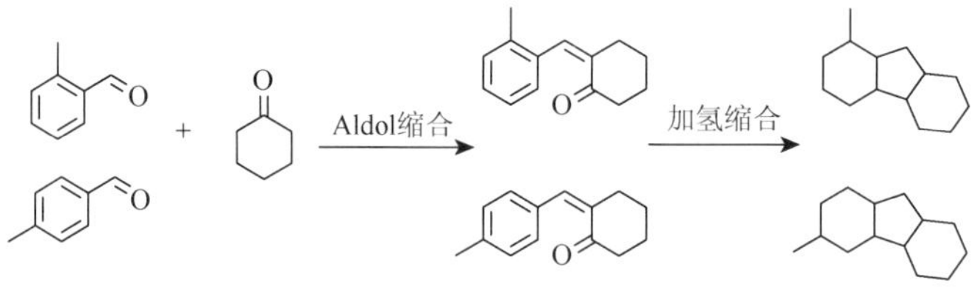

图 5.13 环己酮和甲基苯甲醛制备三环烷烃

5）生物质平台分子的还原胺化反应

LA 可以通过一系列转化制备各种含氮类化合物（图 5.14）[75]。*N*-烷基-5-甲基-吡咯烷酮可用于溶剂、分散剂和表面活性剂等领域，具有很高的实用价值，可通过 LA 的还原胺化制得。LA 可与有机胺在甲酸、有机氢硅烷或氢气作为氢源的条件下反应制备吡咯烷酮，相比甲酸或有机氢硅烷，氢气是更理想的氢源。人们发展了以 Pt、Pd、Rh、Ru、Co、Ni 等为活性组分的多相催化剂和以 Ir、Ru 为活性中心的均相催化剂。多孔二氧化钛纳米片（P-TiO_2）由于其独特的结构，暴露出比体相 TiO_2 更多的酸性位点，作为功能载体负载 Pt 纳米粒子（Pt/P-TiO_2），可在常温常压下催化多种伯胺与 LA 反应生成对应的吡咯烷酮。载体的酸性能够促进羰基和氨基的缩合生成亚胺分子，并进一步还原为吡咯烷酮[76]。

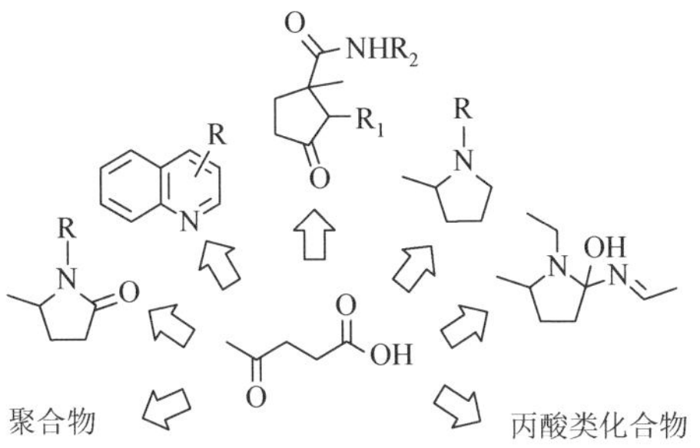

聚合物 丙酸类化合物

图 5.14 LA 通过一系列转化制备各种含氮类化合物

通过糠醛与酮类化合物的 Aldol 缩合反应制备呋喃类化合物，并进一步与 NH_3 进行还原胺化反应，可以得到呋喃类衍生胺类化合物。第一步 Aldol 缩合反应的催化剂为酸性催化剂，第二步反应的催化剂为负载型金属催化剂，整个过程可以通过一锅两步法实现，反应过程简单[77]。以部分还原的 Ru/ZrO_2 为催化剂能够实现各种醛酮类化合物的还原胺化反应，并且通过两步法可实现纤维素直接制备乙醇胺[78]。以廉价金属为活性组分的还原胺化反应仍然是人们追求的目标。$Co(BF_4)_2 \cdot 6H_2O$ 和膦配体组成的催化体系在催化醛酮类化合物与胺的还原胺化反应中表现出了非常好的催化性能[79]。

5.1.2.2 木质素转化利用

木质素的储量仅次于纤维素，每年以约 500 亿吨的量再生。其中，仅造纸行业每年就产生约 5000 万吨的木质素副产品，但是这些木质素并未得到合理的资源化利用，还有一部分成为污染物。随着环境与资源问题的日益突出，充分利用木质素的研究越来越受到人们的关注。木质素作为最主要的可再生芳香化合物来源，其高效利用是生物质高值化利用的关键之一。不同于纤维素和半纤维素，木质素的结构更复杂，因此木质素的转化利用也远不够成熟。

天然木质素是一类复杂无规交联的芳香大分子，用于增强植物体内细胞壁的强度及硬度。根据来源，木质素可以分为阔叶材木质素、针叶材木质素和禾本科类木质素。

木质素含有香豆素、松柏醇和芥子醇三种基本结构单元，由这三种基本结构单元通过醚键（β-O-4′、α-O-4′和 4-O-5′）以及碳碳键（β-β'、β-5′、β-1′、5-5′）连接而成，其中 β-O-4 含量最多（约占 50%）。在不同来源的木质素中，这三种基本结构单元的含量有着明显差异。

木质素解聚是实现木质素高值化以及资源化利用的关键，主要通过将其结构

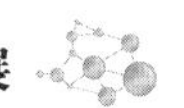

中的特定化学键断裂，或者产生一些易于反应的活性位点促进木质素降解。通常，木质素可以通过生物酶解法、物理法及化学法进行降解转化。其中，生物酶解法具有产物选择性高且绿色环保的优点，但是筛选菌种苛刻、对环境要求高，并且降解时间长。物理法主要是利用超声波、超滤、微波等物理手段促进木质素大分子结构改变，但是该方法可控性差，并且效率低。化学法具有降解反应速率快、适应性强的优点，并且降解效果更显著。本章主要介绍化学催化的方法转化降解木质素。常用的降解木质素的化学法主要包括还原和氧化等。

1）木质素氢解

木质素的还原降解主要是通过催化加氢将其结构中不同官能团消除形成一系列简单的小分子化合物（酚、苯及其简单衍生物），而这些化合物可通过与石油炼制类似的方法合成精细化学品和燃料。根据不同的加氢反应类型可分为氢解、加氢脱氧、综合加氢工艺等。

氢解是采用催化加氢使木质素中某些碳碳或碳氧键断裂，从而达到木质素解聚的目的。然而由于芳基醚键的惰性，木质素的氢解通常需要活性较高的加氢催化剂和较为苛刻的反应条件。同时，在氢解的条件下，木质素中的不饱和芳环也可能发生加氢反应。通过控制反应条件，木质素氢解可以得到芳香族类化合物和烷烃类化合物。

木质素通过氢解断裂结构中的 C—C 键、C—O 键可以制备芳烃类化合物。目前，一部分研究集中于选择性制备芳烃类化合物，另一部分研究集中在芳香族化合物进一步氢解、异构化制备液体燃料。在最初的研究中人们以木质素模型化合物为原料，研究各种化学键的活化断裂规律，目的是指导真实木质素的转化利用。均相 $Ni(COD)_2$ 催化剂能够催化木质素模型化合物二苯基醚的氢解反应，可以高选择性得到苯酚和相应的芳烃。该催化体系具有良好的普适性，对富电子和缺电子型二苯基醚均具有很好的催化活性。催化氢解芳基醚键的难易顺序为：芳基—O—芳基＞芳基—O—CH_3＞苄基—O—CH_3[80]。这种 Ni 催化剂在用量很小时即可高效氢解二苯基醚键，而芳香环不被氢化。活性炭包覆的 Ni 催化剂能够高选择性地催化多取代二苯基醚中醚键的氢解得到芳烃和酚类化合物，并且该 Ni 基催化剂的抗烧结能力高于由 $Ni(COD)_2$ 分解得到的 Ni/C 催化剂[81]。直接利用木质素中甲氧基的氢可以实现芳香醚类化合物的自脱氧反应，采用 RuW 催化剂，在无外加氢源的条件下，芳香醚类化合物可以转化为芳烃，选择性接近 100%。当以真实木质素为原料时，产物为甲苯、乙苯及丙苯等芳烃，无含氧化合物和烃类化合物的生成[82]。Pt/C 催化剂具有很好的脱烷基性能，HZSM-5 催化剂能够高效催化芳香甲基醚类化合物的脱甲氧基反应，将这两种催化剂耦合能够同时促进加氢脱甲氧基和脱烷基化反应，实现木质素模型化合物 2-甲氧基-4-丙基苯酚转化制备苯酚[83]。光催化可以实现原生木质素转化，利用量子点催化剂可解决木质纤维素转化中反应物和催化剂无法有效接触和催化剂难以分离回收等难题。研究发现，CdS 量子点在可见光照射下在室温可高效催化木质素模型分子中 β-O-4 键（C—O 键）的活化和断键，获得芳香化合物单体。反应物在 CdS 表面由光生空穴氧化脱氢形成苄基自由基中间体，该中间体的 β-O-4 键能大幅下降，从而很容易接受 CdS 表面的光生电子，还原断键生成芳香化合物单体[84]。

以甲醇、乙醇和乙二醇为氢转移试剂，采用 Ni/C 为催化剂，可高选择性裂解 β-O-4 化学键，将木质素转化为分子量为 1100～1600 的片段。木质素片段可进一步在 Ni/C 催化下转化为单酚（丙基愈创木酚和丙基紫丁香酚），在这个过程中没有发现芳香环氢化的产物[85]。$La(OTf)_3$ 可以催化木质素转化制备愈创木酚，并且在液体产物中仅检测到了愈创木酚。在反应中，$La(OTf)_3$ 催化木质素醚键的水解生成烷基-丁香醇和烷基-愈创木醇，进一步进行脱碳和脱甲氧基化，生成愈创木酚，剩余残渣为固体，很容易分离[86]。采用造纸工业中副产物木质素磺酸钠为碳源，通过高温碳热还原的方法，制备出以超薄尖晶石为载体的碳修饰镍纳米催化剂，该催化剂在木质素加氢反应中能高选择性地裂解 C—O 键，使木质素解聚为芳香族化合物[87]。多孔 Ru/Nb_2O_5 催化剂能够催化木质素直接加氢除氧制备芳烃。桦木木质素转化为 C_7～C_9 烃单体的转化率几乎可以达到单体含量的理论值，并且具有很高的芳烃选择性。研究表明，Nb_2O_5 载体独特的催化作用源于其对酚类化合物中芳香羟基合适的吸附能[88]。Ni 含量不同的 Ni/HZSM-5 催化剂能够催化降解有机溶剂木质素，采用 5% Ni/HZSM-5，酚单体的产率可达到 19.5%，其中 4-乙基酚的选择性为 66.7%[89]。直接以玉米芯为原料，不经过木质素的提取过程，首先在水-四氢呋喃溶液中将木质素降解为低聚物，然后进一步转化溶液中的低聚物生成单酚，其总产率可达到 24.3 wt%，剩余物中纤维素的含量为 83.5%，可以进一步利用[90]。氮掺杂碳负载的 Ru 催化剂对于木质素氢解制备芳香化合物具有很好的催化性能，其中芳香化合物单体的产率可达到 30.5%[91]。通过两步法以玉米芯木质素为原料，可选择性地制备乙苯。木质素首先在 300℃和 6 MPa H_2 的条件下，在非极性溶剂中解聚为 C_8 乙基环己烷、C_9～C_{17} 环烷烃和一些 C_3～C_7 烷烃。经蒸馏分离后，乙基环己烷在 $Pt\text{-}Sn/Al_2O_3$ 上脱氢，在 500℃和 0.5 MPa H_2 连续流动反应器中生成乙苯，产率为 99.3%[92]。

木质素氢解也可以制备烷烃类化合物。尽管金属催化剂的催化活性高，但是缺少木质素降解转化所需的酸性活性位点。构筑同时具有酸性和金属活性中心的双功能催化剂是使木质素解聚的同时经加氢脱氧制备烃类化合物的重要途径。采用贵金属催化剂（Pd/C、Pt/C、Ru/C、Rh/C）与磷酸组成的双功能催化体系，对酚类进行加氢脱氧，得到环烷烃。研究表明，双功能催化剂中贵金属催化氢化苯环，而酸催化水解/脱水反应[93, 94]。在水介质中直接以木质素为原料，采用适当的贵金属催化剂，加入少量的磷酸，能够将木质素解聚为单体和二聚体，单体和二

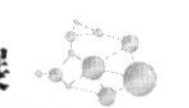

聚体在 Pd/C 与磷酸组成的催化体系中可以转化为相应的烷烃，同时还伴随着甲醇的生成[95]。二氧化硅负载的高度分散的 Pd 和超细的磷酸钼催化剂，表面具有高密度的 B 酸和 L 酸性位，通过 Pd 的加氢活性与酸性位的协同作用，能够催化苯酚加氢脱氧制备环己烷，当使用木材和树皮为原料时，也高收率地得到了烷烃类化合物[96]。

2）木质素氧化

木质素的氧化降解主要是通过氧化的方法将其结构中的芳基醚键、碳碳键以及其他化学键断裂降解成含有多官能团的芳香小分子化合物。目前催化氧化的主要产物为香草醛、丁香醛、4-羟基苯甲醛、己二酸等。用于木质素的氧化降解体系主要包括金属催化氧化、非金属催化氧化、碱催化氧化、杂多酸盐催化氧化、光催化氧化等。

在众多木质素氧化降解的催化体系中，金属（包括金属配合物、金属盐、金属氧化物、金属掺杂的分子筛等）催化体系是研究最广泛的一类。金属配合物是用于木质素氧化降解比较成功的一类金属催化剂。通过调节配位金属及有机配体，木质素及其相关模型化合物可以被氧化为芳香醛、芳香酸或者羧酸类化合物。简单的金属盐同样能催化木质素及模型化合物的氧化反应。在酸性体系中，以 $FeCl_2$ 或者 $CuCl_2$ 为催化剂能够实现木质素的氧化降解，单体产物主要为香草醛和香草酸甲酯[97]。Na_2WO_4 在丙酮与水的混合溶剂中可以将木质素氧化为香草醛类单体化合物[98]。除上述均相催化剂外，金属氧化物可以作为一类异相催化剂实现木质素及模型化合物的氧化降解。Co_3O_4 能够催化木质素模型化合物藜芦醇的氧化，高选择性地得到藜芦醛[99]。Cu 掺杂的 Co 基钙钛矿类氧化物可以催化木质素氧化为芳香醛化合物[100]。此外，Al、Zr 或 Sn 掺杂的介孔酸性分子筛可以催化木质素自氧化为芳香酸化合物。N 掺杂的石墨型碳包覆的 Co 纳米粒子催化剂可以高效催化木质素衍生的醇类化合物的氧化，并且催化剂具有很好的稳定性[101]。

非金属催化剂是另一类研究较多的木质素氧化降解的催化剂，在非金属催化剂中，TEMPO（2, 2, 6, 6-四甲基哌啶氧化物）及其衍生物应用最广。TEMPO 由于其 α 碳上的氢原子不稳定，通过单电子氧化过程，TEMPO 可以转化成强氧化性的氮羰基阳离子，可在温和条件下选择性氧化伯/仲醇（图 5.15）。研究发现，4-乙酰氨基-TEMPO/硝酸/盐酸催化体系可对木质素 β-O-4 模型化合物进行高效、高选择性氧化，可将模型化合物中的 α 位仲羟基几乎全部氧化为羰基。利用该催化体系，可采用两步法氧化解聚木质素[102, 103]。首先用 4-乙酰氨基-TEMPO/硝酸/盐酸体系将木质素结构中 α 位仲羟基氧化得到氧化木质素，随后采用甲酸/甲酸钠体系对氧化木质素进行高效解聚，得到 61.2%的芳香醛/酮以及 29.7%的木质素寡聚物。除 TEMPO 外，离子液体也可以作为非金属催化剂用于木质素及其模型化合物的氧化降解。多种中性离子液体可催化木质素模型化合物 2-苯氧基苯乙酮氧化解聚生成苯甲酸和苯酚。结果表明，在磷酸存在条件下，1-苄基-3-甲基咪唑双三氟甲磺酰亚胺盐（[BzMIm][NTf_2]）体系对此反应具有良好的催化活性和选择性，苯甲酸和苯酚的收率可分别达到 89%和 84%。该反应经历了自由基反应历程，离子液体可以促进·OOH 自由基的形成。该催化体系具有无金属、不需要碱、容易循环利用等优点，并且可有效催化其他木质素模型化合物和有机溶剂提取木质素的转化[104]。碱性离子液体 1-辛基-3-甲基咪唑乙酸盐（[OMIm][OAc]）可以高效催化 2-苯氧基苯乙酮转化为苯甲酸和苯酚的反应，产率分别达到 86%和 96%。此离子液体也能高效催化其他苄基上含有羰基或羟基的木质素模型化合物和有机溶剂提取木质素反应。进一步研究发现，离子液体的阴离子对有关反应具有良好的催化作用。此催化体系具有无金属、简单、容易循环利用等优点[105]。此外，N 掺杂的石墨烯材料能够催化 *β-O*-4 和 *α-O*-4 型模型化合物的氧化，以叔丁基过氧化氢为氧化剂，这些模型化合物可以高产率地氧化为芳香醛、酸及其他有价值的化学品[106]。

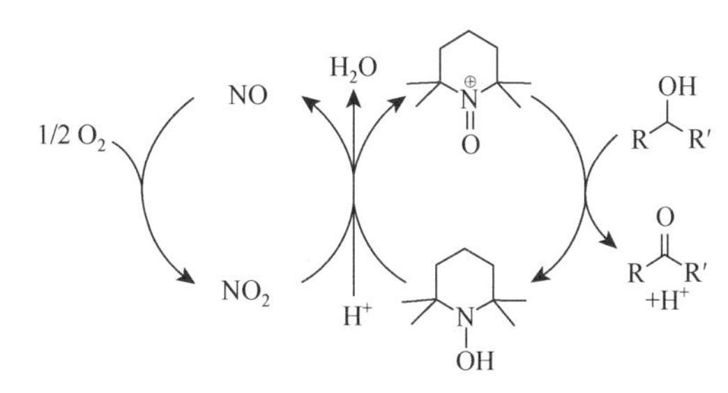

图 5.15　在 TEMPO 催化作用下醇的有氧氧化机理

碱不仅能促进木质素水解，还可催化其氧化反应。相比于传统加热条件木质素碱催化解聚，微波加热能在较低温度下得到愈创木酚、香草醛、高香草酸、香草乙酮及苯酚等主要产物[107]。以 NaOH 为催化剂，木质素可以被氧化为甲酸、乙酸、丁二酸、草酸和戊烯二酸等羧酸类化合物，当反应温度为 225℃时，这些化合物的总产率可以达到 44 wt%[108]。碱性氧化解聚木质素生成醛的反应中，自由基链机理是较认可的机理之一。

杂多酸盐具有独特的酸性、准液相、热稳定性好等特点，在木质素氧化降解中具有一定的优势。据报道，杂多酸盐催化木质素氧化主要分两步进行，其中氧化降解产物主要是酚、醛类化合物。在乙酸钠缓冲液（pH 5.0）中，$K_5[SiVW_{11}O_{40}]\cdot 12H_2O$ 能催化氧化解聚木质素模型化合物，结果发现在酚羟基的邻位添加甲氧基后，反应活性显著提高[109]。以 $H_3PW_{12}O_{40}$ 和 $H_3PMo_{12}O_{40}$ 为催化剂可以将碱木质素氧化为甲酸、乙酸、丁二酸等羧酸类化合物，其中 $H_3PMo_{12}O_{40}$ 的催化效果较好，在木质素转化率为 95%时，羧酸类化合物的收率能够达到 45%[110]。虽然杂多酸盐催化氧化木质素已有较大进展，但该类催化体系会产生多种木质素自由基中间体，这

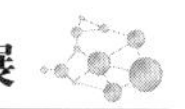

些自由基的偶联不利于木质素的解聚，因此在反应过程中需要加入甲醇、乙醇、甲醛等封端剂抑制木质素自由基的缩合[111]。马来酸二乙酯是重要的化工原料，目前工业生产采用化石资源路线。在乙醇存在条件下，含有杂多酸盐的离子液体可以催化木质素氧化制备马来酸二乙酯，其中含 Cu 的杂多酸盐离子液体效果较好。催化体系对于不同来源的木质素有很好的普适性。这一成果为以木质素为原料制备马来酸二乙酯奠定了基础[112]。

光催化氧化是在光和催化剂共同作用下将底物氧化的一种反应过程，具有反应条件温和、清洁、无二次污染等特点。自从 Koichi 采用光催化降解木质素后，光催化降解木质素就引起了人们的关注[113]。采用漆酶与二氧化钛共同进行光催化氧化能更有效地降解木质素，反应后的反应液基本脱除木质素，并且反应液呈无色，降解产物主要是丁二酸和丙二酸[114]。对苯醌与 Cu 纳米粒子组成的催化体系，能够在可见光照射下催化多种木质素模型化合物的氧化裂解转化为简单的芳香化合物[115]。将光催化剂铱配合物与乙酸钯相结合，在室温下可以实现木质素模型化合物的氧化，主要产物为芳香酮、醛化合物[116]。双波长切换策略已用于 β-*O*-4 型模型化合物的氧化。首先，在 455 nm 的光照射下，β-*O*-4 型模型化合物中 α 位的羟基在 $Pd/ZnIn_2S_4$ 的催化作用下被氧化为羰基；然后，在 365 nm 的光照射下，羰基邻位的 C—O 键在 TiO_2-乙酸钠的作用下发生氢解转化为相应的酮和酚[117]。在模拟太阳光下 Bi 改性的 Pt-TiO_2 能够高效催化木质素磺酸盐的氧化降解生成愈创木酚、香草酸、香兰素等芳香化合物。反应 1 h，木质素磺酸盐的转化率可以达到 85%[118]。

3）木质素甲基利用

木质素解聚制备小分子是其利用的重要途径，然而得到的往往是混合物。如果能高选择性地转化其中某一基团制备单一化学品，可以大大简化分离过程。木质素中除含有苯环结构外，还含有大量的甲氧基，通过选择性地利用木质素中甲氧基，可以将木质素转化为多酚木质素和乙酸。以木质素为甲基源与 CO、水反应制备多酚木质素和乙酸的过程，经历了两步反应，首先，$LiBF_4$ 辅助 LiI 断醚键得到 CH_3I，$RhCl_3$ 催化 CH_3I 的羰基化反应得到乙酸，在液体产物中仅检测到了乙酸的生成，成功实现了由复杂分子木质素制备纯化学品，剩余木质素转化为多酚木质素[119]。以 H_2 和 CO_2 代替 CO 和水，实现了木质素和 CO_2 的同时转化，同样可以得到乙酸和多酚木质素[120]。除此之外，木质素还可以作为甲基化试剂与胺类化合物反应，实现了以木质素为甲基源的 *N*-甲基化反应[121]。通过将木质素的解聚和甲基利用两类反应耦合，能够实现木质素直接转化得到甲基乙苯[122]。

4）木质素转化的其他反应

由于木质素结构复杂，木质素降解产物的产率往往很低。将木质素降解后的产物用于高附加值化学品的生产，可以促进木质素的高值化利用。某些木质素模型化合物或衍生物可以加氢转化为环己酮类化合物。KBr 改性的 Pd/C 能够高效催化苯甲醚类木质素模型化合物的加氢反应，在 H_2O 和 CH_2Cl_2 组成的溶剂体系中，环己酮类化合物的选择性能够达到 97%以上[123]。在水相中 Pd/C 能够催化二苯基醚类模型化合物的氢解反应，选择性得到环己酮和环己醇[124]。对苯二甲酸是一种重要的大宗化学品，可以用来生产聚酯树脂、合成纤维和增塑剂等。利用从玉米秸秆中提取的木质素为原料，经过一系列转化可以得到单一的高附加值化学品对苯二甲酸。该反应分三步进行：首先利用活性炭负载的钼基催化剂，选择性脱除玉米秸秆衍生物中芳香单体的甲氧基及羧基，得到一系列的烷基酚类化合物；其后，利用均相钯基催化剂，通过羰基化将 CO 引入活化的烷基酚类化合物中，得到烷基苯甲酸类化合物；最终利用商业化的 Co-Mn-Br 催化体系，以氧气作为氧源，将一系列烷基苯甲酸类化合物的混合物氧化为单一化学品对苯二甲酸。产品从反应体系中自动析出，通过过滤洗涤的简单步骤，所得到的对苯二甲酸的纯度大于 99%[125]。

多孔铜镁铝复合催化剂能够催化木质素完全转化制备精细化学品和燃料，主要产物为 1 G 和 1 S（图 5.16）。以 1 G 为模型化合物，可以转化为一系列高附加值的精细化学品，其中包括伯胺、苯胺、二苯乙烯、茚酮衍生物等各种高分子和药物中间体[126]。木质素经三步可转化为苯并氮杂类化合物。首先木质素降解高产率得到木质素衍生单体，木质素衍生单体在均相 Ru 催化剂作用下合成一系列含氮中间体，含氮中间体进一步与甲醛作用生成苯并氮杂类化合物[127]。

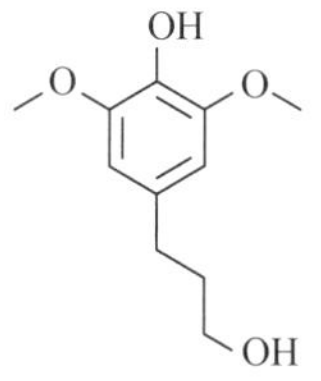

图 5.16　多孔铜镁铝催化木质素转化产物

5.2　油脂转化

5.2.1　制备生物柴油

以菜籽油、棕榈油等植物或动物油脂，废弃食用油作为原料，在酸性或碱性催化剂或生物酶催化下，与甲醇或乙醇等低碳醇进行酯交换反应，生成相应的脂肪酸酯，副产物主要为甘油。生物柴油经历了三个发展阶段。第一代生物柴油在生产过程中会产生大量的酸、碱等工业废水，产品含氧量高、热值低。第二代生

物柴油经历了油脂的深度加氢工艺，降低了产品含氧量，提高了热值。第三代生物柴油拓展了原料的选择范围，使可选择的原料拓展到了高纤维素含量的非油脂类生物质和微生物油脂。中国石油化工集团有限公司（以下简称中石化）以多种动植物油脂为原料，采用自主开发的加氢技术、催化剂体系和工艺条件，生产出符合航空煤油要求的生物航空煤油产品。2011 年 12 月在杭州石化有限责任公司成功实现工业放大并生产出生物航空煤油产品。

5.2.2 甘油转化

甘油是生物柴油生产中的主要副产物，将甘油转化为高附加值化学品是降低生物柴油生产成本、原料综合利用的有效途径。加氢脱氧反应是一种通过选择性断裂碳氧键，将甘油转化成高附加值化工产品的反应之一。甘油含有多个羟基，通过断裂不同数目的碳氧键，甘油可以转化成丙二醇、丙醛、丙烯醇、丙烯等 C_3 产物，也可以断裂碳碳键得到乙二醇。目前已有多种催化剂用于不同的甘油加氢脱氧反应。然而，在不同的加氢脱氧反应中，对甘油断裂不同数目碳氧键的反应机理仍有待探索。研究发现，单斜晶 ZrO_2 负载的双金属催化剂 PdZn/m-ZrO_2 对于甘油氢解制备丙二醇具有良好的催化性能，催化剂具有很好的稳定性。丙二醇的选择性与催化剂中 Zn/Pd 摩尔比密切相关，两种金属对于催化该反应具有很好的协同作用[128]。ZrO_2 负载的 Ru、Rh、Pt、Pd 贵金属对甘油氢解反应生成丙二醇和乙二醇的活性顺序为 Ru＞Rh＞Pt＞Pd。反应的选择性取决于贵金属的性质及其尺寸。采用 Ru/ZrO_2 催化剂，调控 Ru 纳米粒子的尺寸，反应可高选择性地生成乙二醇[129]。碳化钼负载的铜催化剂，能够实现甘油中所有碳氧键的断裂，使甘油最终转化为丙烯[130]。Pt 分散在铜纳米粒子上形成的单原子合金催化剂对于甘油氢解生成 1, 2-丙二醇具有很好的催化性能，产率可达到 98.8%。理论和实验研究表明，合金的界面位点是活性位点，界面处 Pt 原子促进甘油中间 C—H 键断裂，而端基 C—O 键在相邻的 Cu 原子上解离吸附，界面协同催化改变反应路径，降低活化能[131]。

乳酸在食品和化工行业具有很多用途，甘油氧化为乳酸制备提供了重要途径。研究表明，在碱性溶液中负载型双金属催化剂 Au-Pt/TiO_2 对催化甘油与氧气氧化制备乳酸具有很好的催化性能[132]。甘油也可以经氧化反应制备甘油酸。甘油酸及其衍生物可以作为原料合成表面活性剂，也可以作为单体合成聚合物。选择性氧化甘油生成甘油酸会伴随着碳碳键的断裂，开发廉价且高效的催化剂仍然是一个重要的课题。具有晶格畸变的非贵金属 Ni-Co 氧化物催化剂能够在温和条件下实现甘油的选择性氧化。纳米 $Ni_1Co_1O_x$ 催化剂（2.3 nm）含有富镍表面的晶格畸变 Ni-Co 结构，这种形貌诱导电子从 Co 向 Ni 转移，从而产生表面氧空位，Co 物种上的氧空位可以通过防止碳碳键的断裂提高甘油酸的选择性，而 Ni 物种上的氧空位可以促进 C—OH 键的活化，从而提高 $Ni_1Co_1O_x$ 的催化活性和产物的选择性[133]。

5.3　甲壳素转化

甲壳素天然存在于甲壳类动物（如螃蟹、虾）、昆虫（如蚂蚁）的外骨骼和真菌中，是地球上储量很丰富的生物质资源[134]。甲壳素与纤维素最重要的区别在于甲壳素含有氮，含氮量约为 7%，这为从可再生碳资源合成含氮化合物提供了可能。甲壳素作为原料能够制备吡咯、*N*-乙酰葡萄糖胺、葡糖胺、3-乙酰氨基-5-乙酰呋喃、乙醇胺等[135]（图 5.17）。随着研究的深入，甲壳素作为氮源必将发挥更重要的作用。

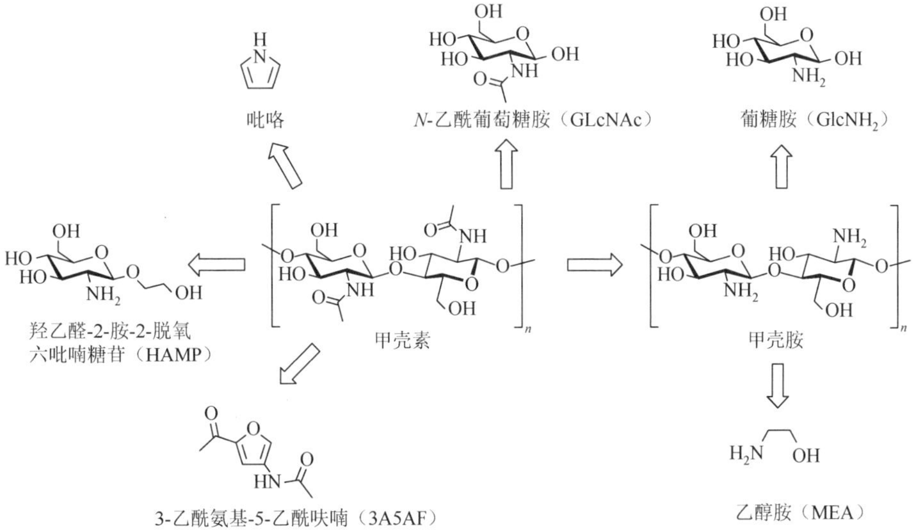

图 5.17　甲壳素转化制备含氮化合物

事实上，甲壳素的结构类似于纤维素，因此，通过设计和优化催化体系也能将甲壳素转化为 5-HMF 和乙酸等重要化学品。例如，使用 67 wt% $ZnCl_2$ 水溶液可直接将甲壳素生物质转化为 5-HMF。在 120℃，低分子量甲壳胺和甲壳素反应 1.5 h 后分别获得 10.1%和 9.0%的 5-HMF 产率。对 8 种共催化剂进行筛选发现，只有 $AlCl_3$ 和 $B(OH)_3$ 略能改善 5-HMF 的产率。原位 NMR 和 ^1H NMR 定量结果表明，5-HMF 是主要产物，除腐殖酸外，并没有其他副产物的生成[136]。研究发现，除无机酸外，酸性离子液体也能将甲壳胺和甲壳素转化为 5-HMF，但是由于受到酸性、氢键能力和位阻的影响，不同的酸性离子液体表现出不同的催化效果，其中 *N*-甲基咪唑硫酸氢盐（[MIm][HSO_4]）的催化性能最好。在 180℃下反应 5 h，甲壳胺和甲壳素转化为 5-HMF 的最高产率分别达到 29.5%和 19.3%[137]。相对于

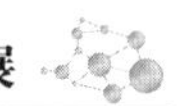

其他生物质，甲壳素是生产乙酸的优质原料。例如，以 O_2 为氧化剂，碱性溶液中分散金属氧化物能高效催化甲壳素转化为乙酸。结果表明，在 2 mol/L NaOH 溶液中 5 bar O_2 压力下使用 CuO 作为催化剂，甲壳素转化为乙酸的产率高达 38.1%，高于纤维素转化为乙酸的产率。在相同的反应条件下，使用粗虾壳作为起始原料可获得 47.9%的乙酸收率。^{13}C 同位素标记研究表明，大约 60%的乙酸来自乙酰酰胺的侧链，其余 40%由吡喃糖环的分解获得[138]。

5.4 微藻转化利用

微藻是一类海陆分布广泛、营养丰富、光合作用利用度高的自养生物，结构简单，种类繁多，通常呈单细胞、丝状体或片状体。微藻细胞中含有蛋白质、脂类、藻多糖、β-胡萝卜素等多种高价值的营养成分和化工原料，使其在食品、医药、基因工程、液体燃料等领域具有很好的开发前景。目前已经开发和利用的微藻种类有 3 万余种，主要包括螺旋藻（*Spiruina*）、小球藻（*Chlorella*）、杜氏藻（*Dunaliella*）和红球藻（*Haematococcus*）四大类。

与其他能源植物相比，微藻具有一些突出的优点，如培养过程中不受地域、季节限制且不占用农用耕地，生长速度快，产量高且具有很强的 CO_2 捕获能力[139]；有些微藻脂质含量高达 20%～70%，可生产生物柴油和乙醇等[140, 141]。微藻作为可再生生物质能源，在生长过程中可吸收大量的氮、磷等营养物质，不会增加碳排放，从而净化了自然环境[142]。

微藻中富含的酯类和甘油是制备液体燃料的优质原料，通过萃取或热解获得的生物质燃油热值高，是木材或农作物秸秆的 1.4～2 倍。将食物垃圾与微藻生物质混合可制备生物柴油。在此方法中，通过调节食物垃圾与微藻生物质混合物中 C 与 N 的比例，不仅能在酯交换过程中促进脂质生产生物柴油，而且碳水化合物和蛋白质还能通过水热液化生产生物油。结果表明，微藻生物质的细胞质减少了脂质与甲醇反应物之间的极性差异，改善了餐厨垃圾中脂质的酯交换反应，从而使生物柴油的产量提高了 13.3%。当碳水化合物和蛋白质的 C/N 比为 6.2 时，生物柴油提取后生物质残渣的生物原油产量提高了 13.0%[143]。

微藻是一种水生光合微生物，通过控制其生长环境条件并开展适应性驯化，可在短时间内将其高选择性地培育为富含碳水化合物的富糖微藻。富糖微藻的主要成分是以葡萄糖、甘露糖为主的小分子糖组成的淀粉或低聚糖，可通过催化水解反应制备乳酸等重要含氧化学品，但该过程需要实现微藻细胞壁纤维结构破坏、催化剂高水热稳定性和产物高选择性的高效统一。通过设计分子筛催化剂，利用富糖微藻细胞本身类似“微胶囊”的结构，向富糖微藻“一锅法”水热催化体系中加入 0.25 wt%甲酸，有效诱导富糖微藻细胞壁的破裂并缓慢释放出糖类，反应过程中糖浓度始终维持稳定，这不仅有利于糖和分子筛催化剂的高效接触，而且有效避免其脱水生成 5-HMF 等副产物从而引发积炭导致催化剂失活。在 210℃、2 h 和 4 MPa He 的反应条件下，富糖微藻中糖类转化率达到 100%，乳酸收率高达 83.0%，这为富糖微藻以及生物质高效转化提供了新的研究思路[144]。

5.5 生物质基功能材料合成

采用清洁、绿色的技术对天然高分子材料及生物质材料进行功能化改性，制备环境友好、经济可持续、高性价比的生物医用材料、环境材料、吸附分离材料、涂层材料、催化材料、高性能碳材料等已有大量研究，并已得到广泛应用。这类材料的设计、制备、研究和应用将在第 6 章进行详细讨论。

5.6 小结

生物质作为可再生碳资源可以用于制备多种化学品、能源产品和材料。这一领域引起国内外的普遍关注，迄今为止已有大量研究，许多技术已得到应用。然而，一般来说，生物质结构比较复杂，如何高效定向转化生成目标产品、产物分离及相关生产工艺等方面还有很多问题尚待解决。生物质在人类生产生活中还远没有发挥其应有的作用，生物质资源化利用符合可持续发展的要求，发展空间广阔，解决相关的科学技术问题、推动相关产业的发展是长期的工作。

参 考 文 献

[1] 胡常伟，李建梅，祝良芳，章冬梅，李丹. 生物质转化利用. 北京：科学出版社，2019.

[2] Li J，Sun J，Fan R G，Yoneyama Y，Yang G H，Tsubaki N. Selectively converting biomass to jet fuel in large-scale apparatus. ChemCatChem，2017，9（14）：2668-2674.

[3] Kumar M，Oyedun A O，Kumar A. A review on the current status of various hydrothermal technologies on biomass feedstock. Renew Sust Energ Rev，2018，81：1742-1770.

[4] Pandey B，Prajapati Y K，Sheth P N. Recent progress in thermochemical techniques to produce hydrogen gas from biomass：a state of the art review. Int J Hydrogen Energ，2019，44（47）：25384-25415.

[5] Granados-Fernández R，Cortés-Reyes M，Poggio-Fraccari E，Herrera C，Larrubia M A，Alemany L J. Biomass catalytic gasification performance over unsupported Ni-Ce catalyst for high-yield hydrogen production. Biofuel Bioprod Bior，2019，14（1）：20-29.

[6] Jeong Y S，Choi Y K，Kang B S，Ryu J H，Kim H S，Kang M S，Ryu L H，Kim J S. Lab-scale and pilot-scale two-stage gasification of biomass using active carbon for production of hydrogen-rich and low-tar producer gas. Fuel Process Technol，2020，198：106240.

[7] Peng W X，Wang L S，Mirzaee M，Ahmadi H，Esfahani M J，Fremaux S. Hydrogen and syngas production by catalytic biomass gasification. Energ Convers Manage，2017，135：270-273.

[8] Santamaria L，Artetxe M，Lopez G，Cortazar M，Amutio M，Bilbao J，Olazar M. Effect of CeO_2 and MgO promoters on the performance of a Ni/Al_2O_3 catalyst in the steam reforming of biomass pyrolysis volatiles. Fuel Process Technol，2020，198：106223.

[9] Santamaria L，Arregi A，Lopez G，Artetxe M，Amutio M，Bilbao J，Olazar M. Effect of La_2O_3 promotion on a Ni/Al_2O_3 catalyst for H_2 production in the in-line biomass pyrolysis-reforming. Fuel，2020，262：116593.

[10] Chai Y，Gao N B，Wang M H，Wu C F. H_2 production from Co-pyrolysis/gasification of waste plastics and biomass under novel catalyst Ni-CaO-C. Chem Eng J，2020，382：122947.

[11] Zhang P，Guo Y J，Chen J B，Zhao Y R，Chang J，Junge H，Beller M，Li Y. Streamlined hydrogen production from biomass. Nat Catal，2018，1（5）：332-338.

[12] Hu Y L，Gong M Y，Xing X L，Wang H Y，Zeng Y M，Xu C B. Supercritical water gasification of biomass model compounds：a review. Renew Sust Energ Rev，2020，118：109529.

[13] Mastuli M S，Kamarulzaman N，Kasim M F，Mahat A M，Matsumura Y，Taufiq-Yap Y H. Catalytic supercritical water gasification of oil palm frond biomass using nanosized MgO doped Zn catalysts. J Supercrit Fluid，2019，154：104610.

[14] Kumar A，Reddy S N. *In situ* sub- and supercritical water gasification of nano-nickel（Ni^{2+}）impregnated biomass for H_2 production. Ind Eng Chem Res，2019，58（12）：4780-4793.

[15] Kang K，Shakouri M，Azargohar R，Dalai A K，Wang H. Application of Ni-Co/Mg-Al catalyst system for hydrogen production via supercritical water gasification of lignocellulosic biomass. Catal Lett，2016，146（12）：2596-2605.

[16] Li W M，Cheng C，Cao G L，Ren N Q. Enhanced biohydrogen production from sugarcane molasses by adding Ginkgo biloba leaves. Bioresource Technol，2020，298：122523.

[17] Sattar A，Arslan C，Ji C Y，Sattar S，Umair M，Sattar S，Bakht M Z. Quantification of temperature effect on batch production of bio-hydrogen from rice crop wastes in an anaerobic bio reactor. Int J Hydrogen Energ，2016，41（26）：11050.

[18] Kumar G，Sivagurunathan P，Sen B，Kim S H，Lin C Y. Mesophilic continuous fermentative hydrogen production from acid pretreated de-oiled jatropha waste hydrolysate using immobilized microorganisms. Bioresource Technol，2017，240：137-143.

[19] Mika L T，Cséfalvay E，Németh Á. Catalytic conversion of carbohydrates to initial platform chemicals：chemistry and sustainability. Chem Rev，2018，118（2）：505-613.

[20] Takagaki A. Rational design of metal oxide solid acids for sugar conversion. Catalysts，2019，9（11）：907.

[21] Long J X，Zhang Y Y，Wang L F，Li X H. Which is the determinant for cellulose degradation in cooperative ionic liquid pairs：dissolution or catalysis？Sci China Chem，2016，59（5）：557-563.

[22] Luo C，Wang S，Liu H C. Cellulose conversion into polyols catalyzed by reversibly formed acids and supported ruthenium clusters in hot water. Angew Chem Int Ed，2007，46（40）：7636-7639.

[23] Ji N，Zhang T，Zheng M Y，Wang A Q，Wang H，Wang X D，Chen J G G. Direct catalytic conversion of cellulose into ethylene glycol using nickel-promoted tungsten carbide catalysts. Angew Chem Int Ed，2008，47（44）：8510-8513.

[24] Liu H L，Huang Z W，Kang H X，Li X M，Xia C G，Chen J，Liu H C. Efficient bimetallic $NiCu-SiO_2$ catalysts for selective hydrogenolysis of xylitol to ethylene glycol and propylene glycol. Appl Catal B：Environ，2018，220：251-263.

[25] 钱伯章. 生物乙醇与生物丁醇及生物柴油技术与应用. 北京：科学出版社，2010.

[26] Xu G，Wang A Q，Pang J F，Zhao X C，Xu J M，Lei N A，Wang J，Zheng M Y，Yin J Z，Zhang T. Chemocatalytic

conversion of cellulosic biomass to methyl glycolate，ethylene glycol，and ethanol. ChemSusChem，2017，10（7）：1390-1394.

[27] Song H Y，Wang P，Li S，Deng W P，Li Y Y，Zhang Q H，Wang Y. Direct conversion of cellulose into ethanol catalysed by a combination of tungstic acid and zirconia-supported Pt nanoparticles. Chem Commun，2019，55（30）：4303-4306.

[28] Li C，Xu G Y，Wang C G，Ma L L，Qiao Y，Zhang Y，Fu Y. One-pot chemocatalytic transformation of cellulose to ethanol over Ru-WO_x/HZSM-5. Green Chem，2019，21（9）：2234-2239.

[29] Lin X L，Qiu X Q，Zhu D M，Li Z H，Zhan N X，Zheng J Y，Lou H M，Zhou M S，Yang D J. Effect of the molecular structure of lignin-based polyoxyethylene ether on enzymatic hydrolysis efficiency and kinetics of lignocelluloses. Bioresource Technol，2015，193：266-273.

[30] Cai C，Zhan X J，Zeng M J，Lou H M，Pang Y X，Yang J，Yang D J，Qiu X Q. Using recyclable pH-responsive lignin amphoteric surfactant to enhance the enzymatic hydrolysis of lignocelluloses. Green Chem，2017，19（22）：5479-5487.

[31] Lin X L，Qiu X Q，Yuan L，Li Z H，Lou H M，Zhou M S，Yang D J. Lignin-based polyoxyethylene ether enhanced enzymatic hydrolysis of lignocelluloses by dispersing cellulase aggregates. Bioresource Technol，2015，185：165-170.

[32] Cai C，Bao Y，Zhan X J，Lin X L，Lou H M，Pang Y X，Qian Y，Qiu X Q. Recovering cellulase and increasing glucose yield during lignocellulosic hydrolysis using lignin-MPEG with a sensitive pH response. Green Chem，2019，21（5）：1141-1151.

[33] Tan X S，Deng W P，Liu M，Zhang Q H，Wang Y. Carbon nanotube-supported gold nanoparticles as efficient catalysts for selective oxidation of cellobiose into gluconic acid in aqueous medium. Chem Commun，2009，46：7179-7181.

[34] Jiang Z W，Zhang Z F，Song J L，Meng Q L，Zhou H C，He Z H，Han B X. Metal-oxide-catalyzed efficient conversion of cellulose to oxalic acid in alkaline solution under low oxygen pressure. ACS Sustainable Chem Eng，2016，4（1）：305-311.

[35] Huber G W，Cortright R D，Dumesic J A. Renewable alkanes by aqueous-phase reforming of biomass-derived oxygenates. Angew Chem Int Ed，2004，43（12）：1549-1551.

[36] Jin L L，Li W Z，Liu Q Y，Ma L L，Hu C，Ogunbiyi A T，Wu M W，Zhang Q. High performance of Mo-promoted Ir/SiO_2 catalysts combined with HZSM-5 toward the conversion of cellulose to C_5/C_6 alkanes. Bioresource Technol，2020，297：122492.

[37] Zhang Y，Yuan Z G，Hu B，Deng J，Yao Q，Zhang X，Liu X H，Fu Y，Lu Q. Direct conversion of cellulose and raw biomass to acetonitrile by catalytic fast pyrolysis in ammonia. Green Chem，2019，21（4）：812-820.

[38] Deng W P，Wang Y Z，Zhang S，Gupta K M，Hülsey M J，Asakura H，Liu L M，Han Y，Karp E M，Beckham G T，Dyson P J，Jiang J W，Tanaka T，Wang Y，Yan N. Catalytic amino acid production from biomass-derived intermediates. Proc Natl Acad Sci USA，2018，115（20）：5093-5098.

[39] Yu I K M，Tsang D C W. Conversion of biomass to hydroxymethylfurfural：a review of catalytic systems and underlying mechanisms. Bioresource Technol，2017，238：716-732.

[40] van Putten R J，van der Waal J C，de Jong E，Rasrendra C B，Heeres H J，de Vries J G. Hydroxymethylfurfural，a versatile platform chemical made from renewable resources. Chem Rev，2013，113（3）：1499-1597.

[41] Zhao H B，Holladay J E，Brown H，Zhang Z C. Metal chlorides in ionic liquid solvents convert sugars to 5-hydroxymethylfurfural. Science，2007，316（5831）：1597-1600.

[42] Hu S Q，Zhang Z F，Song J L，Zhou Y X，Han B X. Efficient conversion of glucose into 5-hydroxymethylfurfural catalyzed by a common Lewis acid $SnCl_4$ in ionic liquid. Green Chem，2009，11（11）：1746-1749.

[43] Ding Z D，Shi J C，Xiao J J，Gu W X，Zheng C G，Wang H J. Catalytic conversion of cellulose to 5-hydroxymethyl furfural using acidic ionic liquids and co-catalyst. Carbohydr Polym，2012，90（2）：792-798.

[44] Rao K T V，Souzanchi S，Yuan Z S，Xu C B. One-pot sol-gel synthesis of a phosphated TiO_2 catalyst for conversion of monosaccharide，disaccharides，and polysaccharides to 5-hydroxymethylfurfural. New J Chem，2019，43（31）：12483-12493.

[45] Cao Z，Fan Z X，Chen Y，Li M，Shen T，Zhu C J，Ying H J. Efficient preparation of 5-hydroxymethylfurfural from cellulose in a biphasic system over hafnyl phosphates. Appl Catal B：Environ，2019，244：170-177.

[46] Yang Y D，Liu H Y，Li S P，Chen C J，Wu T B，Mei Q Q，Wang Y Y，Chen B F，Liu H Z，Han B X. Hydrogenolysis of 5-hydroxymethylfurfural to 2, 5-dimethylfuran under mild conditions without any additive. ACS Sustainable Chem Eng，2019，7（6）：5711-5716.

[47] An Z，Wang W L，Dong S H，He J. Well-distributed cobalt-based catalysts derived from layered double hydroxides for efficient selective hydrogenation of 5-hydroxymethyfurfural to 2, 5-methylfuran. Catal Today，2019，319：128-138.

[48] Liu Y Q，Ma H Y，Lei D，Lou L L，Liu S X，Zhou W Z，Wang G C，Yu K. Active oxygen species promoted catalytic oxidation of 5-hydroxymethyl-2-furfural on facet-specific Pt nanocrystals. ACS Catal，2019，9（9）：8306-8315.

[49] Li Q Q，Wang H Y，Tian Z P，Weng Y J，Wang C G，Ma J R，Zhu C F，Li W Z，Liu Q Y，Ma L L. Selective oxidation of 5-hydroxymethylfurfural to 2，5-furandicarboxylic acid over Au/CeO_2 catalysts：the morphology effect of CeO_2. Catal Sci Technol，2019，9（7）：1570-1580.

[50] Liao X M，Hou J D，Wang Y，Zhang H，Sun Y，Li X P，Tang S Y，Kato K，Yamauchi M，Jiang Z. An active，selective ， and stable manganese oxide-supported atomic Pd catalyst for aerobic oxidation of 5-hydroxymethylfurfural. Green Chem，2019，21（15）：4194-4203.

[51] Wan X Y，Zhou C M，Chen J S，Deng W P，Zhang Q H，Yang Y H，Wang Y. Base-free aerobic oxidation of 5-hydroxymethylfurfural to 2, 5-furandicarboxylic acid in water catalyzed by functionalized carbon nanotube-supported Au-Pd alloy nanoparticles. ACS Catal，2014，4（7）：2175-2185.

[52] Neatu F，Marin R S，Florea M，Petrea N，Pavel O D，Parvulescu V I. Selective oxidation of 5-hydroxymethyl furfural over non-precious metal heterogeneous catalysts. Appl Catal B：Environ，2016，180：751-757.

[53] Xu S，Zhou P，Zhang Z H，Yang C J，Zhang B G，Deng K J，Bottle S，Zhu H Y. Selective oxidation of 5-hydroxymethylfurfural to 2，5-furandicarboxylic acid using O_2 and a photocatalyst of Co-thioporphyrazine bonded to g-C_3N_4. J Am Chem Soc，2017，139（41）：14775-14782.

[54] 刘海超，孙乾辉，李宇明. 一种由呋喃-2，5-二羧酸制备己二酸的方法：107011154A. 2017-08-04.

[55] 赵俊琦，郑路凡，孙斌. 5-羟甲基糠醛制备生物基己二酸的研究进展. 合成纤维工业，2017，40（6）：53-58.

[56] Wei L F，Zhang J X，Deng W P，Xie S J，Zhang Q H，Wang Y. Catalytic transformation of 2，5-furandicarboxylic acid to adipic acid over niobic acid-supported Pt nanoparticles. Chem Commun，2019，55（55）：8013-8016.

[57] Tuteja J，Choudhary H，Nishimura S，Ebitani K. Direct synthesis of 1，6-hexanediol from HMF over a heterogeneous Pd/ZrP catalyst using formic acid as hydrogen source. ChemSusChem，2014，7（1）：96-100.

[58] Buntara T，Noel S，Phua P H，Melian-Cabrera I，de Vries J G，Heeres H J. Caprolactam from renewable resources：catalytic conversion of 5-hydroxymethylfurfural into caprolactone. Angew Chem Int Ed，2011，50（31）：7083-7087.

[59] Hu X，Westerhof R J M，Dong D，Wu L，Li C. Acid-catalyzed conversion of xylose in 20 solvents：insight into interactions of the solvents with xylose，furfural，and the acid catalyst. ACS Sustainable Chem Eng，2014，2（11）：2562-2575.

[60] Wang Y T，Zhao D Y，Rodríguez-Padrón D，Len C. Recent advances in catalytic hydrogenation of furfural. Catalysts，2019，9（10）：796.

[61] Deng Y C，Gao R，Lin L L，Liu T，Wen X D，Wang S，Ma D. Solvent tunes the selectivity of hydrogenation reaction over α-MoC catalyst. J Am Chem Soc，2018，140（43）：14481-14489.

[62] Nakagawa Y，Tomishige K. Production of 1，5-pentanediol from biomass via furfural and tetrahydrofurfuryl alcohol. Catal Today，2012，195（1）：136-143.

[63] Huang K，Brentzel Z J，Barnett K J，Dumesic J A，Huber G W，Maravelias C T. Conversion of furfural to 1, 5-pentanediol：process synthesis and analysis. ACS Sustainable Chem Eng，2017，5（6）：4699-4706.

[64] Mizugaki T，Yamakawa T，Nagatsu Y，Maeno Z，Mitsudome T，Jitsukawa K，Kaneda K. Direct transformation of furfural to 1, 2-pentanediol using a hydrotalcite-supported platinum nanoparticle catalyst. ACS Sustainable Chem Eng，2014，2（10）：2243-2247.

[65] Rodiansono，Astuti M D，Hara T，Ichikuni N，Shimazu S. One-pot selective conversion of C_5-furan into 1, 4-pentanediol over bulk Ni-Sn alloy catalysts in an ethanol/H_2O solvent mixture. Green Chem，2019，21（9）：2307-2315.

[66] Liu F，Liu Q Y，Xu J M，Li L，Cui Y T，Lang R，Li L，Su Y，Miao S，Sun H，Qiao B T，Wang A Q，Jerome F，Zhang T. Catalytic cascade conversion of furfural to 1, 4-pentanediol in a single reactor. Green Chem，2018，20（8）：1770-1776.

[67] Huang Y B，Yang T，Lin Y T，Zhu Y Z，Li L C，Pan H. Facile and high-yield synthesis of methyl levulinate from cellulose. Green Chem，2018，20（6）：1323-1334.

[68] Li S P，Wang Y Y，Yang Y D，Chen B F，Tai J，Liu H Z，Han B X. Conversion of levulinic acid to γ-valerolactone over ultra-thin TiO_2 nanosheets decorated with ultrasmall Ru nanoparticle catalysts under mild conditions. Green Chem，2019，21（4）：770-774.

[69] Deng L，Li J，Lai D M，Fu Y，Guo Q X. Catalytic conversion of biomass-derived carbohydrates into γ-valerolactone without using an external H_2 supply. Angew Chem Int Ed，2009，48（35）：6529-6532.

[70] Xie Z B，Chen B F，Wu H R，Liu M Y，Liu H Z，Zhang J L，Yang G Y，Han B X. Highly effecient hydrogenation of levulinic acid into 2-methyltetrahydrofuran over Ni-Cu/Al_2O_3-ZrO_2 bifunctional catalysts. Green Chem，2019，21（3）：606-613.

[71] Deng T Y，Yan L，Li X L，Fu Y. Continuous hydrogenation of ethyl levulinate to 1, 4-pentanediol over 2.8Cu-3.5Fe/SBA-15 catalyst at low loading：the effect of Fe doping. ChemSusChem，2019，12（16）：3837-3848.

[72] Huber G W，Chheda J N，Barrett C J，Dumesic J A. Production of liquid alkanes by aqueous-phase processing of biomass-derived carbohydrates. Science，2005，308（5727）：1446-1450.

[73] Xu J L，Li N，Li G Y，Han F G，Wang A Q，Cong Y，Wang X D，Zhang T. Synthesis of high-density aviation fuels with methyl benzaldehyde and cyclohexanone. Green Chem，2018，20（16）：3753-3760.

[74] Jing Y X，Xia Q N，Xie J J，Liu X H，Guo Y，Zou J J，Wang Y Q. Robinson annulation-directed synthesis of jet-fuel-ranged alkylcyclohexanes from biomass-derived chemicals. ACS Catal，2018，8（4）：3280-3285.

[75] Xue Z M，Yu D K，Zhao X H，Mu T C. Upgrading of levulinic acid into diverse *N*-containing functional chemicals. Green Chem，2019，21（20）：5449-5468.

[76] Xie C，Song J L，Wu H R，Hu Y，Liu H Z，Zhang Z R，Zhang P，Chen B F，Han B X. Ambient reductive amination

of levulinic acid to pyrrolidones over Pt nanocatalysts on porous TiO_2 nanosheets. J Am Chem Soc，2019，141（9）：4002-4009.

[77] Jiang S，Ma C R，Muller E，Pera-Titus M，Jérôme F，Vigier K D O. Selective synthesis of THF-derived amines from biomass-derived carbonyl compounds. ACS Catal，2019，9（10）：8893-8902.

[78] Liang G F，Wang A Q，Li L，Xu G，Yan N，Zhang T. Production of primary amines by reductive amination of biomass derived aldehydes/ketones. Angew Chem Int Ed，2017，56（11）：3050-3054.

[79] Murugesan K，Wei Z H，Chandrashekhar V G，Neumann H，Spannenberg A，Jiao H J，Beller M，Jagadeesh R V. Homogeneous cobalt-catalyzed reductive amination for synthesis of functionalized primary amines. Nat Commun，2019，10：5443.

[80] Sergeev A G，Hartwig J F. Selective，nickel-catalyzed hydrogenolysis of aryl ethers. Science，2011，332（6028）：439-443.

[81] Gao F，Webb J D，Hartwig J F. Chemo-and regioselective hydrogenolysis of diaryl ether C—O bonds by a robust heterogeneous Ni/C catalyst：applications to the cleavage of complex lignin-related fragments. Angew Chem Int Ed，2016，55（4）：1474-1478.

[82] Meng Q L，Yan J，Liu H Z，Chen C J，Li S P，Shen X J，Song J L，Zheng L R，Han B X. Self-supported hydrogenolysis of aromatic ethers to arenes. Sci Adv，2019，5：eaax6839.

[83] Zhang J G，Lombardo L，Gozaydin G，Dyson P J，Yan N. Single-step conversion of lignin monomers to phenol：bridging the gap between lignin and high-value chemicals. Chinese J Catal，2018，39（9）：1445-1452.

[84] Wu X J，Fan X T，Xie S J，Lin J C，Cheng J，Zhang Q H，Chen L Y，Wang Y. Solar energy-driven lignin-first approach to full utilization of lignocellulosic biomass under mild conditions. Nat Catal，2018，1（10）：772-780.

[85] Song Q，Wang F，Cai J Y，Wang Y H，Zhang J J，Yu W Q，Xu J. Lignin depolymerization（LDP）in alcohol over nickel-based catalysts via a fragmentation-hydrogenolysis process. Energy Environ Sci，2013，6（3）：994-1007.

[86] Shen X J，Meng Q L，Mei Q Q，Liu H Z，Yan J，Song J L，Tan D X，Chen B F，Zhang Z R，Yang G Y，Han B X. Selective catalytic transformation of lignin with guaiacol as the only liquid product. Chem Sci，2020，11：1347-1352.

[87] Wang M，Zhang X C，Li H J，Lu J M，Liu M J，Wang F. Carbon modification of nickel catalyst for depolymerization of oxidized lignin to aromatics. ACS Catal，2018，8（2）：1614-1620.

[88] Shao Y，Xia Q E，Dong L，Liu X H，Han X，Parker S F，Cheng Y Q，Daemen L L，Ramirez-Cuesta A，Yang S H，Wang Y Q. Selective production of arenes via direct lignin upgrading over a niobium-based catalyst. Nat Commun，2017，8：16104.

[89] Liu X D，Jiang Z C，Feng S S，Zhang H，Li J M，Hu C W. Catalytic depolymerization of organosolv lignin to phenolic monomers and low molecular weight oligomers. Fuel，2019，244：247-257.

[90] Jiang Z C，He T，Li J M，Hu C W. Selective conversion of lignin in corncob residue to monophenols with high yield and selectivity. Green Chem，2014，16（9）：4257-4265.

[91] Li T J，Lin H F，Ouyang X P，Qiu X Q，Wan Z C. *In situ* preparation of Ru@N-doped carbon catalyst for the hydrogenolysis of lignin to produce aromatic monomers. ACS Catal，2019，9（7）：5828-5836.

[92] Luo Z C，Qin S F，Chen S，Hui Y S，Zhao C. Selective conversion of lignin to ethylbenzene. Green Chem，2020，22：1842-1850.

[93] Zhao C，Kou Y，Lemonidou A A，Li X，Lercher J A. Highly selective catalytic conversion of phenolic bio-oil to alkanes. Angew Chem Int Ed，2009，48（22）：3987-3990.

[94] Zhao C, He J, Lemonidou A A, Li X, Lercher J A. Aqueous-phase hydrodeoxygenation of bio-derived phenols to cycloalkanes. J Catal, 2011, 280(1): 8-16.

[95] Yan N, Zhao C, Dyson P J, Wang C, Liu L T, Kou Y. Selective degradation of wood lignin over noble-metal catalysts in a two-step process. ChemSusChem, 2008, 1(7): 626-629.

[96] Duan H H, Dong J C, Gu X R, Peng Y K, Chen W X, Issariyakul T, Myers W K, Li M J, Yi N, Kilpatrick A F R, Wang Y, Zheng X S, Ji S F, Wang Q, Feng J T, Chen D L, Li Y D, Buffet J C, Liu H C, Tsang S C E, O'Hare D. Hydrodeoxygenation of water-insoluble bio-oil to alkanes using a highly dispersed Pd-Mo catalyst. Nat Commun, 2017, 8: 591.

[97] Werhan H, Mir J M, Voitl T, von Rohr P R. Acidic oxidation of kraft lignin into aromatic monomers catalyzed by transition metal salts. Holzforschung, 2011, 65(5): 703-709.

[98] Napoly F, Kardos N, Jean-Gerard L, Goux-Henry C, Andrioletti B, Draye M. H_2O_2-mediated kraft lignin oxidation with readily available metal salts: what about the effect of ultrasound? Ind Eng Chem Res, 2015, 54(22): 6046-6051.

[99] Mate V R, Jha A, Joshi U D, Patil K R, Shirai M, Rode C V. Effect of preparation parameters on characterization and activity of Co_3O_4 catalyst in liquid phase oxidation of lignin model substrates. Appl Catal A: Gen, 2014, 487: 130-138.

[100] Deng H B, Lin L, Liu S J. Catalysis of Cu-doped Co-based perovskite-type oxide in wet oxidation of lignin to produce aromatic aldehydes. Energ Fuel, 2010, 24(9): 4797-4802.

[101] Sun Y X, Ma H, Luo Y, Zhang S J, Gao J, Xu J. Activation of molecular oxygen using durable cobalt encapsulated with nitrogen-doped graphitic carbon shells for aerobic oxidation of lignin-derived alcohols. Chem Eur J, 2018, 24(18): 4653-4661.

[102] Rahimi A, Azarpira A, Kim H, Ralph J, Stahl S S. Chemoselective metal-free aerobic alcohol oxidation in lignin. J Am Chem Soc, 2013, 135(17): 6415-6418.

[103] Rahimi A, Ulbrich A, Coon J J, Stahl S S. Formic-acid-induced depolymerization of oxidized lignin to aromatics. Nature, 2014, 515(7526): 249-252.

[104] Yang Y Y, Fan H L, Song J L, Meng Q L, Zhou H C, Wu L Q, Yang G Y, Han B X. Free radical reaction promoted by ionic liquid: a route for metal free oxidation depolymerization of lignin model compound and lignin. Chem Commun, 2015, 51(19): 4028-4031.

[105] Yang Y Y, Fan H L, Meng Q L, Zhang Z F, Yang G Y, Han B X. Ionic liquid [OMIm][OAc] directly inducing oxidation cleavage of the β-O-4 bond of lignin model compounds. Chem Commun, 2017, 53(63): 8850-8853.

[106] Gao Y J, Zhang J G, Chen X, Ma D, Yan N. A metal-free, carbon-based catalytic system for the oxidation of lignin model compounds and lignin. ChemPlusChem, 2014, 79(6): 825-834.

[107] Kim H G, Park Y. Manageable conversion of lignin to phenolic chemicals using a microwave reactor in the presence of potassium hydroxide. Ind Eng Chem Res, 2013, 52(30): 10059-10062.

[108] Demesa A G, Laari A, Turunen I, Sillanpää M. Alkaline partial wet oxidation of lignin for the production of carboxylic acids. Chem Eng Technol, 2015, 38(12): 2270-2278.

[109] Kim Y S, Chang H, Kadla J F. Polyoxometalate (POM) oxidation of lignin model compounds. Holzforschung, 2008, 62(1): 38-49.

[110] Demesa A G, Laari A, Sillanpää M, Koiranen T. Valorization of lignin by partial wet oxidation using sustainable heteropoly acid catalysts. Molecules, 2017, 22(10): 1625.

[111] Shuai L, Amiri M T, Questell-Santiago Y M, Héroguel F, Li Y D, Kim H, Meilan R, Chapple C, Ralph J,

Luterbacher J S. Formaldehyde stabilization facilitates lignin monomer production during biomass depolymerization. Science，2016，354（6310）：329-333.

[112] Cai Z P，Long J X，Li Y W，Ye L，Yin B L，France L J，Dong J C，Zheng L R，He H Y，Liu S J，Tsang S C E，Li X H. Selective production of diethyl maleate via oxidative cleavage of lignin aromatic unit. Chem，2019，5（9）：2365-2377.

[113] Koichi K，Yuichi S，Shigeo N，Akira F. Photodecomposition of kraft lignin catalyzed by titanium dioxide. Bull Chem Soc Jpn，1989，62（11）：3433-3436.

[114] Kamwilaisak K，Wright P C. Investigating laccase and titanium dioxide for lignin degradation. Energ Fuel，2012，26（4）：2400-2406.

[115] Mitchell L J，Moody C J. Solar photochemical oxidation of alcohols using catalytic hydroquinone and copper nanoparticles under oxygen：oxidative cleavage of lignin models. J Org Chem，2014，79（22）：11091-11100.

[116] Kärkäs M D，Bosque I，Matsuura B S，Stephenson C R J. Photocatalytic oxidation of lignin model systems by merging visible-light photoredox and palladium catalysis. Org Lett，2016，18（19）：5166-5169.

[117] Luo N C，Wang M，Li H J，Zhang J，Liu H F，Wang F. Photocatalytic oxidation-hydrogenolysis of lignin *β-O*-4 models via a dual light wavelength switching strategy. ACS Catal，2016，6（11）：7716-7721.

[118] Gong J，Imbault A，Farnood R. The promoting role of bismuth for the enhanced photocatalytic oxidation of lignin on Pt-TiO_2 under solar light illumination. Appl Catal B：Environ，2017，204：296-303.

[119] Mei Q Q，Liu H Z，Shen X J，Meng Q L，Liu H Y，Xiang J F，Han B X. Selective utilization of the methoxy group in lignin to produce acetic acid. Angew Chem Int Ed，2017，56（47）：14868-14872.

[120] Shen X J，Meng Q L，Dong M H，Xiang J F，Li S P，Liu H Z，Han B X. Low-temperature reverse water-gas shift process and transformation of renewable carbon resources to value added chemicals. ChemSusChem，2019，12：5149-5156.

[121] Mei Q Q，Shen X J，Liu H Z，Liu H Y，Xiang J F，Han B X. Selective utilization of methoxy groups in lignin for *N*-methylation reaction of anilines. Chem Sci，2019，10（4）：1082-1088.

[122] Shen X J，Meng Q L，Mei Q Q，Xiang J F，Liu H Z，Han B X. The production of 4-ethyltoluene via directional valorization of lignin. Green Chem，2020，22（7）：2191-2196.

[123] Meng Q L，Hou M Q，Liu H Z，Song J L，Han B X. Synthesis of ketones from biomass-derived feedstock. Nat Commun，2017，8：14190.

[124] Wang M，Shi H，Camaioni D M，Lercher J A. Palladium-catalyzed hydrolytic cleavage of aromatic C—O bonds. Angew Chem Int Ed，2017，56（8）：2110-2114.

[125] Song S，Zhang J G，Gözaydın G，Yan N. Production of terephthalic acid from corn stover lignin. Angew Chem Int Ed，2019，58（15）：4934-4937.

[126] Sun Z H，Bottari G，Afanasenko A，Stuart M C A，Deuss P J，Fridrich B，Barta K. Complete lignocellulose conversion with inegrated catalyst recycling yielding valuable aromatics and fuels. Nat Catal，2018，1（1）：82-92.

[127] Elangovan S，Afanasenko A，Haupenthal J，Sun Z H，Liu Y Z，Hirsch A K H，Barta K. From wood to tetrahydro-2-benzazepines in three waste-free steps：modular synthesis of biologically active lignin-derived scaffolds. ACS Cent Sci，2019，5（10）：1707-1716.

[128] Sun Q H，Wang S，Liu H C. Selective hydrogenolysis of glycerol to propylene glycol on supported Pd catalysts：promoting effects of ZnO and mechanistic assessment of active PdZn alloy surfaces. ACS Catal，2017，7（7）：4265-4275.

[129] Wang S，Yin K H，Zhang Y C，Liu H C. Glycerol hydrogenolysis to propylene glycol and ethylene glycol on

zirconia supported noble metal catalysts. ACS Catal，2013，3（9）：2112-2121.

[130] Wan W M，Ammal S C，Lin Z X，You K E，Heyden A，Chen J G G. Controlling reaction pathways of selective C—O bond cleavage of glycerol. Nat Commun，2018，9：4612.

[131] Zhang X，Cui G Q，Feng H S，Chen L F，Wang H，Wang B，Zhang X，Zheng L R，Hong S，Wei M. Platinum-copper single atom alloy catalysts with high performance towards glycerol hydrogenolysis. Nat Commun，2019，10：5812.

[132] Shen Y H，Zhang S H，Li H J，Ren Y，Liu H C. Efficient synthesis of lactic acid by aerobic oxidation of glycerol on Au-Pt/TiO_2 catalysts. Chem Eur J，2010，16（25）：7368-7371.

[133] Yan H，Yao S，Liang W，Zhao S M，Jin X，Feng X，Liu Y B，Chen X B，Yang C H. Ni-Co oxide catalysts with lattice distortions for enhanced oxidation of glycerol to glyceric acid. J Catal，2020，381：248-260.

[134] Zhou D，Shen D S，Lu W J，Song T，Wang M Z，Feng H J，Shentu J L，Long Y Y. Production of 5-hydroxymethylfurfural from chitin biomass：a review. Molecules，2020，25（3）：541.

[135] Hülsey M J，Yang H Y，Yan N. Sustainable routes for the synthesis of renewable heteroatom-containing chemicals. ACS Sustainable Chem Eng，2018，6（5）：5694-5707.

[136] Wang Y，Pedersen C M，Deng T，Qiao Y，Hou X. Direct conversion of chitin biomass to 5-hydroxymethylfurfural in concentrated $ZnCl_2$ aqueous solution. Bioresource Technol，2013，143：384-390.

[137] Li M G，Zang H J，Feng J X，Yan Q，Yu N Q，Shi X L，Cheng B W. Efficient conversion of chitosan into 5-hydroxymethylfurfural via hydrothermal synthesis in ionic liquids aqueous solution. Polymer Degrad Stabil，2015，121：331-339.

[138] Gao X Y，Chen X，Zhang J G，Guo W M，Jin F M，Yan N. Transformation of chitin and waste shrimp shells into acetic acid and pyrrole. ACS Sustainable Chem Eng，2016，4（7）：3912-3920.

[139] Hariz H B，Takriff M S，Ba-Abbad M M，Yasin N H M，Hakim N I N M. CO_2 fixation capability of *Chlorella* sp. and its use in treating agricultural wastewater. J Appl Phycol，2018，30（6）：3017-3027.

[140] Costa J A V，Freitas B C，Moraes L，Zaparoli M，Morais M G. Progress in the physicochemical treatment of microalgae biomass for value-added product recovery. Bioresource Technol，2020，301：122727.

[141] Rahpeyma S S，Raheb J. Microalgae biodiesel as a valuable alternative to fossil fuels. Bioenerg Res，2019，12（4）：958-965.

[142] Zhou Y D，Chen Y G，Li M Y，Hu C W. Production of high-quality biofuel via ethanol liquefaction of pretreated natural microalgae. Renew Energy，2020，147：293-301.

[143] Cheng J，Qiu Y，Zhang Z，Guo H，Yang W J，Zhou J H. Mixing food waste and microalgae to simultaneously improve biodiesel production through transesterification and bio-crude production through hydrothermal liquefaction. J Biobased Mater Bioenerg，2020，14（1）：40-49.

[144] Zan Y F，Sun Y Y，Kong L Z，Miao G，Bao L W，Wang H，Li S G，Sun Y H. Formic acid-induced controlled-release hydrolysis of microalgae（scenedesmus）to lactic acid over Sn-beta catalyst. ChemSusChem，2018，11（15）：1-6.

第6章 绿色产品

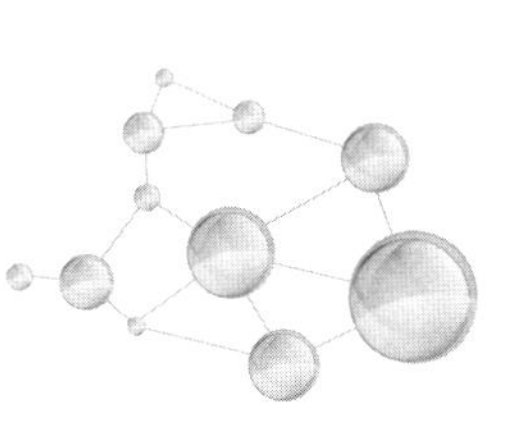

化工过程以生产各种产品为目的。目前大多数产品来源于化石资源，这势必消耗大量的自然资源，并对环境产生严重的破坏。随着化石资源的日益枯竭及其产品对环境造成的污染日益加重，资源、环境、经济、健康之间的矛盾成为人类共同关心的重要主题之一。近年来，化学学科的发展趋势之一是致力促进人类社会的可持续发展。过去，在生产化学品、材料和能源产品的过程中，许多不可再生的原料成为废弃物和有害物质，并且消耗大量的能源。目前科技界与工业界都在积极探索和开发更加符合人类需求的"绿色产品"[1]。

6.1 绿色产品的特征

绿色产品的主要特征包括具有优异性能和功能，在生产过程中所采用的原料无毒无害，生产过程绿色、成本低，使用产品时对人类健康无害、不产生环境污染，产品使用后对环境无害或容易循环利用，即在产品整个生命周期内（原材料制备、产品规划、设计、制造、包装及运输、安装及维护、使用、产品的回收处理及再利用）的各个环节对环境友好。

相对于传统产品，绿色产品不仅能满足用户使用要求，而且能经济性地实现节省资源和能源、极小化或消除环境污染，对生产者和使用者具有良好保护作用。可见，绿色产品不仅是生产过程的一个最终产物，而且是生态环境保护和科学技术发展相结合的产物，其思想精髓贯穿于产品的整个生命周期。绿色产品是绿色科技应用的最终体现，能直接促使人们消费观念和生产方式的转变。因此，正确深入地认识和理解绿色产品的内涵、设计和制备绿色产品对社会的可持续发展具有重要的意义。

6.2　绿色产品的评价及其认证

6.2.1　绿色产品的评价

国际标准化组织（ISO）和许多国家明确指出绿色产品的评价需采用生命周期评价（life cycle assessment，LCA）系统的方法[2]。即在产品生命周期（从产品设计到报废后的回收处理及再利用全过程）内对与产品相关的各类信息进行汇集和测定的一种系统方法。该方法有助于获得目标信息在产品生命周期各阶段中的具体情况和在整个过程中的总体情况，为产品改进提供完整、正确的信息。生命周期评价系统是对产品的环境协调性的客观估价，它紧扣绿色产品的内涵，是对产品生命周期的全过程进行资源消耗、能量消耗、排污程度的综合评价。

绿色产品的生命周期分析主要分为五个阶段，即选定基准产品、确定 LCA 所要分析的目标和范围、清单分析、影响评价以及制定标准和改进分析，这五个阶段构成一个反馈系统，并不断地与产品数据库、知识库交换信息。产品 LCA 实质是一个动态寻优过程，其最终目标是实现产品全寿命周期最优化。LCA 既可对一个完整的系统做出全面综合的评价，也可对某一环节做出定量分析。产品 LCA 顺应保护生态环境的整体趋势，符合全球可持续发展的需要，具有非常重要的实际意义。

6.2.2　绿色产品的认证

美国政府在 20 世纪 70 年代的环境污染法规中首次提出了绿色产品的概念。1987 年联邦德国实施了一项被称为“蓝天使”的计划，对在生产和使用过程中都符合环保要求，且对生态环境和人体健康无害的商品，环境标志委员会授予该产品绿色标志，这是第一代绿色标志。随后日本、美国、加拿大等也相继建立了自己的绿色标志认证制度，以保证消费者能识别产品的环保性质，同时鼓励厂商生产绿色产品。目前的绿色商品已涉及诸多领域，如绿色食品、绿色汽车、绿色计算机、绿色相机、绿色冰箱、绿色包装、绿色建筑及绿色印刷等。

我国于 1993 年开始实行绿色标志认证制度，并制定了严格的绿色标志产品标准。根据国际惯例实施绿色标志认证既可保护生态环境，同时也有利于促进企业提高产品在国际市场上的竞争力。2015 年 9 月，我国拟定了《生态文明体制改革总体方案》，并明确提出，要“建立统一的绿色产品体系。将目前分头设立的环保、节能、节水、循环、低碳、再生、有机等产品统一整合为绿色产品，建立统一的绿色产品标准、认证、标识等体系”[3]。这就意味着以往不同领域不同的绿色认证统一整合为绿色产品评价认证。随后，国务院办公厅发布《关于建立统一的绿

色产品标准、认证、标识体系的意见》，明确指出“按照统一目录、统一标准、统一评价、统一标识的方针，将现有环保、节能、节水、循环、低碳、再生、有机等产品整合为绿色产品，到2020年，初步建立系统科学、开放融合、指标先进、权威统一的绿色产品标准、认证、标识体系，健全法律法规和配套政策，实现一类产品、一个标准、一个清单、一次认证、一个标识的体系整合目标”。这就更加确立了绿色产品评价认证的重要地位。

绿色产品评价认证的基本流程为认证申请→资料技术评审→现场评价→产品抽样检验→认证结果评价与批准→获证后的跟踪评价→复评等过程。由评价机构依据绿色产品评价技术要求，对申请开展评价的绿色产品进行评价认证[4]。为了鼓励、保护和监督绿色产品的生产和消费，我国已经制定了“绿色标志”制度，在绿色产品上贴有绿色标志。目前，我国经国家认证认可监督管理委员会授权的绿色产品认证，已经有“中国环境标志产品”（涵盖除食品、药品类之外的各种产品）、“有机食品”、“绿色食品”以及节能产品、节水产品的认证。

6.3 绿色产品的设计

在漫长的人类设计史中，工业设计为人类的现代生活方式和生活环境的发展做出了巨大的贡献，同时也消耗了自然界中的资源和能源，从而严重破坏了地球的生态平衡。特别是工业设计的过度商业化，使设计成了鼓励人们无节制消费的重要介质，导致一系列问题。正是在这种背景下，设计师们不得不重新思考工业设计师的职责和作用，绿色设计也就应运而生，并得到了越来越多人的关注和认可。

6.3.1 绿色产品设计的概念

2017年3月10日，工业和信息化部节能与综合利用司印发《关于请推荐第一批绿色制造体系建设示范名单的通知》中将绿色制造体系建设工作中的绿色产品的概念明确为绿色设计产品[5]。绿色设计也称为生态设计，就是在产品整个生命周期内，系统考虑原材料的选用、生产、销售、使用、回收、处理等各个环节对环境总体负面影响减到最小，使产品的各项指标符合绿色环保的要求。其基本思想是在将环境因素和预防污染的措施纳入产品的初始设计阶段，以环境指标为基本出发点，力求最大限度地降低产品在整个生命周期中对自然资源的消耗，尽可能不用或少用含有毒有害物质的原材料，降低生产产品过程中有害物质的排放，最大限度地减少产品给生态环境的影响，实现产品的重复利用。通过绿色创新设计，能有效改善产品的生产路线，降低成本、缩短产品生产周期，不断提升产品的市场竞争力，完善产品环境属性。由此可见，绿色产品设计是实现可持续发展的重要措施，也是促进经济稳步发展的重要举措。

6.3.2 绿色产品设计的重要性

对工业设计而言，绿色设计的核心是“3R1D”，即 Reduce（减量化），Recycle（循环再生），Reuse（回收重用）和 Degradable（可降解），不仅要减少物质和能源的消耗和有害物质的排放，而且所需产品及零部件能够方便的分类回收并再生循环或重新利用。

绿色产品的生产和使用，从产品的绿色设计开始。绿色设计的理念和方法以节约资源和保护环境为宗旨。绿色产品的设计是绿色产品生产的前提和基础，并与产品生产费用和资源消耗密切相关。在产品的整个生命周期内，绿色产品的设计在很大程度上决定了生命周期各阶段的活动属性。产品设计既决定了产品生产过程中原材料的消耗量、生产成本以及废弃物产生的种类和数量，也影响产品使用过程的能耗和使用维护成本，以及回收处理方式与成本。例如，福特汽车公司在 2010 年 6 月发布的第 11 期可持续发展年度报告指出，尽管设计费用仅占产品全部成本的 5%左右，但却决定了 80%～90%产品生命周期的全部消耗[6]。因此，绿色设计不应仅仅是一个倡议或提议，更是未来发展的方向。面对当前全球的环境污染、生态破坏、资源浪费、温室效应和资源殆尽，绿色产品的设计和开发显得十分重要。

6.3.3 绿色产品设计的目的和内容

绿色设计着眼于人与自然的关系协调，在设计过程中的所有决策都应充分考虑环境效益，减少对环境的破坏。绿色产品的设计内容，主要包括产品功能、产品结构、产品生命周期、产品零部件等四方面[7]。从产品功能的角度来说，要全方位分析产品的具体功能，分析产品功能对应的能耗，从而保证产品更加全面、合理地发挥其重要功能，减少资源消耗；从产品结构的角度来说，必须考虑产品的结构材料，分析这些材料是否对环境造成污染，对环境有害的材料是否能去掉，从而保证产品结构更加科学；从产品生命周期的角度来说，通过分析产品在生命周期内各个环节消耗资源的多少来制定相应的措施，最大限度地降低产品对环境的影响，从而有效地降低产品在整个生命周期的能耗；从产品零部件的角度来说，通过对产品零部件分析，能详细地了解产品的各个零件在生产制作过程中对环境的影响，在保证产品功能、结构的基础上，对严重影响环境的零部件可以考虑用其他零件来替代，从而减少资源的消耗。

绿色设计本身是一个整体系统的规划，并不是一种单一结构和孤立的简单制

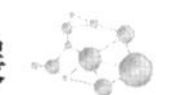

作。因此，在绿色设计中需要综合考虑原料、生产和加工流程、产品包装材料、运输等因素对资源消耗和环境的影响，以寻找和采用尽可能合理和优化的结构和方案，最大限度地降低资源消耗和对环境的影响。

6.4 绿色农药

农药是人类用于消灭病虫害的有效药物，是现代农业可持续发展的重要保障之一。然而，传统农药的使用对人类健康和环境带来很大的危害。研究表明，大量农药的长期使用对水、土壤和空气造成污染，并且易于残留在粮食、蔬菜、水果等农作物中，严重危害人类健康和生态环境。因此，开发和合成高效、高选择性、无公害的绿色农药是实现现代农业可持续发展的重要方向，对于人类身体健康和生态环境的保护具有重要的意义。绿色农药，就是指对人类安全、环境生态友好、超低用量、高选择性、作用模式及代谢途径清晰，具有绿色制造过程和高技术内涵的生物农药和化学农药。

6.4.1 生物农药

生物农药是利用生物活体或其代谢产物，针对有害生物进行防治的一类制剂，也是一类重要的绿色农药。因其具有环境友好、选择性强、不伤害害虫天敌、对人和动物安全、害虫难以产生抗药性、可用于农副产品生产加工、产品改良技术潜力大、开发投资风险相对较小等优势而备受世界各国的重视。虽然目前我国生物农药原料和制剂相对于化学合成农药占有的市场份额还较小，年产量约为30 万吨，约占农药总产量的 8%，但是生物农药的市场正在迅速扩大，每年增速约 10%左右。在欧洲，生物农药市场份额的增速可达到 15%。生物农药按其原材料的生物类群可主要分为微生物源、抗生素源、植物源、生物化学源四大类。

在生物农药制备技术水平方面，我国已经掌握了许多关键产品的研制技术。微生物农药主要包括细菌生物农药、真菌生物农药、病毒生物农药、捕食者生物农药等。其中，最常见的微生物农药是细菌生物农药，约占微生物农药的 80%以上。使用最广泛的细菌生物农药为苏云金杆菌，可用于防治 150 多种鳞翅目及其他多种害虫。由苏云金杆菌发酵得到的生物杀虫剂 Bt，具有高效杀菌能力，并且无残存，能有效控制一些当前比较难控制的害虫，如小菜蛾等，可代替剧毒的甲胺磷等，目前其商品制剂已达 100 多种，是世界上应用最广、效果最稳定的生物杀虫剂之一[8]。最常用的真菌杀虫剂为白僵菌和绿僵菌，能防治 200 多种害虫。目前应用最广泛、效果最显著的生物制剂是农用抗生素，主要包括井冈霉素、阿维菌素、多氧霉素、农抗 120 等。农用抗生素几乎应用于所有的农药种类，如杀虫剂、杀菌剂、除草剂及植物生长调节剂等[9]。

植物源农药主要是利用植物本身，并以从植物中提取的活性成分为原料或按照活性成分结构合成的化合物及其衍生物。天然植物中的杀虫活性物质生物碱类对昆虫的毒力很强，主要包括烟碱、喜树碱、百部碱、苦豆子碱等。萜烯类、单萜类、倍半萜等萜类化合物常被用作植物源农药的活性成分，对害虫具有拒食、内吸、麻醉、抑制生长发育、破坏害虫信息传递和交配，以及触杀和胃毒等作用。黄酮类化合物（如鱼藤酮、毛鱼藤酮等）可通过拒食和毒杀作用防治害虫。此外，从植物中获得的甾体、酚类、独特氨基酸和多糖等化学物质均具有较好的杀虫和抗菌活性。此外，精油作为一种农药活性成分受到广泛的重视和应用，被誉为绿色杀虫剂之一[10, 11]。精油主要是从植物中提炼萃取的挥发性芳香混合物，主要成分包括单萜、倍半萜以及芳香烃衍生物等，对害虫具有引诱、驱避、拒食、毒杀及生长发育抑制等作用。近年来，我国在精油杀虫剂研究方面不断取得进展。例如，对复合植物精油防霉剂（肉桂醛∶柠檬醛∶丁香酚∶薄荷醇＝3∶3∶2∶2）的研究发现，该复合精油防霉剂可有效预防和抑制玉米储藏过程中霉菌的生长和真菌毒素的产生，并且还能抑制玉米脂肪酸值的升高，对于保持玉米品质的效果明显优于传统丙酸防霉剂[12]。由于植物源农药来源于大自然，施用后能在自然界中降解，一般不会污染环境及农产品，在环境和人体中积累毒性的可能性小，而且作用方式独特，对人和畜牧相对安全，对害虫天敌伤害小，且害虫难以对其产生抗体，具有低毒、低残留的特点。因此，植物源农药具有广阔的前景和市场。然而，与化学农药相比，植物源农药通常见效慢、有效成分含量不稳定、持效期短，而且大多数植物源农药成本较高，其推广和应用受到一定限制。未来在植物源农药方面的研究应注重活性物质的独特化学结构以及其作用靶标和机理，这既是克服植物源农药缺点的有效途径，也是农药研究领域的重点与前沿方向[13]。

生物化学农药如拟除虫菊酯类药物、烟碱类杀虫剂等是模拟生物有效成分合成的农药。由于对分子结构进行了改造，因而比天然农药具有更高的活性、稳定性和环境相容性，也是与普通化学农药关系最为密切的一类生物农药。生物化学农药主要包括信息素、植物提取物、天然植物或天然动物生长调节剂等。生物化学农药较植物源农药选择性更高、药效更强，也是目前绿色生物农药研究的重点之一。在合成生物化学农药的过程中，应充分遵循绿色化学的原则，尽量采用原子经济性的反应，利用无毒、无害原料，减少有害物质的排放。

近年来，我国大力支持生物农药的推广和应用。根据农业部于 2016 年颁布的《种植业生产使用低毒低残留农药主要品种名录》，在总计 110 种推荐农药中，35 个品种为生物农药。由于生物农药具有独特的优势，其应用与市场前景非常广阔。然而，与化学合成农药相比较，目前生物农药的制造成本仍较高。由于其作用效果、稳定性、持效性等仍然比化学合成农药偏低，尚不能完全取代化学合成农药。虽然生物农药的用量不断增加，但目前所占市场的份额较少（约 10%）。因此，设计

和开发新型绿色的化学农药也是绿色农药的重要研究领域之一。

6.4.2 绿色化学农药

化学农药，即化学合成农药，具有成本低、见效快、能耗低、易于大规模生产等特点，迄今仍是防治病虫害的主要手段之一，也是农药的主体。在化学农药的发展中，杂环化合物是新农药发展的主流，其重要原因是杂环化合物农药表现出超高效的特点，有些农药的用量为 10～100 g/hm^2，甚至有的仅为 5～10 g/hm^2。这样的超高效农药的使用大大降低了使用成本，而且对环境的影响也很小。同时杂环化合物对鸟类、鱼类的毒性也很低。例如，5 ppm（1 ppm = 10^{-6}）浓度的吡唑类杀虫剂（图 6.1）就能防止欧洲叶甲虫。由 Rohm & Haas 公司开发的二酰基肼杀虫剂，只消灭毛虫，而对其他生物无害。我国在绿色化学农药研发方面也取得了长足的进展，开发了一系列绿色化学农药，如南开大学的单嘧磺隆、华东理工大学的顺硝烯、贵州大学的病毒星等[14]。

含氟农药主要是根据生物等排理论，以氟或含氟基团如 CF_3、OCF_3、$OCHF_2$ 代替原有农药品种中的 H、Cl、Br、CH_3、OCH_3 而制备的农药，如杀菌剂氟喹唑啉酮，以氟代替喹唑啉酮中的 H，二苯醚类除草剂以 CF_3 代替 CH_3，除虫菊类杀虫剂以 F 或 CF_3 代替氯氰菊酯、氰戊菊酯中的 H 或 Cl 等。这些含氟农药的共同特点是引入氟原子后，增加化合物的亲脂性，而且 F 与 H 不易被受体识别，致使受体不可逆失活。因此，其生物活性比相应的无氟化合物高。由于氟原子具有模拟效应、电子效应、阻碍效应、渗透效应等特殊性质，氟原子的引入，有时可使化合物的生物活性大幅度增加。虽然价格较贵，但是性能好，因此含氟化合物的农药研究备受重视[15]。美国 Dow-Science 公司与佛罗里达大学合作发明的含氟杀白蚁药具有超高效、用量小、对环境副作用小等特点（图 6.2），该项成果获 2000 年美国“总统绿色化学挑战奖”。

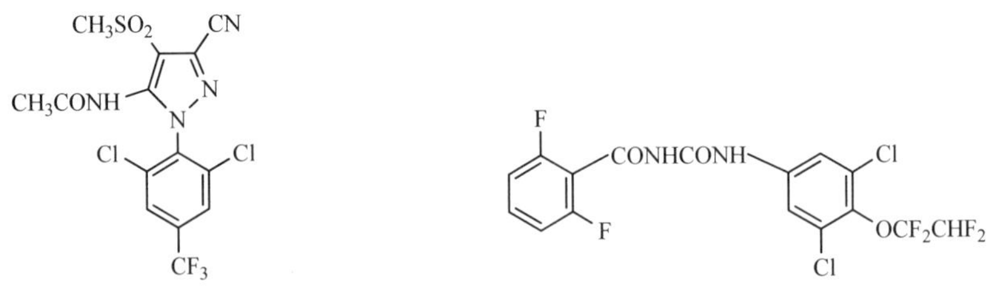

图 6.1　吡唑类杀虫剂

图 6.2　含氟杀虫剂

由于天然氨基酸具有较好的杀虫活性，氨基酸类衍生物也日渐成为一种重要的绿色农药，具有低毒、高效、无公害、环境易降解以及原料来源广泛等优点。美国孟山都公司开发出一种氨基酸除草剂，能够有效控制世界上危害最大的 78 种杂草中的 76 种，但是该化合物中的磷会使水体富营养化，对环境不利。不含磷的氨基酸类除草剂或植物生长调节剂一般是芳酰基取代的衍生物。一些含卤代芳环的氨基酸酯类衍生物也具有除草活性。例如，南开大学等单位研发了超高效绿色除草剂单嘧磺酯，专用于小麦田除草，已得到广泛应用。磺酰脲类除草剂（图 6.3）施于农田后能迅速被敏感品系的叶和根吸收，使敏感植物停止生长，它们能在植物体内水解，水解产物很快与葡萄糖结合形成稳定的无害代谢物。目前关于这类除草剂对环境危害的报道不多，通常情况下，低剂量的磺酰脲类除草剂对人和非靶标物的危害很小[16]。

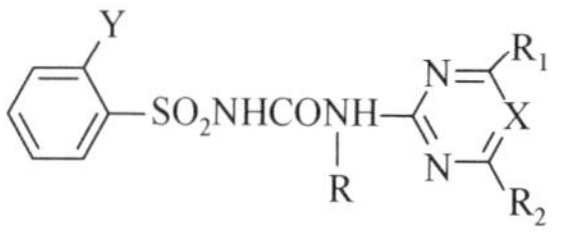

Y, $SO_2NHCONH$, R, N, R_1, X, N, R_2

X = N, CH

Y = Cl, F, Br, CH_3, $COOCH_3$, SO_2CH_3, SCH_3, $SO_2N(CH_3)_2$, CF_3, CH_2Cl, OCH_3, OCF_3, NO_2

R = CH_3

R_1 = CH_3, Cl

R_2 = OCH_3, CH_3, Cl

图 6.3　磺酰脲类除草剂

目前，国内外十分重视绿色农药的发展，这对于保障食品安全和人类身体健康具有非常重要的意义。1996 年以来，美国总统绿色化学挑战奖的“设计更安全化学品奖”中，相当一部分属于绿色农药研发方面的成果。虽然绿色农药的研发起步较早，但由于涉及药理、药效、合成、生产等多个环节，发展高效、环境友好的农药是一项长期的研究课题。在全世界人口迅速增长、环境污染压力日趋增大的今天，更深入、更广泛地研究和开发安全、无毒、来源广、成本低的各类绿色农药具有重要的经济意义、生态意义和社会意义。

6.5　绿色材料

6.5.1　绿色高分子材料

20 世纪 30 年代以来，随着高分子化学的迅猛发展，基于传统化石资源（如煤炭、石油和天然气等资源）的烃类高分子聚合物，如尼龙、氯丁橡胶、丁苯橡胶、聚乙烯等，成为对人类不可或缺的重要材料，为人类生活水平的提高做出了巨大贡献。然而，传统化石资源日益枯竭，基于化石资源的高分子材料难以或者不可自然降解，而且在高分子聚合物生产过程中需要大量的有机溶剂、催化剂，

这些物质通常难以彻底清除，这些不利因素易对人体健康和生态环境造成严重的影响。因此，利用易降解、环境友好的天然高分子制备新型材料具有重要意义，也是绿色化学与绿色化工的重要研究内容。

天然高分子是一类重要的可再生生物质资源，主要来源于自然界中广泛存在的动物、植物和微生物中的大分子有机物质，主要包括纤维素、半纤维素、淀粉、甲壳素、壳聚糖、木质素、蛋白质等[17]。天然高分子既可以被直接利用，也可通过化学或物理方法改性，或者重新构筑成新的材料。这些可再生的天然高分子来源于自然界，因此易于被微生物降解或者无害化处理，为高分子材料领域的可持续发展提供了广阔的空间[18]。目前，基于天然高分子新型材料的设计、研究、开发与生产正蓬勃开展，预计将来会在各个领域得到广泛应用，为人类及社会的可持续发展做出重要贡献。在此，我们仅以纤维素基高分子材料和木质素基高分子材料为例，说明国内外在天然高分子基材料应用方面取得的重要进展。

6.5.1.1 纤维素基高分子材料

纤维素是由 D-葡萄糖分子通过 β-1, 4 糖苷键构成的大分子多糖化合物，是自然界中分布最广、含量最多的一种天然多糖，占植物界碳含量的 50%以上，是一类宝贵的可再生资源。它不仅是地球上产量最丰富的天然可再生资源，也是未来的主要化工原料之一。纤维素高分子链上周期性分布着丰富的羟基基团，可通过化学修饰赋予纤维素新的性能[19]。将具有聚集诱导猝灭（ACQ）效应的常见荧光分子连接到纤维素主链上，通过高分子链的“锚定”和“稀释”效应以及基团间的静电排斥力效应相互协同，可以有效克服荧光分子的 ACQ 效应，得到含 ACQ 荧光分子的纤维素基固体荧光材料[20]。结合荧光共振能量转移（FRET）效应和三基色原理，通过简单混合红蓝绿三种纤维素基固态荧光材料，并控制比例即可获得易于打印的新型动态全彩固态荧光材料[21]。将具有响应性质的基团连接到纤维素高分子链可以显著增强其分子识别能力，能够得到对金属离子、酸碱性超敏感的新型荧光探针和便携式试纸[22, 23]。在纤维素链上同时化学键合卟啉与季铵盐基团，可以得到白光驱动、高效杀灭耐药性细菌且无毒的纤维素基抗菌涂层材料[24]。将作为指示剂的异硫氰酸酯荧光素（FITC）及作为内标物的原卟啉分子（PpIX）通过共价键分别键连到醋酸纤维素（CA）分子链上，实现了快速、准确、实时地对环境中胺浓度进行可视化监测。

纤维素 D-葡萄糖结构单元上的三个羟基具有不同的空间位阻和活性，根据反应条件的不同，制备的纤维素衍生物具有不同的取代度，不同取代度的同一纤维素衍生物通常具有不同的性质和功能。在酸催化作用下，纤维素可通过与酸、酸酐、酰卤等发生酯化反应，得到不同取代度的纤维素硝酸酯、纤维素硫酸酯、纤维素乙酸酯、纤维素高级脂肪酸酯等一系列高分子纤维素衍生物。纤维素分子中的活泼羟基可与醚化试剂发生醚化反应,制备具有较高价值的纤维素醚类衍生物,如烷基纤维素醚、羟烷基纤维素醚、阴离子纤维素醚、阳离子纤维素醚、氰乙基纤维素醚等。纤维素也可通过接枝共聚反应制备纤维素及其衍生物的接枝共聚物,这些共聚物可应用于高吸水性材料、离子交换纤维、模压板材等新型化工产品[25]。

纤维素分子内的大量羟基可以在其分子内或分子间形成作用力很强的氢键,使得纤维素的聚合度、取向度等都较高。因此,纤维素不溶于一般的有机和无机溶剂,限制了纤维素的化学改性。近年来,世界各国的研究者开发了多种可高效溶解纤维素的溶剂体系,包括 *N*, *N*-二甲基乙酰胺/氯化锂(DMAc/LiCl),二甲基亚砜/三水合四丁基氟化铵(DMSO/TBAF·$3H_2O$)及离子液体等。DMAc/LiCl 复合体系不仅可以用于纤维素及其衍生物的均相合成,也广泛应用于纤维素及其衍生物的溶解和定性、定量研究。离子液体作为一种绿色的纤维素的非衍生化溶剂,在纤维素转化及利用过程中展现出了独特的优势。2002 年,Rogers 等美国学者发现离子液体 1-丁基-3-甲基咪唑氯盐([BMIm] Cl)可以溶解纤维素,为新型纤维素溶剂体系的研究开辟了一条新途径[26]。鉴于其在离子液体中溶解和处理纤维素方面做出的突出贡献,Rogers 荣获 2015 年美国"总统绿色化学挑战奖"。机理研究表明,[BMIm]Cl 对纤维素具有较强溶解性的主要原因可能是氯离子为强氢键受体,与纤维素羟基形成较强的氢键,导致纤维素分子中氢键作用减弱,从而促进了纤维素的溶解。在此基础上,人们设计合成了一系列可溶解纤维素的离子液体,如 1-丙烯基-3-甲基咪唑氯盐、1-乙基-3-甲基咪唑甲基磷酸酯盐等。

武汉大学研究开发了一系列低温下快速溶解纤维素的碱/尿素水溶液以及氢氧化钠/硫脲水溶液新溶剂体系[27-29]。通过实验发现这些溶剂体系在低温(−12～−5℃)下预冷后,可以非常快速地在 2 min 内溶解纤维素。研究发现,在低温下氢氧化钠水合物与纤维素分子间可形成氢键配体,通过尿素与氢氧化钠的结合,形成比较稳定的尿素包裹纤维素-氢氧化钠键合的复合物,促进了纤维素的溶解[30, 31]。开发高效溶解纤维素溶剂体系有利于促进纤维素均相反应以及纤维素衍生物研究的发展,可以制备多种纤维素纤维膜、抗菌纤维素膜、纤维素气凝胶、纤维素水凝胶、纤维素接枝共聚物等材料,一些产品的开发已经进入中试阶段[32, 33]。

再生纤维素纤维是以棉短绒浆、木浆、竹浆等天然纤维素为原料,经物理或化学处理,得到纤维素或其衍生物的浓溶液,然后通过湿法纺丝工艺生产得到纤维产品。再生纤维素纤维的结构组成与棉相似,但一般具有更好的光泽、更好的吸湿性与透气性、热稳定性和光稳定性,适于制作衣物及各种装饰用品,因而深受消费者的喜爱和信赖。例如,在低温下直接快速溶解纤维素的氢氧化钠/尿素及氢氧化锂/尿素水溶液体系中纤维素具有独特的凝胶化行为,并可通过纤维素的分子量、浓度以及溶液温度等进行调控。由于所得的纤维素浓溶液在低温(0～5℃)

下能长期稳定存在，因此可用于再生纤维素纺丝。通过湿法纺丝工艺所制备的再生纤维素纤维具有良好的光泽和手感，并且拉伸性能良好，具有类似于铜氨纤维和莱赛尔纤维的圆形截面。近年来，离子液体作为一种可直接溶解纤维素的绿色溶剂备受关注，研究利用纤维素的离子液体溶液直接纺丝也是研究热点之一。已报道的可用于生产再生纤维素纤维的离子液体主要包括1-丁基-3-甲基咪唑氯盐、1-烯丙基-3-甲基咪唑氯盐、1-丁基-3-甲基咪唑乙酸盐等。所得到的再生纤维素纤维的力学性能明显优于由传统黏胶工艺生产的黏胶纤维，使用的离子液体可回收和循环利用。如果在纤维素的离子液体溶液中加入乙醇、丙酮等溶剂，溶解的纤维素会凝固再生，从而得到再生纤维素膜[34]。一般来说，再生纤维素与溶解前的纤维素具有相似的聚合度分布，但是结构和形貌会发生明显变化。此外，氢氧化钠/尿素水溶液溶剂体系也可用于生产再生纤维素膜材料[35]。图 6.4 为分别从氢氧化钠/尿素体系和离子液体中得到的再生纤维素膜材料[34]。如果进一步利用共混、接枝等方式向再生纤维素膜材料中加入不同种类的有机物或者无机物，可以得到具有光、电、磁以及生物活性的功能高分子膜材料。例如，将荧光物质如荧光素、罗丹宁 B 等，或碱土铝发光材料加入到氢氧化钠/尿素或氢氧化锂/尿素水溶剂中可以制备光学和力学性能优良的荧光和发光再生纤维素膜材料。研究发现，这些发光膜材料是优良的绿色材料，具有非常好的生物降解性，放置在土壤中 30 天内可以完全降解为 CO_2 和水，在包装及光学器件方面具有良好的应用前景[36]。

(a)

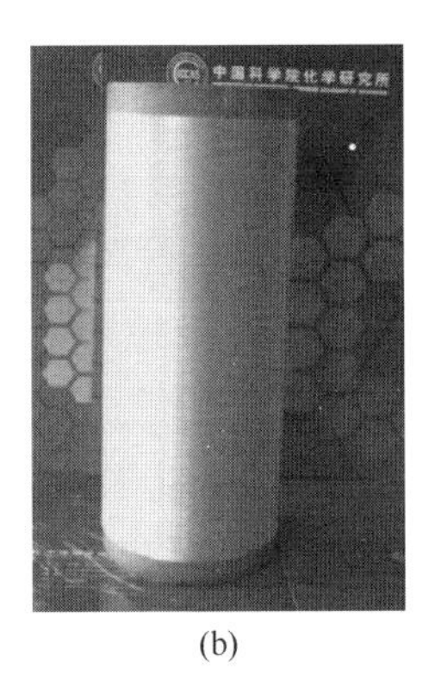

(b)

图 6.4　从氢氧化钠/尿素体系（a）和离子液体（b）中制备的再生纤维素膜材料

此外，纤维素及其衍生物也可用于制备纳米纤维素，以及纤维的气凝胶和水凝胶等。这些高分子材料大多具有独特的功能，并且来源于可再生资源，使用后易降解，不会对环境造成危害，因此也被称为环境友好产品。

气凝胶是已知世界上密度最小的固体，是在保持凝胶三维网状结构不变的条件下将其中的液体溶剂去除而形成的一类高度多孔材料。一般来说，气凝胶具有孔状的三维网络结构、极高的孔隙率、极低的密度以及高比表面积等特点，其泡孔结构可通过制造工艺进行调节。气凝胶多孔材料近年来因在吸附、分离、催化、光电、生物医药、航空航天、石油化工以及建筑节能等许多领域有广阔的应用前景，受到人们的广泛重视。在 2017 年颁布的《国家重点节能低碳技术推广目录》中，气凝胶被列为国家重点节能低碳技术之一。由于纤维素独特的性质，纤维素气凝胶不仅具有传统的硅气凝胶或聚合物基气凝胶等的高孔隙率以及良好的加工性和力学性能，而且具有较好的生物相容性和可降解性，已经成为气凝胶领域研究的热点，在许多领域具有广阔的应用前景。由于天然纤维素气凝胶在水中不稳定，易发生溶胀和破碎，因此制备纤维素气凝胶的关键在于克服纤维素与水或其他溶剂之间的强氢键作用，降低它们之间的毛细管作用力。目前，制备纤维素及其衍生物气凝胶的主要方法是冷冻干燥或超临界干燥法。这两种干燥法可使凝胶中的液体缓慢脱除，而不破坏凝胶中的网络结构。

近年来，利用离子液体为溶剂制备纤维素气凝胶是研究的热点之一。如图 6.5 所示，通过离子液体溶解纤维素、凝胶化及凝固再生、溶剂交换、干燥等步骤，可以获得纤维素气凝胶[37]。以高浓度的离子液体 1-烯丙基-3-甲基咪唑氯盐（[AMIm]Cl）水溶液为凝固浴，通过用乙醇进行溶剂置换，超临界 CO_2 干燥，可以制备柔韧、透明、低密度（低至 0.01 g/cm^3）、低导热性、具有规则纳米孔状结构的再生纤维素气凝胶[38]。以氢氧化钠/尿素/水为溶剂，采用液滴悬浮凝胶法，通过冷冻干燥和表面硅烷基化改性可以制备疏水性的纤维素气凝胶球，具有很好的疏水亲油性，对不同密度的有机液体都具有良好的吸附作用，并且可重复使用，例如，对甲苯重复吸附-脱附 5 次后吸附量仍可保持在 40 g/g 以上[39]。在 100℃下，将天然木材在氢氧化钠和亚硫酸钠的混合溶液中处理 5 h，并在双氧水中彻底除去木质素后，将残余物冷冻干燥，可得到由木材直接制备的纤维素气凝胶。该气凝胶具有很高的压缩稳定性，在一万次压缩循环后可逆压缩程度保持在 60%以上，应力保持在 90%以上，并且具有非常高的保温性能，优于大多数商用隔热保温材料[40]。

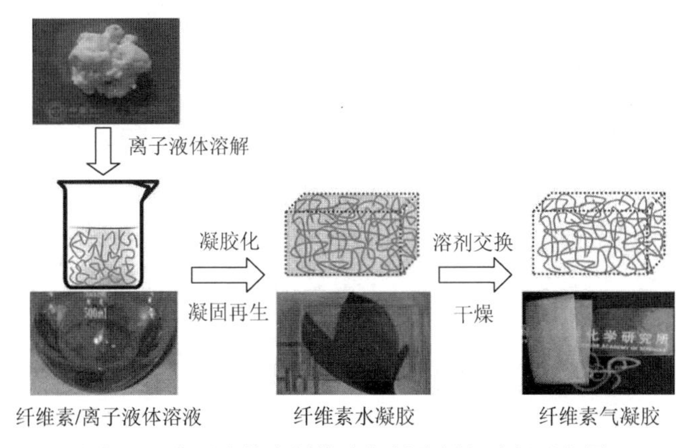

图 6.5 离子液体中纤维素气凝胶制备过程示意图

水凝胶是一类由含有亲水基团和交联结构的大分子组成的材料，其中大分子网络具有较强的保水能力，能维持大量水并保持一定形状，是一类在卫生用品、医药领域、光学材料、建材工业及食品包装等领域具有广泛用途的高分子材料。纤维素水凝胶是由纤维素分子或者纳米纤维素直接转化而成的水凝胶。纤维素分子内和分子间较强的氢键作用，使其难溶于水及普通的有机溶剂，因此，纤维素水凝胶通常利用水溶性纤维素衍生物通过化学或物理交联制备。研究表明，碱/尿素水溶液体系可用于制备具有不同功能的纤维素水凝胶[41]。例如，在纤维素的氢氧化钠/尿素水溶液中加入水溶性量子点，然后加入交联剂形成水凝胶。通过水解断裂水溶性量子点表面配体上的酰胺键，将纤维素水凝胶与 CdSe/ZnS 量子点复合，可形成具有强荧光的纤维素水凝胶，其颜色通过调节 CdSe/ZnS 量子点的尺寸大小而改变，而且具有良好的透光性和压缩强度[42]。在−12℃下将纤维素溶解在碱/尿素水溶液体系中，通过逐滴加入化学交联剂环氧氯丙烷可制备具有松散交联结构的纤维素水凝胶。在酸溶液中，此纤维素水凝胶可快速形成具有纳米纤维的物理交联网络。其中的弹性化学交联网络使得该凝胶能够承受较大形变，而物理交联网络结构的断裂和重排可有效分散消耗能量，从而获得一种具有高强度、高韧性的纤维素水凝胶。该凝胶在外力作用下，可展现出敏感的力致光学异性性质（图 6.6）。因此，这种纤维素水凝胶在力学传感器方面具有潜在的应用前景[43]。此外，细菌纤维素也可用于制备纤维素水凝胶，例如，通过由醋杆菌属中的木醋杆菌得到的细菌纤维素可以制备细菌纤维素水凝胶，通过分数指数模型表征，发现该水凝胶在低压应力衰减和高压应力平衡方面具有潜在的应用价值[44]。

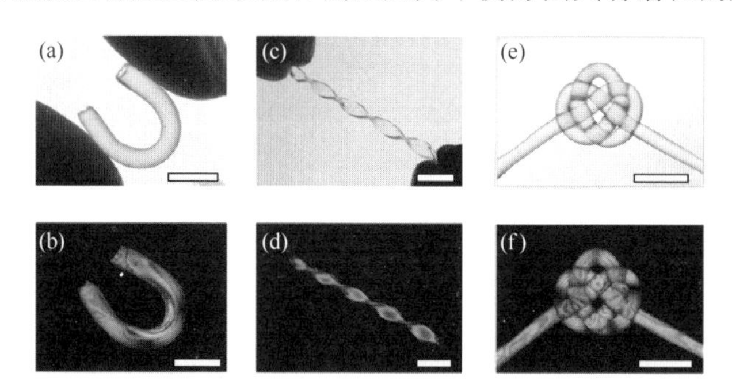

图 6.6　弯折、扭曲和缠结状态下的纤维素水凝胶照片（标尺：1 cm）

6.5.1.2　木质素基高分子材料

木质素是一类储量大、含有丰富芳香环的碳资源，在植物界的含量仅次于纤维素，每年全球产量约为 600 亿吨。因此，木质素的高值化利用一直受到关注[45]。然而，由于木质素内在组成和结构的复杂性、结构的不均一性、来源的多样性等，木质素的实际利用率非常低。木质素的分子结构非常复杂，结构单元之间的连接方式很多而且位置不一致。植物的种属不同、生长期长短、部位不同等都会导致木质素组成和结构的差异，因此确定木质素的准确结构比较困难。木质素作为木材水解物或造纸工业的副产物，性质受到原料、制浆工艺及提取方法等因素的影响，物理和化学性质差别较大，原有结构在提纯和分离过程中也往往被破坏。

近年来，随着对木质素研究的逐渐深入，人们对其结构、性质有了更深的认识[46]。木质素是以苯丙烷为骨架的天然多芳环大分子化合物，其结构中含有芳香基、酚羟基、醇羟基、羰基、甲氧基、羧基、共轭双键等许多不同类型的官能团，可以对其进行卤化、酰化、酯化、接枝共聚、烷基化等化学改性与修饰。改性后的木质素具有可再生、可生物降解、优良的光和热稳定性、抗微生物等优点。木质素是一种优良的生物质化工原料，在材料领域的综合利用中备受关注[47]。

化学改性木质素及其衍生物可用于生产酚醛树脂、聚氨酯、环氧树脂、离子交换树脂等材料，其中木质素的结构特点以及物化性质对提高与改善材料的性能具有重要作用。与工程塑料相似，木质素也是一种具有高抗冲强度且耐热的热塑性高分子，具有明显的玻璃化转变温度。因而，木质素可通过共混改性等方式与上述各类树脂，以及橡胶、聚酯、聚醚、淀粉塑料、大豆蛋白塑料等复合，这不仅能改善这些材料的性能，还能降低它们的成本。例如，利用溴化氢（HBr）对软木木质素进行改性，发现经 HBr 处理的木质素与二异氰酸酯反应后羟基含量提高 28%，明显改善了软木木质素的亲水性。通过改性木质素与甲苯-2, 4-二异氰酸酯（TDI）和聚乙二醇（PEG）反应制备的聚氨酯材料，其力学性能优于非改性木质素制备的聚氨酯材料，模量提高了 6.5 倍[48]。一般来说，对木质素进行化学改性可有效改善木质素与基质的相容性，获得更优异的性能。例如，利用尿素对木质素进行化学改性，然后利用尿素改性木质素和聚磷酸铵与聚乳酸反应可制备具有更好耐热性和阻燃性的膨胀型复合改性聚乳酸阻燃材料[49]。利用木质素取代 ABS 塑料（丙烯腈、丁二烯、苯乙烯三种单体的三元共聚物）中的苯乙烯，在熔融态下制备了一种新型丙烯腈-丁二烯-木质素热塑性塑料（图 6.7）。在材料的制备过程中，不需要加入任何溶剂，即可与分散在合成橡胶基质中的纳米木质素相互连接。所制备的新型热塑性材料可熔、可模制，而且强度比传统 ABS 塑料高 10 倍以上，其屈服应力很高。该材料还可重复利用，多次熔化后形貌和性能不发生改变[50]。将聚醚胺接枝到木质素上，可以使其与聚脲有更好的相容性。研究表明，含有适当含量改性木质素-聚脲共混物是良好的涂层材料，并且具有抗紫外线功能。此工作为木质素在涂层方面的高值化利用提供了一种方法[51]。利用水溶性木质素季铵盐和 TiO_2 可制备木质素/TiO_2 纳米复合物（LQAS/TiO_2），此复合物与水性聚氨酯有很好的相容性。LQAS/TiO_2 与水性聚氨酯形成的复合膜具有优良的抗紫外线性能和力学性能，显示出良好的应用前景[52]。为了提高硅基材料的电化学性能，可通过

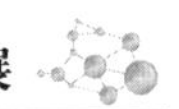

水热反应将来源于造纸黑液中的碱木质素（AL）与纳米 SiO_2 复合，得到 SiO_2/季铵化碱木质素复合物（SiO_2/QAL），再经碳化和酸洗后制备结构均一的 SiO_2/木质素多孔碳复合材料（SiO_2/PLC）。电化学性能测试结果表明，SiO_2/PLC 嵌锂容量很高，在 100 mA/g 小电流密度及 5 mA/g 大电流密度下的放电比容量分别为 820 mA·h/g 和 235 mA·h/g，具有良好的循环稳定性和较高的比容量和倍率性能[53]。

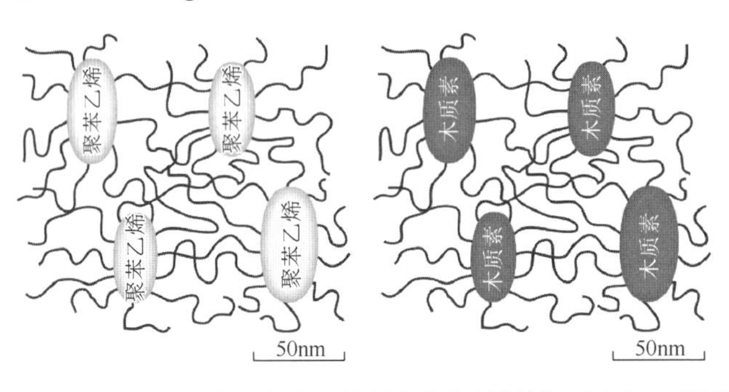

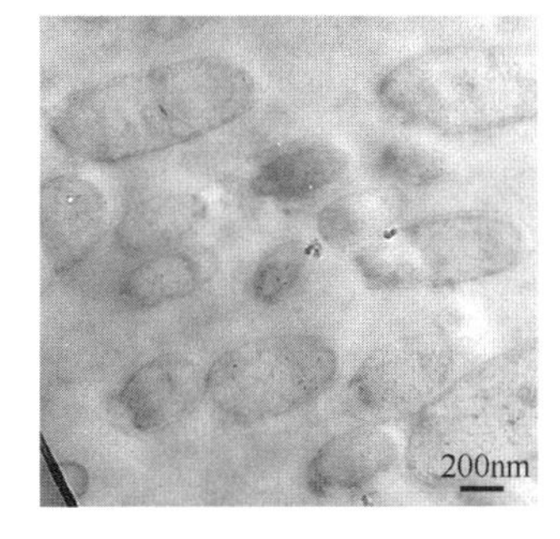

图 6.7　用木质素取代苯乙烯制备热塑性材料示意图及丙烯腈-丁二烯-木质素热塑性材料的扫描电镜照片

碳纤维是一种高碳含量、高模量纤维的新型纤维材料，具有强度高、密度小、耐腐蚀、耐老化、耐高温和易导电的纤维结构。碳纤维作为先进复合材料最重要的增强体之一，被广泛应用于航空、航天以及高端体育休闲用品等领域。目前，用于制备碳纤维的前驱体材料以沥青、人造丝和聚丙烯腈为主。80%以上商业化生产碳纤维主要以聚丙烯腈为原料，导致碳纤维的成本居高不下，应用受到限制。由于木质素中的含碳量高达 60%以上，木质素及其改性材料可以作为前驱体用于制备性能优异的碳纤维材料[54, 55]。制备纳米碳纤维的主要方法为静电纺丝法。将木质素与乙醇按质量比 1∶1 混合，通过静电纺丝可制备直径为 200 nm，比表面积为 1200 m^2/g 的木质素基纳米碳纤维[56]。利用木质素磺酸盐和丙烯腈，通过酯化和自由基共聚两步改性技术可以制备具有良好可纺性和热稳定性的木质素-丙烯腈共聚物。该共聚物可以用作制备碳纤维的前驱体。进一步通过湿法纺丝工艺可制备高质量的连续原丝，经热稳定化和碳化处理后，得到具有致密结构的碳纤维[57, 58]。

6.5.2　可降解有机材料

有机材料是指成分为有机物的材料。有机材料种类很多，主要包括合成塑料、合成纤维、合成橡胶等。通常，有机材料具有特殊结构、功能和性质，例如，有机合成塑料具有强度高、抗腐蚀、质量轻、成本低等特点，在日常生活和工农业生产中应用十分广泛。然而，这些高分子材料在为人们带来美好生活的同时，也产生了大量难于回收和循环利用的废弃物。传统高分子材料的制备工艺复杂，加工能耗高，同时产生大量废渣、废液和废气。聚合物基材料的基体中往往含有小分子挥发性组分，如副产物、溶剂及分解产物等，同时在燃烧过程中会释放大量有害气体，影响环境。高分子材料使用后通常采用填埋法进行处理。从长远角度考虑，填埋物对环境有长期的影响，恶化环境。随着人们环保意识的加强，开发和使用易于降解的有机高分子产品是必然的发展趋势，已经成为目前有机高分子材料领域的一个热点课题。这不仅可以解决传统高分子材料对环境造成的污染，而且很多情况下还能实现资源的循环利用。可降解高分子材料主要是指在自然环境中易降解成为对环境无害物质的高分子材料，现阶段比较成熟的可降解材料主要分为光降解材料和生物降解材料。

6.5.2.1 光降解材料

光降解材料是指在太阳光照射下，高分子链能够有序分解、发生老化的一类材料。材料发生光降解的主要原因是在原有材料制备的过程中添加光敏剂或引入特殊键的光敏基团，使得传统有机材料在太阳光的照射下发生自身结构的破坏，从而在较短的时间内于自然界中自身降解。在自然界光、氧气的作用下，光降解材料能发生光引发的催化降解作用，使聚合物制品变色、脆化，失去使用价值并碎裂成粉末，然后在自然界中微生物的作用下最终分解为二氧化碳和水，进入生态良性循环。光降解塑料主要应用于包装材料和农用薄膜等方面，是很有潜力的环境友好塑料之一。目前已有的光降解材料主要包括添加型和合成型光降解材料。

添加型光降解材料在传统高分子材料（如 PP、PE、PET、PS、PVC 等）的制备工艺中，加入了少量的光敏剂或光敏助剂，可在紫外光或可见光照射下引发产生自由基，从而使高分子链段发生断裂，加快聚合物的降解速率[59]。与化学共聚合成法相比，通过添加光敏剂或光敏助剂制备光降解材料的方法更便捷、相对简单、成本较低，且制品加工工艺与普通塑料类似。所选用的光敏剂一般为二苯甲酮、蒽醌、嵌二萘、三苯萘等多环芳香族化合物，以及含有过渡金属（铜、锰、铁、钴等）的金属氧化物或有机金属化合物，如二硫代氨基甲酸盐、硬脂酸盐等。但这类光敏材料仍然存在一些缺点，如材料的降解主要发生在光暴露面，降解可控性较差。而且通常光引发剂毒性较大，不能应用于食品、医疗等领域。研究发现，TiO_2 对聚丙烯的光降解有明显的催化作用。例如，将 0.1%的平均粒径为 15 nm 的 TiO_2 掺杂在高密度聚乙烯（HDPE）中，经过 200 h 的太阳光照射，所制备的 HDPE/TiO_2 薄膜质量下降了 68%。通过傅里叶变换红外光谱和 X 射线光电子能谱表征分析发现，掺杂 TiO_2 后，HDPE/TiO_2 薄膜产生可降解的羰基数量明显增多。在薄膜的扫描电镜照片中可以观察到在降解过程中产生许多可引发和促进降解的微小孔洞[60]。对比研究铁、银及其混合物对掺杂有 TiO_2 的 PE 薄膜在紫外光照射、人造

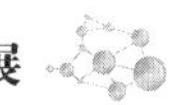

灯光和黑暗三种条件下的光催化降解过程发现，金属的掺杂可有效促进 PE/TiO_2 薄膜的降解。在 300 h 内，Fe/Ag/TiO_2 掺杂的 PE 薄膜在紫外光的照射下，质量可下降至原来的 14.34%。在人造光源下，Ag/TiO_2 掺杂的 PE 薄膜的质量可下降至 14.28%[61]。人们研究了添加 20% TiO_2 纳米粒子的 PE 基薄膜在紫外光和可见光下的降解性能，发现氧气在薄膜降解的初期起到促进作用。在可见光和紫外光下降解 90 天后，TiO_2/PE 基复合薄膜的质量分别下降了 33%和 60%。动力学研究表明，该复合薄膜在紫外光下的降解速率是自然光下降解速率的 3 倍，降解速率常数与 TiO_2 含量呈线性关系。因此，调节复合薄膜中 TiO_2 纳米粒子的含量可以调控复合薄膜的半衰期[62]。

合成型光降解材料是一类重要的光降解材料。这类材料的降解原理主要是在聚合物中引入光敏基团，通过太阳光的照射激活，吸收 340 nm 以下的紫外光，发生 Norrish Ⅰ型和 Norrish Ⅱ型反应，从而使聚合物降解为一系列易降解的产物，并进一步在氧化以及微生物的作用下降解为小分子的二氧化碳和水[63]。美国杜邦等化学公司通过乙烯和一氧化碳共聚反应制备了乙烯/一氧化碳聚合物(一氧化碳的含量小于 2%)。这种羰基共聚物在紫外光的照射下，在羰基键附近会发生 Norrish 反应而降解，且降解速率随着一氧化碳含量的增加而加快。乙烯基类/乙烯基酮类共聚物也是一类典型的合成型光降解材料，通过光降解型母料与酮类树脂共混加工成热塑性材料。通常，光降解型母料的用量在 5%～10%之间，在光照下，侧链上的酮基发生分解，根据母料加入量的不同，在室外产生的塑料碎片可在 60～600 天内完全降解。

值得注意的是，光敏聚合物在塑料制成品中的含量相对较少，所以不会对产品的力学性能、透光性以及加工性能产生明显影响。而且光敏基团通过化学键连接在聚合物链上不会析出，降解也不会产生对环境有害的物质。

6.5.2.2 生物降解材料

生物降解材料是在细菌、真菌、藻类等自然界存在的微生物作用下发生化学、生物或物理降解或酶解的高分子材料。理想的生物降解材料应通过可再生资源制备，降解产物最好是二氧化碳和水，从而使这种材料的生产和使用纳入自然界的循环。目前使用较为广泛的生物降解材料主要是聚乳酸、聚羟基烷酸酯（PHA）、淀粉塑料、生物工程塑料等材料，通过对以聚乳酸、淀粉、蛋白质等为基础的天然物质进行改性得到[64, 65]。

聚乳酸（PLA）是一种由乳酸聚合而成的聚酯类高分子材料，具有良好的生物相容性和可降解性，同时又具有较高的力学性能、抗冲击强度、耐菌性和抗紫外线性。乳酸作为聚乳酸的前驱体，主要来源于玉米、木薯等植物，可完全被生物分解，在自然界中循环再生，是一类很有发展前途的绿色新型“生态材料”，被广泛应用于婴童用品、食品容器、包装材料、纤维和 3D 打印耗材、服装、建筑、农业、林业和医疗卫生等领域[66]。聚乳酸作为一种新型生物质基绿色塑料，为解决环境污染和石油依赖等问题提供了强有力的材料支撑。中国科学院长春应用化学研究所针对聚乳酸产业化存在的关键科学和技术性难题，开展了生物质基聚乳酸绿色塑料产业化关键技术的创新性研发及应用推广工作，从 L-乳酸出发，突破了乳酸低聚、裂解、丙交酯精制和开环聚合等一系列关键科学和技术问题，取得了一系列创新性成果，实现了聚乳酸规模化生产和应用，加速推动了以聚乳酸为龙头的生物降解塑料行业的发展[67]。目前，聚乳酸已经，广泛应用于手术可吸收缝合线、药物制剂载体以及可吸收接骨螺钉等方面[68]。例如，在亮丙瑞林、曲普瑞林等药物制剂中添加聚乳酸载体，随着时间的延长，其结构在体内作用下变得疏松，使其药物释放速度变快，弥补了体内药物含量减少而引起的释放变慢等问题，维持体内药物的有效浓度，实现药物稳定缓慢的释放。聚乳酸也被用于生产包装容器、农用地膜等产品。聚乳酸材质的薄膜可在土壤掩埋的条件下，经合适的温度、氧气、酸碱性的共同作用，6～12 个月能降解为乳酸，最终代谢为二氧化碳和水，与传统聚合物材料长达 50 年的降解时间相比，大大减轻了环境的压力。

近年来，二氧化碳作为合成高分子材料单体的研究受到了世界各国的广泛重视。二氧化碳基生物降解高分子材料发展潜力大，具有很好的市场前景[69]。这类高分子材料是通过二氧化碳和环氧化合物、环硫化物、二元胺、乙烯基醚、双炔或单炔等单体在催化剂作用下共聚所得的高聚物。例如，通过二氧化碳与环氧丙烷等环氧化合物的共聚反应，可制备脂肪族聚碳酸酯[70, 71]。这一路线不仅能缓解高分子材料合成对化石资源的依赖，而且可以实现二氧化碳的高附加值利用，制备的高分子材料具有良好的阻气性、透明性，并可完全生物降解，有利于消除塑料造成的白色污染。

聚丁二酸丁二醇酯也称为聚丁烯琥珀酸酯，是由丁二醇和丁二酸为单体缩聚而制备的一种新型生物降解高分子材料。目前，聚丁二酸丁二醇酯主要通过直接酯化法、酯交换法和扩链法等化学合成法制备。它无毒无味，具有较高的结晶度，由于其主链中存在大量的亚甲基结构，因而与通用聚乙烯材料具有相近的力学性能。此外，聚丁二酸丁二醇酯的熔点较高，其制品可承受 100℃的高温，玻璃化转变温度为–32℃，也可在较低温度下使用。以聚丁二酸丁二醇酯为基础材料制造各种高分子量聚酯的技术已经达到工业化生产水平，在药物载体、软组织修复、组织工程支架以及手术缝合线等医疗卫生领域具有较大的应用潜力。这主要是由于聚丁二酸丁二醇酯进入人体一段时间后会被完全分解吸收，其分解产物对人体健康没有危害。与不可降解的聚合物相比，聚丁二酸丁二醇酯类的高分子材料在使用后不需要再次手术将其取出，从而减少了患者的二次痛苦。另外，聚丁二酸丁二醇酯可用于缓释农药和肥料等领域[72]。

聚羟基烷酸酯是原核微生物在特定的某种营养成分（如 N、P、S、O 或 Mg）

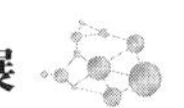

的供给限制下，将过量的碳以碳源和能源的形式储存起来，合成的一种细胞内聚酯。近年来，人们对聚羟基烷酸酯的合成制备进行了积极探索，并取得了许多进展[73]。目前生物合成聚羟基烷酸酯的主要途径包括微生物发酵法、转基因植物法和活性污泥法等。其中细菌合成法是目前的主要研究重点。据报道，不同的微生物、底物与合成途径等对聚羟基烷酸酯的合成起到关键作用，采用野生细菌对植物进行基因改造，提高其合成效率，进而实现成本的降低和材料性能的改进[74-76]。尽管聚羟基烷酸酯是性能优良的生物降解塑料，但其大规模化生产和推广应用仍面临一些实际困难，如生产工艺较为复杂，生产成本过高，为普通石化塑料的 3～5 倍。

6.5.3 绿色无机材料

无机材料是以某些元素的氧化物、碳化物、氮化物、卤素化合物、硼化物以及硅酸盐、铝酸盐、磷酸盐、硼酸盐等物质组成的材料，与有机高分子材料和金属材料并列为三大材料。无机材料种类繁多，应用极为广泛。绿色无机材料是从 20 世纪中后期发展起来的，具有一些特殊性能及用途，能够降低对环境的影响。设计合成各类环境友好的绿色无机材料是近年来绿色化学领域的研究热点之一。

6.5.3.1 大气污染治理材料

环境功能材料是一类重要的绿色无机材料，广泛应用于环境的修复。这类材料具有优良的环境净化能力，包括对大气、水体中有害物质进行吸附、吸收、催化转化等，对电磁、噪声污染的控制，对有害废弃物污染的隔离等。

汽车尾气排放是空气污染的主要来源之一，尾气中的污染物有固体悬浮微粒、一氧化碳、二氧化碳、碳氢化合物（hydrocarbons，HC）、氮氧化合物、铅及硫氧化合物等，对环境有重要影响。近年来，以汽车尾气的净化催化材料为代表的一系列绿色无机材料在治理大气污染方面发挥着重要作用。

钙钛矿型催化剂价格便宜，具有较高的热稳定性。自从 1971 年发现钙钛矿型稀土复合氧化物（ABO_3）代替贵金属作为汽车尾气净化催化剂后，这方面的研究引起了催化材料领域学者的广泛关注，并不断取得进展。例如，人们发现 $La_{0.9}Ce_{0.1}Co_{0.4}Fe_{0.6}O_3$ 催化剂在高温下对 CO 和 HC 有显著的催化活性[77]。将 Ba 渗入到 $La_{2-x}Ba_xNiO_4$ 催化剂后对 NO 具有较强的吸附能力，可大幅度提高其分解效率[78]。通过贵金属和钙钛矿的复合制备得到负载型 $Pd/LaFe_{0.8}Co_{0.2}O_3$ 以及掺杂型 $LaFe_{0.77}Co_{0.17}Pd_{0.06}O_3$ 催化剂，钙钛矿结构和贵金属的协同作用显著提升了催化剂的催化活性，大大降低了 CO、NO_x 和 HC 的起燃温度，尤其是 NO_x[79]。为了有效去除汽车尾气中的 NO_x，最近研究者报道了在 $La_{0.7}Sr_{0.3}CoO_3/Al_2O_3$ 催化剂中负载钯对 NO_x 储存和还原性能的影响。结果发现，通过浸渍法加入钯后，明显促进了

贫氧条件下 NO_x 的吸附和富氧期 NO_x 的还原，这缘于钯活性中心的高效利用。在所有制备的催化剂中，1.5%Pd-30%$La_{0.7}Sr_{0.3}CoO_3/Al_2O_3$ 催化剂具有最佳的催化性能，脱 NO 效率和产氮率分别高达 86.2%和 69.5%[80]。

6.5.3.2 污水处理材料

水污染是人们普遍关注的问题。废水中含有不同类型的以悬浊、乳化、溶解等形式存在的各种有机和无机污染物，主要包括来源于有机化工、石油化工、医药、农药化肥、杀虫剂及除草剂等工业过程的微量有机污染物；以腐殖质、亲水酸类、蛋白质、类脂、碳水化合物、羧酸、氨基酸等物质为代表的大分子天然有机物；氯化消毒副产物；藻类及其代谢产物；以及由水中化学污染物和藻类代谢产物引起的嗅味物质等。

吸附剂作为水体净化剂引起了人们的广泛关注，其中沸石以其离子交换容量高、比表面积大、成本低而成为常用的吸附剂[81]。沸石是一种天然的硅铝酸盐，具有三维结构和较大的比表面积，能够在原子结构不发生明显变化的前提下，可逆地失去水或者获得水，同时实现某些组成原子的交换。不经过修饰的天然沸石（如丝光沸石、菱沸石等）可以有效地除去氨、放射性元素、重金属，以及部分有机无机化合物。通常，沸石的吸附量受其结构，硅铝比，阳离子类型、数目和位置的影响。将天然沸石进行阳离子表面活性剂改性处理后，其表面引入了特定的官能团，表现出优异的吸附阴离子的能力。以硅和铝的氧化物为原料，在碱性条件下经过高温处理，即可获得以 NaX、NaY、NaP、NaA、ZSM-5 等为代表的合成沸石[82]。研究表明，合成沸石是一种新型绿色无机材料，可以用稻壳等废弃物为原料合成[83, 84]。合成沸石具有独特的离子交换和吸附性能、高孔隙率和优良的热稳定性，特别适用于水处理过程。例如，沸石 NaA 作为商业软水剂，代替了易导致水体富营养化的磷酸盐，已在大部分商业洗衣粉中广泛使用。NaX 较大的孔径（0.74 nm）使其具有更高的镁离子结合能力，广泛运用于洗涤剂制造业和工业水软化系统。同时，合成沸石的钠形态最适合脱氨，与天然沸石相比具有更高的氨交换容量，可作为天然沸石和其他商业吸附剂的良好替代品。

6.5.4 绿色建筑材料

绿色建筑材料是指环保、安全、有利于健康的新型建筑材料，具有消磁、消声、调光、调温、隔热、防火、抗静电等性能。目前开发的绿色建筑材料主要有水泥、纤维强化石膏板、陶瓷、玻璃、管材、复合地板、地毯、涂料、壁纸等。水泥、陶瓷、玻璃是重要的绿色无机建筑材料，不仅能够减轻环境压力，协调人类和环境的关系，而且转变了经济方式，促进了社会经济的协调发展。

水泥是迄今为止产量最大的建筑材料，因此绿色环保水泥工业备受关注。在其传统制备过程中，需要消耗大量的天然矿石、黏土及页岩矿物。人们发现水泥工业有巨大的生态代偿能力，在对各种固体废弃物的处理方面，有着量大面广、适应性强的得天独厚的优势。近年来，利用燃煤发电剩余的煤粉、废料炉渣、工业制造中的泥浆和铸造废沙作为主要原料所生产的矿渣水泥，与普通水泥相比，具有水化热低、密实性好、抗腐蚀性能好等优点，有绿色水泥之称，不仅解决了各种垃圾废料的排放问题，节省资源，也降低了水泥生产过程中二氧化碳排放量，减轻环境污染[85, 86]。然而，目前这类水泥具有保水性相对较差、早期强度低、凝结时间长及不适合低温施工等缺点，努力克服这些缺陷是推动其应用的关键。

硅酸铝复合保温材料也是一类新型绿色无机材料，无毒无害，环境友好。在施工过程中，通常是将以天然纤维和矿物纤维为主要原料的保温涂料经蒸养后，批刮在被保温的墙体表面，干燥后可形成一种具有高强度结构的微孔网状保温绝热层。其强度高、质量轻，有良好的可加工性能和不燃性，也具有优良的吸音、吸热、耐高温、耐冻的性能，在抗裂、抗震、抗风等方面有着很好的效果，因而广泛用于船舶的隔舱板，吊顶和建筑的非承重墙体，以及有防火要求的场所等[87]。

玻璃具有较强的回收能力，可以在不影响其质量的前提下循环使用，节省了大量的原材料。近年来兴起的生态环境玻璃材料，具有良好的使用性能，且对资源能源消耗少，再生利用率高，可循环利用。该材料目前已经广泛应用于中空玻璃、真空玻璃、真空低辐射玻璃等，具有选择性吸收、反射或者透过可见光与红外光的性质，可较好地实现消声、调光、隔热等功能。除此之外，利用表面修饰的手段，使玻璃表面呈现超亲水性，大大提高了水的浸润性，在隔离玻璃表面与吸附物（灰尘、有机物、油腻等）结合的同时，又能在外界风力、雨淋和水冲洗的外力和吸附物自重的作用下，使其污垢自主地从玻璃表面脱离，达到去污和自清洁的目的，从而解决了高层建筑中玻璃清洁的难题。

近年来，除了以水泥、陶瓷、玻璃为代表的绿色无机建筑材料之外，还有一系列多功能、复合化、智能化的绿色有机建筑材料，如复合地板、建筑塑料、有机高分子涂料、建筑饰面材料等，越来越受建筑行业的关注。聚氨酯材料在建筑行业中已被广泛使用，按照强度可分为聚氨酯硬质、半硬质、软质泡沫塑料等。聚氨酯硬质泡沫塑料主要在建筑的外墙中使用，该材料的密度较高，导热率非常低，具有良好的保温隔热作用。同时它还具有大量互不相连的独立孔，其孔隙率高达 90%以上，有很好的隔气性和防水性。聚氨酯硬质泡沫塑料也具有很强的韧性，使得墙体外墙涂层不会在外力和温差的作用下发生开裂。研究表明，在非供暖城市的建筑外表层喷涂聚氨酯硬质泡沫塑料，可有效降低内部温度的扩散，同时也有效地隔绝了寒流从建筑物外表面透入建筑物内部，大大减少了制暖设备的使用，有效降低了能源的消耗[88]。

围绕插层结构形成原则、结构与性能的关系等重要问题，北京化工大学开展了以性能为导向的插层结构设计研究[89-91]，发现了插层结构双金属氢氧化物（LDHs）的共边八面体基元具有形变特征，提出了构筑插层材料的几何结构判据和电子结构判据，以及多种制备 LDHs 材料的新方法，实现了系列插层结构创新，发展了新型结构镁基无卤高抑烟无机阻燃剂等多种环境友好材料，并实现工业化应用。

6.5.5 生物质基材料

生物质基材料是指利用可再生生物质，包括农作物、树木等植物及其废弃物或内含物为原料，通过生物、化学及物理等方法制备的一类新材料。生物质不仅包括木材、竹材、农作物、海藻等本源性农林水产资源，也包括纸浆废弃物等。尽管我国生物质资源丰富，但是利用率却不高，每年产生的 7 亿多吨作物秸秆中，有 2 亿吨被直接焚烧，污染大气；每年木制品废弃物高达 6000 万吨左右，然而得到利用的只有其中一小部分。我国年产 300 多万吨的虾蟹，废弃的虾蟹壳约占 30%，却没有得到很好的利用，既造成了资源浪费又污染了环境。对此，为顺应“低碳经济”的绿色理念，需要设计和发展一些更为科学合理的生物质及其废弃物利用的新思路、新技术、新方法。

6.5.5.1 新型木质碳化物材料

木质碳化物具有吸湿性、吸光性、隔热性和反应性等特点，具有良好的应用前景，有利于环境保护。木质碳化物往往以常见的生物质基材为原料，也可与其他材料复合，在一定温度下碳化，简单清洁地制备出具有一定吸附性或其他功能性的材料，使用后也可通过普通焚烧处理或再利用，不存在后续环境污染的问题。近年来，人们十分重视木质碳化物的新用途及其作为新材料的研究开发工作，是目前废弃物资源化以及可再生生物质充分利用领域的研究热点之一。

以木质陶瓷为例，木质陶瓷是一种结构功能一体化材料，它是利用生物质资源如木材或其他木质材料（中密度板、废纸、人造板、竹材等）在浸渍热固性树脂（如酚醛树脂）后，在隔绝空气的条件下高温烧结形成的一种新型多孔木质碳化材料。研究发现，木材本身的特殊生物结构仍保留在木质陶瓷中，从而使得木质陶瓷具有独特的性能，如质量轻、硬度高，具有较好的力学特性、热特性、电磁特性，以及耐高温、耐摩擦、耐酸碱等，具有广阔的应用前景。当某些氧化物、硅化物或金属前驱体浸渍木材后再行煅烧，可以得到一系列具有特殊性质的复合材料[92, 93]。例如，栎木在 110℃下烘干后，将其缓慢加热至 600℃和 1200℃进行二步碳化，可得到木质陶瓷碳素材料，将其作为碳化硅陶瓷的模板，采用溶胶-

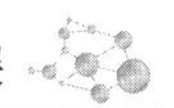

凝胶法将熔融状态的二氧化硅渗透入木炭的空隙中，然后在1400～1600℃烧结，可制备多孔性碳化硅复合材料。研究表明，这类复合材料具有良好的机械性能，弯曲强度可达到普通木材陶瓷的10倍，具有碳化硅陶瓷的耐高温和耐腐蚀性，有望应用于催化剂载体以及高温轻型结构等领域[94]。

6.5.5.2 生物质基复合材料

木材具有多孔性、各向异性、湿胀干缩性、燃烧性及生物降解性等性质。利用废弃的木材与金属、塑料等与其性质相差较大的材料能够制备出一系列复合材料，这样不仅能保留木材本身的优异性质，又能赋予新的功能特性。例如，木材/金属复合材料将木材与某种形态的金属结合，解决了传统物理共混制备方法中界面相容性和金属腐蚀性等问题，材料具有较强的电磁屏蔽功能和抗静电功能，广泛应用于大型精密仪器的保护场所[95]。木材/聚合物复合材料是将高分子单体浸入木材，再通过辐射或加热的方法，使得有机单体在木材的表面接枝共聚形成复合材料。如果以木材或生物质纤维作为填充剂或者增强剂，还能获得更高强度的聚合物材料，提高了木材的综合利用率。例如，塑合木是将适当单体浸注到木材的细胞腔和细胞壁中，通过引发剂，加热或辐射引发聚合反应所制备的一种木材塑料。酚醛树脂、脲醛树脂、三聚氰胺树脂等均可作为原料注入木材基体用于制备具有特殊性质的复合材料。木材/橡胶复合材料泛指木材或其他植物纤维单元与不同形态的橡胶单元复合而成的材料，具有阻尼减振、隔音吸音、隔热保温、防水、防腐、防蛀、防静电等性能，可以用作室内装饰装修、精密仪器包装、运动场馆地板、墙体吸音保温等[96]。

6.6 小结

绿色产品的开发和利用是人类从根本上解决资源、环境、经济、健康之间矛盾的途径之一，是未来产品生产的必然趋势，对人类未来的生存和发展具有非常重要的意义。同时，我们必须清楚地认识到，绿色产品的发展仍处在初级阶段，全面推行和应用尚需一个过程，需要充分考虑人与自然间的协调关系。化工产品的开发和使用应在其生命周期内有利于人类的健康，同时又不能损害我们赖以生存的自然环境，这要求我们不断地更新观念，以绿色观念指导产品的设计、生产和消费，实现人类社会可持续发展。

参 考 文 献

[1] 闫立峰. 绿色化学产品. 北京：科学出版社，2018.

[2] Ng C Y. Green product design and development using life cycle assessment and ant colony optimization. Int J Adv Manuf Tech，2018，95（5-8）：3101-3109.

[3] 孟瑞珂，李小青，高峰，吕悠扬，王宏涛，田晓飞. 绿色产品认证实施效果评价技术研究. 科技与创新，2018，19：28-32.

[4] 张长鲁，张健，田晓飞，苏亚松. 基于组合赋权的绿色产品认证关键风险点识别及评价. 统计与信息论坛，2019，34：82-89.

[5] 许爽. 绿色设计产品发展现状与展望. 质量与认证，2018，6：38-39.

[6] 潘彦. 绿色产品设计方案评价指标体系的建立. 企业导报，2010，10：241-242.

[7] 杨茜. 绿色产品设计的起源发展和研究现状. 中国高新技术企业，2016，352：83-84.

[8] 肖锴. 生物农药林间防治刺蛾试验. 农业与技术，2019，39：60-61.

[9] 张钟宪. 环境与绿色化学. 北京：清华大学出版社，2005.

[10] Mossa A H. Green pesticides：essential oils as biopesticides in insect-pest management. Int J Environ Sci Technol，2016，9（5）：354-378.

[11] Isman M B. Plant essential oils for pest and disease management. Crop Prot，2000，19（8）：603-608.

[12] 王利敏，刑福国，吕聪，刘阳. 复合植物精油防霉剂对玉米霉菌及真菌毒素的控制效果. 核农学报，2018，32（4）：732-739.

[13] Ohkawa H，Miyagawa H，Lee P W. Pesticide Chemistry：Crop Protection，Public Health，Environmental Safety. New York：Wiley-VCH Verlag，2007.

[14] Qian X H，Lee P W，Cao S J. China：forward to the green pesticides via a basic research program. Agric Food Chem，2010，58（5）：2613-2623.

[15] 殷帅，杨晓云，张敏，周琢强，徐汉虹. 新型含氟嘧啶胺类衍生物的合成及其抑菌活性. 合成化学，2013，3（21）：317-321.

[16] 邓金保. 磺酰脲类除草剂综述. 世界农药，2003，25（3）：24-29.

[17] 郑学晶，霍书浩. 天然高分子材料. 北京：化学工业出版社，2010.

[18] Zhu H L，Luo W，Ciesielski P N，Fang Z Q，Zhu J Y，Henriksson G，Himmel M E，Hu L B. Wood-derived materials for green electronics，biological devices，and energy applications. Chem Rev，2016，116（16）：9305-9374.

[19] Saygili G A，Guzel F. Chemical modification of a cellulose-based material to improve its adsorption capacity for anionic dyes. J Disper Sci Technol，2017，38（3）：381-392.

[20] Tian W G，Zhang J M，Yu J，Wu J，Nawaz H，Zhang J，He J S，Wang F S. Cellulose-based solid fluorescent materials. Adv Optical Mater，2016，4（12）：2044-2050.

[21] Tian W G，Zhang J M，Yu J，Wu J，Zhang J，He J S，Wang F S. Phototunable full-color emission of cellulose-based dynamic fluorescent materials. Adv Funct Mater，2018，28（9）：1703548.

[22] Nawaz H，Tian W G，Zhang J M，Jia R N，Chen Z Y，Zhang J. Cellulose-based sensor containing phenanthroline for the highly selective and rapid detection of Fe^{2+} ions with naked eye and fluorescent dual modes. ACS Appl Mater Inter，2018，10（2）：2114-2121.

[23] Nawaz H，Tian W G，Zhang J M，Jia R N，Yang T T，Yu J，Zhang J. Visual and precise detection of pH values under extreme acidic and strong basic environments by cellulose-based superior sensor. Anal Chem，2019，91（4）：3085-3092.

[24] Jia R N，Tian W G，Bai H T，Zhang J M，Wang S，Zhang J. Sunlight-driven wearable and robust antibacterial coatings with water-soluble cellulose-based photosensitizers. Adv Health Mater，2019，8（5）：e1801591.

[25] 蔡杰，吕昂，周金平，张俐娜. 纤维素科学与材料. 北京：化学工业出版社，2015.

[26] Swatloski R P，Spear S K，Holbrey J D，Rogers R D. Dissolution of cellose with ionic liquids. J Am Chem Soc，2002，124（18）：4974-4975.

[27] Lue A，Zhang L N，Ruan D. Inclusion complex formation of cellulose in NaOH-thiourea aqueous system at low temperature. Macromol Chem Phys，2007，208（21）：2359-2366.

[28] Cai J，Zhang L N，Liu S L，Liu Y T，Xu X J，Chen X M，Chu B，Guo X L，Xu J，Cheng H，Han C C，Kuga S. Dynamic self-assembly induced rapid dissolution of cellulose at low temperatures. Macromolecules，2008，41（23）：9345-9351.

[29] Cai J，Zhang L N. Rapid dissolution of cellulose in LiOH/urea and NaOH/urea aqueous solutions. Macromol Biosci，2005，5（6）：539-548.

[30] Jiang Z W，Fang Y，Xiang J F，Ma Y P，Lu A，Kang H L，Huang Y，Guo H X，Liu R G，Zhang L N. Intermolecular interactions and 3D structure in cellulose-NaOH-urea aqueous system. J Phys Chem B，2014，118（34）：10250-10257.

[31] Xiong B，Zhao P P，Hu K，Zhang L N，Cheng G Z. Dissolution of cellulose in aqueous NaOH/urea solution：role of urea. Cellulose，2014，21（3）：1183-1192.

[32] Zhang J M，Wu J，Yu J，Zhang X Y，He J S，Zhang J. Application of ionic liquids for dissolving cellulose and fabricating cellulose-based materials：state of the art and future trends. Mater Chem Front，2017，1（7）：1273-1290.

[33] Wang S，Lu A，Zhang L N. Recent advances in regenerated cellulose materials. Prog Polym Sci，2016，53：169-206.

[34] 张金明，张军. 基于纤维素的先进功能材料. 高分子学报，2010，12：1376-1398.

[35] Li R，Chang C Y，Zhou J P，Zhang L N，Gu W Q，Li C T，Liu S L，Kuga S. Primarily industrialized trial of novel fibers spun from cellulose dope in NaOH/urea aqueous solution. Ind Eng Chem Res，2010，49（22）：11380-11384.

[36] Qi H S，Chang C Y，Zhang L N. Properties and applications of biodegradable transparent and photoluminescent cellulose films prepared via a green process. Green Chem，2009，11（2）：177-184.

[37] 余坚，米勤勇，袁斌，吕玉霞，张军. 利用离子液体制备纤维素基气凝胶. 高分子通报，2016，9：140-148.

[38] Mi Q Y，Ma S R，Yu J，He J S，Zhang J. Flexible and transparent cellulose aerogels with uniform nanoporous structure by a controlled regeneration process. ACS Sustainable Chem Eng，2016，4（3）：656-660.

[39] 刘志明，吴鹏. 疏水性纤维素气凝胶球的制备及其吸附性能研究. 林产化学与工业，2018，38：9-17.

[40] Song J W，Chen C J，Yang Z，Kuang Y D，Li T，Li Y J，Huang H，Kierzewski I，Liu B Y，He S M，Gao T T，Yuruker S U，Gong A，Yang B，Hu L B. Highly compressible，anisotropic aerogel with aligned cellulose nanofibers. ACS Nano，2018，12（1）：140-147.

[41] Shi Z Q，Huang J C，Liu C J，Ding B B，Kuga S，Cai J，Zhang L N. Three-dimensional nanoporous cellulose gels as a flexible reinforcement matrix for polymer nanocomposites. ACS Appl Mater Inter，2015，7（41）：22990-22998.

[42] Chang C，Peng J，Zhang L，Pang D W. Strongly fluorescent hydrogels with quantum dots embedded in cellulose matrices. J Mater Chem，2009，19（41）：7771-7776.

[43] Ye D D，Cheng Q Y，Zhang Q L，Wang Y X，Chang C Y，Li L B，Peng H Y，Zhang L N. Deformation drives alignment of nanofibers in framework for inducing anisotropic cellulose hydrogels with high toughness. ACS Appl Mater Inter，2017，9（49）：43154-43162.

[44] Gao X，Kuśmierczyk P，Shi Z J，Liu C Q，Yang G，Sevostianov I，Silberschmidt V V. Through-thickness stress relaxation in bacterial cellulose hydrogel. J Mech Behav Biomed Mater，2016，59：90-98.

[45] 王欢，杨东杰，钱勇，邱学青. 木质素基功能材料的制备与应用研究进展. 化工进展，2019，38：434-448.

[46] 文甲龙，陈天影，孙润仓. 生物质木质素分离和结构研究方法进展. 林业工程学报，2017，2（5）：76-84.

[47] Upton B M，Kasko A M. Strategies for the conversion of lignin to high-value polymeric materials：review and

perspective. Chem Rev，2016，116（4）：2275-2306.

[48] Chung H，Washburn N R. Improved lignin polyurethane properties with Lewis acid treatment. ACS Appl Mater Inter，2012，4（6）：2840-2846.

[49] Zhang R，Xiao X F，Tai Q L，Huang H，Hu Y. Modification of lignin and its application as char agent in intumescent flameretardant poly(lactic acid). Polym Eng Sci，2012，52（12）：2620-2626.

[50] Tran C D，Chen J，Keum K，Naskar A K. A new class of renewable thermoplastics with extraordinary performance from nanostructured lignin-elastomers. Adv Funct Mater，2016，26（16）：2677-2685.

[51] Fang C，Liu W F，Qiu X Q. Preparation of polyetheramine-grafted lignin and its application in UV-resistant polyurea coatings. Macromol Mater Eng，2019，304（10）：1900257.

[52] Yang D J，Wang S Y，Zhong R S，Liu W F，Qiu X Q. Preparation of lignin/TiO_2 nanocomposites and their application in aqueous polyurethane coatings. Front Chem Sci Eng，2019，13（1）：59-69.

[53] 李常青，杨东杰，席跃宾，秦延林，邱学青. 二氧化硅/木质素多孔碳复合材料的制备及作为锂离子电池负极材料的性能. 高等学校化学学报，2018，39：2725-2733.

[54] 王翔，蒋帅南，陈敏智，曹倚中，周晓燕. 木质素基碳纤维研究进展. 林业工程学报，2016，1（1）：83-87.

[55] 林剑，赵广杰. 木质素基碳纤维的研究进展. 北京林业大学学报，2010，32（4）：293-296.

[56] Lallave M，Bedia J，Ruiz-Rosas R，Rodríguez-Mirasol J，Cordero T，Otero J C，Marquez M，Barrero A，Loscertales I G. Filled and hollow carbon nanofibers by coaxial electrospinning of alcell lignin without binder polymers. Adv Mater，2007，19（23）：4292-4296.

[57] Xia K Q，Ouyang Q，Chen Y S，Wang X F，Qian X，Wang L. Preparation and characterization of lignosulfonate-acrylonitrile copolymer as a novel carbon fiber precursor. ACS Sustain Chem Eng，2016，4（1）：159-168.

[58] Ouyang Q，Xia K Q，Liu D P，Jiang X F，Ma H B，Chen Y S. Fabrication of partially biobased carbon fibers from novel lignosulfonate-acrylonitrile copolymers. J Mater Sci，2017，52（12）：7439-7451.

[59] 马春平，谢高艺，张敏敏，罗桓，伍玉娇，杨柳涛，张纯，李杨，刘伟. 可降解聚乙烯材料的研究进展. 塑料科技，2017，45（3）：95-98.

[60] Thomas R T，Sandhyarani N. Enhancement in the photocatalytic degradation of low density polyethylene-TiO_2 nanocomposite films under solar irradiation. RSC Adv，2013，3（33）：14080-14087.

[61] Asghar W，Qazi I A，Ilyas H，Khan A A，Awan M A，Aslam M R. Comparative solid phase photocatalytic degradation of polythene films with doped and undoped TiO_2 nanoparticles. J Nanomater，2011，2011：461930.

[62] Mehmood C T，Qazi I A，Baig M A，Arshad M，Quddos A. Enhanced photodegradation of titania loaded polyethylene films in a humid environment. Int Biodeter Biodegr，2016，113：287-296.

[63] Singh B，Sharma N. Mechanistic implications of plastic degradation. Polym Degrad Stabil，2008，93(3)：561-584.

[64] 何小维，黄强. 淀粉基生物降解材料. 北京：中国轻工业出版社，2008.

[65] 任杰，李建波. 乳酸. 北京：化学工业出版社，2014.

[66] 陆颖昭，王志国. 木质纤维-聚乳酸复合 3D 打印材料的研究进展. 中国造纸学报，2019，34：73-80.

[67] 陈学思. 绿色塑料聚乳酸的关键技术研发与产业化应用. 科技促进发展，2015，3：354-359.

[68] 杨冰，季君晖，张自强，许颖，王小威，高黎，赵剑. 聚乳酸生物医用材料的应用. 中国医疗器械信息，2010，16（8）：12-15.

[69] Qin Y S，Wang X F，Wang F S. Synthesis and properties of carbon dioxide based copolymers. Sci Sin Chim，2018，48（8）：883-893.

[70] Lu X B，Darensbourg D J. Cobalt catalysts for the coupling of CO_2 and epoxides to provide polycarbonates and cyclic carbonates. Chem Soc Rev，2012，41（4）：1462-1484.

[71] Darensbourg D J. Comments on the depolymerization of polycarbonates derived from epoxides and carbon dioxide：a mini review. Polym Degrad Stabil，2018，149：45-51.

[72] 张世平，宫铭，党媛，史素青，宫永宽. 聚丁二酸丁二醇酯的研究进展. 高分子通报，2011，3：86-93.

[73] 卞士祥，王闻，周桂雄，王琼，余强，亓伟，庄新姝，袁振宏. 生物合成聚羟基烷酸酯（PHA）的研究进展. 新能源进展，2016，4（6）：436-442.

[74] Li Z，Loh X J. Water soluble polyhydroxyalkanoates：future materials for therapeutic applications. Chem Soc Rev，2015，44（10）：2865-2879.

[75] Gumel A M，Annuar M S M，Chisti Y. Recent advances in the production，recovery and applications of polyhydroxyalkanoates. J Polym Environ，2013，21（2）：580-605.

[76] 尹进，车雪梅，陈国强. 聚羟基烷酸酯的研究进展. 生物工程学报，2016，32（6）：726-737.

[77] Tanaka H，Mizuno N，Misono M. Catalytic activity and sructural stability of $La_{0.9}Ce_{0.1}Co_{1-x}Fe_xO_3$ perovskite catalysts for automotive emissions control. Appl Catal A：Gen，2003，244（2）：371-382.

[78] Zhu Y J，Wang D，Yuan F L，Zhang G，Fu H G. Direct NO decomposition over $La_{2-x}Ba_xNiO_4$ catalysts containing $BaCO_3$ phase. Appl Catal B：Envirov，2008，82（3）：255-263.

[79] Zhou K B，Chen H D，Tian Q，Hao Z P，Shen D X，Xu X B. Pd-containing perovskite-type oxides used for three-way catalysts. J Mol Catal A，2002，189（2）：225-232.

[80] Onrubia-Calvo J A，Pereda-Ayo B，Bermejo-Lopez A，Caravaca A，Vernoux P，Gonzalez-Velascoa J R. Pd-doped or Pd impregnated 30% $La_{0.7}Sr_{0.3}CoO_3/Al_2O_3$ catalysts for NO_x storage and reduction. Appl Catal B：Envirov，2019，259：118052.

[81] Mishra A，Clark J. Green Materials for Sustainable Water Remediation and Treatment. London：RSC，2013.

[82] Kosanović C，Jelić T A，Bronić J，Kralj D，Subotić B. Chemically controlled particulate properties of zeolites：towards the face-less particles of zeolite A. Part 1. Influence of the batch molar ratio [SiO_2/Al_2O_3]（b）on the size and shape of zeolite a crystals. Micropor Mesopor Mater，2011，137（1-3）：72-82.

[83] Yusof A M，Nizam N A，Rashid N A A. Hydrothermal conversion of rice husk ash to faujasite-types and NaA-type of zeolites. J Porous Mater，2010，17（1）：39-47.

[84] Li Y H，Liang G B，Chang L P，Zi C Y，Zhang Y Q，Peng Z X，Zhao W B. Conversion of biomass ash to different types of zeolites：a review. Energ Source Part A，2020，DOI：10.1080/15567036.2019.1640316.

[85] Wu W，Zhang W D，Ma G W. Optimum content of copper slag as a fine aggregate in high strength concrete. Mater Design，2010，31（6）：2878-2883.

[86] Al-Jabri K S，Al-Saidy A H，Taha R. Effect of copper slag as a fine aggregate on the properties of cement mortars and concrete. Construct Build Mater，2011，25（2）：933-938.

[87] 唐文龙，田春蓉，贾晓蓉，陈贵胜. 硅酸铝纤维/酚醛树脂复合材料高温隔热性能研究. 包装工程，2016，3：30-35.

[88] 杨宗煜，李宏君，杨玉楠，华校生. 聚氨酯建筑材料重大科技突破带来开发的最新机遇. 建筑节能，2010，38（8）：55-58.

[89] Yan D P，Lu J，Wei M，Han J B，Ma J，Li F，Evans D G，Duan X. Ordered poly(*p*-phenylene)/layered double hydroxide ultrathin films with blue luminescence by layer-by-layer assembly. Angew Chem Int Ed，2009，48（17）：3073-3076.

[90] Yan D P，Lu J，Ma J，Wei M，Evans D G，Duan X. Reversibly thermochromic，fluorescent ultrathin films with a supramolecular architecture. Angew Chem Int Ed，2011，50（3）：720-723.

[91] Han J B，Dou Y B，Wei M，Evans D G，Duan X. Erasable nanoporous antireflection coatings based on the

reconstruction effect of layered double hydroxides. Angew Chem Int Ed，2010，49（12）：2171-2174.

[92] 高如琴，刘迪，谷一鸣，朱德宝，李国亭. 硅藻土/玉米秸秆木质陶瓷制备及其对废水中四环素吸附动力学. 农业工程学报，2019，35：204-210.

[93] 余先纯，孙德林，计晓琴. Ni 掺杂黑液木质素基活化木材陶瓷的制备与性能研究. 无机材料学报，2018，33：1289-1296.

[94] Qian J M，Wang J P，Jin Z H. Preparation of biomorphic SiC ceramic by carbothermal reduction of oak wood charcoal. Mater Sci Eng A，2004，371（1-2）：229-235.

[95] 王立娟，李坚. 桦木单板化学镀镍过程的 FTIR 和 XPS 分析. 林业科学，2006，42（3）：7-12.

[96] 徐信武，陈玲，刘秀娟，周秉亮，杨勋，沈金祥，王世民. 木材-橡胶功能复合材料的研究进展. 林业科技开发，2014，28：1-6.

第7章 化学反应强化

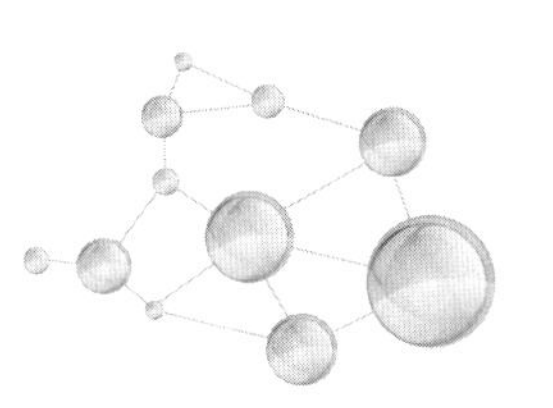

化学反应强化是绿色化学的重要研究内容。通过强化手段，可以实现一些传统条件下难以或无法实现的反应，并且在很多情况下可以节省能源、提高效率。本章将重点讨论微波和超声波辅助绿色合成、光催化、电催化和光电催化。

7.1 微波辅助绿色合成

微波是指频率为300 MHz～3000 GHz的电磁波，是无线电波中一个有限频带的简称，即波长在0.1 mm～1 m之间的电磁波。

微波主要通过偶极极化和离子传导作用实现加热。物质在电磁场作用下，极性分子会从随机分布状态转变为依电场方向取向排列，这些取向运动将以每秒数十亿次的频率不断变化，造成分子的剧烈运动与碰撞摩擦，从而产生热量，使物质加热升温，这就是偶极极化的加热机理；在离子传导的过程中，样品中溶解的带电粒子在微波电场的影响下，前后震荡，与其临近的分子或者原子之间相互碰撞，这种碰撞引起搅动或运动，并形成热，这就是离子传导加热机理。由于微波加热是由分子的剧烈运动与碰撞摩擦引起的，因此加热物本身就是发热体，内外同时加热，加热更快速、均匀。

7.1.1 微波促进化学反应

人们通过比较微波加热和非微波加热的方法探究反应过程中微波促进反应的机理。在微波和非微波加热反应器中，在硅钨酸催化剂和乙醇的存在下进行乙酰丙酸酯转化反应实验。研究表明，反应遵循准一级反应机制，活化能为44～45 kJ/mol，微波加热和非微波加热并没有太大差异。然而，在微波辐射下乙酰丙酸酯的转化率更高。通过研究微波加热辐照的非热和热效应，发现微波反应器中更高的乙酰丙酸酯转化率可能是由于微波直接加热而改善了向反应混合物中的传热。此外，通过考察不同搅拌速度、不同样品体积、不同催化剂浓度和反应物浓度的影响，说明不存在非热微波效应[1]。这只是研究反应机理的一个例子，对于不同反应，采用不同催化剂微波促进机理也会不同，这方面的研究报道相对较少。

在微波化学中，化学反应温度的提高程度和提高速度与反应物及所用溶剂分子的极性有关。分子的极性则与分子的瞬间偶极有关，而分子的瞬间偶极又与分子中的电荷分布情况有关。当分子中一端带有负电荷而另一端带有正电荷，即分子中的电荷分布不平衡时会产生分子的瞬间偶极，这种电荷分布不平衡的分子在微波作用下吸收微波能量，分子的内能、运动速度和反应温度迅速提高，从而导致化学反应速率的加快。

微波作用于极性分子（反应物、溶剂）能加剧分子运动，大大增加反应物的碰撞频率，从而加快化学反应速率。而在非极性分子溶剂中，尽管微波也能加快极性分子反应物的运动，但由于非极性溶剂不仅不吸收微波能，还会通过分子碰撞将反应物吸收的微波能量转移到非极性溶剂内缓冲极性分子反应物的加速运动，所以不能显著提高反应物之间的碰撞频率。因此，微波一般不能显著提高非极性溶剂中的反应温度，对反应速率的提升影响很小或没有影响。由此可见，采用微波技术进行化学反应，需要选择合适的反应物和溶剂。实验表明，高介电常数溶剂吸收微波能的速度显著大于低介电常数溶剂，因此，在进行微波化学反应前可根据所使用的溶剂分子的介电常数来估计介质对微波能量的吸收情况。离子液体和水是重要的绿色溶剂，并且它们都是极性分子，与微波辐射结合可以使反应过程更加绿色和高效。

7.1.1.1 微波辅助离子液体中的有机合成

离子液体由阴阳离子组成，具有较高的极化潜力，能够有效地吸收微波能量。此外，由于离子液体不易挥发，可以避免微波快速加热所带来的爆炸危险性。微波辅助法促进离子液体中的化学反应，能够结合离子液体和微波两者的优势，反应速率快、产物收率高、选择性好、后处理简单，同时离子液体作为微波吸收剂的同时也可以作为反应的催化剂。

研究传统方法、离子液体法以及微波辅助离子液体法合成 5-三氟乙酰-1, 2, 3, 4-四氢吡啶的反应发现，通过微波和离子液体的结合，可以大大缩短反应时间（图 7.1）[2]。微波辐射与 B 酸性离子液体促进四氢三氮唑啉类化合物的合成研究表明（表 7.1），在没有离子液体条件下，室温微波作用 5 min，产率只有 32%，加入离子液体后，产率升高到 76%；50℃时，不加离子液体，产率只有 46%，加入离子液体后，产率升高到 82%；增加微波的辐射功率，产率升高至 88%[3]。

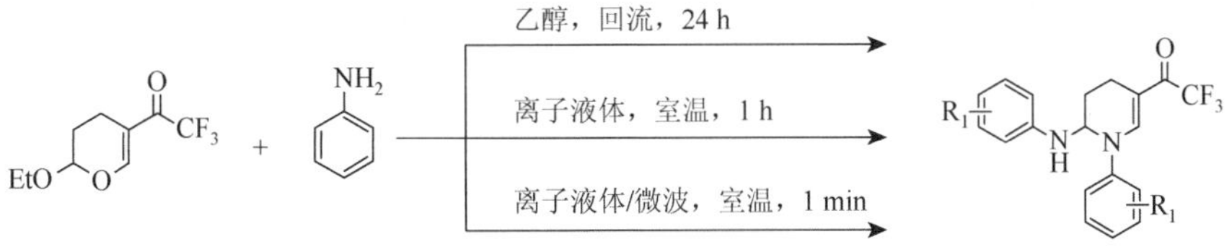

乙醇，回流，24 h
离子液体，室温，1 h
离子液体/微波，室温，1 min

图 7.1 5-三氟乙酰-1, 2, 3, 4-四氢吡啶的合成方法比较

表 7.1　离子液体对微波条件下四氢三氮唑啉类化合物的合成的影响[a]

序号	[MSIm][HSO_4]的量/mL	微波能量/W	反应温度	产率[b]/%
1	0	100	室温	32
2	0	100	50℃	46
3	2	100	室温	76
4	2	100	50℃	82
5	2	200	50℃	88
6	2	300	50℃	88

a. 反应条件：氯代苯甲醛 2 mmol，5-胺基苯并三唑 2 mmol，5, 5-二甲基环己烷-1, 3-二酮 2 mmol，微波辐射时间 5 min；b. 分离产率。

在常规回流条件下，以氯苯为溶剂，分子内的 Diels-Alder 反应需要一天才能完成。采用微波加热的方式，在溶剂二氯乙烷中，分子内的杂 Diels-Alder 反应需要 1 h 才能完成；当在反应溶剂中加入少量强微波吸收剂离子液体后，可有效改变反应介质的介电常数，实现快速加热，不到 1 min 温度就可以升到 190℃，在密闭容器内产生大约 11 bar 的内压，在此条件下，化合物 1 到 2 的环加成反应在 8 min 内即可完成。第二步化合物 2 到 3 的水解步骤，常规条件下，以氯仿为溶剂，室温水解需要 18 h，采用密封容器微波加热，反应混合物在 130℃、5 min 内就可以完全水解。因此，这两步反应的总反应时间从两天缩短到 13 min，而且分离产物的收率与常规加热方法几乎相同。这个例子可以清楚地说明微波加热方法可以有效缩短反应时间，并且微波反应与溶剂的介电常数密切相关（图 7.2）[4, 5]。

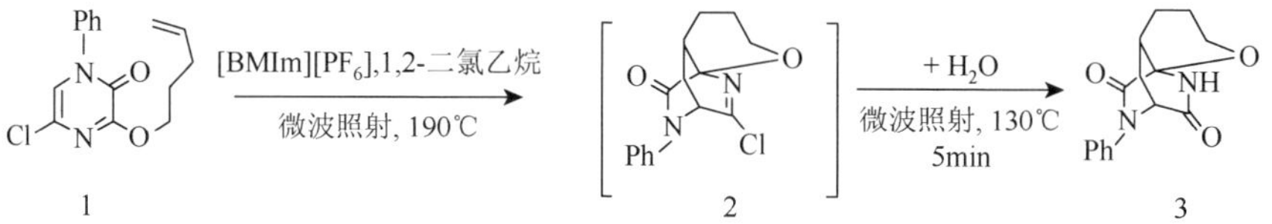

图 7.2　微波和离子液体共同促进 Diels-Alder 反应

7.1.1.2　微波辅助水相中的有机合成

水是一种极性溶剂，是良好的吸收微波的介质，并且水储量丰富、廉价、无毒，将微波技术与水作为溶剂相结合具有明显的优势。由于很多有机物在水中的溶解度很小，因此大大限制了水作为有机反应溶剂的应用，而在微波辐射下可以方便、快速地将水加热到沸点以上，产生过热水，过热水对有机物的溶解度会增加，从而加快反应速率。例如，以 150 W 功率的微波辐射 5 mL 的水 90 s，温度就可以升高到 130℃；而辐射 0.03 mol/L 的 NaCl 水溶液，温度可以在 90 s 升高到 190℃[6]。

微波辅助水相中的有机合成包括碳碳键的形成反应、碳杂原子键形成反应、环加成反应等。Dallinger 等总结了以水作为溶剂的微波促进的反应[7]。通过微波加热的方式可以实现 2-巯基苯并噁唑在水中的无催化剂胺化反应（图 7.3）。在微波反应器中，在 100～150℃且不使用外部催化剂或添加剂的情况下，在 1 h 内反应即可完成。该方法的主要优点包括水上反应、反应时间短和无催化剂，以及使用了廉价、低毒的 2-巯基苯并噁唑作为原料[8]。在微波辐射下，几种 α-溴代酮与三芳基锑化合物在水中反应，可以得到相应的脱溴酮[9]。

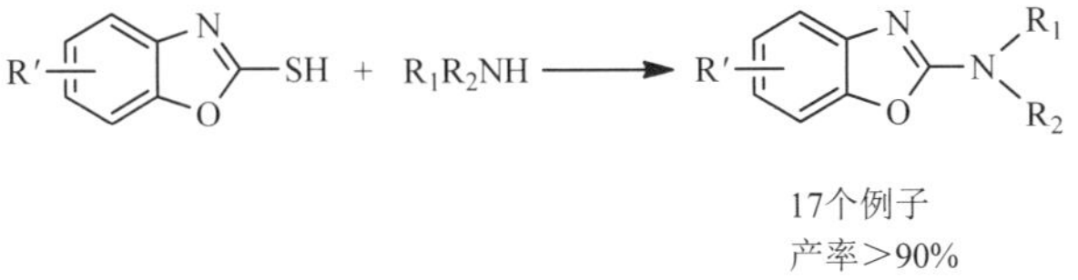

R′—(苯并噁唑)—SH + R_1R_2NH ⟶ R′—(苯并噁唑)—NR_1R_2

17个例子
产率>90%

图 7.3　微波加热条件下 2-巯基苯并噁唑在水中的无催化剂胺化反应

7.1.1.3　微波辅助无溶剂有机合成

无溶剂条件下的有机合成反应，由于可以避免有毒有机溶剂的使用，减少废弃物的产生，是绿色化学研究的重要内容。微波是促进无溶剂反应的一条重要途径。由于反应在无溶剂条件下进行，缺少了微波能吸收介质，因此催化剂及反应底物作为微波吸收剂。

微波可以促进无溶剂条件下聚合物负载 Cu(Ⅰ)催化的叠氮-炔环加成反应[10]。该方法避免了有毒有害叠氮化合物的使用，大大缩短了反应时间，提高了反应速率。微波可有效促进黏土负载 Pd 纳米粒子催化的无溶剂 Mizoroki-Heck 反应[11]，在几分钟内底物就可以完全转化，反应速率远远快于常规加热方法，通过采用辅助溶剂提取反应产物，可以有效地回收催化剂。副产物四乙基碘化铵在萃取时仍然沉积在黏土上，因此通过萃取获得的反应产物纯度高，避免了盐的污染。

酰化试剂 Weinreb 酰胺（*N*-甲基-*N*-甲氧基酰胺）广泛应用于药物、农药和材料等的合成领域。首先用廉价的三氯化磷制备亚磷酰胺新试剂，然后以亚磷酰胺新试剂和羧酸为原料，通过微波辐射，在无溶剂条件下可高产率合成一系列 Weinreb 酰胺的衍生物，无论是脂肪酸、芳香酸和二元酸等都能得到理想的收率（图 7.4）。与传统制备方法相比，微波无溶剂合成法具有简洁高效、条件温和、绿色环保、收率高等优点[12]。

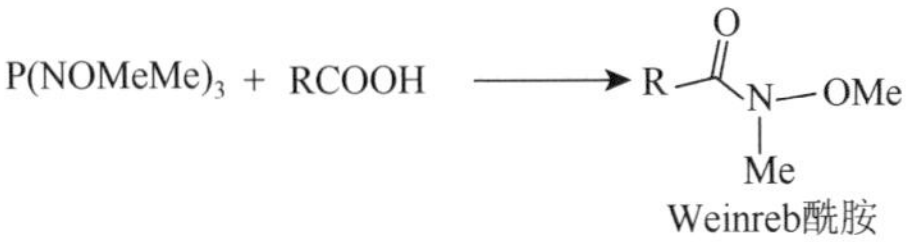

$P(NOMeMe)_3$ + RCOOH ⟶ RC(=O)N(Me)—OMe

Weinreb酰胺

图 7.4　Weinreb 酰胺的微波无溶剂合成

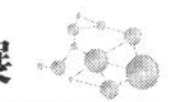

在相转移催化剂存在下，微波能有效促进多种无溶剂的烷基化反应。例如，邻苯二甲酰亚胺或其钾盐在 K_2CO_3 和 TBAB 存在下的 *N*-烷基化反应，虽然反应在无溶剂条件下进行，但是 K_2CO_3 和 TBAB 都是很好的微波吸收剂（图 7.5）。

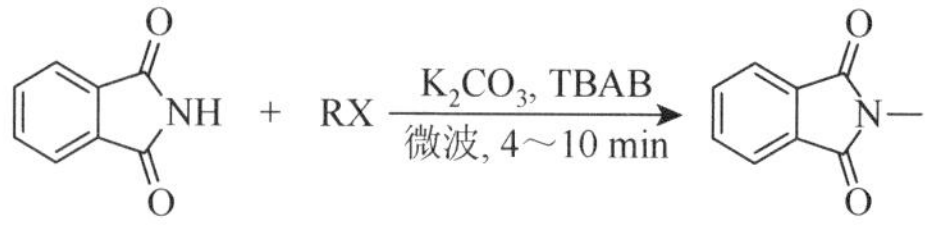

$$\text{邻苯二甲酰亚胺(NH)} + RX \xrightarrow[\text{微波, 4～10 min}]{K_2CO_3,\ TBAB} \text{N-烷基邻苯二甲酰亚胺}$$

图 7.5　微波辅助无溶剂 *N*-烷基化反应

将还原剂或氧化剂负载于多孔无机载体（碳、金属氧化物等）上，在微波辐射下进行反应，易于操作，并可防止还原剂或氧化剂造成的污染。例如，在微波辐射条件下，将 35%的 MnO_2 掺杂到 SiO_2 上，可以选择性氧化苄醇为羰基化合物，反应可在 20~60 s 内完成（图 7.6）[13]。将过硫酸铵浸渍到 SiO_2 载体上，在微波条件下，以过硫酸铵作为氧化剂实现了氧化肟脱保护生成相应的醛（图 7.7）[14]。

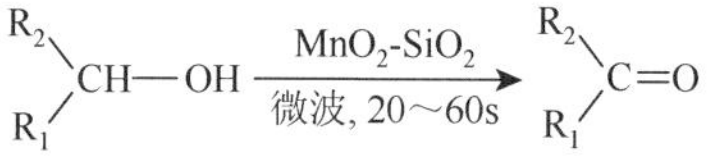

$$R_2R_1CH—OH \xrightarrow[\text{微波, 20～60s}]{MnO_2\text{-}SiO_2} R_2R_1C=O$$

R_1 = Ph, *p*-MeC_6H_4, PhCH═CH_2；R_2 = H

R_1 = Ph；R_2 = Et, Ph, PhCO；R_1 = R_2 = 氢醌

图 7.6　微波辅助无溶剂苄醇氧化

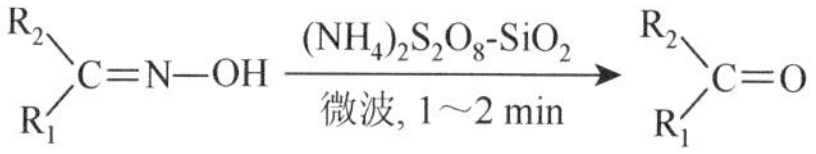

$$R_2R_1C=N—OH \xrightarrow[\text{微波, 1～2 min}]{(NH_4)_2S_2O_8\text{-}SiO_2} R_2R_1C=O$$

R_2 = Ph, *p*-ClC_6H_4，*p*-MeOC_6H_4；R_1 = CH_3

R_1 = Ph；*p*-$NO_2C_6H_4$, *m*, *p*-$(MeO)_2C_6H_3$, 2-噻吩基, 1-萘基；R_1 = H

R_1 = R_2 = 环己基

图 7.7　微波辅助无溶剂肟脱保护

7.1.2　微波促进生物质热解

采用热解技术将生物质转化为合成气、生物油等替代燃料，是生物质资源化利用的重要途径之一。微波加热由于具有独特的传热传质规律，能够实现物质的内外同时加热，可以直接对较大体积物质进行热解转化，大幅降低能耗，在生物质热解领域引起了人们的广泛关注。

微波技术在生物质热解利用方面已有不少研究[15]。微波辅助热解技术具有选择性高、加热速度快、易于控制和节能等特点，可以实现生物质的高效转化。然而生物质来源、组成和结构复杂，使得微波促进反应的机理研究很难形成规律性认识。微波热重分析对生物质的热解过程进行深入研究发现，通过微波辅助的方式，木屑最佳热解温度能够从 600℃降低至 400℃，表观活化能降低了 50～100 kJ/mol。通过分析纤维素、半纤维素及木质素三组分的本征介电常数，与热解失重过程关联表明，在热解主要温度区间内三组分的介电损耗因子存在着随温度升高而增加，容易导致局部飞温区域的出现，并生成瞬态的微波“热点”，加速了热解反应并强化了热量传递，因而使热解温度和表观活化能降低[16]。

由于生物质吸收微波能力较弱，在微波条件下，单纯依靠生物质本身的微波吸收因子很难提高升温速率。因此，寻找合适的微波吸收剂是微波促进生物质热解反应的重要内容。目前，所采用的微波吸收剂包括碳材料、沸石分子筛、碱土金属盐类及金属氧化物等，有些微波吸收剂如碳材料、碱土金属盐等同时也是生物质裂解的催化剂，其性质直接影响生物油产率和品质[17]。

7.1.3　微波促进材料合成

利用微波技术制备纳米材料是一种新兴的方法，制备工艺简单、效率高，在多种材料的合成中都有广泛应用。材料的合成过程同样需要溶剂，微波技术与绿色溶剂结合应用于材料的合成，符合绿色化学的要求。

7.1.3.1　微波促进离子液体中纳米材料合成

微波辅助离子液体法合成无机纳米材料，克服了常规液相合成体系高压带来的安全隐患，合成的纳米粒子的性质也与传统方法存在不同，得到的纳米粒子粒径小、尺寸分布窄、形态均一，并且合成过程陈化时间短。由于离子液体具有可设计性，不同离子液体介电常数等性质不同，可以通过设计和选择离子液体实现对纳米粒子尺寸和形貌的控制合成。近年来，人们在此方面开展了大量研究。例如，以含微量水的 1-甲基-4-丁基咪唑四氟硼酸盐为介质，异丙醇钛为前驱体，通过微波加热含有前驱体的离子液体溶液，得到了 TiO_2 锐钛矿纳米晶。它们呈截角八面体形状，尺寸均匀，形貌规整。通过简单改变微波加热时间和离子液体中的水含量，即可调控纳米晶的尺寸。该方法具有无须模板剂、反应时间短、室温常压操作等特点，得到的材料尺寸均匀、形貌规整，是通过微波加热合成高品质 TiO_2 纳米晶的简单方法。在纳米晶合成过程中，离子液体不仅用作反应介质和微波吸收剂，同时对纳米晶体结构的形成起到关键作用[18]。除了纳米晶外，在离子液体中采用微波辅助溶剂热法还可以合成 TiO_2（B）纳米片。这种方法具有快速、简单的特点，材料的微观结构可通过调控温度、反应时间、反应物浓度等条件控制，合成的材料具有多级孔结构，在能量存储等领域有潜在的应用前景[19]。微波辅助合成的 $Sr_{1-x}Ba_xSnO_3$ 钙钛矿为棒状结构，具有适宜的带隙、尺寸小、比表面积大，并且形貌特殊，该钙钛矿材料对光催化对苯二酸羟基化反应具有良好的催化活性[20]。

7.1.3.2 微波促进金属有机骨架材料合成

MOF 在气体的储存、分离、催化剂、传感器、过滤、膜分离、光学、电学和磁学材料等方面有广阔的应用前景。传统的制备方法是在反应釜内，将金属盐、有机配体及结构导向剂溶于有机溶剂，在一定温度下反应一段时间后获得 MOF 材料。这种方法的反应时间往往需要几小时甚至几天。人们将微波技术引入 MOF 材料的合成中，大大缩短了 MOF 合成的时间，甚至在十几分钟内就可以得到小于传统加热的 MOF 晶体，有的甚至不能通过单晶衍射确定晶体的结构。

采用微波辅助所合成的钙基 MOF，配体为对苯二甲酸（BDC），比表面积为 7.8 m^2/g，热稳定性可达 400℃，反应时间仅为 60 min，可用于姜黄素的吸附和释放[21]。用微波辅助法可以合成致密的[Al(OH)(1, 4-NDC)]（1, 4-NDC = 1, 4-苯二甲酸双酯）MOF 膜，通过与传统水热法比较，微波辐照不仅显著缩短了反应时间，还会影响 MOF 膜的微观结构。微波辐照加热形成棒状结构，而传统加热法形成孪晶结构。棒状结构的 MOF 膜表现出了更大的 H_2 渗透率和高的 H_2/CH_4 分离的选择性[22]。

7.1.3.3 微波辅助沸石分子筛合成

微波辐射法合成分子筛比传统方法耗能低，并且可以大大缩短合成时间，可使产品的性能更好。与水热法相比，微波辐射法制备的 MFI 沸石具有更大的中孔隙率、酸性和疏水性，在烷基化、缩合、裂化和环氧化等反应中表现出更高的活性和选择性[23]。采用微波辐射法合成富铝 CHA 沸石能够使结晶时间从 24 h 降低到 6 h，合成的 CHA 沸石催化剂在甲醇制烯烃的反应中表现出良好的活性[24]。通过微波辐射法虽然可以大大缩短晶化时间，但是沸石的结晶度比传统水热法合成的沸石低。首先通过微波辅助加热晶化，后通过传统水热法晶化的两步晶化法能够解决这一问题，所得沸石的结晶度可以明显提高[25]。采用微波辅助水热处理，能够快速合成 FER 沸石，无须有机模板剂，合成时间可缩短到 3 h 以下。微波辅助快速合成和常规水热合成得到的 FER 沸石对于 1-丁烯异构化反应具有相似的催化性能[26]。微波处理有利于 Y 型沸石的高温合成，具有晶化时间短、产品性能好等优点。在 Si/Al 比为 4、微波加热温度为 150℃和晶化时间为 0.5 h 的条件下，所合成的纯 Y 型分子筛的 BET 比表面积为 645 m^2/g，总孔容为 0.322 cm^3/g[27]。很多研究表明，用脉冲微波加热法制备分子筛，控制合适的温度和时间，可制备纯度更高、颗粒小且粒径分布更均匀的分子筛[28]。

7.1.3.4 其他材料的合成

微波技术为制备水滑石材料开辟了一条新的有效途径，能够缩短制备时间、提高结晶度、增加表面碱性。微波辐射对水滑石结构性能的影响研究发现，与传统水热老化法相比，微波水热法所制备得到的样品具有更大的层间水含量、较小的粒径以及更大的比表面积[29]。对于制备 Ni/Mg/Al 水滑石，微波的使用不仅缩短了晶化时间，而且当老化温度较高和微波辐照时间较长时，还会产生新的孔隙和较高的碱性。453 K 微波老化 120 min 后，水滑石的 BET 比表面积和碱性明显高于其他样品。这可能与微波辐照过程中局部过热导致的脱铝现象有关[30]。通过微波辅助法合成的碱性水滑石材料，能够高效催化大豆油的酯化反应[31]。

微波法还可以用于制备石墨烯。采用预热处理和脉冲微波还原相结合的方法，可高效率去除氧化石墨烯表面的大部分含氧基团，同时减少石墨烯表面的缺陷，将微波还原石墨烯（MWrGO）样品以及热还原法制备的样品用于场效应晶体管和催化反应中，发现 MWrGO 拥有优异的载流子迁移率，这也是缺陷少、含氧官能团少的完整石墨烯的特征。将 Fe-Ni 合金负载在 MWrGO 上，其电化学析氧（OER）的过电位低于 200 mV，并且具有很好的稳定性[32]。用痕量的鳞片石墨粉作为微波吸收催化剂，在微波环境下迅速激发微波等离子体的产生，形成局部超高能环境，可获得高度还原并且实现部分缺陷自修复的高品质石墨烯。由此获得的石墨烯比表面积大，作为锂电池负极，循环 50 次显示出 2093 mA·h/g 的超高可逆容量。而传统方法获得的微波剥离石墨烯的可逆容量只有 932 mA·h/g。所得高品质的石墨烯还可以应用在钠电池负极中，由于其高比表面积、短的钠离子扩散途径以及扩大的层间距，可以促进钠离子的嵌入和吸附，经过 50 次循环后在钠电池中可以达到 420 mA·h/g 的超高可逆容量[33]。

7.1.4 微波合成装置

微波技术为有机合成、材料合成提供了一条新的途径，微波技术的应用很大程度上依赖于微波合成装置的发展。

最初微波合成反应在家用微波炉中进行。在密闭系统中进行反应时，会产生不可控的高压条件，容易引起反应器变形甚至爆炸，并且反应体系的温度无法测量。家用微波炉的功率密度比较低，对于一些场强要求较高的实验无法在家用微波炉内实现。有机合成大多需要搅拌、回流和滴加系统，家用微波炉反应的中心一般在炉内的中部，因而对物料的加热不均匀，导致更多的副反应。这些都影响家用微波炉在有机合成及材料合成中的应用。

近年来，随着人们对微波合成技术的认识和需求的提高，大大推动了微波合成装置的发展。目前所采用的微波合成装置可以根据反应或材料合成的要求，进行高压下的微波合成，并且带有测温装置，可以检测反应过程中温度的变化，有的微波合成装置还配有冷凝回流系统。图 7.8 给出了一些典型的微波合成装置图片。

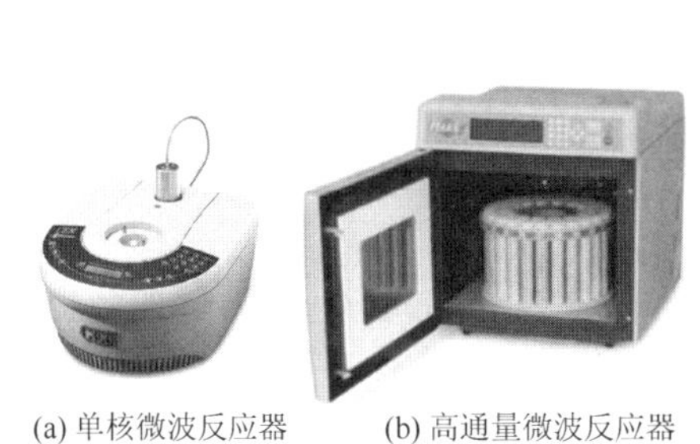

(a) 单核微波反应器　　(b) 高通量微波反应器　　(c) 连续微波反应器

图 7.8　几种典型微波合成装置

7.2　超声波辅助绿色合成

超声波是指频率大于 20 kHz 的声波，超出了人耳听觉的上限。超声波和声波本质是一致的，它们的共同特点都是一种机械振动，通常以纵波的方式在弹性介质内传播，是一种能量的传播形式；不同点是超声波频率高，波长短，在一定距离内沿直线传播，具有良好的束射性和方向性。

超声波促进化学反应即超声化学，是 20 世纪 80 年代中后期发展起来的一门新兴交叉学科。由于超声空化效应，可形成 4000～6000 K 和 100 MPa 的高温高压环境，足以使有机物在空化气泡内发生化学键断裂、水相燃烧、高温分解及自由基反应等。利用超声波创造的特殊环境不仅能够促进不同类型的化学反应，加快反应速率，更重要的是有可能诱发普通条件下不能发生的化学反应，改变某些化学反应的途径，产生一些令人意想不到的反应效果。由于超声化学的独特性，成为化学领域重要的研究方向，广泛应用于有机合成化学、材料制备、生物化学、分析化学及环境保护等领域。超声波与介质相互作用，并通过热机制、机械力学机制及空化机制促进反应的进行。

超声波能够提高某些反应的转化率和目标产物的选择性，并且有时能够改变反应路径，得到常规方法得不到的产物。“声化学”作为一种提高反应速率的非传统方法，正在变成一种广泛使用的实验室技术。然而由于产生超声波的过程效率低，并且往往会产生高的动力费用，限制了其工业化应用。由于超声波的使用有可能使反应在更加温和的条件下进行，并可能不需要昂贵的溶剂，减少反应步骤，同时提高产物的产率，在高附加值精细化学品以及药物的合成方面具有重要的应用前景。深入研究反应机理、发展高效反应路线、改进反应器等对于推动此技术大规模化应用非常重要。

7.2.1 超声波促进化学反应

超声波促进化学反应包括空化机制和机械力学机制。空化泡爆裂可以产生促进化学反应的高能环境（高温和高压），使溶剂和反应物产生活性物种，如离子、自由基等，即空化机制；可以产生机械作用，促进传质、传热、分散等，即机械力学机制。对于许多有机反应，尤其是非均相反应，超声波有显著加速效应，并且可以提高反应选择性，减少副产物的生成，可使反应在比较温和的条件下进行，减少甚至不使用催化剂，简化实验操作。对于金属参与的反应，超声波能及时去除金属表面形成的产物、中间体及杂质，使反应面清洁，促进反应的进行。超声波可以促进氧化、还原、取代、加成、缩合、偶联反应及多组分反应等多种类型的化学反应[34]。

化学反应过程中有毒、有害溶剂的使用是造成环境污染的重要因素。超声波辐射可以和绿色溶剂结合，大大促进离子液体、水相中以及无溶剂条件下的化学反应[35]。

7.2.1.1 超声波辅助水相中的有机合成

超声波在水相中的空化作用非常有效，并且能够产生机械作用，促进反应物之间以及反应物与催化剂之间的接触，这有利于克服由于有机物水溶性限制产生的传质问题。

二氢嘧啶酮是生物活性催化剂分子，可用于抗病毒、抗肿瘤、抗菌及消炎等，其衍生物还是潜在的钙通道阻滞剂。在水相中，超声波能够促进乙酰乙酸酯、芳醛和（硫）脲的 Biginelli 反应，高效地合成 3, 4-二氢嘧啶酮衍生物。该方法具有反应条件温和、操作简便、收率高、绿色环保等优点[36]。高强度超声波还能够促进水中苯乙酮与非烯醇醛在无催化剂条件下的 Aldol 反应，在不到 1 h 的反应时间内得到了较高产率的产物，并且避免了常规条件下常见的烯酮消除反应[37]。以有机小分子 L-脯氨酸为催化剂，超声波可以促进 β-二羰基化合物、苯肼、芳香醛与丙二腈反应合成香豆素二氢吡喃[2, 3-*c*]吡唑[38]。以乙酰乙酸乙酯（1）、水合肼（2）、苯甲醛（3a）和巴比妥酸（4）为原料，以 β-CD 为仿生催化剂，在水中超声波辅助下可合成三环吡唑并吡啶衍生物（5a），这是一种绿色、快速和简便的一锅四组分反应，避免了有毒溶剂、金属和碱催化剂的使用（图 7.9）[39]。

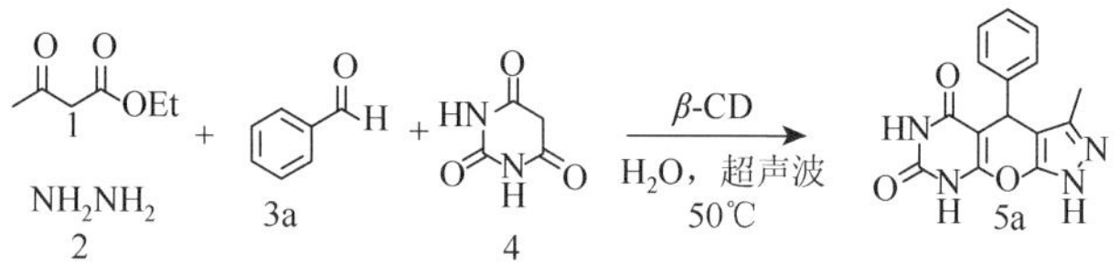

图 7.9 超声波辅助四组分一锅法合成

7.2.1.2 超声波辅助离子液体中的有机合成

离子液体的黏度较大，在超声波辅助下能够降低反应过程中的传质问题。很多离子液体在超声波条件下会发生分解，导致其无法回收利用，并在反应过程中引入杂质。因此超声波辅助离子液体的合成在离子液体的选择以及超声波条件的选择上都要考虑离子液体本身的稳定性。

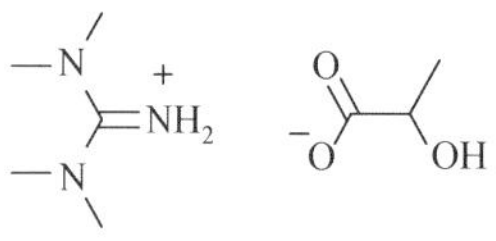

图 7.10 [TMG][Lac]

在超声波作用下，在离子液体中可以进行芳基碘与烯烃的偶联反应。该方法比传统的 Heck 反应方法更优越，避免了传统方法中有机溶剂的使用，并且反应效率更高。此外，在某些情况下，传统的 Heck 烷基化往往生成 E/Z 非对映异构体混合物，而超声波辅助的反应只生成 E 构型产物[40]。以[TMG][Lac]离子液体（图 7.10）作为催化剂，乳酸阴离子夺取 2, 4-噻唑烷二酮的活泼氢形成碳负离子，其作为亲核试剂进攻醛基碳，随后脱水生成芳香族化合物，水为唯一的副产物。超声波辅助下的该反应过程比传统加热方法快，并且离子液体可以循环利用[41]。

7.2.1.3 超声波辅助无溶剂有机合成

在超声波辅助下，无溶剂反应避免了空化产生的机械能传递到溶剂分子中，因此更容易以更高的速率向反应物提供能量，这种能量可以诱导振动和电子激发、化学键活化和解离或原子迁移。超声波辅助无溶剂条件下的有机合成有很多成功实例。例如，超声波能够大大促进 Na 或 Cs 掺杂的 Norit-碳催化的咪唑与 1-溴丁烷的无溶剂 *N*-烷基化反应，通过与热反应条件下的反应速率比较发现，超声波更能促进 20℃下的反应，这是由于较低的温度降低了液相蒸气压力从而增加了每个空化核破裂释放的能量[42]。无溶剂超声波辅助还可用于药物共晶的合成。反应原料为固体，在反应过程中无任何溶剂，在超声波辅助下，对乙酰氨基酚和阿司匹林能够形成药物共晶，由于在纯固体中无法形成气泡，该反应的机理仍然不清楚[43]。

7.2.2 超声波促进材料合成

超声波技术也为材料合成提供了一条新的途径，其主要优点包括无须高温、高压，反应时间短等。

超声波对材料合成的影响有物理效应和化学效应。在超声波作用下，液体会产生微小的空化核，空化核逐渐膨胀收缩，最终破裂的过程中会产生高温高压以及高速震荡波。高速震荡波会增强液体之间的混合作用，促进传质，有利于热量的传递和分子扩散，这是超声波促进的物理效应。在高温高压环境下容易产生自由基以及化学键的断裂，从而诱导金属离子的还原和成核，这是超声波促进的化学效应。通过超声波的物理和化学效应可以制备材料或对材料进行改性。在不同材料制备过程中，超声波的作用机制不同。人们通过超声波辅助的方式制备了各种形貌、结构和组成可控的纳米材料，包括石墨烯、聚合物、金属及金属氧化物催化剂等[44, 45]。

在超声波空化作用下，纳米材料的形成和生长高度依赖于所用溶剂的性质[46]。在乙二醇/乙醇（1∶1）组成的介质中，通过乙酸铜(Ⅱ)[$Cu(CH_3COO)_2$]的超声波分解，可以合成六角 Cu 纳米结构材料，产品的纯度高，并且有利于硝基化合物的还原。由于高沸点的碳氢化合物蒸气压低、能达到的温度高等，使其成为超声波条件下的合适溶剂。在无超声波时，观察不到 Cu 纳米材料的形成，说明了超声波对于此条件下 Cu 纳米粒子合成的必要性[47]。超声波频率和时间会影响材料的结晶度，从而影响催化剂的性能，通过超声波辅助水热合成法制备的 Fe-Cu 氧化物催化剂，辐照功率为 280 W，辐照 1 h，对 CO 氧化的催化效率最高，加入 10% Mn 后，催化剂的性能进一步提高[48]。

超声波所引发的特殊物理、化学环境为特殊材料的制备提供了发展空间，然而声场因素如频率、输出功率、声强及声压等对材料制备的影响规律和作用机制仍然有待进一步研究。推进超声波技术制备材料工业化进程，不仅需要基础理论研究，同时还需要研发配套仪器设备。

7.3 电催化

电催化是通过电极、电解质界面上的电荷转移促进反应的一种催化作用。电催化一方面可以解决反应的热力学问题，另一方面可以改变反应路径，因此为新的化学反应开发提供了重要的途径。由于电催化的反应条件比较温和，并且所需电能可以来源于风能、太阳能、潮汐能等可再生能源，因此反应过程更符合绿色化学的要求[49]。电催化涉及反应分子与电催化剂表面的电荷转移、反应分子与产

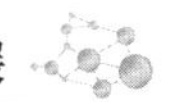

物的吸脱附以及转化等关键步骤。电催化剂的化学结构、几何结构、电子结构等都会影响催化剂的性能，电解液的性质也直接影响反应过程。电催化的核心是高效电催化剂设计与合成、电解液设计筛选，以及催化剂与电解液耦合规律的研究。

7.3.1 电催化处理环境污染物

电催化法是环境友好路线，在污水净化，垃圾渗透污水、制革废水、印染废水以及石油化工废水等处理方面都有研究。电催化氧化法处理污染物的原理是污染物在电极上直接发生电化学反应转化为无害物质，或利用电极表面产生的强氧化性活性物质使污染物发生氧化反应转化为无害物质。与其他方法相比，电催化法有很多优势。例如，在废水处理过程中，电子为主要反应物，不需要添加其他化学试剂，因此没有或很少产生二次污染，对废水回收利用有利；反应条件温和，一般在常温常压下进行；主要控制参数为电流或电位，反应装置简单，工艺灵活，易于实现自动化；处理过程兼具气浮、絮凝及杀菌作用[50]。

直接通过电催化反应去除污染物的方法为直接电催化法，根据电催化反应的位置不同可以分为阳极电催化和阴极电催化。阳极电催化主要发生的是氧化反应和电催化燃烧过程，能够将有机污染物氧化为其他低分子量物质，甚至是 CO_2 和水。阴极电催化主要发生的是还原过程或析氢过程，主要用来回收金属离子或处理氯代有机物。

通过外加物质或通过电催化反应产生氧化还原剂去除污染物的方法为间接电催化。间接电催化有可逆和不可逆两种过程。通常可逆过程的氧化还原剂一般为变价金属对，能够通过电化学再生而循环使用，而不可逆过程的氧化还原剂一般为产生的氯、次氯酸根、H_2O_2 及臭氧等物质，它们直接或进一步转化为各种自由基氧化降解污染物。近年来有学者利用 O_2 在阴极还原为 H_2O_2，而后生成羟基自由基进而氧化有机物，这种方法称为电芬顿（Fenton）氧化法。

活性氯间接电催化氧化主要通过三个反应实现[图 7.11，方程（1）～方程（3）]。由此产生的 Cl_2、HOCl 和 OCl^-的混合物通常被称为“活性氯”，这三种活性氯物种都能够氧化和分解有机物[图 7.11，方程（4）]。溶液中的氯离子（Cl^-）首先迁移到阳极表面，并进行电化学转化，形成溶解在溶液中的氯[$Cl_2(aq)$]。生成的氯重新进入溶液中，并迅速转化为次氯酸（HOCl）或次氯酸根离子（OCl^-），转化为哪种物种取决于水相的 pH。在 pH 为 2 或更低的情况下，$Cl_2(aq)$占主导地位；在 pH 为 3 和 8 之间，HOCl 占主导地位；在碱性条件下，主要为 OCl^-。在废水处理过程中，HOCl 被认为是氧化性最强和最有用的物种，因此在酸性和中性条件下更有利于有机物的降解[51]。

$$2Cl^- \longrightarrow Cl_2 + 2e^- \quad (1)$$

$$Cl_2(aq) + H_2O \longrightarrow HOCl + H^+ + Cl^- \quad (2)$$

$$HOCl \rightleftharpoons H^+ + OCl^- \quad (3)$$

$$\text{活性氯} + \text{有机物} \longrightarrow \text{中间体} \longrightarrow Cl^- + CO_2 + H_2O \quad (4)$$

图 7.11 活性氯间接电催化氧化的反应路径

电芬顿氧化法是典型的处理有机污染物的电化学方法。在电芬顿氧化过程中，羟基自由基通过芬顿反应生成（图 7.12），并与有机污染物反应转化为无害物质。同时，在阴极表面原位产生 H_2O_2 并伴随着 Fe^{2+}的再生，这是一个可逆过程，保证了羟基自由基的不断生成。阳极氧化是另一种典型的降解有机物的电化学方法，通过在阳极表面产生羟基自由基，羟基自由基氧化降解有机物（图 7.13）。阳极材料的选择对反应的效率影响很大，目前采用的电极包括两类，一类为石墨、IrO_2、Pt 等电极，另一类为金属氧化物电极[52]。

$$Fe^{2+} + H_2O_2 \longrightarrow Fe^{3+} + OH^- + \cdot OH \quad (1)$$

$$O_2 + 2H^+ + 2e^- \longrightarrow H_2O_2 \quad (2)$$

$$Fe^{3+} + e^- \longrightarrow Fe^{2+} \quad (3)$$

图 7.12 电催化芬顿氧化

$$M + H_2O \longrightarrow M(\cdot OH) + H^+ + e^- \quad (1)$$

$$\cdot OH/M(\cdot OH) + \text{有机物} \longrightarrow M + CO_2 + H_2O + \text{无机离子} \quad (2)$$

图 7.13 阳极氧化降解有机物

7.3.2 电解水制氢

世界经济的蓬勃发展以及人们生活水平的日益提高导致能源消耗急剧上升。伴随着化石能源储量的日益减少以及生态环境的恶化，世界各国都在发展各种新型的清洁能源，其中氢能备受关注。水电解法制氢具有工艺简单、完全自动化、操作方便、制备的氢气纯度高等优点。目前，水电解法制备的氢气约占世界氢气生产总量的 4%。

根据电解质的不同，电解水制氢可分为碱性电催化制氢和酸性电催化制氢。电解水包括两个半反应——阴极上的析氢反应（HER）和阳极上的析氧反应（OER）。根据电解质的不同分为碱性电解水和酸性电解水。

碱性条件下的电池反应：

阴极： $$4H_2O + 4e^- = 2H_2 + 4OH^-$$

阳极： $4OH^- - 4e^- \xlongequal{} 2H_2O + O_2$

酸性条件下的电池反应：

阳极： $2H_2O - 4e^- \xlongequal{} O_2 + 4H^+$

阴极： $4H^+ + 4e^- \xlongequal{} 2H_2$

电极材料是影响电解水制氢的重要因素。电极材料的析氢活性与其对氢的吸附能力有关，若金属表面对氢的吸附能力太强，会导致脱附过程难，若金属表面对氢的吸附能力弱，会导致表面电极吸附氢的浓度过低。一般来说，析氢反应为表面结构敏感性反应，研究电极材料表面结构效应，获得表面结构与反应性能的内在规律，认识表面活性位点结构和本质，阐明反应机理，是设计和构筑高性能电催化剂的基础。Pt 族元素与氢原子形成的金属-氢键键能适中，活性高，是高效的阴极材料，但是价格昂贵，限制了其规模应用。发展基于廉价金属 Fe、Co、Ni 的电催化析氢催化剂有利于该技术的大规模产业化。Ni 基合金催化剂可用于碱性环境下的析氢反应，并且由于其活性高而成本低受到了人们的广泛关注。Mo 有半充满的 d 轨道，Ni 有未成对的 d 电子，二者之间的电子协同效应使得二者能够形成 NiMo 合金，并且合金的性能与表面状态有关。据报道，具有三维开放网络结构、较好的电子输运能力以及较高的电化学比表面积的 $MoNi_4/MoO_{3-x}$ 电极，对碱性介质中的电解水具有较高的本征活性，在 10 mA/cm^2 电流密度处，过电位仅为 17 mV，在 500 mA/cm^2 电流密度处，过电位为 114 mV[53]。MoS_2 是有前景的电析氢材料。研究表明，负载在三维泡沫状碳载体（CF）上的雪花状 MoS_2 催化剂（MoS_2-CF）对电化学析氢反应具有良好的催化活性，在 1.0 mol/L KOH 中，电流密度为 10 mA/cm^2 时，过电位只有 92 mV。丰富的边缘活性位点、良好的导电性是此催化材料具有良好性能的重要原因[54]。

Co 基合金作为 HER 催化剂具有成本低、化学稳定性高等特点。近年来，人们发展了硫化钴、磷化钴、硼化钴以及钴基配合物 HER 催化剂。据报道，氧掺杂磷化钴壳包覆铜纳米线层级式电催化剂的独特结构能产生显著的缺陷位和性能可调控的表面，表现出丰富的电活性中心，可以调节吸附能，并且丰富孔道有利于扩散过程。在 10 mA/cm^2 的电流密度下，该催化剂对碱性 HER 和 OER 的过电位分别为 101 mV 和 270 mV[55]。空位富集是通过缺陷工程提高 OER 和 HER 电催化剂活性的重要手段。具有单层多孔结构的富含氧空位的 Co_3O_4 纳米粒子，呈现花状纳米结构，具有高的比表面积和均匀的孔径。相比商售的 Co_3O_4 纳米粒子，这种具有特殊形貌的 Co_3O_4 纳米粒子表现出更高的电催化性能，且具有很好的稳定性，催化活性可以保持 9 天而无明显衰减[56]。通过静电组装、原位还原、退火和低温磷化过程获得的 B-CoP/CNT 复合材料中，低电负性的 B 掺杂会改变与其相连的 Co 和相邻 P 原子的局部电子构型，提高 Co 原子的电子离域能力以获得高电导率，同时局域电子结构调变也优化了活性位上 H^* 吸附吉布斯自由能，使得材料拥有更好的析氢反应动力学性能，实现宽 pH 范围高效稳定的电催化产氢。尤其是在中性和碱性介质中，大电流密度（>100 mA/cm^2）下，B-CoP/CNT 优异的析氢反应性能甚至超过商用 Pt/C[57]。

碳材料原料储量丰富，制备成本低廉，并且具有良好的导电性和化学稳定性，不仅可以作为金属催化剂的载体，本身也可以作为无金属析氢催化剂。研究发现，垂直排列的含氮碳纳米管（VA-CNTs）可以作为无金属电极，用于碱性燃料电池的析氧反应，具有比铂更好的电催化活性、长期运行稳定性[58]。通过化学衍生化制备的柔性三维多孔氟代石墨炔无金属电催化剂，保留了石墨炔的基本框架和二维平面结构中的共轭体系，具有丰富的碳碳化学键、天然孔洞结构以及表面电荷分布不均匀性等特性，使其在宽 pH 范围内均显示出优异的电催化性能，在酸性和碱性条件下 HER 过程中，电流密度为 10 mA/cm^2 时，过电位分别为 82 mV 和 92 mV[59]。

近年来，报道了很多性能优异的 HER 和 OER 催化剂，但由于 OER 的理论析出电压为 1.23 V，因此电解水仍然需要 1.8～2.0 V 电压才能实现水的高效分解。由于阳极产物氧气不仅附加值低，而且需要额外的分离步骤实现氢气和氧气的分离。在阳极利用小分子化合物氧化取代 OER，不仅能够解决氢气、氧气混合气的分离问题，并且通过小分子氧化制备附加值更高的化学品能够提高原子利用率，节省能源。

小分子化合物中往往存在多种化学键和官能团，控制小分子氧化的选择性，提高目标产物的附加值，是促进小分子氧化与 HER 耦合的有效策略。目前，人们报道了很多能与 HER 耦合的有机小分子的氧化，包括乙醇、甘油及生物质平台分子等。据报道，多级孔泡沫 Ni_3S_2/Ni 双功能电催化剂能够在远低于 OER 过电位下将乙醇、苄醇、糠醛、糠醇和 5-羟甲基糠醛氧化为高附加值化合物。将 5-羟甲基糠醛电氧化制备 2, 5-呋喃二羧酸与 HER 耦合，与纯水电催化分解相比，电池电压可降低约 200 mV，电流密度都能达到 100 mA/cm^2[60]。以 MOF 超薄纳米片作为前驱体合成的具有纳米孔的双金属氢氧化物纳米片，当纳米孔尺寸大于 2 nm 时，乙醇分子可以有效通过纳米孔，且呈现出在纳米孔周围聚集的倾向，增加了乙醇分子流动性及其与更多活性位点结合的能力，从而表现出更有效的乙醇电氧化性能。与 HER 耦合，在 1.75 V 时，产氢的法拉第效率为 90.5%，并且在电催化过程中无氧气生成，保证了氢气的纯度，避免了后续分离问题[61]。通过水热法在碳纤维布上生长了镍钼化合物 NiMo-Pre/CFC，而后通过高温氮化得到镍钼氮化物（Ni-Mo-N/CFC）。电化学实验表明，以甘油为辅助物，Ni-Mo-N/CFC 催化剂在阳极可将甘油氧化生成高附加值的甲酸盐，同时提供电子促进水分解生产氢气。当 Ni-Mo-N/CFC 同时作为阴极和阳极催化剂时，达到 10 mA/cm^2 电流密度仅需要 1.36 V 电压，比纯水分解所需电压低 0.260 V。在该体系中，氢气和甲酸盐生产

的法拉第效率分别可达 99.7%和 95.0%。有机物辅助电催化析氢策略显著降低了电催化制氢的能耗，得到了高附加值阳极产物，避免了氢氧混合可能发生的爆炸危险[62]。

7.3.3 电催化 CO_2 还原

CO_2 是一种廉价易得的 C_1 资源，虽然传统热催化转化 CO_2 制备重要化学品已经有大量报道，但是由于电催化还原 CO_2 的独特优势引起人们的广泛关注。

电催化还原过程中 CO_2 可以通过两电子、四电子、六电子、八电子、十二电子转移生成不同的还原产物。通过设计不同的电极材料、电解液等，CO_2 电还原可以得到 CO、甲酸、草酸、甲醛、甲醇、CH_4、乙烯、乙烷、乙醇等，生成这些产物的电化学半反应见表 7.2。通过两电子转移可以得到甲酸、CO 及草酸等；通过四电子转移可以得到 C（s）及甲醛等；通过六电子转移可以得到甲醇等；通过八电子转移可以得到甲烷；通过十二电子转移可以得到乙烯、乙醇等。在电催化还原 CO_2 的反应中，产物的种类及选择性取决于电极材料、电解液以及反应电位的选择[63]。因此，实现高效电催化还原 CO_2 制备重要化学品和燃料的关键是制备绿色、高活性、高选择性、高稳定性的电化学催化剂以及设计和筛选合适的电解液。近年来，人们已经设计制备了大量的电催化材料用于电还原 CO_2 反应，并取得了良好的催化效果，主要有金属（包括合金）、金属氧化物、过渡金属硫化物、碳材料等。

表 7.2 25℃、1.0 atm 的条件下水溶液中 CO_2 还原制备不同产物的标准电位

电化学半反应	标准状态下的反应电位(*vs.* SHE)/V
$CO_2(g) + 2H^+ + 2e^- = HCOOH(l)$	–0.250
$CO_2(g) + H_2O(l) + 2e^- = HCOO^-(aq) + OH^-$	–1.078
$CO_2(g) + 2H^+ + 2e^- = CO(g) + H_2O(l)$	–0.106
$CO_2(g) + H_2O(l) + 2e^- = CO(g) + 2OH^-$	–0.934
$2CO_2(g) + 2H^+ + 2e^- = H_2C_2O_4(aq)$	–0.500
$2CO_2(g) + 2e^- = C_2O_4^{2-}(aq)$	–0.590
$CO_2(g) + 4H^+ + 4e^- = CH_2O(l) + H_2O(l)$	–0.070
$CO_2(g) + 3H_2O(l) + 4e^- = CH_2O(l) + 4OH^-$	–0.898
$CO_2(g) + 4H^+ + 4e^- = C(s) + 2H_2O(l)$	0.210
$CO_2(g) + 2H_2O(l) + 4e^- = C(s) + 4OH^-$	–0.627
$CO_2(g) + 6H^+ + 6e^- = CH_3OH(l) + H_2O(l)$	0.016
$CO_2(g) + 5H_2O(l) + 6e^- = CH_3OH(l) + 6OH^-$	–0.812
$CO_2(g) + 8H^+ + 8e^- = CH_4(g) + 2H_2O(l)$	0.169

续表

电化学半反应	标准状态下的反应电位(*vs.* SHE)/V
$2CO_2(g) + 6H_2O(l) + 8e^- = CH_4(g) + 8OH^-$	−0.659
$2CO_2(g) + 12H^+ + 12e^- = CH_2CH_2(g) + 4H_2O(l)$	0.064
$2CO_2(g) + 8H_2O(l) + 12e^- = CH_2CH_2(g) + 12OH^-$	−0.764
$2CO_2(g) + 12H^+ + 12e^- = CH_3CH_2OH(l) + 3H_2O(l)$	0.084
$2CO_2(g) + 9H_2O(l) + 12e^- = CH_3CH_2OH(l) + 12OH^-$	−0.744

对于很多反应过程，CO_2 捕捉电子形成 CO_2^- 中间体的过程是 CO_2 还原过程的决速步骤[64]。因此，电催化剂的主要功能之一是稳定该关键中间体，以实现 CO_2 高效率地还原。作为 5 d 过渡金属，Ir 原子拥有多余的空 d 轨道，有利于 CO_2^- 的稳定，以 α-$Co(OH)_2$ 为载体构筑单原子 Ir 催化剂，其电化学活性面积是 Ir 纳米粒子的 23.4 倍，有利于 CO_2 捕获第一个电子形成 CO_2^- 中间体，当负载量为 1.7 wt% 时，在 $KHCO_3$ 水溶液中，CO 的法拉第效率可以达到 97.6%，TOF 可以达到 38290 h^{-1}[65]。除 CO_2^- 中间体外，反应过程还会生成 $^*COOH$、$^*CO$ 等中间体。电催化剂与不同中间体的相互作用不同，会导致不同还原产物的生成。

CO 和 HCOOH 都是 CO_2 的两电子还原产物。质子首先进攻 CO_2^- 中的碳原子生成 OCHO·，后进一步得到一个质子生成甲酸；质子首先进攻 CO_2^- 的氧原子生成·COOH 中间物种，后得电子生成 CO。CO 和甲酸的选择性取决于 CO_2^- 在电极表面的吸附模式。CO_2^- 在铅、汞、铟、锡和镉等电极上的吸附较弱，质子容易进攻游离 CO_2^- 自由基的碳端，有利于 CO_2 电还原为甲酸。CO_2^- 在铜、金、银、锌、镍和钯等金属表面上的吸附较强，并且主要通过碳端吸附，悬空的氧端易与质子结合，随后脱去一个氧生成 CO。

调节金属表面性质，从而调控中间体的吸附是改善催化剂性能的重要方法。通过加入 CeO_x 和 Te 调节 Pd 的表面性质，能够显著提高 CO_2 的电还原速率，降低生成 CO 的过电位。DFT 计算证实，CeO_2 和 Te 使 $^*COOH$ 中间物种在催化剂表面的吸附增强，而 $^*CO$ 在催化剂表面的吸附变弱，从而提高了 PdTe/CeO_2 上 CO 形成的催化活性和选择性。位于 Te 和 CeO_2 之间的 Pd 原子对 $^*CO$ 的形成和解吸具有很高的活性，并且 Te 掺杂可以抑制析氢副反应的发生[66]。

双金属催化剂由于其协同效应，相比单金属组分催化剂，能够表现出更优异的催化性能。研究发现，多孔双金属氧化物 Cu_3NiOCs 在较低过电位下可高效电催化还原 CO_2 为 HCOOH。Cu_3NiOCs 电极能高效催化此反应主要有三个原因。一是双金属氧化物自身的多孔性能够提高其对 CO_2 的吸附能力，增加 CO_2 还原反应的活性位点，从而提高反应的效率；二是 CuO 和 NiO 均匀分布在双金属氧化物中，Cu/Ni 氧化物之间的协同作用能增加电极材料的活性位点，可以协同催化 CO_2

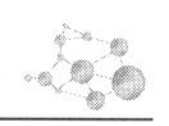

还原为 $HCOO^-$；三是 Cu_3NiOCs 电极电化学比表面积较大，增加其对反应中间体的吸附能力，另外还具有较低的电荷转移阻抗，增加了电荷的传输速率，有利于提高电催化还原反应的速率[67]。

电解液也是影响反应效率和选择性的重要因素。研究发现，在离子液体/乙腈电解质中加入少量水，铅或锡电极上电化学还原 CO_2 为甲酸的效率显著增强，并且在离子液体/乙腈/水[[BMIm][PF_6](30 wt%)/AcN-H_2O(5 wt%)]三元体系中目标产物的法拉第效率很高[68]。其中，铅电极上甲酸的分电流密度可达到 37.6 mA/cm^2，法拉第效率可达到 91.6%。在三元体系中，少量水的存在能有效提高电导率和降低电极/电解液界面处的双层电容，这有利于电子及溶质的传输，提高效率。同时，少量水的加入改变了电解液的微观结构。电解液中聚集体的大小随水的浓度而改变。当水含量为 5 wt%时，聚集体尺寸最小，此时电解液中阳离子与阴离子的相互作用较弱，从而提高 CO_2 的溶解度。这两个因素有利于提高电化学反应的效率。另外，在此三元电解液中，以 $Cu_{1.63}Se$ 为电极材料，可以高效地将 CO_2 还原为甲醇，电流密度和法拉第效率分别可达到 41.5 mA/cm^2 和 77.6%[69]。

CO_2 多电子还原成高级产物，由于反应过程中涉及多步电子、质子转移以及化学键的重组，因此，从动力学的角度难度更大。Cu 廉价易得，并且被认为是一类电还原 CO_2 制备醇或烷烃等高级产物的重要金属催化剂。研究发现，Cu 的晶面、形貌、纳米粒子的大小以及引入第二金属都会大大影响 Cu 基电催化剂的性能[70]。据报道，在相同的条件下，Cu 的(111)晶面利于 HCOOH 的生成，Cu 的(211)晶面利于 CH_4 的生成，Cu 的(100)晶面利于 C_2 产物的生成。树枝状的 Cu 电极利于 CO、CH_4 和 C_2H_4 的产生，立体三维结构的 Cu 电极利于 C_2H_4 和 C_2H_6 的产生，多孔的泡沫 Cu 和 Cu 的纳米柱电极利于 HCOOH 的生成，多孔的空心状 Cu 纤维和 Cu 纳米线利于 CO 的生成。通过原位还原电沉积铜配合物制备的三维形貌的铜-氧化亚铜复合材料，能够将 CO_2 还原为 C_2 产物（乙酸和乙醇）。在氯化钾水溶液中，C_2 的法拉第效率高达 80%，其中乙酸和乙醇的过电位分别为 0.53 V 和 0.48 V，总电流密度为 11.5 mA/cm^2，三维结构中暴露丰富的活性中心以及合适的 Cu(Ⅰ)/Cu(0)比是催化剂高活性的重要原因[71]。

研究发现，当 Cu 纳米颗粒小于 5 nm 时，能够明显地提高反应电流密度。随着 Cu 纳米颗粒的减小，H_2 和 CO 的产率都会增加，但是碳氢化合物（CH_4 和 C_2H_4）的产率开始下降，导致 CO_2 还原反应的整体效率下降。这是由于当 Cu 纳米颗粒的尺寸小于 2 nm 时，材料中低配位 Cu 原子数（CN＜8）增加，更易于结合中间体 $^*H$ 和 $^*COOH$，从而提高产生 H_2 和 CO 的效率。同时，由于这些低配位原子结合中间体的能力较强，不利于中间体 $^*CO$ 和 $^*H$ 的流动，阻碍了中间体的进一步还原，降低了碳氢化合物的选择性[72]。

合金具有可调的电子效应和空间效应，并且通过调变金属的组成能够改变其对中间体的吸附能力，从而影响反应的选择性和反应速率。双金属 CuZn 合金纳米粒子中，Zn 的含量会影响产物的选择性，纯铜纳米粒子的活性最高，并且随着 CuZn 纳米粒子中 Zn 含量的增加，活性单调下降。CuZn 合金纳米粒子中 Cu/Zn 的比例会影响产物的选择性。Cu 纳米粒子电催化剂产物以 CH_4 为主，Zn 纳米粒子电催化剂产物以 CO 为主。随着 Zn 含量的增加，CH_4 的选择性升高，但是当锌含量增加至 70%时，CO 的选择性增加[73]。当 CuPt 合金中 Cu 和 Pt 的原子比例为 3∶1 时具有最高的电流密度和 CH_4 选择性，这是合金中 Pt 和质子之间的亲和力使得吸附在催化剂表面的*CO 中间体更容易进一步还原[74]。在 Pd 纳米立方体表面合金化一层超薄的钯金合金纳米壳（$Pd@Pd_3Au_7$），能够显著提高 CO_2 电还原的催化性能。在−0.5 V（*vs.* RHE）时，CO 的法拉第效率（FE）为 94%，在−0.9～−0.6 V（*vs.* RHE）时，CO 的法拉第效率接近 100%。原位衰减全反射红外光谱（ATR-IR）和密度泛函理论（DFT）研究表明，该催化剂具有高催化活性的原因在于相邻 Pd-Au 位点的协同和配体效应[75]。采用商业含 Ni 多壁碳纳米管为原料，在碳纳米管表面包覆聚合物层，再通过高温一步裂解法合成了结构为 NiN_3 的单原子 Ni 催化剂。该单原子 Ni 催化剂在低的过电位下即可促进高效电催化 CO_2 还原，CO 的法拉第效率超过 90%，转化频率近 12000 h^{-1}，金属质量活性高达 10600 mA/mg[76]。

Ti 网上长有 FeP 纳米阵列（FeP NA/TM）的三维催化剂电极能够高选择性地将 CO_2 转化为醇。在 0.5 mol/L $KHCO_3$ 中，FeP NA/TM 能够实现高达 80.2%的甲醇法拉第效率，总的甲醇和乙醇的法拉第效率高达 94.3%[77]。

碳材料是非金属电催化剂中非常重要的一类材料。普通碳材料的碳原子呈电中性，很难活化 CO_2，经杂原子（B、N 或 S）掺杂的碳材料会出现结构畸变和电荷密度的变化。N 原子在碳材料中主要以吡啶型 N、石墨化 N 以及吡咯或吡咯酮型 N 存在。研究发现，吡啶型 N 以及吡咯和吡咯酮型 N 可以作为电催化反应的活性位点，增强对 CO_2 和反应中间体的吸附能力，提高碳材料催化活性。B 原子在碳材料中主要以石墨化的 B 和“硼硅烷”型 B 存在。B 原子会使碳材料产生极化电荷，有利于稳定 CO_2 中电负性的 O 原子，提高材料对 CO_2 吸附能力。而 S 原子掺杂的碳材料有更高的自旋密度和电荷离域，形成有边缘位点的碳结构，因此更有利于 CO_2 还原反应的进行。以离子液体为电解质，N 掺杂碳（石墨烯状）材料/碳纸电极能够高效催化 CO_2 电化学还原为 CH_4，CH_4 的法拉第效率可高达 93.5%，电流密度为同等条件下 Cu 电极的 6 倍。此外，离子液体中微量的水可以有效提高电流密度，而不会降低 CH_4 的选择性[78]。除碳材料外，磷化硼纳米颗粒也能够高选择性地电催化还原 CO_2 生成 CH_3OH。在 0.1 mol/L $KHCO_3$ 溶液中，当施加还原电位为−0.5 V（相对于标准氢电极）时，甲醇的法拉第效率高达 92.0%。DFT 计算结果表明，磷化硼(111)表面能够有效吸附和活

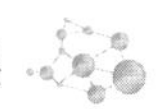

化 CO_2 分子。此外，CO 和 CH_2O 在磷化硼(111)表面有较高的脱附能垒，利于实现高选择性 CO_2 至 CH_3OH 转化过程[79]。

CO_2 电还原反应发生在阴极，阳极多为析氧反应，O_2 的附加值低。如果将阳极反应与 CO_2 还原耦合，并在阳极上产生高附加值的化合物能够有效提高能源利用率，但如何设计和筛选合适的阳极反应与 CO_2 还原的匹配，以及合适的电解质的选择是有待深入研究的问题。电解食盐水的阳极反应与电催化还原 CO_2 的阴极反应相耦合（总反应式：$CO_2 + NaCl \longrightarrow CO + NaClO$），可以获得极高的 CO 与次氯酸盐的法拉第效率，而且提高了能源利用率，更重要的是整个反应过程的原子利用率接近 100%[80]。

7.3.4 电催化固氮

合成氨工业对人类生活和社会发展具有重要的意义。工业合成氨一直以来主要通过 Haber-Bosch 法制备，需要高温高压。电化学法为人们实现温和条件下的固氮提供了可能，但一些挑战性的难题有待解决。例如，N_2 的还原涉及氮氮三键的活化和转化，氮氮三键键能高，难活化，导致该反应在动力学上难以进行；N_2 在水溶液中的溶解度低，可供反应的 N_2 浓度低；HER 电位与氮还原电位接近，HER 作为竞争反应会大大制约合成氨的效率。同时还需要设计构建高效反应体系解决 N_2 传质、扩散等问题。

据报道，ZIF-8 包覆的纳米多孔 Au 复合材料（Au@ZIF-8）中的多孔 Au 核心的表面由相互连接的“韧带”构成，可提供大量的电催化活性位点，并且壳层 ZIF-8 的多孔性减少了活性位点附近化学物质的扩散，而其自身的疏水性则可抑制竞争性 HER 的发生。由于这些特点，Au@ZIF-8 在温和条件下能够实现中性溶液中的高效电催化固氮合成氨，在 0.1 mol/L Na_2SO_4 电解质中，氨产率达 $(28.7\pm0.9)\mu g/(h\cdot cm^2)$，法拉第效率高达 44%，并且表现出优异的稳定性、耐久性以及高选择性（98%）。基于 $^{15}N_2$ 同位素示踪实验的核磁检测结果，也充分证实了所合成的氨产物全部来源于 N_2[81]。

改变压力能够有效克服氮气溶解度低、扩散难的问题，可以提高氮还原合成氨电流效率和产氨速率。以 Fe_3Mo_3C/C 作为氮还原催化剂，相比常压条件下，加压至 0.7 MPa 即可将氮还原合成氨的电流效率提升一个数量级以上，而且因为大幅降低了氮还原反应的过电位，在获得相近氨产率的情况下，可以将合成氨反应的槽电压降低近三分之一，进而大幅提高了电化学合成氨的能源效率[82]。

由于非金属催化剂成本较低，人们一直致力于发展非金属电催化固氮催化剂。黑磷可以作为电子给体向 N≡N 三键的 π^* 轨道提供电子，从而改变其电子云密度，有利于 N≡N 三键的活化。与黑磷相比，量子点具有更大的比表面积以及更丰富的活性位点，但却极易发生团聚，并且黑磷量子点（BP）的电导率极低，这些都限制了其作为电催化剂的应用。将黑磷量子点通过配位自组装的方法负载在富含氧空位的二氧化锡（SnO_{2-x}）纳米管上，可以有效抑制量子点团聚，并且具有优异的电导率和催化活性，因此所制备的 BP@SnO_{2-x} 具有双活性位点，并且 Sn 与 P 之间能够形成 Sn-P 配位键，提升了结构稳定性且有利于载流子的界面传输。由于 BP 和 SnO_{2-x} 间的协同效应，BP@SnO_{2-x} 催化剂表现出优异的氨产率、法拉第效率及稳定性[83]。二维单质硼纳米片也可以作为非金属电催化剂，催化电化学固氮合成氨，并且具有良好的选择性。在 0.1 mol/L Na_2SO_4 溶液中，该催化剂在−0.80 V（*vs.* RHE）下可获得较高的氨产率及法拉第效率，并展现出良好的稳定性[84]。通过协调辅助策略在 N 掺杂多孔碳中铆钉单原子 Ru 位点能够实现高效电化学固氮。该催化剂在−0.21 V（*vs.* RHE）下可获得较高的氨产率。进一步研究发现，加入 ZrO_2 可显著抑制析氢反应的发生，在较低过电位下该催化剂 NH_3 法拉第效率高达 21%。DFT 计算表明，具有氧空位的 Ru 位点是主要的活性中心，Ru 位点可以稳定 *NNH 和增强 N_2 吸附[85]。

7.3.5 有机电合成

有机电合成用“电子”替代传统的氧化剂和还原剂，减少了物质的消耗和环境污染，是“绿色化学”的重要组成部分。有机电合成反应可以在常温常压下进行，并且可以通过简单地调节电极电位、电流密度等调控氧化还原的程度，从而控制产物的选择性和产率。有机电合成反应分为有机电还原反应和有机电氧化反应。

1834 年，英国化学家 Faraday 用电解乙酸钠溶液制得乙烷，实现了有机分子的电化学合成。20 世纪 60 年代中期，Nalco 公司建成了四乙基铅的电合成工厂，Mansanto 公司建成了己二腈的电合成工厂，表明有机电合成进入了工业化阶段。我国在 70 年代实现了胱氨酸电解还原制备 L-半胱氨酸的工业化。乙醛酸、丁二酸、全氟丁酸、二茂铁、对氟甲苯和对甲基苯甲醛等产品的电合成也相继实现了工业化。

电极是电化学反应的重要场所，选择合适的电催化剂是实现电化学反应的关键，电催化剂应具备良好的导电性、高的电催化活性、良好的稳定性、易加工且成本低等特性。电催化材料的设计、合成对于提高反应的产率和目标产物的选择性至关重要。目前报道的主要有金属材料、碳基非金属电极材料及聚合物基电极材料等。

对氨基苯酚是一种重要的精细有机化工中间体，广泛应用于染料行业和医药化学品的合成，也用于制备显影剂、抗氧剂等。通过对比对氨基苯酚的制备方法，电催化还原法具有明显优势（图 7.14）。其中，对硝基苯酚 Fe 粉还原法污染严重，三废处理困难，并且原料和生产成本都较高。苯酚亚硝基化还原法采用相对便宜的苯酚为原料，但是生产过程长、设备多，不利于工业化生产。20 世纪 70 年代，人们发展了硝基苯的催化加氢还原法，在美国、日本已实现了工业化，在这个反应过程中需要采用贵金属 Pt 催化剂，限制了其广泛应用。电催化还原法以硝基苯为原料，污染小、生产成本低、流程短，在日本已有 1000 t/a 的生产装置。

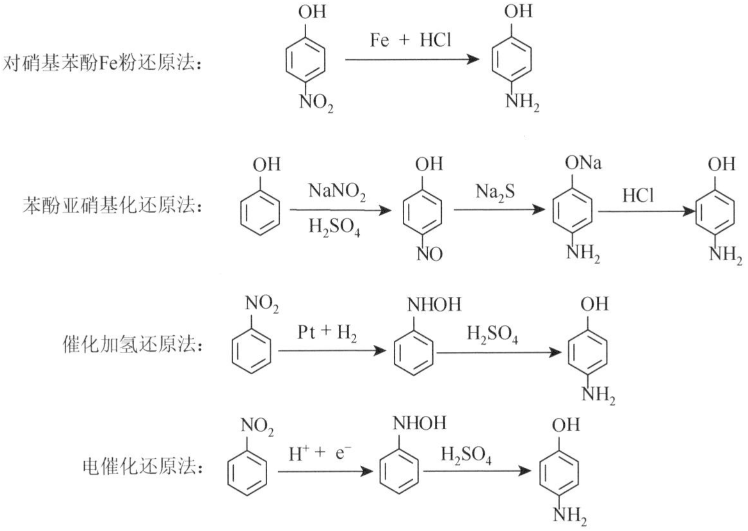

对硝基苯酚Fe粉还原法：OH, NO_2 —(Fe + HCl)→ OH, NH_2

苯酚亚硝基化还原法：OH —($NaNO_2$ / H_2SO_4)→ OH, NO —(Na_2S)→ ONa, NH_2 —(HCl)→ OH, NH_2

催化加氢还原法：NO_2 —(Pt + H_2)→ NHOH —(H_2SO_4)→ OH, NH_2

电催化还原法：NO_2 —(H^+ + e^-)→ NHOH —(H_2SO_4)→ OH, NH_2

图 7.14　对氨基苯酚制备方法

对甲氧基苯甲醛是重要的有机合成中间体，广泛用于医药、食品及日用化学工业，可以用来配制花香型香精，是对甲氧基苯甲醇及一些防晒产品的原材料。气相化学氧化法以 V_2O_5-P_2O_5-CuO-K_2SO_4 为催化剂，反应温度为 420～530℃。液相氧化法以乙酸钴、乙酸锰或乙酸铈为催化剂，收率可达 60%，以乙酸钴-乙酸铬-乙酸铈为复合催化剂，收率可高达 76%。电化学氧化法能够避免有毒氧化剂的使用，分为直接电氧化法和间接电氧化法，目前最常用的为间接电氧化法（图 7.15），以 Ce^{4+}/Ce^{3+}为氧化还原介质，用电氧化通过 Ce^{4+}将对甲基苯甲醚氧化成对甲氧基苯甲醛。此方法基本无三废排放，反应选择性较高，电解液可循环使用，具有工艺简单、产品纯度高等特点。

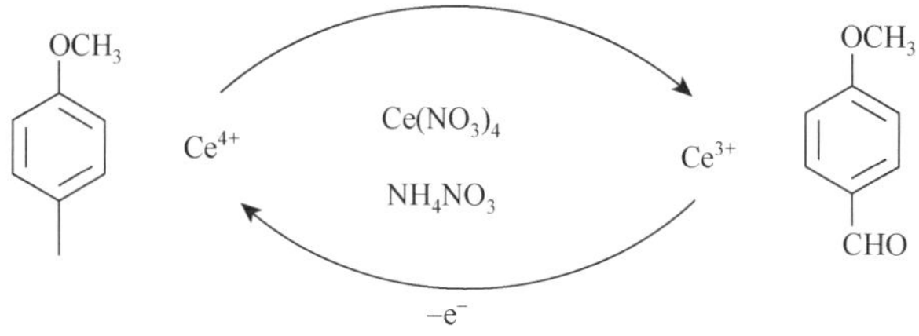

图 7.15 间接电氧化法制备对甲氧基苯甲醛

廉价、易得的二茂铁作为电催化剂，电子作为“氧化剂”氧化易得、稳定的 N-H 键能够高效得到酰胺氮自由基，电催化条件下形成的氮自由基和未活化烯烃的分子内加成反应实现了高选择性的烯烃氢胺化反应[86]。将电催化膜反应器应用于氧化环己烷制备环己醇和环己酮（KA 油），以 V_2O_5 纳米片为电催化剂，常温常压，操作电压 3.5 V 条件下，环己烷转化率达到 28.4%，KA 油的选择性大于 99%[87]。通过简单的气相水热法在碳纤维上原位生长一层厚度约为 50 nm 的 NiS_2 单晶薄膜（NiS_2/CFC），直接用作电极，在碱性介质中表现出优异的电催化性能，可将一系列二级醇（如异丙醇、2-丁醇、2-戊醇和环己醇）电催化转化为相对应的二级酮（丙酮、2-丁酮、2-戊酮和环己酮），且反应效率和选择性高[88]。

近年来，电化学合成方法在生物质转化领域得到了越来越多的关注。氧化和加氢是将生物质分子转化为高附加值化学品的两种重要手段，通过设计高效电催化剂能够提高电催化反应的选择性，同时降低电能消耗。以纳米结构 Cu 金属磷化物-商用碳纤维布（Cu_3P/CFC）为阳极，以纳米结构 Ni 金属磷化物-商用碳纤维布（Ni_2P/CFC）为阴极，在膜分离 H 型反应器中电催化糠醛转化，以水为氢源，Cu_3P/CFC 电极对选择性电催化还原糠醛为糠醇（FAL）具有较高的法拉第效率、较大的电流密度，而 Ni_2P/CFC 电极具有更好的糠醛氧化活性，能够有效地电催化氧化糠醛为糠酸（FA），具有较高的法拉第效率和选择性[89]。在离子液体电解质体系中，表面不同程度氧化的硫化铅电极材料能够高效催化生物质平台化合物乙酰丙酸电催化还原制备 γ-戊内酯。400℃煅烧制备的硫化铅表现出最好的电催化性能，γ-戊内酯的法拉第效率可以达到 78.6%[90]。以金属硫化物（CuS、ZnS、PbS 等）为电催化剂，以水为氧源，在离子液体电解质体系中，糠醛可经电催化氧化转化为 5-羟基-2（5*H*）-呋喃酮（HFO），糠醛的转化率和 HFO 的选择性可以分别达到 70.2%和 83.6%。由于 HFO 的热力学不稳定性，很难利用热催化的方法通过糠醛氧化制备，因此电催化为 HFO 的制备提供了一种新的方法[91]。

7.4 光催化

光催化反应以光能为动力，具有反应条件温和、反应进程可控等优点。近年

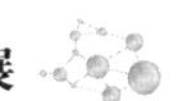

来，光催化降解有机污染物、光解水制氢、光催化 CO_2 还原以及光催化有机合成等引起了国内外的广泛关注。光催化剂一般为半导体材料，具有充满电子的低能价带和未充满电子的高能导带，两者之间具有一定的禁带宽度，这个禁带宽度会影响对太阳光的利用。例如，最常用的光催化剂 TiO_2，其禁带宽度是 3.2 eV，它只能吸收紫外光（<400 nm），而紫外光只占了整个太阳能光谱的不到 5%。理想的光催化剂的禁带宽度应该为 1.8～2.0 eV。

在光照射下，当入射光子的能量大于或等于带隙能量（E_g）时，光催化剂价带（VB）中的电子则吸收光子能量被激发跃迁至导带（CB），产生光生电子-空穴对。提高光生电子和空穴的分离效率，抑制它们的复合对提高光催化效率非常重要，而这又与光催化剂的组成、结晶度、尺寸、形貌、表面性能等因素相关。

7.4.1 光催化降解有机污染物

通常光催化降解有机污染物是光催化的氧化反应，以半导体为催化剂，以光为能量，最终将有机物降解为 CO_2 和水，这种方法具有过程清洁、节省资源，且不造成二次污染等优点。发展光催化降解有机污染物的关键是高效光催化剂的设计与构建。

光催化氧化的机理主要为自由基机理。在光照射下，产生光生电子-空穴对。光生电子具有强还原性，空穴具有强氧化性，光生电子-空穴对生成后会迅速迁移至材料表面，与吸附于表面的水、O_2、OH^- 发生氧化还原反应产生 O_2^-、H_2O_2、羟基自由基等高化学活性物质，与大多数吸附在催化剂表面的有机污染物反应，将有机物降解为 CO_2 和水或低毒性物质。常用的光催化剂有金属氧化物或硫化物、分子筛及有机物光催化剂。

设计光催化剂，促进自由基产生，是提高光催化效率的重要手段。利用乙二醇的弱还原性，通过一锅溶剂热处理，可制备富含氧空位的 Bi 纳米粒子修饰的 $BiPO_4$ 纳米材料。该材料中富含 Bi 纳米晶和氧空位，有利于光生电子和空穴的分离和消耗，其中 Bi 纳米晶是形成·OH 的活性中心，氧空位是形成 $\cdot O_2^-$ 的活性中心[92]。

研究发现，对于 TiO_2 而言，活性氧自由基的产生与表面桥羟基有关，TiO_2 表面更多的桥羟基导致其悬浮液产生更低的等电点，并且导致 TiO_2 表面带大量的负电荷，有利于光生载流子的转移，从而促进活性氧自由基的产生和污染物催化降解[93]。

掺杂乙炔炭黑的 TiO_2（TiO_2/AB）与过硫酸盐（PS）混合体系能催化降解盐酸四环素（TH）。与 TiO_2/AB 相比，TiO_2/AB/PS 能显著提高 TH 降解效率。通过研究 TH 降解过程中的自由基物种，发现 $SO_4^- \cdot$ 发挥了比·OH 更重要的作用。该光催化体系经 5 次循环之后，降解效率仍然保持 85%以上[94]。

采用元素杂化和热剥离相结合的方法制备的磷杂化多孔超薄氮化碳纳米片（PCN-S），可以作为一种非金属光催化剂，一方面磷杂化能够提高 g-C_3N_4 的光吸收范围，使得 g-C_3N_4 的光吸收效率大大提高，并且磷原子的掺杂能够促进光生电子和空穴的分离效率，减少复合；另一方面多孔超薄纳米片结构提高了催化剂的比表面积，增加催化剂的活性位点，提高反应效率。该催化剂可用于光催化去除复合污染水体中的六价铬[Cr(Ⅵ)]和 2, 4-二氯酚（2, 4-DCP）[95]。

研究发现，染料分子吸收可见光被激发后可以向 TiO_2 导带注入电子实现电荷分离，通过半导体导带的媒介作用实现可见光照射下染料分子和空气中氧分子的同时活化，利用染料污染物分子吸收可见光诱发的活性自由基和分子氧的共同作用导致污染物降解。由于只要染料的电子激发态电位比 TiO_2 导带电位更负，就能实现有效的电子注入进而降解，因此该体系也能够实现共存无色小分子污染物的氧化降解、卤代污染物的还原脱卤等[96]。

多溴取代二苯醚可以经光催化还原逐渐脱溴降解，但是随着脱溴程度的增加反应会变得越来越难，导致高毒性的中间物大量积累，通过高效催化体系的构建，诱导 C—Br 键的解离活化可以解决这一问题。以三乙胺作为电子和质子的供体，采用 g-C_3N_4 负载的 Ni^0 为催化剂能够实现 2, 2′, 4, 4′-四溴二苯醚（BDE47）中溴的完全脱除。锚定在 g-C_3N_4 上的 Ni 是通过光化学还原原位形成的，三乙胺通过与 Ni 活性位的表面配位，弱化 C—Br 键，促进了脱溴过程的进行[97]。在 TiO_2 表面负载 Pd 和 Cu 等作为助催化剂，也可以极大地促进光催化还原脱溴的程度和速率。进一步研究显示，助催化剂可以增强极性非常弱的多溴取代二苯醚在催化剂表面的吸附，并通过肖特基结捕获光生电子而使表面电子富余，从而起到电子转移桥梁的作用。更重要的是，金属表面的催化作用可以加速 C—Br 键的还原裂解，从而极大地促进光催化还原脱卤反应的效率[98, 99]。一般来说，光生电子在光催化剂上驱动的还原反应与使用的空穴捕获剂无关。然而，最新的研究表明，在十溴二苯醚（BDE 209）的光催化脱溴过程中，光催化剂 NH_2-MIL-125(Ti)的 Ti 位上产生的光生电子还原活性明显取决于反应空穴捕获剂的种类。仅使用三乙醇胺作为空穴捕获剂时才发生 BDE 209 的脱溴反应。低温 ESR 实验表明，三乙醇胺参与了活性 Ti(Ⅲ)催化物种的形成，该物种将电子传递到 BDE 209，产生还原性脱溴产物[100]。

7.4.2 光解水制氢

受自然界氢化酶高效还原质子产氢的启发，人们也开始构筑人工光合成催化体系，通过光敏剂捕获太阳光并生成高能态电子和空穴，光生电子转移到产氢催

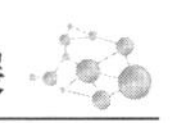

化剂上还原质子产氢，光生空穴氧化电子牺牲体。目前已发展大量基于分子光敏剂（如曙红、荧光素、金属配合物等）和半导体捕光材料（如 TiO_2、CdS、Ta_3N_5、TaON、C_3N_4 等）构筑的人工光合成催化体系[101, 102]。但是，当前光催化分解水制氢催化剂存在着可见光利用效率低、光生电子与空穴易复合等缺点。提高可见光利用率，促进光生电子与空穴的分离是设计光催化剂的重要方向。

利用 $BiVO_4$ 不同晶面之间的光生电荷分离效应，将氧化和还原助催化剂同时选择性担载到 $BiVO_4$ 氧化和还原的晶面时，可以将光催化性能提高两个数量级[103]。进一步研究表明，$BiVO_4$ 粒子上不同晶面的表面电位不同，在光激发下，不同晶面存在不同的空间电荷层内建电场。内建电场的存在可以使单晶粒半导体光催化剂表现出数十倍差别的空穴迁移各向异性[104]，这可能是表面极化引起了不同表面能带弯曲，使得光生电子和空穴可以在空间上分离到 GaN 纳米棒阵列的非极性和极性表面。通过同时暴露极性和非极性表面，GaN 的光生电荷分离效率可从约 8%显著提高到 80%以上。此外，在非极性表面沉积 Rh 催化剂，在极性表面沉积 CoO_x 催化剂，能够显著提高光催化制氢的效率[105]。

研究发现，有些 MOF 和 COF 具有半导体性质，能够作为光解水制氢的催化剂。通过共价键连接的 MOF/COF 的复合物，利用 COF 的可见光吸收能力提高可见光利用率，并且由于异质结结构利于光生电子通过异质结界面转移，可以促进光生电子与空穴的有效分离，在可见光照射下表现出了优异的光催化活性，最佳产氢速率为 23.41 mmol/(g·h)，相比纯 COF 材料提高了 20 倍[106]。原子级分散的 Co 基催化剂，在电子能带结构中能够形成特殊的中间态，不仅极大地提高了材料的可见光吸收，而且可以有效抑制光生电子-空穴对复合，光生载流子的寿命大幅度提高，在模拟太阳光照、不加入牺牲剂和贵金属的条件下，析氢速率可达 410.3 μmol/(g·h)，其中 500 nm 波长处的量子效率可达到 2.2%[107]。通过简单的溶液混合方法合成的碳化钒（VC）和 CdS 的复合物 CdS/VC 可作为一种优良的光催化剂，VC 具有金属性质，可以有效地捕获和转移 CdS 的光生电子，提高光生载流子的分离效率，从而大大提高 CdS/VC 复合光催化剂的光催化活性[108]。胶体量子点（QDs）在人工光合成中显示出良好的前景。然而，由于其超小的尺寸，阻碍了其与助催化剂的可控和有效的相互作用。将量子点和 Pt 纳米粒子通过分子聚丙烯酸酯简单地连接在一起，形成一种纳米粒子的自组装结构，这种结构大大提高了界面电子转移的速率和效率。CdSe/CdS 量子点/Pt 催化剂表现出了优异的光催化产氢效率[109]。

石墨型非金属碳氮化合物（g-C_3N_4）具有合适的能带结构、良好的化学稳定性、原料来源丰富且容易制备，在光解水制氢中表现出很多优点。但由于低太阳光吸收率、低的比表面积和电荷的快速复合等缺点，使其光催化制氢效率低。通过杂原子或金属掺杂调控电子结构，调控形貌提高其表面积，引入缺陷增加活性位点，与等离子体材料、染料敏化材料、钙钛矿氧化物、碳点、MOF 或双金属等复合可提高 g-C_3N_4 的光催化性能[110]。高度结晶的三维多孔 g-C_3N_4 超薄纳米片具有非常高的比表面积和载流子传输速率，在可见光照射下表现出了非常高的产氢速率[111]。为了拓宽 g-C_3N_4 的可见光吸收范围，通过一锅热共聚合法，将卟啉通过共价键结合到 g-C_3N_4 的基体中，所得材料可以扩大光吸收范围，并且大的比表面积和分子内异质结的存在有助于提高电子和空穴分离效率，使其具有良好的可见光产氢催化性能[112]。研究发现，将 Ni 的氢氧化物和硫化物负载在 CdS 上可以得到复合催化材料，这种催化材料可以高效催化光解水制氢，镍物种与 CdS 之间存在良好的协同作用，其效率是 CdS 效率的 46 倍，并且催化剂具有良好的稳定性[113]。

7.4.3 光催化 CO_2 还原

由于 CO_2 光催化还原不仅能减少 CO_2 的排放，还能将丰富的太阳能直接转化成化学能和燃料，因此得到了广泛的关注[114]。CO_2 光催化还原与其他光催化反应一样，影响其效率的重要因素包括光的吸收、载流子的分离、反应物及产物的吸附脱附等。

人们设计了不同种类的催化剂促进 CO_2 的光催化还原，并通过改性和复合，提高了它们的催化性能。常用的光催化剂以无机半导体为主，包括金属氧化物和金属硫化物等。近年来，随着 MOF 材料的深入研究，其在 CO_2 光催化还原中的应用研究越来越多。在 CO_2 光催化还原的过程中，不同的催化剂表现出不同的催化活性，产生不同的反应产物。同时，相同的催化剂，选用不同的助催化剂，也会改变产物的分布。另外，反应的条件也是影响光催化活性和产物分布的关键因素。目前，经 CO_2 光催化还原得到的产物主要包括 CO、甲酸、甲醇和甲烷等 C_1 产物以及乙烯、乙烷等 C_2 产物。

现有的光催化剂还是以宽禁带的无机半导体为主，存在可见光激发困难等问题，并且半导体光催化剂的比表面积较小、对于 CO_2 吸附能力较弱。通过升高 CO_2 压力、添加光催化牺牲剂或者引入 CO_2 的良溶剂是促进 CO_2 光还原的重要途径。然而这些手段并不符合绿色化学的要求。发展无牺牲剂或非贵金属助催化剂的高效光还原 CO_2 体系的研究具有重要价值。光催化 CO_2 还原反应的可能途径，包括电子和质子的转移、加氢和脱氧的过程、C—O 键的断裂和 C—H 键的形成，调控光催化还原过程中的选择性也是重要的研究方向。影响产物分布的因素包括光激发贡献、光催化剂能带结构、光生电荷分离效率、反应物的吸附和活化、表面催化反应活性位点、中间产物的吸附脱附等[115]。

据报道，可以通过优化半导体光催化剂的结构和构造表面缺陷等提高对可见光

的吸收量和电荷分离效率。常见的手段有构造异质结、构建表面缺陷、引入金属共催化剂和暴露高能晶面等。在半导体光催化剂 TiO_2 表面原位制备有机多孔聚合物，能够提高 CO_2 的吸附量并且缩短 CO_2 到催化活性中心的扩散距离，从而有利于 CO_2 分子吸附，在 TiO_2 光催化剂表面催化转化，因而提高催化活性[116]。CdS 具有优异的可见光响应和合适的导带位置，被广泛应用于光催化还原 CO_2。但是单纯的 CdS 具有光生电子复合快、严重的光腐蚀、CO_2 吸附能力弱等缺点，CdS 和 MOF 的结合能克服它们自身的缺点，同时还能提高可见光的吸收和 CO_2 的吸附。CdS 的尺寸也会影响其催化性能。UiO-bpy 是一类具有良好 CO_2 吸附能力和高稳定性的 MOF，通过配体 2, 2′-联吡啶-5, 5′-二羧酸（bpydc）和金属结点 $Zr_6(\mu_3\text{-}O)_4(\mu_3\text{-}OH)_4$ 组合而成。将无机半导体 CdS 和氧化还原分子催化剂 Co 通过 UiO-bpy 结合在一起得到三元 CdS/UiO-bpy/Co 复合材料。结果发现三元复合材料充分发挥了 UiO-bpy 的优势，能在可见光下高效地将 CO_2 还原成 CO[117]。甲烷是清洁燃料，近年来，光催化 CO_2 制备甲烷已有不少报道。研究表明，Ru 络合物-NiAl 水滑石非均相催化剂对于光催化 CO_2 与水反应制备 CH_4 具有很好的催化性能。在照射光波长大于 400 nm 时，通过改变光的波长可以调控反应的选择性，在适当条件下 CH_4 的选择性可达到 70.3%。在波长大于 600 nm 时，析氢反应可以完全被抑制[118]。在可见光的作用下，NiAl 水滑石纳米片也可催化 CO_2 与水反应生成 CH_4，并且水滑石层间的阴离子对催化性能影响很大[119]。工业废气是 CO_2 的主要来源，其中 CO_2 浓度较低（5%～15%），将低浓度 CO_2 先提纯浓缩后转化的方式往往需要消耗大量的能量，因此，实现低 CO_2 浓度条件下的高效高选择性 CO_2 光催化还原，不仅对于工业废气等环境中 CO_2 的污染物资源化具有重要意义，而且节省能源。研究发现，光催化材料与 CO_2 的吸附能力都会影响 CO_2 光还原性能，只有吸附的 CO_2 才会参与到后续的还原反应中[120]。以对苯二甲酸为配体的单层镍 MOF（Ni/MOFs），在光敏剂三联吡啶氯化钌{$[Ru(Bpy)_3]$}存在时，能够催化浓度为 10%的 CO_2 高效转化为 CO。$[Ru(Bpy)_3]$可以将电子转移到 Ni/MOFs 催化剂上，Ni/MOFs 为 CO_2 吸附提供了丰富的配位不饱和 Ni 活性位点，强的 CO_2 吸附有利于初始 Ni-CO_2 加合物的稳定，从而促进 CO_2-CO 转化[121]。

尽管 CO_2 单电子还原广泛存在于电化学和光化学中，然而由于 CO_2 活化生成 CO_2 自由基阴离子的还原电位高，因此，以 CO_2 自由基阴离子作为反应中间体的反应过程尚未在有机合成领域得到广泛应用。使用对三联苯作为有机光氧化还原催化剂，将 CO_2 还原为 CO_2 自由基阴离子与胺类化合物的反应通过连续流系统结合起来，可实现 CO_2 与胺的羧化反应，得到 α-氨基酸[122]。同样利用对三联苯作为光氧化还原催化剂，还可以实现光诱导的 CO_2 对苯乙烯的选择性 β-苯氢羧基化反应，该反应对一系列苯乙烯类底物均具有良好的适用性，并且产物为烯烃的反马氏加成产物[123]。

7.4.4 光催化生物质转化

近年来，光催化在生物质转化利用方面的研究越来越多，显示出一些独特的优点[124, 125]。研究发现，在紫外光激发的条件下，以 TiO_2 纳米棒负载的铜为光催化剂，甘油等多元醇和葡萄糖等糖在室温下即可生成甲醇和合成气。反应过程中，TiO_2 表面缺陷有利于底物吸附，发生碳碳键的裂解。通过降低溶剂体系中水的含量，可以抑制羟基自由基产生，减缓甲醇等有机物进一步转化为 CO_2。中间产物甲酸的分解方式影响气相产物中 CO 和 CO_2 的比例。当铜负载量高时，形成铜氧化物纳米颗粒，铜氧化物纳米颗粒与 TiO_2 之间形成异质结结构，在光激发下 TiO_2 产生的空穴迁移到铜氧化物上，甲酸被铜氧化物上的空穴氧化，发生脱氢反应，生成氢气和 CO_2。当铜负载量低时，单分散的铜掺杂到 TiO_2 中，形成掺杂能级，甲酸在 TiO_2 上发生脱水反应，生成 CO 和水。通过调控催化剂的能级结构和溶剂体系，可以调节生成的 CO 和 CO_2 的比例，CO 选择性可达到 90%，得到较多的合成气[126]。光催化可以实现原生木质素转化，利用量子点催化剂可解决木质纤维素转化中反应物和催化剂无法有效接触和催化剂难以分离回收等难题。研究发现，CdS 量子点在可见光照射下在室温可高效催化木质素模型分子中 β-O-4 键（C—O 键）的活化和断键，获得芳香化合物单体。反应物在 CdS 表面由光生空穴氧化脱氢形成苄基自由基中间体，该中间体的 β-O-4 键能大幅下降，从而很容易接受 CdS 表面的光生电子，还原断键生成芳香化合物单体[127]。

7.4.5 光催化 N_2 还原

由于光催化效率低，N_2 光还原制备 NH_3 更具有挑战性，但由于能利用太阳能，并且可以在常温常压下进行，因此这一课题极具吸引力。具有较高能量的氮氮三键以及弱的 Lewis 酸碱性是 N_2 分子化学性质稳定的根本原因。目前，人们报道的固氮光催化剂包括过渡金属化合物和非金属催化剂。研究发现，氧空位的局域电子可以大大增强催化剂表面对 N_2 分子的吸附和活化，利用含有氧空位的 BiOBr 作为催化剂，在可见光条件下，水作为绿色质子源，可以实现高效的可见光催化固氮[128]。sp^3 杂化的硼原子与过渡金属具有类似的核外电子结构，并且硼原子能够显著增强 g-C_3N_4 的可见光吸收，有望实现太阳能驱动的固氮反应[129]。通过简单的共沉淀方法制备的水滑石纳米片光催化剂，由于富氧缺陷、结构形变和压缩应变，增强了对 N_2 分子的吸附和光生电子从水滑石光催化剂转移到 N_2，从而促进了 NH_3 的有效合成，特别是 CuCr-LDH 在 500 nm 处仍然具有光固氮特性[130]。在可见光照射下，用水热法合成的富氧缺陷的超博 TiO_2 纳米片对

于水中 N_2 还原为 NH_3 具有良好的催化性能和稳定性[131]。这些研究表明，通过控制催化剂的组成、结构、缺陷、结构形变等性质，可以优化光催化剂的性能。

7.4.6 光催化有机合成

光催化反应通常可以在室温或接近室温的条件下发生，使很多化学反应的发生更加节能环保[132]。

以 Pt/TiO_2 作为光催化剂，甲醇、乙腈、乙酸、丙酮和乙酸乙酯作为小分子底物，通过光催化偶联进行烯烃的官能化，产物具有很高的马氏选择性，反应条件温和且原料毒性小，更符合绿色化学的要求。在光照射下，电子从价带激发到导带，产生光生电子-空穴对。之后，空穴将表面吸附的甲醇直接氧化成羟甲基自由基。所形成的羟甲基自由基立即被烯烃捕获，通过与端基碳发生碳碳键偶联产生相对稳定的碳自由基中间体。最后，催化剂吸附的氢还原碳自由基中间体，生成具有反马氏的高碳醇[133]。苯酚和苯胺是重要的化学中间体，然而目前所报道的苯环直接羟化和胺化反应条件苛刻，收率较低。研究发现，利用吖啶/钴(III)配合物双催化体系，在温和条件下实现了苯环的选择性羟化/胺化反应，H_2 为唯一的副产物，反应过程原子经济性高[134]。

由于光催化能够在常温常压下进行，为与酶催化相结合提供了有利条件。酶促烯烃还原与光异构化可以有效结合，实现 *R*-型异构体的合成[135]。水溶性铱光催化剂与单胺氧化酶结合，能够将胺化合物的外消旋混合物转化为单一对映体[136]。使用硫醇与烯酮的光催化反应生成酮中间体，随后再被酮还原酶原位还原，可以制备巯基醇产物，并且具有高的对映选择性[137]。

硝基苯加氢制备苯胺和葡萄糖氧化制备化学品都是重要的反应。研究表明，以 Pd/TiO_2 为催化剂，在紫外光（$\lambda = 350$ nm）的作用下，可以利用水中的氢和氧分别进行硝基苯加氢和葡萄糖氧化反应。来自水裂解和葡萄糖重整的氢可高选择性地还原带有不饱和基团的硝基苯生成胺基（图 7.16）。同时在光生空穴的作用下，水裂解形成羟基自由基。水中的氧以羟基自由基的形式参与葡萄糖的重整。在羟基自由基和光生空穴的作用下，葡萄糖通过 C—C 键断裂生成阿拉伯糖、赤藓糖、羟基乙酸和甲酸等生物质基化学品[138]。该反应体系同样适用于苯甲醛和氢化偶氮苯等化合物的加氢还原。这一工作为同时利用水中的氢和氧进行还原反应和氧化反应提供了一条途径。

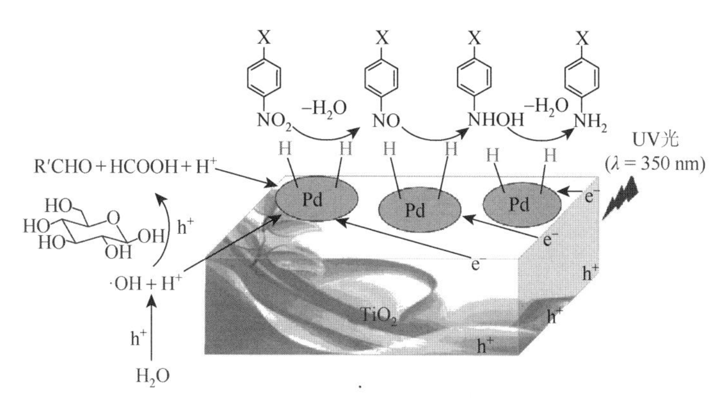

图 7.16　Pd/TiO_2 光催化水裂解同时进行葡萄糖氧化和硝基苯加氢制备苯胺

7.5　光电催化

光催化太阳能利用率低，电催化耗电量大。将光催化和电催化有机结合，产生协同效应，既可以加快反应速率，又能减少能耗。光电催化主要经历四个步骤：光子吸收，光生电荷转移、分离以及表面化学反应。对于光阳极，在光照条件下吸收光子激发价带电子跃迁至导带，同时价带中产生空穴。在外加偏压作用下，光生电子经过外电路流向对电极，发生还原反应。位于价带上的空穴则扩散到光阳极/电解液界面上发生氧化反应。对于光阴极，电极反应正好相反。在光电化学池体系中，半导体电极吸收光子后产生光生电子-空穴对，光生电荷的复合与界面电荷转移是两个竞争反应，会大大影响光电催化的效率，而这与光电催化剂的性质有很大关系，因此，提高光电催化效率的关键在于高效光电催化剂的设计与合成。

通过光刻蚀的方法在钒酸铋（$BiVO_4$）光阳极表面可控引入氧空位（O_{vac}），可大幅度提升 $BiVO_4$ 的光电活性，在 FeOOH/NiOOH 助催化剂的协助下，光蚀刻的 $BiVO_4$ 光阳极在水氧化反应中的光电流密度达到 3.0 mA/cm^2。研究表明，表面氧空位通过增加载流子浓度和增强能带弯曲提升光电活性[139]。

光电催化目前在污染物处理，光电解水产氢，光电催化 CO_2 还原、N_2 还原以及光电催化有机合成方面都有很多研究。人们还发展了污染物降解耦合水光电分解产氢体系，利用废水中的有机污染物作为电子给体进行光电催化分解水制氢，有机污染物被氧化降解的同时水被还原产氢，既节省了制氢成本，又去除了污染物。

一般，光阳极和对极（阴极）组成光电化学池。光阳极通常为光半导体材料，受光激发产生电子-空穴对，经光照射后，在电解质存在条件下，半导体带上产生的电子通过外电路流向阴极，水中的氢离子在阴极上接受电子产生氢气。半导体光阳极是影响制氢效率最关键的因素。应尽可能使半导体光吸收限移向可见光部

分，提高太阳光利用率，减少光生载流子之间的复合，以及延长载流子的寿命。调控电极-溶液、半导体-助催化剂界面能够提高光电分解水效率。半导体-溶液界面、载流子分离传输和转移以及反应器设计等是研究的重要方向。大量研究表明，担载助催化剂是降低反应势垒、促进表面反应的有效方法，电解液参数的调变也是提高光电催化分解水效率的重要手段。此外，通过合适的界面层（如空穴传输层、空穴储存层、电子阻挡层等）进行助催化剂和半导体间的界面修饰，对于促进电荷分离和转移、提高电极效率和稳定性十分关键[140]。

考虑到过电位的存在，用于光电催化产氢的光阴极材料的半导体导带边缘应该比 HER 电位更负（相对于标准氢电极），光电压应该尽可能大以减少额外偏压的需求，半导体材料还应该具有光响应，最大限度地利用太阳能，增加材料的能量转化效率。所采用的半导体材料还应在电解液中稳定，并且材料来源丰富，能广泛应用。目前常用的光阴极材料有金属氧化物、ⅢA～ⅤA 主族材料、硅铜基硫化物等。表面发生氧化反应同时产生氧气的电极为光阳极，常用的阳极材料主要为 n 型半导体。光阳极材料需要满足氧化条件下的稳定性，主要包括过渡金属氧化物、金属硫化物、金属氮化物、碳化氮等。由于半导体的光电极材料的析氢或析氧动力学较差，通过引入电催化剂有利于光生电子向光电极/电解液界面移动，减少光生电子和空穴的复合，提高光电催化分解水效率。

与光电催化水分解制氢相比，光电催化 CO_2 还原的过电位更高，相应的光电催化剂表现出较低的光电流和较高的起始电位，这很大程度上限制了光电催化 CO_2 还原体系的应用。因此，提高光吸收层的光生电压，同时增强催化剂层的性能可以改善 CO_2 光电还原的活性，同时 CO_2 光电还原产物选择性调控也是一个重要难题。光电极表面晶界设计是调控光电催化还原 CO_2 效率和产物分布的重要手段。通过构建 TiO_2 光阳极-Cu_2O 暗阴极体系，能够提高 CO_2 光电还原含碳产物的选择性[141]；通过电阴极材料的改性，构建 Cu/Cu_2O 界面位点，协同调节电极表面 H^*和 CO^*中间体的吸附强弱，能够提高 CO_2 光电还原制备甲醇的选择性[142]。

为了提高光电合成氨的产率及法拉第效率，设计高效并且稳定运行的光阴极材料至关重要[143]。亲气亲水异质结结构金-聚四氟乙烯/硅（Au-PTFE/Si）基光阴极，能够抑制 HER 和加强 N_2 向催化活性中心 Au 表面的扩散。同时，Au 纳米颗粒具有亲水性，能够从水中提取质子，而保证氮还原的正常进行，该催化剂能够在温和条件下于酸性电解液中进行固氮反应高效合成氨[144]。氧化物半导体表面 O_{vac} 对于 N_2 吸附和活化具有很大的潜力。在室温常压下，将表面 O_{vac} 和等离子体 Au 纳米颗粒集成于 TiO_2/Au/a-TiO_2 光电极并将其用于光电化学固氮，反应完全在太阳光驱动下进行且不使用任何有机牺牲试剂。金的表面等离子体效应将 TiO_2 的吸收范围扩展至可见区域，并为固氮过程提供高能热电子。更为重要的是，具有表面 O_{vac} 催化中心的无定形 TiO_2 层可以促进 N_2 吸附和活化，提高光催化固氮速率。根据原子层沉积技术的表面生长机理，O_{vac}仅存在于TiO_2的表面区域而不影响体相性质。这一优势不仅有助于激发态电子和吸附氮气之间的表面反应，也可以避免体相缺陷导致的载流子复合。因此，$TiO_2/Au/a\text{-}TiO_2$光电极的NH_3产生速率远超裸露的TiO_2，在太阳光照强度下可达到13.4 nmol/(cm^2·h)[145]。

光电催化在高附加值化学品的合成方面也很有发展前景，但目前研究相对较少。研究发现，利用阳极材料（$BiVO_4$和WO_3）的氧化能力可以氧化5-羟甲基糠醛、苄醇、呋喃等小分子化合物。芳烃的C—H键胺化是一类非常重要的反应，在热催化中，这类反应通常需要过量的氧化剂和较高的反应温度。光电催化实现了温和条件下的无导向基参与的芳烃C—H键胺化反应。使用储量丰富且性能稳定的赤铁矿材料作为光阳极，在光照条件下，赤铁矿材料中的光生空穴可氧化富电子的芳烃形成相应的阳离子自由基物种，并进一步与吡唑反应得到偶联产物，基于底物与六氟异丙醇（HFIP）之间的氢键相互作用，反应具有优异的邻位选择性[146]。

7.6 小结

迄今为止，人们对化学反应强化进行了大量研究，设计了很多催化体系，深入研究了催化体系的性质和反应条件对化学反应的影响，在基础研究和应用方面都取得了重要的进展。通过反应强化，可以实现常规条件下热力学无法进行的反应，同时也可以调控反应的路径和动力学性质。然而，目前实现工业化的路线还不多。相信随着相关科学和技术问题的不断解决，相关过程的工业化应用会越来越广。

参考文献

[1] Ahmad E，Alam M I，Pant K K，Haider M A. Insights into the synthesis of ethyl levulinate under microwave and nonmicrowave heating conditions. Ind Eng Chem Res，2019，58（35）：16055-16064.

[2] Andrade V P，Mittersteiner M，Lobo M M，Frizzo C P，Bonacorso H G，Martins M A P，Zanatta N. A comparative study using conventional methods，ionic liquids，microwave irradiation and combinations thereof for the synthesis of 5-trifluoroacetyl-1, 2, 3, 4-tetrahydropyridines. Tetrahedron Lett，2018，59（10）：891-894.

[3] Khaligh N G. Synthesis of tetrahydrotriazoloacridines：a synergistic effect of microwave irradiation and Brönsted acidic ionic liquids. J Heterocyclic Chem，2017，54（6）：3350-3357.

[4] Appukkuttan P，van der Eycken E. Recent developments in microwave-assisted，transition-metal-catalysed C—C and C—N bond-forming reactions. Eur J Org Chem，2008，7：1133-1155.

[5] Coquerel Y，Rodriguez J. Microwave-assisted olefin metathesis. Eur J Org Chem，2008，7：1125-1132.

[6] Kremsner J M，Kappe C O. Silicon carbide passive heating elements in microwave-assisted organic synthesis. J Org Chem，2006，71（12）：4651-4658.

[7] Dallinger D，Kappe C O. Microwave-assisted synthesis in water as solvent. Chem Rev，2007，107（6）：2563-2591.

[8] Tankam T，Srisa J，Sukwattanasinitt M，Wacharasindhu S. Microwave-enhanced on-water amination of 2-mercaptobenzoxazoles to prepare 2-aminobenzoxazoles. J Org Chem，2018，83（19）：11936-11943.

[9] Murata Y，Sugawara Y，Matsumura M，Kakusawa N，Yasuike S. Microwave-assisted debromination of α-bromoketones with triarylstibanes in water. Chem Pharm Bull，2017，65（11）：1081-1084.

[10] Taher A，Nandi D，Islam R U，Choudhary M，Mallick K. Microwave assisted azide-alkyne cycloaddition reaction using polymer supported Cu(Ⅰ)as a catalytic species：a solventless approach. RSC Adv，2015，5（59）：47275-47283.

[11] Martínez A V，Invernizzi F，Leal-Duaso A，Mayoral J A，García J I. Microwave-promoted solventless Mizoroki-Heck reactions catalysed by Pd nanoparticles supported on laponite clay. RSC Adv，2015，5（15）：10102-10109.

[12] 牛腾，师海雄，常建明，杨强斌，赵雷. 微波辅助无溶剂下合成 Weinreb 酰胺. 兰州文理学院学报（自然科学版），2018，32（6）：43-47.

[13] Varma R S，Saini R K，Dahiya R. Active manganese dioxide on silica：oxidation of alcohols under solvent-free conditions using microwaves. Tetrahedron Lett，1997，38（45）：7823-7824.

[14] Varma R S，Meshram H M. Solid state deoximation with ammonium persulfate-silica gel：regeneration of carbonyl compounds using microwaves. Tetrahedron Lett，1997，38（31）：5427-5428.

[15] 辛子扬，葛立超，冯红翠，黄雪芬，李蓝茜，刘晓燕，许昌. 生物质微波热解利用技术综述. 热力学发电，2019，48（7）：19-31.

[16] Luo H，Bao L W，Kong L Z，Sun Y H. Revealing low temperature microwave-assisted pyrolysis kinetic behaviors and dielectric properties of biomass components. AIChE J，2018，64（6）：2124-2134.

[17] Zhang X S，Rajagopalan K，Lei H W，Ruan R，Sharma B K. An overview of a novel concept in biomass pyrolysis：microwave irradiation. Sustain Energ Fuel，2017，1（8）：1664-1699.

[18] Ding K L，Miao Z J，Liu Z M，Zhang Z F，Han B X，An G M，Miao S D，Xie Y. Facile synthesis of high quality TiO_2 nanocrystals in ionic liquid via a microwave-assisted process. J Am Chem Soc，2007，129（20）：6362-6363.

[19] Chen C J，Hu X L，Hu P，Qiao Y，Qie L，Huang Y H. Ionic-liquid-assisted synthesis of self-assembled TiO_2-B nanosheets under microwave irradiation and their enhanced lithium storage properties. Eur J Inorg Chem，2013，30：5320-5328.

[20] Alammar T，Slowing I I，Anderegg J，Mudring A V. Ionic-liquid-assisted microwave synthesis of solid solutions of $Sr_{1-x}Ba_xSnO_3$，perovskite for photocatalytic applications. ChemSusChem，2017，10（17）：3387-3401.

[21] George P，Das R K，Chowdhury P. Facile microwave synthesis of Ca-BDC metal organic framework for adsorption and controlled release of curcumin. Micropor Mesopor Mater，2019，281：161-171.

[22] Liu Y，Hori A，Kusaka S，Hosono N，Li M R，Guo A，Du D Y，Li Y S，Yang W S，Ma Y S，Matsuda R. Microwave-assisted hydrothermal synthesis of [Al(OH)(1, 4-NDC)] membranes with superior separation performances. Chem Asian J，2019，14（12）：2072-2076.

[23] Jin H，Ansari M B，Park S E. Microwave synthesis of mesoporous MFI zeolites. Adv Porous Mater，2013，1：72-90.

[24] Nasser G A，Muraza O，Nishitoba T，Malaibari Z，Yamani Z H，Al-Shammari T K，Yokoi T. Microwave-assisted hydrothermal synthesis of CHA zeolite for methanol-to-olefins reaction. Ind Eng Chem Res，2019，58（1）：60-68.

[25] Xia S Q，Chen Y Y，Xu H S，Lv D Q，Yu J P，Wang P F. Synthesis EMT-type zeolite by microwave and hydrothermal heating. Micropor Mesopor Mater，2019，278：54-63.

[26] Wei P F，Zhu X X，Wang Y N，Chu W F，Xie S J，Yang Z Q，Liu X B，Li X J，Xu L Y. Rapid synthesis of ferrierite

zeolite through microwave assisted organic template free route. Micropor Mesopor Mater，2019，279：220-227.

[27] Le T，Wang Q，Pan B，Ravindra A V，Ju S H，Peng J H. Process regulation of microwave intensified synthesis of Y-type zeolite. Micropor Mesopor Mater，2019，284：476-485.

[28] Shalmani F M，Askari S，Halladj R. Microwave synthesis of SAPO molecular sieves. Rev Chem Eng，2013，29（2）：99-122.

[29] Benito P，Labajos F M，Rocha J，Rives V. Influence of microwave radiation on the textural properties of layered double hydroxides. Micropor Mesopor Mater，2006，94（1/3）：148-158.

[30] Bergada O，Vicente I，Salagre P，Cesteros Y，Medina F，Sueiras J E. Microwave effect during aging on the porosity and basic properties of hydrotalcites. Micropor Mesopor Mater，2007，101（3）：363-373.

[31] Coral N，Brasil H，Rodrigues E，da Costa C E F，Rumjanek V. Microwave-modified hydrotalcites for the transesterification of soybean oil. Sustain Chem Pharm，2019，11：49-53.

[32] Voiry D，Yang J，Kupferberg J，Fullon R，Lee C，Jeong H Y，Shin H S，Chhowalla M. High-quality graphene via microwave reduction of solution-exfoliated graphene oxide. Science，2016，353：1413-1416.

[33] Liu R Z，Zhang Y，Ning Z J，Xu Y X. A catalytic microwave process for superfast preparation of high-quality reduced graphene oxide. Angew Chem Int Ed，2017，56（49）：15677-15682.

[34] 纪顺俊，史达清. 现代有机合成新技术. 2 版. 北京：化学工业出版社，2014.

[35] Lupacchini M，Mascitti A，Giachi G，Tonucci L，d'Alessandro N，Martinez J，Colacino E. Sonochemistry in non-conventional，green solvents or solvent-free reactions. Tetrahedron，2017，73（6）：609-653.

[36] 王英，焦锐. 超声波促进的水相 Biginelli 反应合成二氢嘧啶酮衍生物. 合成化学，2015，23（11）：1060-1062.

[37] Cravotto G，Demetri A，Nano Gian M，Palmisano G，Penoni A，Tagliapietra S. The Aldol reaction under high-intensity ultrasound：a novel approach to an old reaction. Eur J Org Chem，2003，22：4438-4444.

[38] Seydimemet M，Ablajan K，Hamdulla M，Li W B，Omar A，Obul M. L-proline catalyzed four-component one-pot synthesis of coumarin-containing dihydropyrano[2，3-*c*]pyrazoles under ultrasonic irradiation. Tetrahedron，2016，72：7599-7605.

[39] Akolkar S V，Kharat N D，Nagargoje A A，Subhedar D D，Shingate B B. Ultrasound-assisted β-cyclodextrin catalyzed one-pot cascade synthesis of pyrazolopyranopyrimidines in water. Catal Lett，2020，150：450-460.

[40] Deshmukh R R，Rajagopal R，Srinivasan K V. Ultrasound promoted C—C bond formation：Heck reaction at ambient conditions in room temperature ionic liquids. Chem Commun，2001，（17）：1544-1545.

[41] Suresh，Sandhu J S. Ultrasound-assisted synthesis of 2，4-thiazolidinedione and rhodanine derivatives catalyzed by task-specific ionic liquid：[TMG][Lac]. Org Med Chem Lett，2013，3（1）：2.

[42] Lopez-Pestana J M，Avila-Rey M J，Martin-Aranda R M. Ultrasound-promoted *N*-alkylation of imidazole. Catalysis by solid-base，alkali-metal doped carbons. Green Chem，2002，4（6）：628-630.

[43] Roy D，James S L，Crawford D E. Solvent-free sonochemistry as a route to pharmaceutical co-crystals. Chem Commun，2019，55（38）：5463-5466.

[44] Xu H X，Zeiger B W，Suslick K S. Sonochemical synthesis of nanomaterials. Chem Soc Rev，2013，42（7）：2555-2567.

[45] Geng J，Jiang L P，Zhu J J. Crystal formation and growth mechanism of inorganic nanomaterials in sonochemical syntheses. Sci China Chem，2012，55（11）：2292-2310.

[46] Okoli C U，Kuttiyiel K A，Cole J，McCutchen J，Tawfik H，Adzic R R，Mahajan D. Solvent effect in sonochemical synthesis of metal-alloy nanoparticles for use as electrocatalysts. Ultrason Sonochem，2018，41：427-434.

[47] Kamali M，Davarazar M，Aminabhavi T M. Single precursor sonochemical synthesis of mesoporous

hexagonal-shape zero-valent copper for effective nitrate reduction. Chem Eng J，2020，384：123359.

[48] Rezaei P，Rezaei M，Meshkani F. Ultrasound-assisted hydrothermal method for the preparation of the MFe_2O_3-CuO（M：Mn，Ag，Co）mixed oxides nanocatalysts for low-temperature CO oxidation. Ultrason Sonochem，2019，57：212-222.

[49] 邓友全，石峰. 绿色催化. 北京：科学出版社，2018.

[50] 孙世刚. 电催化纳米材料. 北京：化学工业出版社，2018.

[51] McQuillan R V，Stevens G W，Mumford K A. Electrochemical removal of naphthalene from contaminated waters using carbon electrodes，and viability for environmental deployment. J Hazard Mater，2020，383：121244.

[52] Yang W L，Oturan N，Raffy S，Zhou M H，Oturan M A. Electrocatalytic generation of homogeneous and heterogeneous hydroxyl radicals for cold mineralization of anti-cancer drug imatinib. Chem Eng J，2020，383：123155.

[53] Chen Y Y，Zhang Y，Zhang X，Tang T，Luo H，Niu S，Dai Z H，Wan L J，Hu J S. Self-templated fabrication of $MoNi_4/MoO_{3-x}$ nanorod arrays with dual active components for highly efficient hydrogen evolution. Adv Mater，2017，29：1703311.

[54] Jia X Y，Ren H Y，Hu H B，Song Y F. 3D carbon foam supported edge-rich N-doped MoS_2 nanoflakes for enhanced electrocatalytic hydrogen evolution. Chem Eur J，2020，26（18）：4150-4156.

[55] Doana T L L，Trana D T，Nguyena D C，Le H T，Kim N H，Lee J H. Hierarchical three-dimensional framework interface assembled from oxygen-doped cobalt phosphide layer-shelled metal nanowires for efficient electrocatalytic water splitting. Appl Catal B：Environ，2020，261：118268.

[56] Du J，Li C，Tang Q W. Oxygen vacancies enriched Co_3O_4 nanoflowers with single layer porous structures for water splitting. Electrochim Acta，2020，331：135456.

[57] Cao E P，Chen Z M，Wu H，Yu P，Wang Y，Xiao F，Chen S，Du S C，Xie Y，Wu Y Q，Ren Z Y. Boron-induced electronic-structure reformation of CoP nanoparticles drives enhanced pH-universal hydrogen evolution. Angew Chem Int Ed，2020，59（10）：4154-4160.

[58] Gong K P，Du F，Xia Z H，Durstock M，Dai L M. Nitrogen-doped carbon nanotube arrays with high electrocatalytic activity for oxygen reduction. Science，2009，323（5915）：760-763.

[59] Xing C Y，Xue Y R，Huang B L，Yu H D，Hui L，Fang Y，Liu Y X，Zhao Y J，Li Z B，Li Y L. Fluorographdiyne：a metal-free catalyst for applications in water reduction and oxidation. Angew Chem Int Ed，2019，58（39）：13897-13903.

[60] You B，Liu X，Jiang N，Sun Y J. A general strategy for decoupled hydrogen production from water splitting by integrating oxidative biomass valorization. J Am Chem Soc，2016，138（41）：13639-13646.

[61] Wang W B，Zhu Y B，Wen Q L，Wang Y T，Xia J，Li C C，Chen M W，Liu Y W，Li H Q，Wu H A，Zhai T Y. Modulation of molecular spatial distribution and chemisorption with perforated nanosheets for ethanol electro-oxidation. Adv Mater，2019，31：1900528.

[62] Li Y，Wei X F，Chen L S，Shi J L，He M Y. Nickel-molybdenum nitride nanoplate electrocatalysts for concurrent electrolytic hydrogen and formate productions. Nat Commun，2019，10：5335.

[63] Sun Z Y，Ma T，Tao H C，Fan Q，Han B X. Fundamentals and challenges of electrochemical CO_2 reduction using two-dimensional materials. Chem，2017，3（4）：560-587.

[64] Zhu D D，Liu J L，Qiao S Z. Recent advances in inorganic heterogeneous electrocatalysts for reduction of carbon dioxide. Adv Mater，2016，28（18）：3423-3452.

[65] Sun X F，Chen C J，Liu S J，Hong S，Zhu Q G，Qian Q L，Han B X，Zhang J，Zheng L R. Aqueous CO_2 reduction

with high efficiency using α-Co(OH)$_2$-supported atomic Ir electrocatalysts. Angew Chem Int Ed，2019，58（14）：4669-4673.

[66] Han Z S，Choi C，Tao H C，Fan Q，Gao Y N，Liu S Z，Robertson A W，Hong S，Jung Y，Sun Z Y. Tuning the Pd-catalyzed electroreduction of CO_2 to CO with reduced overpotential. Catal Sci Technol，2018，8（15）：3894-3900.

[67] Yang D X，Zhu Q G，Sun X F，Chen C J，Lu L，Guo W W，Liu Z M，Han B X. Nanoporous Cu/Ni oxide composites：efficient catalysts for electrochemical reduction of CO_2 in aqueous electrolytes. Green Chem，2018，20（16）：3705-3710.

[68] Zhu Q G，Ma J，Kang X C，Sun X F，Liu H Z，Hu J Y，Liu Z M，Han B X. Efficient reduction of CO_2 into formic acid on a lead or tin electrode using an ionic liquid catholyte mixture. Angew Chem Int Ed，2016，55（31）：9012-9016.

[69] Yang D X，Zhu Q G，Chen C J，Liu H Z，Liu Z M，Zhao Z J，Zhang X Y，Liu S J，Han B X. Selective electroreduction of carbon dioxide to methanol on copper selenide nanocatalysts. Nat Commun，2019，10：677.

[70] Nitopi S，Bertheussen E，Scott S B，Liu X Y，Engstfeld A K，Horch S，Seger B，Stephens I E L，Chan K，Hahn C，Nørskov J K，Jaramillo T F，Chorkendorff I. Progress and persp ectives of electrochemical CO_2 reduction on copper in aqueous electrolyte. Chem Rev，2019，119（12）：7610-7672.

[71] Zhu Q G，Sun X F，Yang D X，Ma J，Kang X C，Zheng L R，Zhang J，Wu Z H，Han B X. Carbon dioxide electroreduction to C_2 products over copper-cuprous oxide derived from electrosynthesized copper complex. Nat Commun，2019，10：3851.

[72] Reske R，Mistry H，Behafarid F，Roldan Cuenya B，Strasser P. Particle size effects in the catalytic electroreduction of CO_2 on Cu nanoparticles. J Am Chem Soc，2014，136（19）：6978-6986.

[73] Jeon H S，Timoshenko J，Scholten F，Sinev I，Herzog A，Haase F T，Roldan Cuenya B. Operando insight into the correlation between the structure and composition of CuZn nanoparticles and their selectivity for the electrochemical CO_2 reduction. J Am Chem Soc，2019，141（50）：19879-19887.

[74] Guo X，Zhang Y X，Deng C，Li X Y，Xue Y F，Yan Y M，Sun K N. Composition dependent activity of Cu-Pt nanocrystals for electrochemical reduction of CO_2. Chem Commun，2015，51（7）：1345-1348.

[75] Yuan X T，Zhang L，Li L L，Dong H，Chen S，Zhu W J，Hu C L，Deng W Y，Zhao Z J，Gong J L. Ultrathin Pd-Au shells with controllable alloying degree on Pd nanocubes toward carbon dioxide reduction. J Am Chem Soc，2019，141（12）：4791-4794.

[76] Fan Q，Hou P F，Choi C，Wu T S，Hong S，Li F，Soo Y L，Kang P，Jung Y，Sun Z Y. Activation of Ni particles into single Ni-N atoms for efficient electrochemical reduction of CO_2. Adv Energy Mater，2020，10：1903068.

[77] Ji L，Li L，Ji X Q，Zhang Y，Mou S Y，Wu T W，Liu Q，Li B H，Zhu X J，Luo Y L，Shi X F，Asiri A M，Sun X P. Highly selective electrochemical reduction of CO_2 to alcohols on a FeP nanoarray. Angew Chem Int Ed，2020，59（2）：758-762.

[78] Sun X F，Kang X C，Zhu Q G，Ma J，Yang G Y，Liu Z M，Han B X. Very highly efficient reduction of CO_2 to CH_4 using metal-free n-doped carbon electrodes. Chem Sci，2016，7（4）：2883-2887.

[79] Mou S Y，Wu T W，Xie J F，Zhang Y，Ji L，Huang H，Wang T，Luo Y L，Xiong X L，Tang B，Sun X P. Boron phosphide nanoparticles：a nonmetal catalyst for high-selectivity electrochemical reduction of CO_2 to CH_3OH. Adv Mater，2019，31：1903499.

[80] Quan F J，Zhan G M，Shang H，Huang Y H，Jia F L，Zhang L Z，Ai Z H. High efficient electrochemical conversion of CO_2 and NaCl to CO and NaClO. Green Chem，2019，21（12）：3256-3262.

[81] Yang Y J，Wang S Q，Wen H M，Ye T，Chen J，Li C P，Du M. Nanoporous gold embedded ZIF composite for enhanced electrochemical nitrogen fixation. Angew Chem Int Ed，2019，58（43）：15362-15366.

[82] Cheng H，Cui P X，Wang F R，Ding L X，Wang H H. High efficiency electrochemical nitrogen fixation achieved on a low-pressure reaction system by changing chemical equilibrium. Angew Chem Int Ed，2019，58（43）：15541-15547.

[83] Liu Y T，Li D，Yu J Y，Ding B. Stable confinement of black phosphorus quantum dots on black tin oxide nanotubes：a robust，double-active electrocatalyst toward efficient nitrogen fixation. Angew Chem Int Ed，2019，58（46）：16439-16444.

[84] Zhang X X，Wu T W，Wang H B，Zhao R B，Chen H Y，Wang T，Wei P P，Luo Y L，Zhang Y N，Sun X P. Boron nanosheet：an elemental two-dimensional（2D）material for ambient electrocatalytic N_2-to-NH_3 fixation in neutral media. ACS Catal，2019，9（5）：4609-4615.

[85] Tao H C，Choi C，Ding L X，Jiang Z，Han Z S，Jia M W，Fan Q，Gao Y N，Wang H H，Robertson A W，Hong S，Jung Y，Liu S Z，Sun Z Y. Nitrogen fixation by Ru single-atom electrocatalytic reduction. Chem，2019，5（1）：204-214.

[86] Zhu L，Xiong P，Mao Z Y，Wang Y H，Yan X M，Lu X，Xu H C. Electrocatalytic generation of amidyl radicals for olefin hydroamidation：use of solvent effects to enable anilide oxidation. Angew Chem Int Ed，2016，55（6）：2226-2229.

[87] Zhang Y J，Qi Y B，Yin Z，Wang H，He B Q，Liang X P，Li J X，Li Z H. Nano-V_2O_5/Ti porous membrane electrode with enhanced electrochemical activity for the high-efficiency oxidation of cyclohexane. Green Chem，2018，20（17）：3944-3953.

[88] Wu T X，Zhu X G，Wang G Z，Zhang Y X，Zhang H M，Zhao H J. Vapor-phase hydrothermal growth of single crystalline NiS_2 nanostructure film on carbon fiber cloth for electrocatalytic oxidation of alcohols to ketones and simultaneous H_2 evolution. Nano Res，2018，11（2）：1004-1017.

[89] Zhang X，Han M M，Liu G Q，Wang G Z，Zhang Y X，Zhang H M，Zhao H J. Simultaneously high-rate furfural hydrogenation and oxidation upgrading on nanostructured transition metal phosphides through electrocatalytic conversion at ambient conditions. Appl Catal B：Environ，2019，244：899-908.

[90] Wu H R，Song J L，Xie C，Hu Y，Zhang P，Yang G Y，Han B X. Surface engineering in PbS via partial oxidation：towards an advanced electrocatalyst for reduction of levulinic acid to *g*-valerolactone. Chem Sci，2019，10（6）：1754-1759.

[91] Wu H R，Song J L，Liu H Z，Xie Z B，Xie C，Hu Y，Huang X，Hua M L，Han B X. An electrocatalytic route for transformation of biomass-derived furfural into 5-hydroxy-2(5*H*)-furanone. Buxing Han Chem Sci，2019，10（17）：4692-4698.

[92] Tian F，Zhao H P，Li G F，Dai Z，Liu Y L，Chen R. Modification with metallic bismuth as efficient strategy for the promotion of photocatalysis：the case of bismuth phosphate. ChemSusChem，2016，9（13）：1579-1585.

[93] Yu W C，Zhao L X，Chen F J，Zhang H，Guo L H. Surface bridge hydroxyl-mediated promotion of reactive oxygen species in different particle size TiO_2 suspensions. J Phys Chem Lett，2019，10（11）：3024-3028.

[94] Zhang T H，Liu Y J，Rao Y D，Li X P，Yuan D L，Tang S F，Zhao Q X. Enhanced photocatalytic activity of TiO_2 with acetylene black and persulfate for degradation of tetracycline hydrochloride under visible light. Chem Eng J，2020，384：123350.

[95] Deng Y C，Tang L，Zeng G M，Zhu Z J，Yan M，Zhou Y Y，Wang J J，Liu Y N，Wang J J. Insight into highly efficient simultaneous photocatalytic removal of Cr(Ⅵ)and 2, 4-diclorophenol under visible light irradiation by

phosphorus doped porous ultrathin g-C_3N_4 nanosheets from aqueous media：performance and mechanism. Appl Catal B：Environ，2017，203：343-354.

[96] Chen C C，Ma W H，Zhao J C. Semiconductor-mediated photodegradation of pollutants under visible-light irradiation. Chem Soc Rev，2010，39（11）：4206-4219.

[97] Wei Y，Gong Y J，Zhao X，Wang Y Y，Duan R，Chen C C，Song W J，Zhao J C. Ligand directed debromination of tetrabromodiphenyl ether mediated by nickel under visible irradiation. Environ Sci：Nano，2019，6（5）：1585-1593.

[98] Lv Y H，Cao X F，Jiang H Y，Song W J，Chen C C，Zhao J C. Rapid photocatalytic debromination on TiO_2 with *in-situ* formed copper co-catalyst：enhanced adsorption and visible light activity. Appl Catal B：Environ，2016，194：150-156.

[99] Li L N，Chang W，Wang Y，Ji H W，Chen C C，Ma W H，Zhao J C. Rapid，photocatalytic，and deep debromination of polybrominated diphenyl ethers on Pd-TiO_2：intermediates and pathways. Chem Eur J，2014，20（35）：11163-11170.

[100] Peng W，Lin Y H，Wan Z，Ji H W，Ma W H，Zhao J C. An unusual dependency on the hole-scavengers in photocatalytic reductions mediated by a titanium-based metal-organic framework. Catal Today，2020，340：86-91.

[101] 陈雅静，李旭兵，佟振合，吴骊珠. 人工光合成制氢. 化学进展，2019，31（1）：38-49.

[102] Pan J B，Shen S，Zhou W，Tang J，Ding H Z，Wang J B，Chen L，Au C T，Yin S F. Recent progress in photocatalytic hydrogen evolution. Acta Phys-Chim Sin，2020，36（3）：1905068.

[103] Li R G，Zhang F X，Wang D G，Yang J X，Li M R，Zhu J，Zhou X，Han H X，Li C. Spatial separation of photogenerated electrons and holes among {010} and {110} crystal facets of $BiVO_4$. Nat Commun，2013，4：1432.

[104] Zhu J，Fan F T，Chen R T，An H Y，Feng Z C，Li C. Direct imaging of highly anisotropic photogenerated charge separations on different facets of a single $BiVO_4$ photocatalyst. Angew Chem Int Ed，2015，54（31）：9111-9114.

[105] Li Z，Zhang L，Liu Y，Shao C Y，Gao Y Y，Fan F T，Wang J X，Li J M，Yan J C，Li R G，Li C. Surface-polarity-induced spatial charge separation boosts photocatalytic overall water splittingon GaN nanorod arrays. Angew Chem Int Ed，2020，59（2）：935-942.

[106] Zhang F M，Sheng J L，Yang Z D，Sun X J，Tang H L，Lu M，Dong H，Shen F C，Liu J，Lan Y Q. Rational design MOF/COF hybrid materials for photocatalytic H_2 evolution in the presence of sacrificial electron. Angew Chem Int Ed，2018，57（37）：12106-12110.

[107] Liu W，Cao L L，Cheng W R，Cao Y J，Liu X K，Zhang W，Mou X L，Jin L L，Zheng X S，Che W，Liu Q H，Yao T，Wei S Q. Single-site active cobalt-based photocatalyst with a long carrier lifetime for spontaneous overall water splitting. Angew Chem Int Ed，2017，56（32）：9312.

[108] Tian L，Min S X，Wang F. Integrating noble-metal-free metallic vanadium carbide cocatalyst with CdS for efficient visible-light-driven photocatalytic H_2 evolution. Appl Catal B：Environ，2019，259：118029.

[109] Li X B，Gao Y J，Wang Y，Zhan F，Zhang X Y，Kong Q Y，Zhao N J，Guo Q，Wu H L，Li Z J，Tao Y，Zhang J P，Chen B，Tung C H，Wu L Z. Self-assembled framework enhances electronic communication of ultrasmall-sized nanoparticles for exceptional solar hydrogen evolution. J Am Chem Soc，2017，139（13）：4789-4796.

[110] Nasira M S，Yang G R，Ayub I，Wang S L，Wang L，Wang X J，Yan W，Peng S J，Ramakarishna S. Recent development in graphitic carbon nitride based photocatalysis for hydrogen generation. Appl Catal B：Environ，2019，257：117855.

[111] Chen X J，Shi R，Chen Q，Zhang Z J，Jiang W J，Zhu Y F，Zhang T R. Three-dimensional porous g-C_3N_4 for highly

efficient photocatalytic overall water splitting. Nano Energ，2019，59：644-650.

[112] Xie Y J，Zheng Y H，Yang Y Q，Jiang R Z，Wang G S，Zhang Y J，Zhang E L，Zhao L，Duan C Y. Two-dimensional nickel hydroxide/sulfides nanosheet as an efficient cocatalyst for photocatalytic H_2 evolution over CdS nanospheres. J Colloid Interf Sci，2018，514：634-641.

[113] Tian S F，Chen S D，Ren X T，Cao R H，Hu H Y，Bai F. Bottom-up fabrication of graphitic carbon nitride nanosheets modified with porphyrin via covalent bonding for photocatalytic H_2 evolution. Nano Res，2019，12（12）：3109-3115.

[114] Chen G B，Waterhouse G I N，Shi R，Zhao J Q，Li Z H，Wu L Z，Tung C H，Zhang T R. From solar energy to fuels：recent advances in light-driven C_1 chemistry. Angew Chem Int Ed，2019，58（49）：17528-17551.

[115] Fu J W，Jiang K X，Qiu X Q，Yu J G，Liu M. Product selectivity of photocatalytic CO_2 reduction reactions. Mater Today，2020，32：222-243.

[116] Wang S L，Xu M，Peng T Y，Zhang C X，Li T，Hussain I，Wang J Y，Tan B E. Porous hypercrosslinked polymer-TiO_2-graphene composite photocatalysts for visible-light-driven CO_2 conversion. Nat Commun，2019，10：676.

[117] Chen C J，Wu T B，Wu H H，Liu H Z，Qian Q L，Liu Z M，Yang G Y，Han B X. Highly effective photoreduction of CO_2 to CO promoted by integration of CdS with molecular redox catalysts through metal-organic frameworks. Chem Sci，2018，9（47）：8890-8894.

[118] Tan L，Xu S M，Wang Z L，Xu Y Q，Wang X，Hao X J，Bai S，Ning C J，Wang Y，Zhang W K，Jo Y K，Hwang S J，Cao X Z，Zheng X S，Yan H，Zhao Y F，Duan H H，Song Y F. Highly selective photoreduction of CO_2 with suppressing H_2 evolution over monolayer layered double hydroxide under irradiation above 600 nm. Angew Chem Int Ed，2019，58（34）：11860-11867.

[119] Kipkorir P，Tan L，Ren J，Zhao Y F，Song Y F. Intercalation effect in NiAl-layered double hydroxide nanosheets for CO_2 reduction under visible light. Chem Res Chinese U，2020，36（1）：127-133.

[120] Han B，Song J N，Liang S J，Chen W Y，Deng H，Ou X W，Xu Y J，Lin Z. Hierarchical $NiCo_2O_4$ hollow nanocages for photoreduction of diluted CO_2：adsorption and active sites engineering. Appl Catal B：Environ，2020，260：118208.

[121] Han B，Ou X W，Deng Z Q，Song Y，Tian C，Deng H，Xu Y J，Lin Z. Nickel metal-organic framework monolayers for photoreduction of diluted CO_2：metal-node-dependent activity and selectivity. Angew Chem Int Ed，2018，57（51）：16811-16815.

[122] Seo H，Katcher M H，Jamison T F. Photoredox activation of carbon dioxide for amino acid synthesis in continuous flow. Nature Chem，2017，9（5）：453-456.

[123] Seo H，Liu A F，Jamison T F. Direct β-selective hydrocarboxylation of styrenes with CO_2 enabled by continuous flow photoredox catalysis. J Am Chem Soc，2017，139（47）：13969-13972.

[124] Zhang N，Ciriminna R，Pagliaro M，Xu Y J. Nanochemistry-derived Bi_2WO_6 nanostructures：towards production of sustainable chemicals and fuels induced by visible light. Chem Soc Rev，2014，43（15）：5276-5287.

[125] Colmenares J C，Varma R S，Nair V. Selective photocatalysis of lignin-inspired chemicals by integrating hybrid nanocatalysis in microfluidic reactors. Chem Soc Rev，2017，46（22）：6675-6686.

[126] Wang M，Liu M J，Lu J M，Wang F. Photo splitting of bio-polyols and sugars to methanol and syngas. Nat Commun，2020，11（1）：1083.

[127] Wu X J，Fan X T，Xie S J，Lin J C，Cheng J，Zhang Q H，Chen L Y，Wang Y. Solar energy-driven lignin-first approach to full utilization of lignocellulosic biomass under mild conditions. Nat Catal，2018，1（10）：772-780.

[128] Li H，Shang J，Ai Z H，Zhang L Z. Efficient visible light nitrogen fixation with BiOBr nanosheets of oxygen vacancies on the exposed {001} facets. J Am Chem Soc，2015，137（19）：6393-6399.

[129] Ling C Y，Niu X H，Li Q，Du A J，Wang J L. Metal-free single atom catalyst for N_2 fixation driven by visible light. J Am Chem Soc，2018，140（43）：14161-14168.

[130] Zhao Y F，Zhao Y X，Waterhouse G I N，Zheng L R，Cao X Z，Teng F，Wu L Z，Tung C H，O'Hare D，Zhang T R. Layered-double-hydroxide nanosheets as efficient visible-light-driven photocatalysts for dinitrogen fixation. Adv Mater，2017，29（42）：1703828.

[131] Zhao Y X，Zhao Y F，Shi R，Wang B，Waterhouse G I N，Wu L Z，Tung C H，Zhang T R. Tuning oxygen vacancies in ultrathin TiO_2 nanosheets to boost photocatalytic nitrogen fixation up to 700 nm. Adv Mater，2019，31（16）：1806482.

[132] Zhang T X，Jin Y H，Shi Y H，Li M C，Li J N，Duan C Y. Modulating photoelectronic performance of metal-organic frameworks for premium photocatalysis. Coord Chem Rev，2019，380：201-229.

[133] Fan Y H，Li S G，Bao J X，Shi L，Yang Y Z，Yu F，Gao P，Wang H，Zhong L S，Sun Y H. Hydrofunctionalization of olefins to value-added chemicals via photocatalytic coupling. Green Chem，2018，20（15）：3450-3456.

[134] Zheng Y W，Chen B，Ye P，Feng K，Wang W G，Meng Q Y，Wu L Z，Tung C H. Photocatalytic hydrogen-evolution cross-couplings：benzene C-H amination and hydroxylation. J Am Chem Soc，2016，138（32）：10080-10083.

[135] Litman Z C，Wang Y J，Zhao H M，Hartwig J F. Cooperative asymmetric reactions combining photocatalysis and enzymatic catalysis. Nature，2018，560（7718）：355-359.

[136] Guo X W，Okamoto Y，Schreier M R，Ward T R，Wenger O S. Enantioselective synthesis of amines by combining photoredox and enzymatic catalysis in a cyclic reaction network. Chem Sci，2018，9（22）：5052-5056.

[137] Lauder K，Toscani A，Qi Y Y，Lim J，Charnock S J，Korah K，Castagnolo D. Photo-biocatalytic one-pot cascades for the enantioselective synthesis of 1，3-mercaptoalkanol volatile sulfur compounds. Angew Chem Int Ed，2018，57（20）：5803-5807.

[138] Zhou B W，Song J L，Zhou H C，Wu T B，Han B X. Using the hydrogen and oxygen in water directly for hydrogenation reactions and glucose oxidation by photocatalysis. Chem Sci，2016，7（1）：463-468.

[139] Feng S J，Wang T，Liu B，Hu C L，Li L L，Zhao Z J，Gong J L. Enriched surface oxygen vacancies of photoanodes by photoetching with enhanced charge separation. Angew Chem Int Ed，2020，59（5）：2044-2048.

[140] Ding C M，Shi J Y，Wang Z L，Li C. Photoelectrocatalytic water splitting：significance of cocatalysts，electrolyte，and interfaces. ACS Catal，2017，7（1）：675-688.

[141] Chang X X，Wang T，Zhang P，Wei Y J，Zhao J B，Gong J L. Stable aqueous photoelectrochemical CO_2 reduction by a Cu_2O dark cathode with improved selectivity for carbonaceous products. Angew Chem Int Ed，2016，55（31）：8840-8845.

[142] Chang X X，Wang T，Zhao Z J，Yang P P，Greeley J，Mu R T，Zhang G，Gong Z M，Luo Z B，Chen J，Cui Y，Ozin G A，Gong J L. Tuning Cu/Cu_2O interfaces for reduction of carbon dioxide to methanol in aqueous solutions. Angew Chem Int Ed，2018，57（47）：15415-15419.

[143] Yan Z H，Ji M X，Xia J X，Zhu H Y. Recent advanced materials for electrochemical and photoelectrochemical synthesis of ammonia from dinitrogen：one step closer to a sustainable energy future. Adv Energ Mater，2019：1902020.

[144] Zheng Y，Lyu Y H，Qiao M，Wang R L，Zhou Y Y，Li H，Chen C，Li Y F，Zhou H J，Jiang S P，Wang S Y. Photoelectrochemical synthesis of ammonia on the aerophilic-hydrophilic heterostructure with 37.8% efficiency. Chem，2019，5（3）：617-633.

 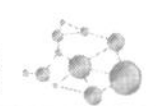

[145] Li C C，Wang T，Zhao Z J，Yang W M，Li J F，Li A，Yang Z L，Ozin G A，Gong J L. Promoted fixation of molecular nitrogen with surface oxygen vacancies on plasmon-enhanced TiO_2 photoelectrodes. Angew Chem Int Ed，2018，57（19）：5278-5282.

[146] Zhang L，Liardet L，Luo J S，Ren D，Grätzel M，Hu X L. Photoelectrocatalytic arene C-H amination. Nat Catal，2019，2（4）：366-373.

第 8 章
绿色化工科学与技术

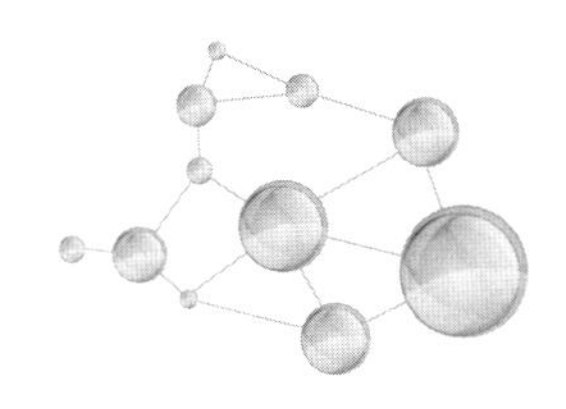

化工产品的生产通过化工过程实现。绿色化工科学与技术涉及化学工业绿色化过程中的科学和技术问题，涵盖能源、资源的高效综合利用，绿色化工工艺等，主要包括绿色反应工程科学与技术和绿色分离工程科学与技术。

8.1 绿色反应工程科学与技术

绿色化工生产是使用清洁的原料，采用清洁高效的过程，生产绿色的产品。许多化工过程涉及一个或多个化学反应。因此，绿色反应工程科学与技术是绿色化工生产的关键内容，即发展高效的原子经济性反应以及工艺路线、原料和能量综合利用的耦合工艺和过程强化技术。为了实现绿色化工技术，人们一直在不断改进化学反应工艺，开发绿色反应工程科学与技术。

发展绿色反应工程科学与技术的基础在于反应器的设计、过程单元设计、反应过程强化技术等反应技术的创新，绿色溶剂与介质的开发与利用，以及绿色催化技术的设计与开发。多方面协同发展才能够做到高效提高原子利用率、降低能耗，实现化学反应过程的高效绿色化。采用绿色化工技术对常规的化学反应进行过程强化，在资源和能源高效利用方面寻求突破，并在源头上减少或消除有害废弃物的产生，实现零排放。新催化材料、新反应器、新反应路径、新工艺路线、新分离手段等各种新技术的集成是实现新的绿色化工工艺的重要策略。

8.1.1 绿色催化

催化剂是绿色化学反应的核心。工业催化剂是指能应用于实际工业生产的催化剂，需要满足工业生产所要求的活性、选择性及寿命等，制作过程需要简单可行，并且重现性好，催化剂应可再生。绿色工业催化剂除满足上述要求外，还应考虑本身的制备过程及催化反应过程对环境的影响。

工业催化剂的设计与开发涉及无机、有机、高分子等诸多领域。在第 2 章中我们介绍了常用的绿色催化剂。绿色工业催化剂在开发过程中除了考虑在原子、分子水平设计催化剂的活性组分和活性位点，以及在介观尺度设计催化剂粒子的大小、形貌和表面孔结构外，还涉及在宏观尺度设计催化反应的传递耦合过程。这是由于在化学反应过程中所采用的反应器的类型各种各样，对催化剂的外形、颗粒大小产生的阻力、机械强度等要求也会不同，因此除了考虑最主要的活性组分、比表面积及表面缺陷等影响外，还应考虑很多物理因素对整个催化过程的影响，如催化剂的几何形状、颗粒大小、机械强度等，对强放热反应或吸热反应用催化剂还需要有良好的导热性和稳定性等。

很多催化剂完成设计之后，在使用之前需要经过成型。催化剂成型方法包括破碎、压片、挤出、滚动、凝聚成球及喷雾法等，催化剂常用的形状有圆柱状、环状、球状、片状、网状及条状等，成型方法及催化剂的形状都会影响在实际使用过程中催化剂的性能、能耗及生产成本。介孔分子筛在成型时，影响其宏观性能的主要因素有黏结剂、胶溶剂、扩孔剂、助剂及水的用量。其中对成型催化剂强度和总酸量影响最大的是黏结剂的加入量和胶溶剂的用量，扩孔剂的加入也会对成型催化剂的比表面积和孔结构产生较大的影响。ZSM-5 是甲醇转化的重要催化剂，成型方法通常有三种，压片法、挤条法和干胶转化法，而工业上常用方法为挤条法。挤条法是将 ZSM-5 分子筛原粉、黏结剂、助剂和交联剂混合均匀后，得到的胶体在挤条机上挤条成型，干燥，焙烧，破碎得到所需粒度。由于会有其他化学组分的进入，挤条法影响催化剂的酸位和酸量，加入 SiO_2 有利于提高低碳烯烃的选择性，而加入 Al_2O_3 有利于芳烃和积炭的形成，这主要是因为低碳烯烃容易在由 Al_2O_3 形成的 L 酸上进行异构化和齐聚反应。在 TS-1 分子筛挤条成型过程中还可以引入造孔剂和分散剂，用造孔剂（聚丙烯酰胺、甲基纤维素、聚乙二醇和活性炭等）或分散剂（石墨和硅粉等）与硅溶胶和 TS-1 分子筛混合，经过挤条、干燥和焙烧，制得成型后的 TS-1 分子筛催化剂用于丙烯氧化制环氧丙烷的反应。研究表明，引入适量的造孔剂可提高催化剂的传质传热性能及反应产物环氧丙烷的选择性；引入分散剂可增加活性组分的分散度，起到缓和反应热效应的作用[1]。黏结剂的种类、含量以及焙烧温度都会影响 $Pt\text{-}SO_4^{2-}/ZrO_2$ 催化剂对 C_5/C_6 异构化反应的催化性能，拟薄水铝石是良好的黏结剂，其质量分数为 30%为宜，最佳催化剂焙烧温度为 650℃[2]。

8.1.2 反应器

反应器是化工产品生产过程中的核心设备，是发生化学反应的场所。反应器类型的选择对整个反应过程非常重要，会影响化学反应速率、选择性及化学平衡，而最终对产品生产的成本、能耗和对环境的影响具有决定性作用。因此，为了降低成本，除了高效催化剂的设计外，新型反应器的设计开发同样重要。近年来，通过耦合过程将反应和其他过程耦合在一起，强化反应过程，提高反应器的性能越来越受到了人们的关注。

反应与分离的耦合使得反应与分离在同一区域完成，最终得到单一产物。大量的实践证明，反应与分离的耦合可提高两者的效率。例如在反应中，产物不断被分离，可使得反应平衡发生移动，而反应的顺利进行有利于分离效率的提高。同时，反应与分离的耦合可以简化操作过程。例如，可以充分利用反应器，减少中间产物的损失，可缩短整个反应时间，减少中间产物与反应体系之间的分离和提纯。除此之外，反应-反应耦合也很重要。对于同时存在吸热和放热反应来说，耦合过程可以使放热反应的热量弥补吸热反应的需要，实现能量合理利用。

姜杰等[3]研发了以 TS-1 分子筛为催化剂的 HPPO 工艺，并完成了 10 万 t/a 规模环氧丙烷生产的工业实验。丁烷部分氧化可以转化为马来酸酐，转化率 100%，该工艺基于循环流化床反应器（图 8.1）实现了反应工艺的绿色化。该反应器可以使丁烷在提升管中与钒磷混合氧化物催化剂接触，发生部分氧化生成马来酸酐；同时将分离和反应耦合在一起，产品经分离后，被还原的催化剂在流化床中重新氧化再循环利用。循环流化床反应器的使用，克服了传统管式填料反应器中催化剂选择性和活性低的缺点，从而达到绿色化工的要求[4]。

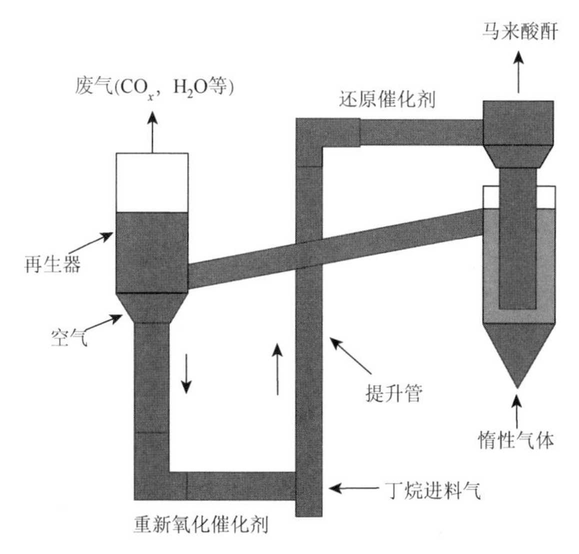

图 8.1　顺酐合成循环流化床反应器原理图

基于反应-膜分离耦合技术开发出的乳酸生产新工艺，采用蒸汽渗透的形式将乳酸乙酯水解过程中生成的乙醇及时分离，促进了反应平衡移动，提高了转化率[5]。在钙钛矿型透氧膜反应器中进行有氧甲烷芳构化反应。反应器中氧气可

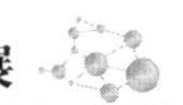

以从空气侧转移到透氧膜另一侧，与甲烷芳构化所生成的氢气反应产生水，打破化学平衡，提高甲烷转化率。此外，通过使用该透氧膜，反应器可以将氮气保留在空气侧，避免其进入甲烷-芳烃体系中[6]。

甲烷直接转化一直是催化领域极具挑战性的课题。考虑石油资源的存储量有限，甲烷的高效转化利用是重要研究方向。其中，甲烷直接转化制备多碳化合物是非常有前景的路线。简单来说，甲烷的直接转化分为有氧和无氧两种策略。甲烷氧化偶联技术的一个重要问题是选择性低，有一部分甲烷会被氧化为CO_2，降低碳的利用率，而无氧转化通常温度较高[7]。通过离子膜反应器可以解决反应的选择性以及反应过程中的积炭问题，实现相对温和条件下甲烷直接转化制备芳烃类化合物。首先，CH_4在Mo/MCM-22催化剂上脱氢偶联得到以苯为主的产物，然后通过离子膜把产生的氢以质子的形式传导到膜的另一侧后被抽离。同时，因为膜中电解质BZCY72（$BaZr_{0.7}Ce_{0.2}Y_{0.1}O_{3-x}$）可以传导氧离子，在膜的另一侧，通过引入少量的水气，便能把氧离子带入到甲烷脱氢一侧，并和沉积在Mo/MCM-22上的积炭反应。这种设计有两方面的优点：一是通过把氢气及时从体系中移除，可以使反应向甲烷脱氢反应方向移动，促进CH_4的转化；二是通过引入少量的氧，可以除去在Mo/MCM-22催化剂上的积炭。为了驱动质子和氧离子的定向迁移，需要在离子膜的两侧加一个电压。通过与固定床反应器对比，发现采用膜反应器可提高芳香化合物的产率，并有效抑制催化剂的积炭，延长催化剂的寿命[8]。通过设计毫秒级壁式催化反应器能够实现较稳定的甲烷无氧氧化过程，得到较高的多碳产物选择性和甲烷转化率，通过反应温度和气体流速的调节能够调节反应选择性[9]。合成氨和Fischer-Tropsch反应是两个重要的化工过程。在氨和液体燃料的工业制备过程中，合成气的制备十分关键。合成氨过程中，制备氨合成气的能耗占过程总能耗的80%以上；合成液体燃料过程中，制备液体燃料合成气的能耗占过程总能耗的60%左右。此外，制备氨合成气过程伴随着大量CO_2的排放。现有的工业制备方法，工艺复杂且能耗高。在透氧膜反应器中可通过一步法同时制备两种合成气，其原理是：膜I侧通入水蒸气和一定量的空气，膜II侧通入天然气（甲烷）。高温下，在膜两侧高氧化学势梯度的驱动下，膜I侧空气中的氧和水分解生成的氧以晶格氧的形式透过膜体相到达膜II侧与甲烷反应生成液体燃料合成气（$H_2/CO = 2$），同时电子从膜II侧迁移到膜I侧以保持整个过程的电中性。膜I侧流出气体经冷凝干燥后即可得到氨合成气（$H_2/N_2 = 3$）。该膜反应器有很多优势，如高度的过程强化、能耗低、无飞温和爆炸风险、环境友好、氨合成气清洁等[10]。

8.1.3 绿色反应路线与工艺

1）CO_2 制备 DMF

CO_2 的资源化利用技术具有重要理论和实际意义。中国科学院上海有机化学研究所通过对催化剂的理性设计、合成和优化以及对催化机理和动力学的深入研究，发展了以 CO_2 为主要原料，与氢气和二甲胺等有机胺合成 DMF 等甲酰胺类化合物的高效、高选择性催化体系，并成功实现 CO_2 合成 DMF 千吨级中试技术连续化稳定运行。中试结果显示，该技术具有催化剂消耗低（不高于 0.62 g/t DMF 产品），反应条件温和（反应压力 2～4 MPa，温度 100～130℃），原料二甲胺单程转化率高（约为 60%）以及产品质量高（DMF 选择性不低于 99.97%，含量不低于 99.5%）等特点。该工艺实现的喷射耦合鼓泡反应器系统节能高效（能源转化效率 53.8%、碳资源利用率 99.3%、单位产品综合能耗 0.3064 tce/t，tce 代表吨标准煤），三废少（单位产品废气排放小于 6.67 Nm^3/t），形成了 CO_2 资源化利用合成 DMF 成套技术、工艺和装备。

2）CO_2 制备聚合物反应与技术

CO_2 基聚合物是在催化剂作用下，CO_2 与其他单体共聚反应制备的共聚物。近几十年来，人们发展出系列非均相和均相催化体系，合成了多种 CO_2 基共聚物。其中 CO_2 基塑料和 CO_2 基聚氨酯被认为是最有实际应用价值的两类 CO_2 基共聚物。研究最充分的是 CO_2-环氧化合物共聚物，如图 8.2 所示[11]。

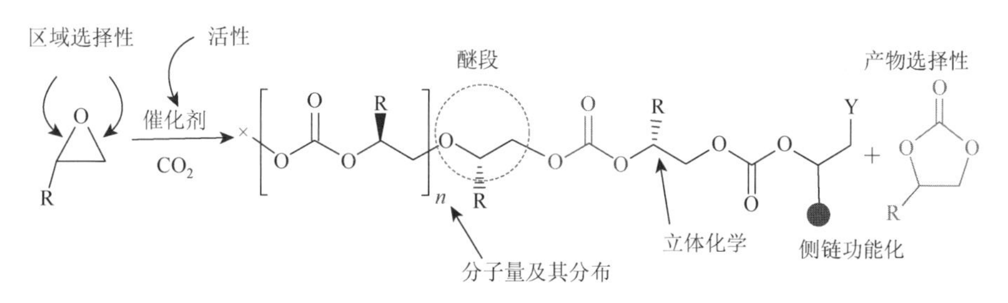

图 8.2 CO_2 与环氧化合物的共聚反应

CO_2 基塑料是一种正在快速发展中的新兴环保材料，体现了催化剂设计、聚合反应工程、聚合物性能调控和成型加工的集成创新。中国科学院长春应用化学研究所自 1997 年以来一直从事 CO_2 固定为高分子材料的研究，在高活性和高选择性 CO_2 共聚催化剂的设计与制备、CO_2 基塑料和 CO_2 基聚氨酯的合成及应用方面开展了系列研究工作，并积极推动相关材料的产业化示范，继 2013 年在浙江台州成功建成万吨级 CO_2 基塑料生产线之后，目前正在建设更大规模的生产线。以 CO_2 为原料制备聚合物是实现廉价 CO_2 高附加值利用的重要途径，也具有重要工

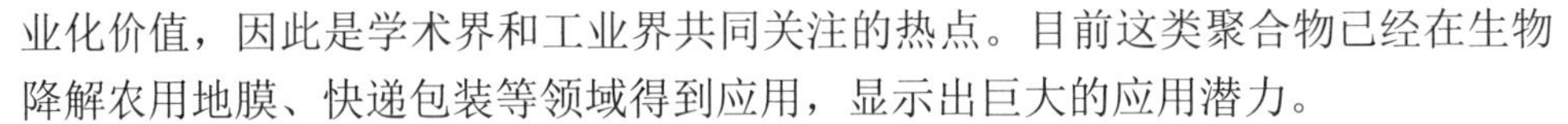

业化价值，因此是学术界和工业界共同关注的热点。目前这类聚合物已经在生物降解农用地膜、快递包装等领域得到应用，显示出巨大的应用潜力。

3）己内酰胺绿色生产工艺技术

己内酰胺是尼龙-6纤维和尼龙-6工程塑料的单体，广泛应用于纺织、汽车、电子等行业，是重要的基本有机化学品。己内酰胺的生产工艺很复杂，涉及加氢、氧化、肟化和重排等多个反应，以及多步精制过程使杂质含量达到ppm级。传统己内酰胺生产技术不仅工艺流程长，还使用腐蚀性和高毒性的NO_x和SO_x；C和N原子利用率分别不足80%和60%，生产1 t己内酰胺要排放5000 m^3废气、5 t废水和0.5 t废渣，并副产1.6 t低价值硫酸铵。

中石化历经二十余年，开发了己内酰胺绿色生产技术，提出了苯制环己酮、环己酮制己内酰胺新反应路线；创制了空心钛硅分子筛和非晶态合金新催化材料；实施了膜分离和磁稳定床新反应工程技术。通过工业化集成新反应途径、新催化材料和新反应工程技术，己内酰胺绿色生产技术实现了大规模应用，完成了从知识创新到技术创新的跨越。与传统技术相比，C和N原子利用率分别由不足80%和60%提高到接近100%，三废排放量显著下降，无副产硫酸铵，装置投资下降70%、生产成本下降50%。2019年，己内酰胺绿色生产技术的产能达到400万t/a，使我国己内酰胺由主要依赖进口成为世界第一生产大国，全球市场份额超过60%。

4）H_2O_2绿色生产技术

H_2O_2是国际公认的绿色环保产品，广泛应用于造纸、纺织、化工、环保等行业。全世界H_2O_2产量约800万t/a。目前，工业上H_2O_2采用蒽醌法制备，即将烷基蒽醌溶解在混合溶剂中形成的工作液通过催化加氢、空气氧化、纯水萃取、工作液后处理等步骤制备H_2O_2水溶液。

国外采用浆态床生产H_2O_2技术，平均生产规模超过10万t/a，污染物排放量低。我国固定床生产H_2O_2技术效率低，平均生产规模只有2万t/a左右，而且污染严重，这严重制约了我国绿色化工技术的发展。中石化历经15年，成功开发出高效蒽醌加氢微球催化剂、高产能工作液、浆态床反应工程技术、自动反冲洗高通量过滤技术、高效氧化及萃取技术、安全生产技术，使H_2O_2生产成本下降20%、污染物排放量下降80%，建成国内首套2万t/a浆态床工业示范装置，并完成12万t/a和22万t/a工艺包。进而发展了多项H_2O_2法烃氧化和烃氮化制备化学品的绿色生产技术，包括己内酰胺、环氧丙烷、环氧氯丙烷和环己酮，完成了从知识创新到技术创新的跨越，为企业提供了全流程生产技术。

5）复合离子液体碳四烷基化新技术

碳四烷基化汽油具有辛烷值高、无硫、无烯、无芳等优点，是生产高品质车用汽油不可缺少的调和组分。传统碳四烷基化工艺以浓硫酸或氢氟酸为催化剂，存在严重的设备腐蚀及安全环保隐患。

中国石油大学开发了复合离子液体碳四烷基化新技术，设计合成了兼具高活性和高选择性的复合离子液体催化剂，通过双金属阴离子的设计合成，精确调控了离子液体的酸性，抑制了裂化、聚合等副反应；开发了离子液体活性的定量检测方法，以及分步协控补充 B 酸/L 酸活性组分的催化剂再生技术；系统集成了原料预处理—催化反应—离子液体再生—分离回收等过程，完成了复合离子液体碳四烷基化成套工艺技术的研发。相比浓硫酸和氢氟酸催化剂，复合离子液体几乎无腐蚀，可大幅提高生产安全性并降低设备投资。该技术具有绿色、安全、环保等优势。该技术于 2013 年实现工业示范，目前已在中国石油哈尔滨石化公司、中国石化九江分公司等多家企业进行了推广应用。所得烷基化油的辛烷值高达 98 以上，干点在 190℃以下，氯含量在 3 μg/g 以下；离子液体消耗小于 2.5 kg/t 产品，装置能耗约为每吨烷基化油 130 kg 标油。该技术于 2017 年获得国家技术发明二等奖。

6）离子液体催化乙烯、合成气制甲基丙烯酸甲酯

中国科学院过程工程研究所在离子液体催化反应与工艺方面开展了大量研究[12]。甲基丙烯酸甲酯（MMA）是航空航天、电子信息、光导纤维、光学镜片、机器人等高端材料的基础原料，用量很大。世界 MMA 主要生产技术是丙酮氰醇法，安全风险大、污染严重。最近，中国科学院过程工程研究所研发了离子液体催化乙烯-合成气制 MMA 成套技术。该技术采用煤化工下游产品乙烯、合成气、甲醛、甲醇为原料，经四步反应生产 MMA。他们先后解决了氢甲酰化、羟醛缩合、醛氧化、酯化四步催化剂、分离纯化及工艺集成过程中的问题。通过离子液体络合金属催化体系创新及新型反应器结构设计，解决了氢甲酰化反应过程催化剂失活和夹带的难题；采用正、负离子协同强化原理，实现了温和条件下羟醛缩合反应的高转化率和高选择性，解决了高温高压、设备及运行成本高等难题。他们与河南省中原大化集团有限责任公司进行工业实验，取得良好的效果。这一绿色技术具有广阔的应用前景。

7）固载离子液体催化 CO_2 转化制备碳酸二甲酯/乙二醇绿色工艺

辽宁奥克化学股份有限公司与中国科学院过程工程研究所联合开发了固载离子液体催化 CO_2 转化制备碳酸二甲酯/乙二醇绿色工艺。在离子液体催化剂的作用下，CO_2 与环氧乙烷通过羰基化反应生成碳酸乙烯酯，然后碳酸乙烯酯再与甲醇反应生成碳酸二甲酯和乙二醇两种重要产物。通过离子液体催化剂设计、反应器设计、工艺流程设计以及系统集成，形成了成套技术。该技术具有原子利用率高、环氧乙烷单程转化率高、原料适应性强、投资少、能耗低、催化剂容易循环利用等优势，经济和社会效益显著，具有广阔的应用前景。

8）超临界反应技术

超临界反应是指反应原料处于超临界条件下，相比于传统反应技术，由于原料在超临界条件所表现的特殊性质，它在短碳链的缩合、异构等反应中表现出明显优势。它可减少甚至不需要催化剂，缩短反应时间，是绿色化学技术。浙江新和成股份公司与浙江大学等在精细化工领域合作，从2004年开始进行超临界反应研究和工艺开发，相继完成了超临界反应制备丁酮醇、异佛尔酮、异戊烯醇等产业化技术，具体如下。

丁酮醇是维生素A、香料和医药的中间体，以及高分子树脂的原料。传统工艺以强碱为催化剂，在常压、25～60℃下反应，三废量比较大。超临界反应法在220～300℃、10～20 MPa条件下活化原料甲醛，不使用催化剂，反应时间缩短到5 min内，选择性提高了40%，三废量减少95%以上，资源利用率提高了60%，且成本优势明显，年产6000 t丁酮醇。

异佛尔酮是合成维生素E、虾青素的原料，也是合成异佛尔酮二胺、聚氨酯单体二异氰酸酯的原料等。传统技术主要采用液相法和气相法，其中液相法选择性低、反应慢、反应器体积大、含碱废水多；气相法存在催化剂易结焦、单程转化率低的问题。超临界反应法通过在250～320℃、20～30 MPa条件下活化原料丙酮，采用管道反应器，全自动连续化生产，年产26000 t异佛尔酮。

异戊烯醇是合成柠檬醛、农药的中间体、减水剂的原料。同样相比于传统方法，超临界反应法通过在240～350℃、15～30 MPa条件下活化原料异丁烯，反应中不用催化剂，采用管道反应器，全自动连续化生产，年产15000 t异戊烯醇。

9）甲基肼的清洁生产工艺

甲基肼（MMH）是在化工、医药、农业、航天等方面广泛应用的化学产品。生产甲基肼的传统工艺采用氯胺法，虽然工艺技术成熟，但耗能大、废水废渣多、收率低、副产物多，目前采用更多的是水合肼甲醇法的制备工艺。该工艺以水合肼为原料，先制备盐酸肼，再与甲醇反应制备盐酸甲基肼，之后用碱中和得到甲基肼，反应过程如图8.3所示。

$$\underset{\text{水合肼}}{N_2H_4\cdot H_2O} \xrightarrow{HCl} \underset{\text{盐酸肼}}{N_2H_4\cdot HCl} \xrightarrow[HCl]{CH_3OH} \underset{\text{盐酸甲基肼}}{CH_3NHNH_2\cdot HCl} \xrightarrow{\text{碱}} \underset{\text{甲基肼}}{CH_3NHNH_2}$$

图8.3　水合肼甲醇法的制备工艺

该工艺在盐酸甲基肼中和过程中通常加入氢氧化钠来中和游离甲基肼，往往伴随产生大量氯化钠固废；采用的水合肼游离盐酸甲基肼的方法减少了氯化盐产生。但该过程水合肼用量大，游离产生的盐酸肼无法完全套用至甲基化过程，产生的釜残仍需要中和为水合肼再进行使用，工艺过程依旧有三废产生。河北合佳医药科技集团股份有限公司开发了一种固体盐酸肼完全循环的绿色工艺，采用固体盐酸肼直接进行甲基化，在更低的水分体系中提高了甲基化转化率和选择性，省去了水合肼制备盐酸肼和浓缩除水的工序，工艺过程如图 8.4 所示。该工艺在甲基化完成后通过分段、分离并结晶出未反应的盐酸肼和游离产生的盐酸肼，以较少的水合肼获得了理想分离效果，实现了盐酸肼的 100%循环，整个过程没有其他固废产生和盐酸肼的累积。另外，精馏过程采用固定浓度的苛性碱和还原剂的混合溶液作为精馏助剂，实现了助剂在生产过程中的连续使用，解决了传统精馏过程中共沸带水溶剂导致的交叉污染或常规吸水剂烦琐的脱水处理过程等问题，简化了精馏过程，提高了分离效率。甲基肼清洁生产工艺产品生产周期缩短了 30%，产品收率提高 10%，生产成本降低 20%，整个生产过程无三废排放，取得了良好的经济效益和社会效益。

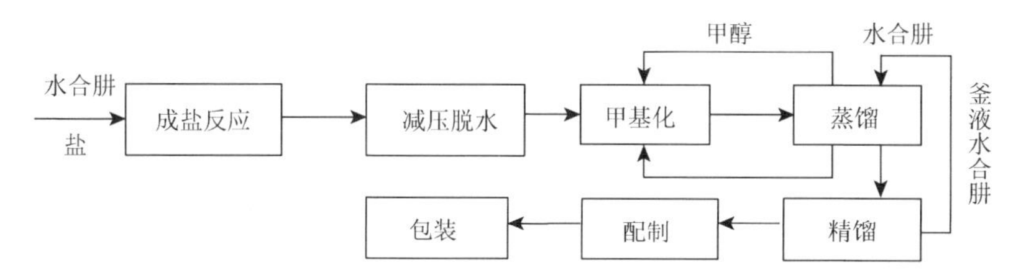

图 8.4 固体盐酸肼完全循环的绿色工艺流程图

10）木质素转化反应与工艺

木质素是仅次于纤维素的第二大可再生碳资源。我国造纸工业以碱法制浆为主，在制浆过程中植物中的木质素变成碱木质素溶解于黑液，成为黑液的主要成分。我国每年产生约 2000 万吨碱木质素，大多以碱回收方式浓缩后烧掉或排放，造成资源浪费和环境污染。工业木质素存在利用率低、分子量低、反应活性低、性能差等问题，导致其改性及资源化高效利用成为一个重要的难题。

华南理工大学研究人员通过分子模拟发现，木质素的磺化反应和缩聚反应都发生在木质素苯丙烷酚羟基的邻位，两者相互竞争，传统改性方法难以同时提高分子量和磺化度。他们提出了接枝磺化[13]和烷基桥联[14]方法。在木质素苯丙烷结构接入具有多个反应位点的支链，然后在支链上磺化和缩合，制备了高分子量高磺化度的木质素高分子阴离子表面活性剂；根据其在不同亲疏水性颗粒上的吸附特性，研究了其对不同特性颗粒的分散作用机制，建立了木质素高效分散剂的分子设计方法，开发了木质素基混凝土高效减水剂[15, 16]、水煤浆分散剂[17]、农药分散剂[18]等工业表面活性剂的制备技术。利用造纸黑液中的碱作为反应过程的催化剂，利用无机盐和糖分调控木质素高分子表面活性剂的结构，建立直接以造纸黑液为原料制备木质素基高效分散剂的技术路线，实现造纸黑液全组分利用[19]，产品已用于一些重要混凝土工程、水性农药制剂产品制备等。

11）钒铬高效清洁生产关键技术及产业化应用

冶金行业资源综合利用和清洁生产是十分重要的问题。高铬型钒钛磁铁矿资源的综合利用和清洁生产是国际性难题。中国科学院过程工程研究所、河钢集团有限公司、河钢股份有限公司承德分公司经过多年努力，在钒铬高效清洁生产关键技术及产业化应用方面取得系列性成果。他们针对钒铬资源高效清洁利用过程所涉及的科学和技术开展系统研究和技术创新，开发了以亚熔盐高效清洁钒铬共提—相分离—钒产品绿色短流程制备—尾渣全量化增值利用为特色的新流程，并建成国际首套 5 万 t 钒渣/a 亚熔盐法高效提钒清洁生产示范工程，实现长周期稳定达标运行，产品各项性能指标均达到相关标准及用户要求。成果转化成熟度高，经济、社会效益显著，为高铬型钒钛磁铁矿的绿色高效利用及建立以钢铁钒钛为依托的铬盐发展新模式提供技术支撑和解决方案，为钒铬资源高效清洁利用起到示范引领作用。

12）酮肟生产绿色技术

丁酮肟、环己酮肟是重要的化工中间体，用途广泛。华东师范大学研制了系列新型分子筛，实现了孔径从亚纳米到介孔尺度的调控，在原子或分子水平对活性中心进行化学以及亲疏性控制，构建了烯烃环氧化、酮（醛）类氨氧化等液相选择氧化催化新体系。烃类选择氧化反应转化率和选择性可分别大于 95%和 99%。采用 H_2O_2 为氧化剂，Ti-MWW 和 Ti-MOR 催化体系已在丁酮肟和环己酮肟的清洁合成过程实现了工业化，规模达 10 万 t/a。该技术各项反应指标优于传统 TS-1 钛硅分子筛，催化剂耗量大幅度降低，具有明显的综合竞争力优势。这一绿色技术具有很好的节能减排效果。

13）木薯非粮燃料乙醇成套技术及工程应用

乙醇是重要的化学品和燃料。针对国家可再生能源的重大需求，天津大学石油化工技术开发中心与企业合作，开展了木薯非粮燃料乙醇成套技术研究。他们开发了木薯原料前处理技术、适应于大规模生产的层流液化技术、梯度扩培工艺及复合酵母技术，实现了同步糖化发酵技术及浓醪发酵在木薯燃料乙醇中的工业应用；在过程集成与强化研究的基础上，发明并应用高温喷射与低能阶换热集成工艺，实现了系统能量的综合利用；对关键设备进行流体力学模拟，提出了放大规律；研究了燃料乙醇精制流程中挥发酸变化及分布规律，发明并应用了催化反应精馏脱酸技术，实现了燃料乙醇脱酸工艺的绿色化；开发了废醪资源化处理关键技术；建成了年产 20 万吨木薯燃料乙醇工业技术示范装置。该技术有效地促进了我国生物质能源领域的进步。

14）取代芳胺系列产品绿色催化合成关键技术与工业应用

取代芳胺是一类重要的精细化工原料，广泛应用于抗高温、阻燃、绝缘、抗紫外光等特需材料的合成等方面，其高效绿色制备具有重要的意义。针对相关产品的生产，浙江工业大学在高性能催化剂设计及宏量制备技术、全反应周期催化剂高活性与高选择性微环境构筑、催化剂失活机理、催化剂的原位连续再生、生产工艺和装备等方面取得了系统性成果，开发了高品质取代芳胺系列产品绿色高效合成的关键共性催化剂技术，实现了取代芳胺系列产品高效、绿色、安全生产，取得良好的经济效益、环境效益和社会效益。

8.2　绿色分离工程科学与技术

分离工程科学与技术是化学工程的另一个重要部分，广泛应用于原材料处理、产品分离、产品提纯及废弃物循环利用等化工生产的各个环节。化工生产中得到的各种各样的混合物，需要利用体系中各组分物性的差别或借助于分离剂使混合物得到分离提纯，获得合格产品。分离技术还可以用于环境工程中对于污染物的清除与治理。分离流程简图如图 8.5 所示。

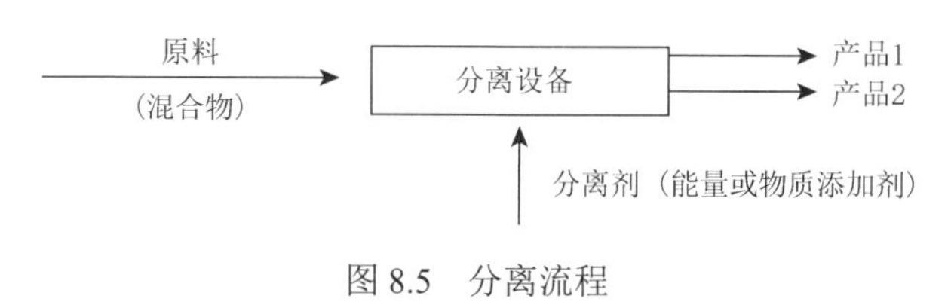

图 8.5　分离流程

随着绿色化工的发展，对资源利用与清洁生产也提出了更高的要求，分离技术越来越受到重视，这也推动了绿色新型分离技术的快速发展。由于传统的分离过程能耗高，可能产生严重的污染，因此分离工程的绿色化势在必行。目前，绿色分离工程主要有两条途径，一是改进和优化传统分离技术；二是研发新型技术，目的是提高效率、降低能耗、减少或消除环境污染。

由于化工分离技术的应用领域十分广泛，决定了分离技术的多样性。膜分离技术、分子蒸馏技术、超临界萃取技术、离子液体萃取技术、微波萃取技术、超声波萃取技术等分离技术是近年来发展迅速的几种主要的绿色分离技术[20]。

8.2.1　膜分离技术

膜是具有选择性分离功能的材料。膜分离过程是指在一定传质推动力条件下，利用膜对不同物质的透过性差异，对混合物进行分离。一般来说，膜分离过程无化学反应、无须加热、无相转变、不破坏生物活性。

膜分离技术由于兼有分离、浓缩、纯化和精制的功能，又有高效、节能、环保、过程简单、易于控制等特征，目前已广泛应用于食品、医药、生物、环保、化工、冶金、能源、石油、水处理、电子、仿生等领域，产生了巨大的经济效益

和社会效益，已成为当今分离科学中最重要的手段之一。

随着化学化工的快速发展，越来越多的膜分离新技术得到应用，如纳米膜过滤技术、膜蒸馏技术、膜萃取技术等。

纳米过滤又称纳滤，是介于反渗透与超滤之间的一种以压力为驱动力的新型膜分离过程，纳滤膜的孔径范围在几纳米左右，能截留有机小分子而使大部分无机盐透过，操作压力低，在食品行业、生物化工及水处理等方面具有很好的应用前景。纳滤技术特别适用于分子量小于 1000 的物质，由于绝大部分药物的分子量在 1000 以下，因此在制药工业的分离、精致和浓缩过程中有广阔的应用前景。纳滤膜分离作用有两个主要机制。一是电荷作用，膜的电荷效应又称为 Donnan 效应，是离子与膜所带电荷的静电相互作用，膜表面所带电荷越多对离子的去除效果越好。二是筛分作用，筛分作用由膜孔径大小与截留粒子大小之间的关系决定，粒径小于膜孔径的分子可以通过过滤膜，大于膜孔径的分子则被截留下来。因此，纳米膜的分离效率主要受膜的表面电荷性和孔径大小的影响。纳滤膜膜组件一般分为卷式、螺旋卷式、中空纤维和板框式，工业应用中较常用的是螺旋卷式膜组件。

膜蒸馏是膜技术与蒸发过程相结合的膜分离过程。使用疏水性的微孔膜将两种不同温度的水溶液分开，膜两侧的温度差会造成蒸气压差，使易挥发组分的蒸气分子通过膜孔从高温侧向低温侧扩散，并在低温侧冷凝，使溶液逐步浓缩。这一工艺可充分利用工厂热或太阳能等廉价能源，同时过程易自动化、设备简单，是一种有实用意义的分离工艺。膜蒸馏包括三个连续的过程，被处理物料易挥发组分在高温侧汽化，汽化后选择性地通过疏水性膜，最后在膜的低温侧被提取剂吸收。影响渗透膜蒸馏的因素包括膜两侧提取相和物料相的表观渗透压差、进料流速及浓缩度等。膜蒸馏组件有平板式、卷式和中空纤维式。膜蒸馏技术在海水淡化、超纯水的制备、废水处理及共沸物分离等领域有广阔的应用前景。

膜萃取技术是膜技术与萃取过程相结合的膜分离技术，无须两相接触，在微孔膜表面进行物质传递。因此，与传统萃取相比，膜萃取具有诸多优点：通常萃取要分相，而膜萃取则不需要，因而减少了夹带损失；传统萃取对萃取剂的选择有密度要求，而用膜萃取不需要分相，因而可选取萃取效果好而密度与水相近的萃取剂，便于连续生产、自动化操作。膜萃取过程一般采用中空纤维膜器和槽式膜萃取器，其中中空纤维膜器最适合工业应用。膜萃取技术在金属萃取、有机物及农药萃取等领域有广阔的应用前景。

膜是膜分离过程的核心，膜的设计合成是膜分离工程技术研究的重要方向。目前需要解决的问题包括膜的大面积制备、膜的稳定性、膜的污染、膜的分离效率等。

通过受控界面聚合制造的聚酰胺纳米膜，厚度不到 10 nm。测试结果显示，该纳米膜在允许溶剂快速通过的情况下仍具有很高的溶质保留能力，以常用的乙腈溶剂为例，其滤过速率可达到 112 L/(m^2·h·bar)，在相同的溶质保留度下，比市售膜的渗透性高两个数量级。该纳米膜还能在有机溶剂环境下长期保持结构稳定性，其结构可承受加压过滤所用的压力。如果成功应用于工业，该纳米膜可以大幅度降低膜过滤过程中的能耗，并可以高效用于溶剂、反应物、产物、催化剂等的回收[21]。

采用固体表面生长结合聚合物辅助转移方法制备的具有高度有序、垂直超小纳米通道的 SiO_2 超薄膜，具有厚度小、纳米通道孔径分布均匀、空隙率高等特点，并且具有良好的热稳定性和机械稳定性。该纳米通道膜对不同尺寸分子具有精确选择性，如三菲咯啉钌可以透过薄膜，而稍大的二苯基三菲咯啉钌却不能通过。除了尺寸识别外，纳米通道也具有电荷识别能力，如荧光素钠阴离子不能透过，而电中性罗丹明 B 则可以。离子在膜孔道中的传输速率可以通过改变离子强度、pH、表面修饰等方法调控。此外，分子跨膜传输速率远远高于普通商品化膜。该薄膜可进一步应用于分子识别、小分子识别和纳流控分析[22]。

“预取向-选择性溶胀”均孔结构的构建方法能够获得均孔膜，实现不同孔型均孔膜的大面积制备。在截留率相当的前提下，均孔膜通量对比商品膜提高了 1～2 个数量级[23, 24]。

以金属离子、有机偶联分子和短链的高分子聚合物作为结构单元，成功构筑了具有有序微孔结构的金属诱导有序微孔聚合物（MMPs），由于 CO_2 和其中的聚合物单元具有较好的亲和性，因此能够透过薄膜；而亲和性较差的 N_2 被阻挡，从而实现了高效的 CO_2/N_2 分离。MMPs 可以涂覆在商业的薄膜上，具有很好的机械稳定性[25]。

MOF 材料在膜分离方面有一些特殊优点，显示出广阔的应用前景[26]。MOF 玻璃膜区别于致密无孔的硅酸盐玻璃以及介孔的硼酸盐玻璃，保留了一定的孔隙率。这种玻璃膜的平均孔径在 CO_2 和 N_2 之间，在 25℃下，H_2/N_2、H_2/CH_4、CO_2/N_2 和 CO_2/CH_4 气体对的理想选择性分别达到了 53、59、23 和 26，远高于相应的克努森数（3.7、2.8、0.8 和 0.6），其性能突破了 Robeson 上限曲线[27]。对于混合基质膜的很多研究表明，MOF 也可以作为第三组分引入传统二元混合基质膜结构中，调控混合基质膜的性质，对 CO_2 分离等性能具有重要的影响。引入第三组分是开发新型高性能混合基质膜的重要途径[28]。

8.2.2 分子蒸馏技术

分子蒸馏技术是一种液-液分离技术，用于对高沸点及热敏性物质进行提纯和浓缩。随着人们对微观分子动力学、表面蒸发现象研究的不断深入，人们在分子

平均自由程概念的基础上，提出了分子蒸馏的基本理论。分子蒸馏是一种真空下操作的蒸馏方法，这时蒸气分子的平均自由程大于蒸发表面与冷凝表面之间的距离，从而可利用料液中各组分蒸发速率的差异，对液体混合物进行分离。分子蒸馏在食品、医药、油脂加工、石油化工及造纸、生物工程、核工业等生产中具有广阔的应用前景。随着人们对天然物质的青睐，分子蒸馏技术在天然产物提取分离方面也逐步得到了应用。分子蒸馏具有操作温度低、蒸馏压强低、受热时间短、分离程度高等特点[29]，分子蒸馏流程如图 8.6 所示[30]。根据蒸馏器的结构，分子蒸馏可以分为静止式、降膜式、离心式及刮膜式四种形式。

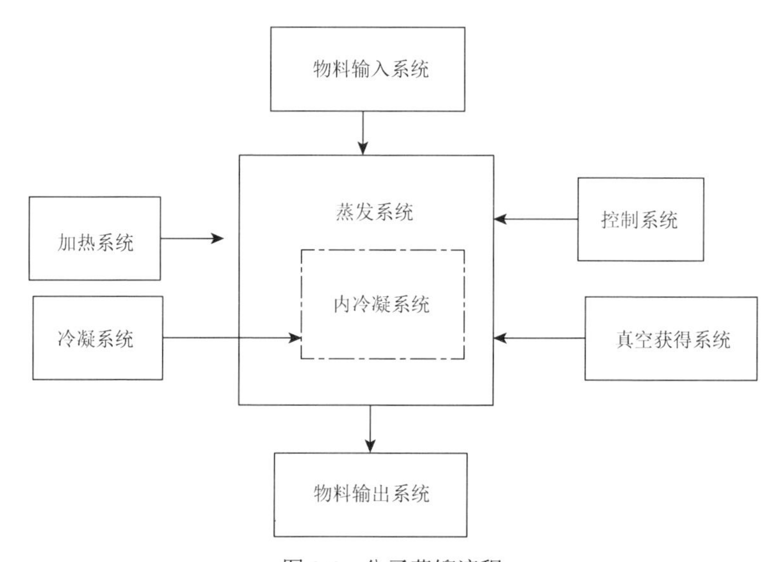

图 8.6　分子蒸馏流程

静止式分子蒸馏是最早出现的分子蒸馏技术，结构简单，但是一般用于实验室及小量生产。在降膜式分子蒸馏器中，流体靠重力在蒸发壁面流动时形成一层薄膜，由于液膜厚度小，蒸馏物料可沿蒸发表面流动，停留时间短，热分解的危险性较小，蒸馏过程可以连续进行，因此生产能力大。但是由于很难保证所有的蒸发表面都被液膜均匀覆盖，因此液体流动时常发生翻滚现象，产生的雾沫也常溅到冷凝面上，影响分离效果。并且液膜流动一般为层流，传质、传热阻力大。刮膜式分子蒸馏设备是对降膜式设备的改进。在刮膜式釜中设置一转动刮板，既保证液体能够均匀覆盖在蒸发表面，又可使下流液层得到充分搅动，从而强化物料的传热和传质过程，提高分离效率。研究初始液膜的分布情况对改进分子蒸馏器内部流场形态和优化进料结构具有重要意义。通过建立三角齿分布器及其外围筒体的数学模型，采用计算流体力学方法研究三角齿分布器转速、进料速度、进料位置对初始液膜均匀性的影响。研究表明，在侧方位进料下改变三角齿分布器转速与进料速度均不能改善初始液膜的均匀性，进料位置越靠近轴心处初始液膜分布越均匀。经结构优化后，采用中间进料与斜齿出料形成的初始液膜分布最均匀，从而有利于在转子刮擦区形成均匀的蒸发液膜，加强传热传质，提高分离效率[31]。

天然维生素主要存在于植物的组织中，如大豆油、小麦胚芽油等植物油以及油脂加工的脱臭馏分和油渣中。而天然维生素沸点高，具有热敏性等特点，用普通的蒸馏方法容易使其发生受热分解，产率降低。采用分子蒸馏的方法，可以解决这一问题，产率和纯度都得以提高[32]。油脂脱臭的馏出物含有一定量的维生素，是天然维生素的主要来源，利用其提取维生素，可以变废为宝，为油厂带来较大的经济效益[33]。分子蒸馏还可以用来脱除玉米油中 3-氯丙醇脂肪酸酯和缩水甘油酯，其中蒸馏温度和进油速度是影响脱除效果的关键因素，蒸馏温度越高、进油速度越低越有利于 3-氯丙醇脂肪酸酯和缩水甘油酯的脱除。而实际生产中，考虑到高温导致维生素、甾醇等营养物质的损失，在 3-氯丙醇脂肪酸酯和缩水甘油酯的含量达到要求的情况下，应选择较低的蒸馏温度[34]。通过人工智能和响应曲面法建模，可以很好地预测广藿香油分子蒸馏的工艺条件[35]。

8.2.3 超临界萃取技术

超临界萃取技术在第 3 章做了简单的介绍。最早将超临界 CO_2 萃取技术应用于工业化生产的是美国通用食品公司。日本主要将超临界流体技术应用于天然产物加工。我国逐步开展了对中草药有效成分的超临界流体萃取与分离的研究，至今已对近百个中药品种进行了系统的成分提取与分离研究，不少产品的中试和工业化应用也在进行中，多种产品已经走向市场，如青蒿素、丹参酮等。超临界萃取技术流程图如图 8.7 所示。在适当温度和压力下，超临界流体选择性地溶解混合物中的某一或某些组分，降压后溶解的溶质沉淀析出，实现溶剂与被萃取物分离，经压缩后超临界流体循环使用。超临界萃取有许多优点，如可用无毒无害的 CO_2 代替有机溶剂、传质速度快、萃取效率高、萃取效率可用压力连续调控、萃取过程可在较低温度下进行、溶剂循环利用简单等。

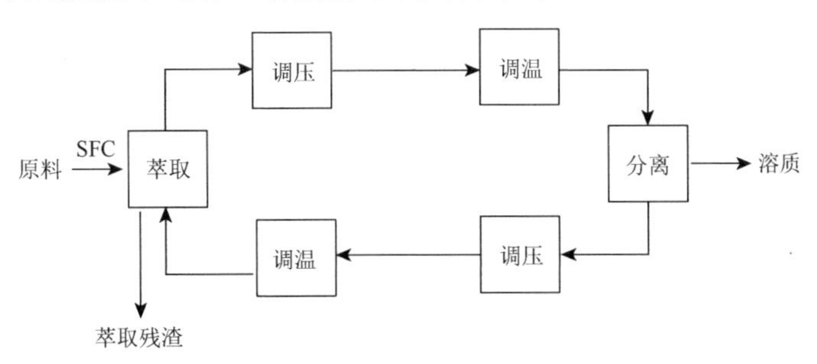

图 8.7　超临界萃取技术流程图

煤焦油轻组分中含有很多重要的化工原料，如喹啉、苯酚、咔唑、菲、萘、蒽、芘、茈等，并且目前90%以上的咔唑、蒽、芘、茈等化学品是通过煤焦油分离得到。除轻组分外，煤焦油沥青还可以应用于碳材料、石墨电极、涂料及建筑材料[36]。随着绿色煤化工的发展，煤焦油资源高效利用越来越受重视。而传统的煤焦油分离加工技术存在能耗高、污染大、分离效果差、经济效益有待进一步提高等问题。近年来，超临界流体技术被广泛应用于煤焦油高效萃取分离[37]。对过滤后的煤焦油进行超临界正戊烷（$T_c = 196.4℃$，$P_c = 3.37$ MPa）萃取，沥青中的喹啉不溶物（QI）和甲苯不溶物（TI）分别达到0.10%和20.31%，达到了制备高性能碳素材料前驱体的要求[38]。以超临界乙醇萃取煤焦油洗油中联苯、吲哚、咔唑，在特定的条件下联苯的萃取率达到 46.15%，吲哚的萃取率达到 50.49%，咔唑的萃取率接近 70%[39]。

8.2.4 离子液体萃取技术

离子液体萃取在第 3 章也已简要介绍。由于其低挥发性及功能可调，避免了传统有机溶剂可能导致的挥发性有机化合物（VOCs）二次污染，在萃取精馏应用中可有效降低设备投资、简化分离工艺和降低能耗，因此，有望成为实现高效萃取分离有机物的绿色高效的新型萃取剂[40, 41]。特别是通过调节离子液体的阴、阳离子种类和功能基团结构，可以赋予离子液体强氢键、π-π 等特异性相互作用能力，显著提高萃取介质对结构相似溶质的选择性识别能力[42]，获得优于传统分离方法的效率。

从水溶液中萃取具有亲水结构的化合物极具挑战性，很难在高的萃取效率下保持高的萃取选择性。具有支化长链羧酸阴离子的功能膦离子液体具有很强的氢键碱性和良好的亲油性，可以与典型的胆固醇生物活性分子进行自组装过程，在室温下形成高度有序的介观结构，因而对胆固醇分子具有很高的溶解度，溶解度是有机溶剂中的数千倍[43]。

胶红类酵母菌是类胡萝卜素的天然来源，如 β-胡萝卜素、红酵母红素和圆酵母素。由于胶红类酵母菌包含刚性的细胞壁结构，破坏细胞壁是回收类胡萝卜素的关键。丙胺、3-二甲基氨基-1 丙胺或 3-二乙基氨基丙胺为阳离子，己酸、丁酸、丙酸或乙酸根为阴离子形成的质子离子液体能够透过胶红类酵母菌的细胞壁，改善 β-胡萝卜素、红酵母红素和圆酵母素的提取率。温度和离子液体疏水性的增加都有利于类胡萝卜素的提取。在最优条件下，其提取率比普通挥发性有机溶剂（DMSO）高出 6 倍[44]。

从微藻中萃取脂需要将微藻细胞壁破坏，如果采用传统的物理和化学方法，则需要较高的能耗[45]。由于离子液体对纤维素、半纤维素、蛋白质等成分具有很好的溶解能力，因此能在打破或者改性微藻细胞壁的同时，使得脂从微藻细胞中释放出来，并且离子液体对类脂几乎不溶解，释放出来的脂很容易分离回收，使得离子液体在萃取分离微藻中的脂方面具有很好的应用前景[46]。目前萃取微藻中脂常用的离子液体是咪唑类离子液体。这类离子液体萃取剂虽然能得到较高的脂收率，但该类离子液体成本较高。膦类离子液体[$P(CH_2OH)_4$]Cl 价格比咪唑类离子液体低，并且具有强的氢键作用能力，能溶解/改性微藻细胞壁使得细胞中的类脂顺利释放出来，从而得到较高的脂收率[47]。

生物碱是一种广泛存在于生物质中的含氮碱性化合物，具有广泛的药理活性，在药物和制药工业中具有重要的价值，例如，吗啡和可卡因能作用于人类的神经系统，是优良的镇痛药；可卡因具有致幻作用，被用作兴奋剂；奎宁具有抗疟疾性能；生物碱具有抗哮喘、抗癌、抗心律失常、镇痛、抗菌以及抗高血糖等活性。常用的生物碱提取方法有加热回流萃取法、索氏提取法和常温浸渍法等，但是这些方法提取效率较低，能量消耗较大并且需要使用有毒易挥发的有机溶剂。离子液体作为萃取剂从天然原料中提取生物碱得到了广泛关注，并取得了良好的效果[48]。采用[BMIm][BF_4]离子液体的水溶液从防己中成功提取防己诺林碱和汉防己碱两种生物碱，萃取率明显高于常规方法。研究发现，[BMIm][BF_4]水溶液作为萃取剂，离子液体在 1.5 mol/L 浓度下萃取效果最佳。另外，离子液体水溶液的 pH 对这两种生物碱的萃取率具有较大的影响，当 pH 从 0.2 增加到 9.8 时，生物碱的萃取率增加，当 pH 由 9.8 继续增加时，生物碱的萃取率反而降低。研究认为，[BMIm][BF_4]离子液体与生物碱之间具有氢键作用。低 pH 时，生物碱碱性位能够被酸中和，从而使得其与离子液体的氢键作用减弱，而高 pH 时防己中所含的淀粉由于被碱化，淀粉发生结构分解从而形成淀粉糊，反而阻碍了防己诺林碱和汉防己碱的萃取[49]。

黄酮类化合物是以黄酮结构为母核而衍生的一类化合物，广泛存在于植物体中。黄酮类化合物在抗动脉硬化、抗肿瘤、消炎、抗骨质疏松和抗病毒等疾病治疗方面具有良好的效果，因此常用于医药行业中。研究表明，离子液体从天然资源中萃取得到的黄酮类化合物能达到良好的效果[50]。

采用可蒸馏的质子离子液体[N1, 1, 0, 0][$N(CH_3)_2CO_2$]，在室温条件下，从儿茶中成功萃取得到儿茶酚。作为一种植物性丹宁，儿茶酚用于皮革鞣制中比铬鞣剂更环保、对人体伤害更小，因此备受推崇。常规有机溶剂方法从生物质中萃取儿茶酚能耗高，萃取效率不高。相比于采用水作为萃取剂的萃取效率，[N1, 1, 0, 0][$N(CH_3)_2CO_2$]离子液体萃取儿茶酚的效率提高了 40%[51]。

用[BMIm][BF_4]、[HMIm]Br、[OMIm]Br 等咪唑类离子液体从鸢尾根茎中萃取得到了鸢尾黄酮苷、鸢尾甲黄素 B 和鸢尾甲黄素 A 三种异黄酮类化合物。[OMIm]Br 离子液体的萃取效果最优，经色谱技术将萃取得到的异黄酮混合物分

 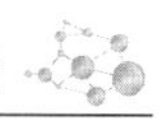

离后，3 种异黄酮纯品的收率分别为：鸢尾黄酮苷 37.45 mg/g，鸢尾甲黄素 B 2.88 mg/g，鸢尾甲黄素 A 5.28 mg/g[52]。

8.2.5 微波萃取技术

微波萃取又称微波辅助提取，是指使用适当的溶剂在微波反应器中从植物、矿物、动物组织等提取各种化学成分的方法和技术。微波萃取的基本原理是微波直接与被分离物作用，微波的激活作用导致样品基体内不同成分的反应差异使被萃取物与基体快速分离进入溶剂中。微波萃取时，不同的基体所使用的溶剂不同。影响微波萃取的主要因素是萃取溶剂、萃取时间、萃取温度以及试样中水分或湿度等。微波萃取具有快速、加热均匀、高效、可选择性地提取一些极性成分等特点。

利用微波萃取技术从废弃的蔷薇果种子中提取具有医用价值的野玫瑰果精油，通过超声波、微波、超临界萃取的对比，发现微波萃取具有更好的效果[53]。采用微波辅助萃取的方法能够从鳄梨果肉中萃取功能性脂肪酸，这种油脂是一种单不饱和脂肪酸，功能和橄榄油一样，萃取率可达到 67%[54]。

微波辅助离子液体萃取能够从香菜叶中提取 1-二十一碳烯。在 800 W、90℃条件下，用 0.1 mol/L 的[BMIm][BF_4]溶液在 1∶10 的香菜叶与溶剂比下萃取 2 min，与传统方法相比，1-二十一碳烯产率大幅度提高[55]。

微波辅助离子液体萃取技术在生物碱萃取领域也有研究。采用咪唑基类离子液体[EMIm][BF_4]、[BMIm]Cl、[BMIm]Br、[BMIm][BF_4]、[BMIm][PF_6]、[HMIm][BF_4]、[OMIm][BF_4]等的水溶液作为萃取剂，考察了这几种离子液体从中药材莲子心中提取莲心碱、异莲心碱和甲基莲心碱这三种莲心碱的萃取效果。结果表明，[BMIm][BF_4]离子液体对这三种莲心碱具有很好的萃取效果，离子液体微波辅助萃取方法比常规微波辅助萃取和加热回流萃取提高了 20%～50%的碱萃取率，同时将萃取时间由 2 h 缩短至 90 s[48]。同样的方法从莲叶中可以成功提取荷叶碱、*N*-去甲荷叶碱和 *O*-去甲荷叶碱 3 种生物碱。相比之下，[BMIm]Br 离子液体萃取效果最佳[56]。

大黄酸和大黄素是重要的生物活性分子，能够从棕榈树中提取，将质子型离子液体应用于大黄酸和大黄素的微波辅助提取，避免使用有机溶剂。研究表明，具有较高极性的离子液体具有较强的萃取能力，这是因为它们对微波辐射具有较强的吸收能力。与甲醇、三氯甲烷等传统溶剂相比，1-丁基-3-咪唑甲磺酸盐更有效[57]。

8.2.6 超声波萃取技术

超声波萃取又称为超声波辅助萃取、超声波提取，是利用超声波辐射压强产生的强烈空化效应、扰动效应、高加速度、击碎和搅拌作用等多级效应，增大物质分子运动频率和速度，增加溶剂穿透力，从而加速目标成分进入溶剂，促进萃取的进行。超声波萃取作为一种有效萃取方法，在植物的有效成分萃取等方面得到了广泛应用。与常规萃取技术相比，超声波萃取技术具有快速、廉价、高效等优点。

采用天然抗氧化剂迷迭香萃取物作为添加剂，通过超声波萃取技术从越橘中萃取花青素。迷迭香萃取物的加入明显提高了花青素的产量，比在食品中添加合成抗氧化剂更安全。超声波萃取缩短了萃取时间，提高了萃取效率，降低了原料中花青素的损失[58]。

通过超声波辅助离子液体萃取法能够从白胡椒中萃取胡椒碱，超声波技术与离子液体结合提高胡椒碱的萃取率，同时明显缩短了萃取时间[59]。以离子液体为萃取剂，超声波辅助萃取应用于长春碱、文朵灵和长春质碱 3 种生物碱的提取。浸泡时间、固液比、超声波功率和时间以及提取周期数等都会影响萃取效率，[AMIm]Br 是最佳的溶剂[60]。利用离子液体代替传统的有机溶剂，并在超声波的辅助下，可有效从橘皮中提取类胡萝卜素。通过比较[BMIm][Cl]、[BMIm][PF_6]、[BMIm][BF_4]和[HMIm][Cl]四种不同的离子液体发现，[BMIm][Cl]最有效，萃取得到干物质中类胡萝卜素总含量比用丙酮萃取时高很多[61]。

8.2.7 绿色分离技术实例

1）工业废水的膜分离绿色处理技术

制浆造纸工业废水排放量大、成分复杂，回收利用难度很大。南京工业大学针对工业废水减排需求，提出了以化工产品生产方法将“制浆废水吃干榨尽”的研究思路，发明了高效预处理、多膜集成技术、高效蒸发结晶等相结合的膜法制浆废水零排放新工艺，开发出超亲水特种超滤膜的制备方法、水质软化与膜污染协同控制技术，建成了特种超滤膜规模化生产线，实施了 4 万 t/d 全球首套膜法制浆废水零排放工程，破解了制浆废水零排放治理的难题，将工业废水变成净化水资源化利用，入选国家“十二五”科技创新成就展。相关成果在制浆造纸、精细化工、盐化工、医药工业等废水资源化中得到推广应用，已累计减排废水 1 亿多吨、化学需氧量（COD）7000 多吨，取得了显著的环境、经济和社会效益。

2）大规模超临界连续分离油浆制备高性能针状焦技术

针状焦是电炉炼钢用超高功率电极和锂离子电池负极材料的主要原料，随着

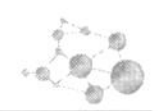

电炉炼钢和新能源汽车的需求增加，针状焦需求呈高速增长态势。但我国针状焦生产技术长期以来落后于世界先进水平，主要问题是难以获得高品质的针状焦原料。中国石油大学（北京）重质油国家重点实验室创新性地提出采用超临界流体分离技术，从炼油副产品催化裂化油浆获取优质针状焦原料，高附加值生产性能优异的针状焦。通过催化裂化油浆复杂体系多层次性质与化学组成结构研究，发现其中含有芳环数在3～6之间带短侧链结构的富芳烃组分，是制备优质针状焦的潜在优质原料，但油浆中也含有对针状焦制备不利的固体颗粒（如催化剂）和沥青质等组分，为此提出超临界连续分离油浆“拔头去尾”的方案，将富芳烃组分与富烷烃组分及沥青质等杂质组分高效分离。针对超临界溶剂二氧化碳对大分子物质溶解能力低的弱点，原创性开发了以轻烃为溶剂的大规模超临界连续萃取分离技术，建立了超临界萃取过程相平衡模型，筛选出性能优异的溶剂，开发了超临界分段逆流萃取分离工艺，获得油浆超临界分离优化工艺参数及分离规律，确定了超临界溶剂回收控制参数。在中试放大的基础上，研制了专用装备和内构件，开发出部分逆流大规模超临界连续萃取分离工艺技术工艺包，设计并建成20万t/a工业装置。与焦化技术集成创新，年产6万吨高质量针状焦产品，用于负极材料及电极两个领域，得到下游客户的高度评价。超临界连续分离油浆“拔头去尾”得到的富烷烃作为催化裂化原料，可分别生产汽油、柴油和燃料气，而萃余组分可调和高等级道路沥青等产品，实现了“变废为宝、循环利用”。由合作企业牵头制定了国家标准《油系针状焦》（GB/T 37308—2019）。该技术获2018年度中国石油和化学工业联合会技术发明一等奖。

3）天然活性同系物分子辨识分离新技术及应用

天然活性物质是药物研发与人类健康的重要物质基础，近三十年间，全球有上千种新药研制成功并获批生产，其中一半以上药物来源可追溯至天然活性物质。天然活性同系物单体的分离制备是新药创制的重要途径。然而，由于同系物物化性质接近，其分离制备纯度高的活性物质难度很大。发展分离新技术，满足新药创制需求具有十分重要的意义。浙江大学任其龙教授团队长期从事相关研究，取得系列成果。例如，他们从分子辨识分离的基本科学原理和分子间多重相互作用入手，发明了天然活性同系物分子辨识萃取分离新方法，开发不同新型萃取剂，发明了弱极性甾类同系物分子辨识萃取分离关键技术、表面活性同系物相间分配可控的低乳化分子辨识分离关键技术，在国际上率先实现24-去氢胆固醇的工业制备，形成了由分子辨识分离的理论基础，到核心技术创建和工业应用突破的完整体系。

4）超临界萃取在天然产物提取中的应用

超临界流体在天然产物提取分离方面显示出独特的优势，并得到广泛应用。例如，“超临界二氧化碳萃取中药有效成分产业化应用”获得2006年度国家技术发明奖二等奖，将原来以丙酮、石油醚等有机溶剂提取中药脂溶性成分改为用成本低廉、节能又环保的 CO_2 提取分离，打破了我国中药制备过往以液体溶媒提取的传统工艺技术。浙江康莱特药业有限公司 2003 年经批准正式生产，应用这项技术使产品得率提高了 13.3%，生产工时由原来 112 h 缩短到 2.5 h，成本降低 22%，避免使用有机溶剂，有效避免了环境污染。2011 年，青海康普生物科技股份有限公司承担的西宁市科技局高新技术产业化项目“超临界二氧化碳萃取枸杞油产业化技术研究”通过验收。超临界二氧化碳萃取枸杞油产业化技术研究项目开发了枸杞籽分离技术和枸杞籽油超临界萃取技术，确定了产业化工艺路线和工艺参数，建成了枸杞籽油中试生产线，制定了枸杞籽油产品的企业标准，为超临界二氧化碳萃取枸杞籽油的产业化奠定了基础，取得良好的经济和社会效益。2019 年，浙江省科技计划项目“油茶籽油超临界二氧化碳高效萃取关键技术研究及中试示范”通过验收，此技术不但绿色环保，而且产品质量高，角鲨烯萃取得率为 92.7%。中药提取分离过程现代化国家工程研究中心在此方面取得多项成果[62]。例如，他们利用超临界二氧化碳从黄花蒿中提取青蒿素，产品收率比传统法提高 1.9 倍，生产周期比传统方法缩短约 100 h，生产成本明显降低。

玉米胚芽油中含有大量对预防心脑血管疾病、有利于婴幼儿成长、延缓衰老等的亚油酸、脂肪酸、维生素 A、维生素 E 等成分，数十年来一直是西方发达国家家庭使用的主要食用油之一。然而，目前油脂加工传统压榨法和浸出法存在出油率低、营养成分流失、精制过程复杂、污染严重等弊端。中国科学院长春应用化学研究所发展了超临界 CO_2 萃取玉米胚芽油技术，通过优化萃取温度、压力、CO_2 流速、萃取时间、玉米胚芽粒度和前处理等影响萃取效率的工艺参数，在萃取的同时完成脱酸、脱臭、脱胶、脱色等精制过程，研发出超临界萃取一步获得精制玉米胚芽油的工艺。该技术具有工艺简单、出油率高、萃取温度低、不破坏生物活性物质，并能有效防止热敏性物质的氧化，最大限度地保留营养成分等特点，而且无须有机溶剂、无废弃物产生，是一个环境友好的绿色技术，可广泛应用于植物油的提取和精制。

5）绿色、低能耗纤维素膜生产技术

利用离子液体对纤维素的特殊溶解作用，中国科学院化学研究所研发了离子液体法纤维素膜制备技术，通过与山东恒联新材料股份有限公司合作进行工艺放大和完善，成功替代了传统的黏胶法纤维素膜生产工艺，不仅无“三废”排放，实现了生产过程从化学法到物理法的转变，还使整个生产流程从原有的 3 d 缩短为 2 h，生产成本降为原来的一半。此技术具有清洁、高效、低能耗、成本低等优点。

8.3 微化工技术

微化工技术是 20 世纪 90 年代初兴起的一种多学科交叉的科技前沿领域。通过化工系统小型化促进过程强化，可以使化学反应时间从数小时缩短到几分钟甚至几十秒，提高资源利用率，节能降耗，从根本上解决传统工艺反应不彻底及易爆等技术难题，实现化工生产的本质安全。有人认为微化工技术有望开启高效精细合成的新时代，改变化工生产事故高发的现状。

该技术利用微米级的通道式反应器进行反应，这种反应器又称微通道反应器，是一种通过微加工技术制造的带有微结构的反应设备，其流体通道或者分散尺度在微米量级，而其处理量则可达到每年万吨级的规模。

微反应器内部流体的流动或分散尺度在 1 μm～1 mm 之间，称为微流体。微流体相对于常规尺度的流体在传递特性、安全性及可控性等方面都有很大优势。微反应器有很多种类型，按照反应相态不同可以分为气固相微反应器、气液相微反应器、液液相微反应器和气液固相微反应器；按照操作方式不同可以分为连续微反应器、半连续微反应器和间歇微反应器。开发适合微反应系统的反应器和快速反应工艺条件是微化工技术最重要的两个研究方向。国内外在微化工技术方面都有广泛研究，很多已走向了工业化。

1997 年，德国拜耳公司开发了用于偶氮偶合反应的微米级高硼硅玻璃微通道反应器。美国康宁公司的康宁反应器与连续结晶和连续过滤的装置配套，实现了包括连续结晶和连续过滤集成在内的整个连续化生产过程，可为制药、精细化工和特种化工行业提供连续合成和下游分离的整体方案，有助于生产企业降低成本。而且，该连续流合成生产系统的小试结果很容易放大到千吨级工业化生产装置规模，并已完成了工业化示范进程。2014 年初，康宁公司又在南京实现了千吨级精细化学品的连续生产，装置开车一次性成功，产品收率高达 99.8%。

我国在微化工领域也不断取得重要进展。2005 年，清华大学按照多个微通道串并联原理，设计了膜分散式微结构混合器，成功用于制备单分散纳米碳酸钙。该反应器具有混合尺度易于控制、结构简洁、高效、能耗低和处理量大的特点。如以孔径 5 μm 的不锈钢烧结膜为分散介质，在很大相比范围内的相分离可在 30 s 内完成，单级萃取效率达 95%以上，现已建成年产 1 万吨的微反应生产装置。

中国科学院大连化学物理研究所开发了微反应器。微反应器、微混合器和微换热器体积均小于 6 L，用于磷酸二氢铵生产的微化工技术在中国石油化工股份有限公司催化剂长岭分公司年产能 8 万～10 万吨装置上，获得工业化稳定应用。2011 年 9 月，中国科学院大连化学物理研究所与胜利油田中胜环保有限公司合作开发的百吨级、千吨级用于石油磺酸盐生产的微反应技术实现工业应用。

橡胶助剂生产主要采用间歇反应，存在严重的“三废”问题，且产品收率及质量仍有很大提升空间，微化工连续流生产将产能和生产效率相结合，实现了成本的降低、“三废”的减少以及产率的提高。2019 年 10 月，蔚林新材料科技股份有限公司与清华大学合作开发了 2.2 万 t/a 2-巯基苯并噻唑（MBT）和 1.2 万 t/a 2, 2′-二硫代二苯并噻唑（MBTS）微化工连续流生产装置，引领了橡胶助剂产业转型升级和可持续发展。在 MBT 方面，一是建成了基于微混合强化的连续流生产 MBT 万吨级工业化装置，提出了多段精确控温反应的新工艺，产能达 2.2 万 t/a。与传统间歇反应相比，反应时间从 8 h 降低至 3.5 h，设备体积减小 67%，建设成本降低 50%以上，MBT 综合收率从 90%提高至 95%，能耗降低 60%。二是开发了 MBT 微分散萃取连续精制装置与工艺，通过甲苯萃取分离 MBT 碱溶物中副产物苯并噻唑（BT），解决了体系的乳化问题，BT 萃取率大于 99%，设备体积减小到传统设备的 10%。在 MBTS 方面，开发了万吨级 MBTS 微反应连续合成装置与技术，提出了 H_2O_2 混酸多段氧化工艺，建成了 1.2 万 t/a 工业示范装置，MBTS 收率大于 98%。与原工艺相比，装置体积缩小至 1/25，废水排放量降低 67%，废水化学需氧量（COD）值降低 60%。

8.4　小结

绿色化工科学与技术涉及工程科学、化学、物理、生物技术、信息科学、环境科学等多学科交叉渗透，它为化学工业升级改造和可持续发展提供科学依据和工程技术支撑，是促进绿色产业革命的重要途径，我国在此方面发展很快[63]。发展绿色化工科学与技术是一项长期的任务。

参考文献

[1] 成卫国，王祥生，李钢，郭新闻，李桂民. 钛硅分子筛挤条成型催化剂研究. 大连理工大学学报，2004，44（4）：482-485.

[2] 章红艳，宋月芹，倪海微，徐俊，周晓龙. 固体超强酸 C_5/C_6 异构化催化剂成型及寿命研究. 石油炼制与化工，2018，49（9）：79-86.

[3] 姜杰. HPPO 法环氧丙烷工业试验装置 HAZOP 分析项目通过专家审查. 安全、健康和环境，2013，13（8）：12.

[4] Dudukovic M P. Frontiers in reactor engineering. Science，2009，325（5941）：698-701.

[5] Li W X，Zhang X J，Xing W H，Jin W Q，Xu N P. Hydrolysis of ethyl lactate coupled by vapor permeation using polydimethylsiloxane/ceramic composite membrane. Ind Eng Chem Res，2010，49（22）：11244-11249.

[6] Cao Z W，Jiang H Q，Luo H X，Baumann S，Meulenberg W A，Assmann J，Mleczko L，Liu Y，Caro J. Natural gas to fuels and chemicals：improved methane aromatization in an oxygen-permeable membrane reactor. Angew Chem Int Ed，2013，52（51）：13794-13797.

[7] Guo X G，Fang G Z，Li G，Ma H，Fan H J，Yu L，Ma C，Wu X，Deng D H，Wei M M，Tan D L，Si R，

Zhang S，Li J Q，Sun L T，Tang Z C，Pan X L，Bao X H. Direct，nonoxidative conversion of methane to ethylene，aromatics，and hydrogen. Science，2014，344（6184）：616-619.

[8] Morejudo S H，Zanón R，Escolástico S，Yuste-Tirados I，Malerød-Fjeld H，Vestre P K，Coors W G，Martínez A，Norby T，Serra J M，Kjølseth C. Direct conversion of methane to aromatics in a catalytic co-ionic membrane reactor. Science，2016，353（6299）：563-566.

[9] Oh S C，Schulman E，Zhang J Y，Fan J F，Pan Y，Meng J Q，Liu D X. Direct non-oxidative methane conversion in a millisecond catalytic wall reactor. Angew Chem Int Ed，2019，58（21）：7083-7086.

[10] Li W P，Zhu X F，Chen S G，Yang W S. Integration of nine steps into one membrane reactor to produce synthesis gases for ammonia and liquid fuel. Angew Chem Int Ed，2016，55（30）：8566-8570.

[11] 秦玉升，王献红，王佛松. 二氧化碳共聚物的合成与性能研究. 中国科学：化学，2018，48（8）：883-893.

[12] 孙剑，王金泉，王蕾，张锁江. 基于离子液体的绿色催化过程. 中国科学：化学，2014，44（1）：100-113.

[13] Lou H M，Lai H R，Wang M X，Pang Y X，Yang D J，Qiu X Q，Wang B，Zhang H B. Preparation of lignin-based superplasticizer by graft sulfonation and investigation of the dispersive performance and mechanism in a cementitious system. Ind Eng Chem Res，2013，52（46）：16101-16109.

[14] Hong N L，Yu W，Xue Y Y，Zeng W M，Huang J H，Xie W Q，Qiu X Q，Li Y. A novel and highly efficient polymerization of sulfomethylated alkaline lignins via alkyl chain cross-linking method. Holzforschung，2016，70（4）：297-304.

[15] 邱学青，楼宏铭，庞煜霞，杨东杰，欧阳新平，易聪华. 一种高磺化度高分子量木质素基高效减水剂及其制备方法：200910040399.5. 2011-06-22.

[16] Qiu X Q，Lou H M，Pang Y X，Yang D J，Ouyang X P，Yi C H. Highly efficient lignin-based water-reducing agent with high degree of sulfonation and high molecular weight and preparation method thereof：US8987427 B2. 2015-03-24.

[17] 邱学青，周明松，杨东杰，楼宏铭，庞煜霞. 麦草碱木素水煤浆添加剂及其制备方法：200610034168.X. 2008-02-13.

[18] 邱学青，楼宏铭，庞煜霞，杨东杰，欧阳新平，易聪华，周明松，邓永红. 一种高分子量中磺化度木质素基农药分散剂及其制备方法：201210248430.6. 2014-02-12.

[19] Zhou M S，Kong Q，Pan B，Qiu X Q，Yang D J，Lou H M. Evaluation of treated black liquor used as dispersant of concentrated coal-water slurry. Fuel，2010，89（3）：716-723.

[20] 张锁江，张香平，王均凤. 绿色介质与过程工程. 北京：科学出版社，2019.

[21] Karan S，Jiang Z W，Livingston A G. Sub-10 nm polyamide nanofilms with ultrafast solvent transport for molecular separation. Science，2015，348（6241）：1347-1351.

[22] Lin X Y，Yang Q，Ding L H，Su B. Ultrathin silica membranes with highly ordered and perpendicular nanochannels for precise and fast molecular separation. ACS Nano，2015，9（11）：11266-11277.

[23] Wang Y. Nondestructive creation of ordered nanopores by selective swelling of block copolymers：toward homoporous membranes. Acc Chem Res，2016，49（7）：1401-1408.

[24] Zhou J M，Wang Y. Selective swelling of block copolymers：an upscalable greener process to ultrafiltration membranes? Macromolecules，2020，53（1）：5-17.

[25] Qiao Z H，Zhao S，Sheng M L，Wang J X，Wang S C，Wang Z，Zhong C L，Guiver M D. Metal-induced ordered microporous polymers for fabricating large-area gas separation membranes. Nature Mater，2019，18（2）：163-168.

[26] 侯丹丹，刘大欢，杨庆元，仲崇立. 金属-有机框架材料在气体膜分离中的研究进展. 化工进展，2015，34（8）：2907-2915.

[27] Wang Y H，Jin H，Ma Q，Mo K，Mao H Z，Feldhoff A，Cao X Z，Li Y S，Pan F S，Jiang Z Y. A MOF glass membrane for gas separation. Angew Chem Int Ed，2020，59（11）：4365-4369.

[28] Guo X Y，Qiao Z H，Liu D H，Zhong C L. Mixed-matrix membranes for CO_2 separation：role of the third component. J Mater Chem A，2019，7（43）：24738-24759.

[29] 冯武文，杨村，于宏奇. 分子蒸馏技术及其应用. 化工进展，1998，（6）：26-29.

[30] 连锦花，孙果宋，雷福厚. 分子蒸馏技术及其应用. 化工技术与开发，2010，39（7）：32-38.

[31] 王臣张，俊梅，柳斌，段振亚，刘茂睿，蒋文才. 刮膜式分子蒸馏初始液膜分布及进料结构优化. 化学工程，2019，47（7）：20-24.

[32] 徐婷，韩伟. 分子蒸馏的原理及其应用进展. 现代制造，2015，（8）：1-8.

[33] 栾礼侠. 分子蒸馏分离工艺研究及其在物料分离中的应用. 天津：天津大学，2006.

[34] 程倩，王风艳，苗木，周澍堃，王满意，彭许云，黄昭先，周胜利，于燕，惠菊. 分子蒸馏脱除玉米油中3-氯丙醇脂肪酸酯和缩水甘油酯效果的研究. 中国油脂，2019，44（7）：107-111.

[35] Dantas T N C，Cabral T J O，Neto A A D，Moura M C P A. Enrichmnent of patchoulol extracted from patchouli（pogostemon cablin）oil by molecular distillation using response surface and artificial neural network models. J Ind Eng Chem，2020，81：219-227.

[36] 李艳红，赵文波，夏举佩，刘庆新，杨荣，李国斌. 煤焦油分离与精制的研究进展. 石油化工，2014，43（7）：848-855.

[37] 刘秉智，杨一帆. 超临界流体技术在煤焦油加工中的应用研究进展. 化工科技，2017，25（5）：78-81.

[38] 王芳杰，王永刚，任浩华，马伟光，陈航，郭相坤，许德平. 煤焦油喹啉不溶物压滤脱除和超净沥青制备. 煤化工，2011，39（5）：21-23.

[39] 吴梁森. 超临界乙醇萃取洗油中联苯的工艺研究. 武汉：武汉科技大学，2013.

[40] 张香平，白银鸽，闫瑞一，高红帅. 离子液体萃取分离有机物研究进展. 化工进展，2016，35（6）：1587-1605.

[41] Ventura S P M，Silva F A，Quental M V，Mondal D，Freire M G，Coutinho J A P. Ionic-liquid-mediated extraction and separation processes for bioactive compounds：past，present，and future trends. Chem Rev，2017，117（10）：6984-7052.

[42] 金文彬，李雪楠，张依，杨启炜，邢华斌，任其龙. 离子液体在结构相似物分离中的进展. 中国科学（化学），2016，42（16）：1251-1263.

[43] Ke Y Q，Jin W B，Yang Q W，Suo X，Yang Y W，Ren Q L，Xing H B. Nanostructured branched-chain carboxylate ionic liquids：synthesis，characterization，and extraordinary solubility for bioactive molecules. ACS Sustainable Chem Eng，2018，6（7）：8983-8991.

[44] Mussagy C U，Santos-Ebinuma V C，Gonzalez-Miquel M，Coutinho J A P，Pereira J F B. Protic ionic liquids as cell-disrupting agents for the recovery of intracellular carotenoids from yeast rhodotorula glutinis CCT-2186. ACS Sustainable Chem Eng，2019，7（19）：16765-16776.

[45] Kim D Y，Vijayan D，Praveenkumar R，Han J I，Lee K，Park J Y，Chang W S，Lee J S，Oh Y K. Cell-wall disruption and lipid/astaxanthin extraction from microalgae：chlorella and haematococcus. Bioresource Technol，2016，199：300-310.

[46] Orr C A V，Plechkova N V，Seddon K R，Rehmann L. Disruption and wet extraction of the microalgae chlorella vulgaris using room-temperature ionic liquids. ACS Sustainable Chem Eng，2016，4（2）：591-600.

[47] Olkiewicz M，Caporgno M P，Font J，Legrand J，Lepine O，Plechkova N V，Pruvost J，Seddon K R，Bengoa C. A Novel recovery process for lipids from microalgae for biodiesel production using a hydrated phosphonium ionic liquid. Green Chem，2015，17（5）：2813-2824.

[48] Lu Y B, Ma W Y, Hu R L, Dai X J, Pan Y J. Ionic liquid-based microwave-assisted extraction of phenolic alkaloids from the medicinal plant nelumbo nucifera gaertn. J Chromatogr A，2008，1208（1/2）：42-46.

[49] Zhang L J，Geng Y L，Duan W J，Wang D J，Fu M R，Wang X. Ionic liquid-based ultrasound-assisted extraction of fangchinoline and tetrandrine from stephaniae tetrandrae. J Sep Sci，2009，32（20）：3550-3554.

[50] Lu C X，Wang H X，Lv W P，Ma C Y，Lou Z X，Xie J，Liu B. Ionic liquid-based ultrasonic/microwave-assisted extraction combined with UPLC-MSMS for the determination of tannins in galla chinensis. Nat Prod Res，2012，26（19）：1842-1847.

[51] Chowdhury S A，Vijayaraghavan R，Macfarlane D R. Distillable ionic liquid extraction of tannins from plant materials. Green Chem，2010，12（6）：1023-1028.

[52] Sun Y S, Li W, Wang J H. Ionic liquid based ultrasonic assisted extraction of isoflavones from iris tectorum maxim and subsequently separation and purification by high-speed counter-current chromatography. J Chromatogr B，2011，879（13/14）：975-980.

[53] Szentmihalyi K，Vinkler P，Lakatos B，Illes V，Then M. Rose hip（*Rosa canina* L.）oil obtained from waste hip seeds by different extraction methods. Bioresource Technol，2002，82（2）：195-201.

[54] Ortiz M A, Dorantes A L, Gallndez M J, Cardenas S E. Effect of a novel oil extraction method on avocado（persea americana mill）pulp microstructure. Plant Food Hum Nutr，2004，59（1）：11-14.

[55] Priyadarshi S，Balaraman M，Naidu M M. Ionic liquid-based microwave-assisted extraction of heneicos-1-ene from coriander foliage and optimizing yield parameters by response surface methodology. Prep Biochem Biotech，2020，50（3）：246-251.

[56] Ma W Y，Lu Y B，Hu R L，Chen J H，Zhang Z Z，Pan Y J. Application of ionic liquids based microwave-assisted extraction of three alkaloids *N*-nornuciferine，*O*-nornuciferine，and nuciferine from lotus leaf. Talanta，2010，80（3）：1292-1297.

[57] Jin Z X，Wan Ru Y，Yan R X，Su Y Y，Huang H L，Zi L H，Yu F. Microwave-assisted extraction of multiple trace levels of intermediate metabolites for camptothecin biosynthesis in camptotheca acuminata and their simultaneous determination by HPLC-LTQ-Orbitrap-MS/MS and HPLC-TSQ-MS. Molecules，2019，24（4）：815.

[58] Jin Y S，Liu Z Z，Liu D M，Shi G Y，Liu D W，Yang Y F，Gu H Y，Yang L，Zhou Z Q. Natural antioxidant of rosemary extract used as an additive in the ultrasound-assisted extraction of anthocyanins from lingonberry（*Vaccinium Vitis-Idaea* L.）pomace. Ind Crop Prod，2019，138：111425.

[59] Cao X J, Ye X M, Lu Y B, Yu Y, Mo W M. Ionic liquid-based ultrasonic-assisted extraction of piperine from white pepper. Anal Chim Acta，2009，640（1/2）：47-51.

[60] Yang L，Wang H，Zu Y G，Zhao C J，Zhang L，Chen X Q，Zhang Z H. Ultrasound-assisted extraction of the three terpenoid indole alkaloids vindoline，catharanthine and vinblastine from catharanthus roseus using ionic liquid aqueous solutions. Chem Eng J，2011，172（2/3）：705-712.

[61] Murador D C, Braga A R C, Martins P L G, Mercadante A Z, de Rosso V V. Ionic liquid associated with ultrasonic-assisted extraction：a new approach to obtain carotenoids from orange peel. Food Res Int，2019，126：108653.

[62] 雷华平，葛发欢，卜晓英. 超临界 CO_2 萃取工艺集成与中药提取分离现代化. 中草药，2007，38(9)：1431-1433.

[63] Zhang X P，Liu C J，Ren Q L，Qiu X Q，Xu B H，Zhou X T，Xie Y B，Lou H M，Ali M C，Gao H S，Bai Y G，Zhang S J. Green chemical engineering in China. Rev Chem Eng，2019，35（8）：995-1077.

第9章 思考与展望

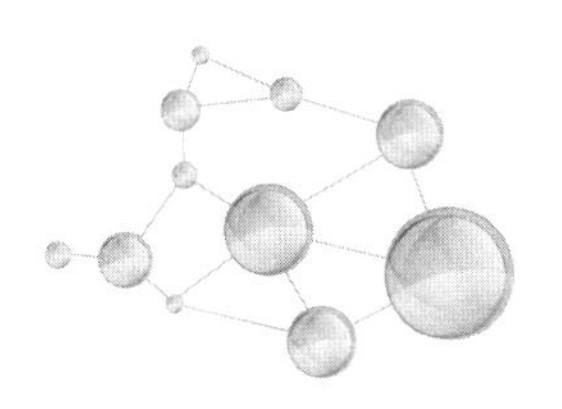

绿色化学是未来科学和技术发展最重要的领域之一，是具有明确社会需求和科学目标的新兴交叉学科。未来的化学工业应该是无污染、可持续发展、与生态环境协调的产业。绿色化学是化学科学与化学工业的必然发展方向。由于来自社会需求和学科自身发展需求两方面的巨大推动力，学术界、工业界和政府部门对绿色化学都十分重视。虽然绿色化学已有近30年的历史，并且发展迅速，但仍处于起步阶段，其内涵、原理、内容和目标也在不断充实和完善。

发展绿色化学与绿色产业是人类赋予我们的一项长期而艰巨任务。我们应该进一步加强对环境友好产品设计、新合成路线及方法学、绿色催化、绿色溶剂、绿色原料、废弃物回收利用、化石资源的绿色转化与利用、化学反应强化、绿色化工过程与技术、绿色化学评估准则等重要问题的深入系统研究。绿色化学贯穿原材料、生产过程、产品使用过程以及产品使用后的处理过程整个链条。绿色化学的发展必将对人类社会可持续发展产生巨大的影响。

1）绿色原料

原材料的选择应该追根溯源，不仅要考虑其本身的毒性以及对生态环境的影响，还应考虑其开采过程的潜在危害以及对下游合成效果的影响。

（1）生物质资源化利用。

生物质是一种重要的可再生碳资源，其资源化利用既可以源源不断地得到化工原料，又可以保护环境，有利于可持续发展。将可再生的生物质转化为能源产品、化学品和材料对解决人类能源和碳资源供应问题具有重要意义，对经济和社会的可持续发展意义重大，也是绿色化学的重要内容之一。生物质转化利用应以“不与人争粮，不与粮争地”为指导思想。生物质种类很多，其中农作物秸秆、树木等植物木质生物质源于CO_2和水的光合作用，其化学组成主要为碳、氢和氧，每年产量约为2000亿吨。利用木质生物质资源相当于光合作用与化学方法相结合利用太阳能、循环利用CO_2。

在化学品和材料制备方面，一方面应考虑利用生物质制备目前化石资源生产的产品。在这个过程中，不仅是简单取代，而且应使生产过程更简单，对人类健

 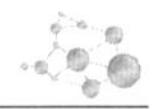

康和环境的影响应更小。生物质中有很多重要的结构片段，如果采用化石资源需要经多步反应构筑。直接以生物质为原料有可能大大缩短目标产物合成的步骤，提高原子利用率。例如，5-羟甲基糠醛和糠醛是重要的生物质平台化合物，结构中含有呋喃环，而呋喃环类化合物广泛存在于药物分子中，直接以 5-羟甲基糠醛和糠醛为原料有可能节省合成含呋喃环结构药物中间体的步骤。目前这方面的报道很少，开发以生物质为原料的新路线，是推动生物质高值化利用的重要途径。此外，在用生物质等可再生原料生产产品时，不但要考虑制备与化石原料产品相同或类似的产品，更应该根据生物质原料的特点，设计具有自身特色的、性能更好的产品。这需要将新产品设计制备与性能研究相结合，此方面具有广阔的发展空间。

在生物质制备液体燃料方面，虽然石油价格较低时从经济上考虑不一定具有竞争力，但化石资源日趋枯竭，人类将更多依赖可再生能源，从长远考虑这方面的工作具有重要的意义。另外，利用木质素等制备航油等高品质燃料的组分目前仍然有经济上的竞争力。此外，生物质制备高品质燃料的历史还很短，随着人们的不断努力，生产效率将不断提高，生产成本会逐渐降低。

生物质结构复杂，往往含有多种官能团，这为其高值化利用制备化学品和功能化材料提供了契机，但同时不利于其高效定向转化。需要针对不同化学键的精准活化转化，发展绿色高效催化体系。所得产品往往是混合物，产品分离纯化也是其中必须要解决的重要问题。

迄今为止，尽管国内外在生物质转化利用方面开展了大量工作，但生物质资源远没有得到充分有效的利用。解决相关的科学和技术问题、发展经济合理的生物质利用技术、推动相关产业健康发展具有重大意义，也具有挑战性。

（2）CO_2 资源化利用。

CO_2 作为 C_1 资源具有来源丰富、无毒、便宜易得等特点，将 CO_2 清洁高效地转化为高附加值化学品、能源产品和材料，既可减轻对日益减少的化石资源的依赖，又有利于减少 CO_2 排放，具有“变废为宝”的重要意义。在全球范围内，CO_2 每年利用量已达到 1 亿多吨，主要用于生产尿素、甲醇、系列碳酸酯、高分子材料、水杨酸等。然而，目前 CO_2 的利用率仍然很低。无论是从资源利用还是环境保护的角度考虑，发展清洁高效、环境友好的新技术，推动 CO_2 资源利用产业的发展对人类社会可持续发展具有重要的意义。然而，CO_2 的利用存在热力学和动力学等多方面的难题。

光催化、电催化以及光电催化是解决 CO_2 转化热力学问题的重要途径，然而目前效率普遍较低，是难以实现产业化的关键问题。目前这方面的研究越来越多，具有广阔的发展空间。一方面，继续注重 CO_2 与水反应制备含碳、氢、氧的重要化学品和燃料。另一方面，应该加强 CO_2 与不同有机物反应的研究，解决反应的热力学和动力学问题，发展新的反应路线和途径。

迄今为止，开发的反应多为 CO_2 与一种物质的反应，这限制了 CO_2 转化反应的数量。CO_2 与多种物质反应可以大大拓宽 CO_2 转化反应途径，是设计热力学上能够自发进行反应的有效途径，这需要考虑和解决热力学、催化、动力学等方面的问题。

对于一些热力学受限反应，可以通过移走反应物的方法移动平衡，如 CO_2 与甲醇制备碳酸二甲酯，可以采用及时移除反应过程中生成的水增加碳酸二甲酯的产率；也可以通过反应工艺设计，通过反应分离耦合等移动反应平衡。

CO_2 化学上比较惰性。然而，通过设计适当催化体系，很多 CO_2 参与的反应能够在室温常压下实现，如 CO_2 与环氧化合物、炔胺或炔醇的反应都可以在室温常压下进行。CO_2 转化过程中往往伴随着 C═O 键的活化以及新的化学键的形成，多功能高效催化体系的设计与开发是解决 CO_2 转化动力学的重要途径。

应继续加强以 CO_2 为原料制备聚合物材料的研究、推动相关技术的大规模工业化应用，这不仅减少了 CO_2 的排放，同时也是制备绿色高分子材料的重要途径。

便宜廉价氢源是 CO_2 能源利用的关键。随着可再生能源大规模制备廉价氢气技术的发展，CO_2 在能源利用方面显示良好的发展前景。虽然 CO_2 与氢气反应不能获得能量，但是以 CO_2 为氢能的载体，可以将氢气变成容易储运和使用的液体燃料，也就是说可以改变氢能的利用方式。

（3）生活垃圾的循环利用。

生活垃圾对生态环境产生严重的不利影响。垃圾作为城市代谢的产物是当前城市发展的负担。垃圾处理主要有填埋法、焚烧法和堆肥法。目前由于大量垃圾采用填埋法处理，世界上许多城市垃圾围城现象严重。从可持续发展角度考虑，垃圾应该成为开发潜力大、永不枯竭的资源，这也是城市发展的必然要求。将垃圾进行分类，将其中的废纸、黑色和有色金属、塑料、织物、玻璃陶瓷、皮革橡胶、生物质等成分资源化利用意义重大。这需要根据垃圾主要成分，开发相关转化利用的技术。相信垃圾处理产业将来会成为未来主要的明星产业。政府、民众、科技人员、企业家应共同努力推动相关产业的发展。

（4）工业废弃物资源化利用。

工业废弃物种类繁多，根据它们的特点回收利用也是实现生产过程绿色化的必然要求。建立高水平工业园区或产业联盟可以实现这一目标。化工行业在园区规划、标准制定及园区管理等方面还有很大的发展空间。化工园区的建设之初就应对其定位、形成的产业链等进行规划，不应是仅属于地理位置上的化工园区建设或简单的工业集中地，盲目招商引资。高水平化工园区的建立需要政府、产业、学校、科研机构等相互配合。园区规划内容需涵盖园区产业定位、产业链的建立、原料和能源供给、交通运输、基础配套设施、公共服务及园区组织、运营和管理体系等内容。园区规划既要有近期建设要求，也要有中长期发展目标，体现超前

性和可持续性，避免园区建设与城市发展战略相矛盾。化工园区应超前规划产业链体系，实现园区内原料多样化互供，优化企业生产成本，降低市场风险。化工园区应该围绕园区定位要求，大力开展循环经济，引进上下游关联密切的项目，形成多元化的生态产业链体系，使上游副产品及废弃物或能源变成下游的生产原料或替代能源，实现生产要素的有效循环利用最大化和废弃物排放最小化，达到园区清洁生产和产业链闭路循环的目的。

（5）化石资源的绿色转化与利用。

虽然石油、天然气、煤等化石资源是不可再生的，并且在加工、使用等过程中均对环境造成严重影响，但是在可预见的未来，它们仍是人类赖以生存的重要碳资源，是主要的能源和有机化工原料，因此，如何高效、清洁地利用这些宝贵的资源极为重要。在努力开发其替代原料的同时，应研究这些化石资源清洁高效转化与利用的新思路、新途径，开发新技术，这也是绿色化学不可缺少的内容。应该强调的是，在考虑化石资源的能源利用时，必须着重考虑整个过程的能源利用效率。

2）化学反应强化

采用传统的思路和方法开发新的重要反应难度越来越大，化学学科和科学技术的发展为新反应途径的开发提供了有利条件，应充分重视现代科学技术在化学反应强化中的应用。例如，利用太阳能、电能实现热力学上不能进行的反应、调控反应的选择性和路径，利用超声波技术和微波技术提高反应的效率等。应该继续努力推进化学反应强化技术在工业中的应用。不仅需要提高反应的效率，还需要开发相应的高效、低成本的生产工艺和设备，这涉及多学科的相互交叉渗透。

3）绿色化工过程与技术

化学品和材料的生产都需要化工过程来实现。绿色化学对可持续发展的实际贡献最终体现是绿色技术的应用。化工行业的产品众多，生产涉及化学反应过程、产品分离提纯过程等，生产工艺种类很多且差异很大。绿色技术应该具有高效、原料利用率高、节能、生产成本低、近零排放等特点。真正实现化工生产的绿色化，适应可持续发展的要求，必须在完整的化学工程链中都体现绿色的思想。一方面，应大力开发从源头上消除污染的绿色化学反应，从源头上减少甚至消除污染，实现废弃物的零排放。另一方面，应加强对绿色化工过程技术的研究，从生产工艺和设备两方面着手，研究和开发从整个产业链中减少或消除污染的绿色工程技术，通过提高效率，使反应设备体积变得更小，降低能耗，降低成本，对于生产过程绿色化十分重要。应继续加大超临界流体技术、离子液体技术、微化工技术、超重力技术等技术的研发和应用推广力度。

4）绿色合成方法与反应

化学工业制造许多自然界中不存在的新物质，这些物质以丰富、多样的功能，为人类的生存、生活和社会发展服务，使世界变得更加丰富多彩。从根除环境污染和节省资源的角度考虑，原料全部转化为产品可以充分利用资源，减少废弃物排放。发展绿色化学合成方法学和有关理论、探索原子经济性、高选择性合成路线和途径，以及设计采用无毒无害原料的新反应是发展绿色合成方法的重要内容。这涉及新反应路线的设计、催化体系和溶剂的设计，反应条件和工艺条件的优化等一系列工作。

5）绿色催化体系

目前采用的许多催化剂不能或难以满足绿色化学和化学化工可持续发展的要求。催化剂的选择、改进、设计、制备将贯穿绿色化学发展的很多方面。采用储量丰富、便宜易得的原料设计和制备高效无害催化剂具有重要的意义。绿色催化剂开发和利用是绿色化学的重要内容，应具有高活性、高选择性、性能稳定、无毒无害、原料易得、制备过程对环境无害、容易回收利用等特点。除此之外，绿色催化体系还应该满足产品生产过程的成本最低的要求。例如，即使某一催化剂的原料无毒无害、储量丰富易得、制备过程对环境无害，但采用此催化剂时，生产化学品工艺成本高，对于此化学品的生产，该催化剂仍然不能称为绿色催化剂。另外，反应介质往往对催化反应的效率有很大的影响。因此，在很多情况下，应该设计绿色催化剂-介质体系，通过催化剂与反应介质的协同，使催化体系更加高效绿色。

6）绿色溶剂

在化学反应、分离、材料制备等过程中，溶剂可以改变传质、传热效率。在化学反应中，利用溶剂效应可以大幅度提高反应速率和目标产物的选择性，减少和避免副产物的生成等。在很多材料制备过程中，材料能否生成、材料的结构与性能也与溶剂的性质密切相关。在萃取分离过程中，分离过程能否实现以及分离效率、能耗等直接取决于溶剂的性质。总之，对于许多化工技术，有效利用溶剂可以提高生产效率，甚至开发无溶剂条件下无法或难以实现的技术。因此，70%以上的化学化工过程使用溶剂。传统化学过程采用大量有毒有害的挥发性溶剂，其挥发是造成环境污染和浪费的重要原因之一，全球每年有机溶剂挥发量 2000 万吨。绿色溶剂应该具有无毒无害、能有效提高生产效率、容易循环利用等特点。水、超临界流体、离子液体、聚乙二醇、生物质基溶剂等是具有许多优点的绿色溶剂，它们在化学反应工程、材料科学、分离科学等领域具有广阔的应用前景。反应过程中溶剂的利用是一个非常复杂的问题。如果无溶剂条件下能取得同样或更好的效果，不必使用溶剂。有些液体反应物自身具有良好的溶剂作用，反应过程不必额外加入溶剂。另外，由于反应和分离等过程的效率与溶剂的性质密切相关，甚至溶剂效应可以改变反应历程，因此采用绿色溶剂绝不仅仅是溶剂的取代。应该强调的是，溶剂是否绿色，不仅取决于其是否有毒有害和成本高低，还与生产过

程的效率、成本等密切相关。例如，水本身无毒无害，但是，如果在水中合成某一种产品效率低、副产物多、产品分离纯化难，导致能耗和生产成本高，对于此产品的生产，水不是真正的绿色溶剂。因此，设计绿色功能溶剂，深入研究化学反应、材料制备、分离等过程的溶剂效应规律，充分利用绿色溶剂的特性开发高效绿色、生产成本低的技术是绿色溶剂利用的关键，也是实现化学过程绿色化的重要途径。

7）绿色产品

目前使用的许多化工产品和材料对环境和人类的健康有害。绿色产品的设计是绿色化学非常重要的内容。绿色化学不仅要求原料、生产过程绿色化、经济合理，而且产品使用中和使用后应对人类健康和环境无害，生命周期合适。在生产某一产品之前，应对其毒性、对环境和人类健康的影响进行系统分析。对产品而言是沿产品的整个生命周期进行研究，包括从原材料的提取一直到产品使用、最终处置的整个过程都尽可能地避免或减少对环境的不利影响。通过产品设计，既能满足对产品功能的需求，又要保证对环境和人类健康无害，同时考虑产品功能与环境影响。这需要采用不同的方式，如通过目标产物的设计使其无毒无害，作为无毒的物质留在环境中；产品使用后可作为生产其他产品的原料循环使用；产品使用后可降解成无毒无害的物质。设计和生产性能优良、环境友好的产品是我们必须考虑的问题，如环境友好的材料、燃料、化学品、洗涤助剂、化肥、涂料、油漆、农药、疾病诊治过程的试剂和探针分子等。

8）绿色化学评估标准建立

判断化学过程的绿色程度需要建立评估标准和方法，目前已有一些相关的评估方法。化工产品种类繁多，生产过程与技术多种多样，判断生产过程绿色程度涉及很多方面的问题，评估方法中涉及的参数较多，不同生产过程产生的废弃物不同，在量相同时对人类健康和生态环境的影响也不一样。因此，很难用一种方法对所有生产过程进行评估。将绿色化学的原则与应用数学、计算机技术、大数据等相结合，针对特定行业或产品生产建立科学合理、定量评估标准势在必行。另外，由于单一产品生产过程很难避免副产物或废弃物产生，评估标准不仅要考虑每一个产品生产过程的绿色程度，还要统筹考虑整个产业链是否绿色。因此，也应该建立对化工园区和产业联盟整体生产集群的评估标准，推进高水平园区和产业的建设。

9）创新是发展绿色化学的必然要求

应该指出的是，上述问题往往是相互关联，涉及一系列基础、应用基础和工程技术难题。绿色化学目前属于起步和迅速发展的阶段。发展绿色化学与技术对于经济社会可持续发展和民众生活水平的提高具有重大的意义。绿色化学不仅涉及对现有化学过程的改进，更涉及新概念、新理论、新反应途径、新分离方法的研究以及新过程和技术的开发。此外，绿色化学除涉及化学学科外，还涉及环境、生物、物理、材料和信息等学科领域。发展绿色化学过程中应该充分重视与不同学科领域的交叉，利用科学技术发展的最新成果，改进现有技术，开发和推广新的高效绿色技术。可以预测，绿色化学的发展必将伴随科学技术的不断进步和生产方式的不断变革。显然，发展绿色化学需要不断开拓创新，创新是绿色化学的必要要求和推动力。通过我们的努力，化学工业一定能走上可持续发展的道路，为人类社会的可持续发展做出重要贡献。